Die Bergwerksmaschinen.

Eine Sammlung von Handbüchern
für Betriebsbeamte.

Unter Mitwirkung zahlreicher Fachgenossen

herausgegeben von

Dipl.-Ing. Hans Bansen,
Berg-Ingenieur, ord. Lehrer an der Oberschlesischen Bergschule
zu Tarnowitz.

Vierter Band.

Die Schachtförderung.

Berlin.
Verlag von Julius Springer.
1913.

Die Schachtförderung.

Bearbeitet von

Dipl.-Ing. Hans Bansen, und Karl Teiwes,
Berg-Ingenieur, ord. Lehrer an der Oberschlesischen Bergschule zu Tarnowitz
Diplom-Ingenieur in Tarnowitz.

Mit 402 Textfiguren.

Berlin.
Verlag von Julius Springer.
1913.

Softcover reprint of the hardcover 1st edition 1913

ISBN 978-3-7091-5985-9 ISBN 978-3-7091-3020-9 (eBook)
DOI 10.1007/978-3-7091-3020-9

Vorwort.

Der Band IV „Die Schachtförderung" ergibt mit dem voraufgegangenen Bande III „Die Schachtfördermaschinen" der Sammlung „Die Bergwerksmaschinen" eine vollständige und geschlossene Behandlung der dem normalen bergmännischen Förder- und Fahrbetriebe in Schächten dienenden Einrichtungen. Ausgeschlossen wurde nur das wichtige Sondergebiet der „Förderung im Schachtabteufen", dessen Behandlung einem bereits in Arbeit begriffenen Bande „Das Schachtabteufen von Hand" vorbehalten ist.

Der Umfang des Stoffes erforderte und die Art des Stoffes ermöglichte diese Trennung der Gebiete. Die einzelnen Bände nehmen dabei gebührend Bezug aufeinander und gestatten eine der Wichtigkeit der Gebiete entsprechende Behandlung.

Auf dem Gebiete der Schachtförderung treten das Hasten der Zeit, der Drang nach Höchstleistung, weitestgehende Durcharbeitung und rücksichtsloseste Ausnutzung aller zu Gebote stehenden Hilfsmittel immer klarer und deutlicher hervor, namentlich je tiefer die Schächte werden. Dazu kommt die Besorgnis, daß die vorhandenen Fördermittel schließlich nicht mehr den an sie gestellten Anforderungen genügen dürften. Dies zeigt sich ganz besonders deutlich im Steinkohlenbergbau, dessen Schätze nur im Massenbetriebe mit wirtschaftlichem Erfolge gewinnbar sind und mit der Zeit aus immer größeren Teufen hervorgeholt werden müssen. Bei steigenden Arbeiterlöhnen, wachsenden Preisen für alle im Betriebe gebrauchten Materialien sollen die Kohlenpreise möglichst auf gleicher Höhe gehalten werden. Man spart und versucht Neuerungen an allen Ecken und Enden. Daneben stehen aber stets die Rücksichten auf die Sicherheit des Betriebes, auf Leben und Gesundheit der im Bergbau beschäftigten Personen und auf deren Hüter, die Bergpolizeiverordnungen.

Die Förder- und Seilfahrtsseile sind eines der Schmerzenskinder des Bergbaues. Um sie wogt ein beständiger Streit zwischen Bergbehörden und Betriebsunternehmern. Ihnen ist deshalb auch hier ein weiter Raum gewidmet worden. Nach Möglichkeit wurden alle Veröffentlichungen der letzten Jahre berücksichtigt, um ein klares Bild über dieses Gebiet geben zu können.

Da die Seile mit zunehmender Schachttiefe kaum mehr die Förderung bewältigen können, sieht man sich nach Ersatzmitteln für sie um. Gegenwärtig neigt man der Becherwerksförderung zu, obwohl diese bisher nur aus geringen Teufen fördern kann. — Aber, wie auch bei anderen Gelegenheiten im Bergbau, kommt man auch hier wieder auf alte und älteste Betriebseinrichtungen zurück. Um z. B. den Raum der Schalen besser ausnutzen zu können, wird bei den Skips ihre Form beibehalten, aber der Grundgedanke der Kübelförderung wieder zu Ehren gebracht.

Die Fangvorrichtungen sind nur nebenbei ein Erfordernis des wirtschaftlichen Betriebes. Sie sind eine ausgesprochene Sicherheitsvorrichtung, und ihre Bewertung als solche ist den widersprechendsten Urteilen ausgesetzt. Von einigen werden sie geschätzt, von anderen als Belastung des Betriebes empfunden, von Dritten als Gefährdung desselben verdächtigt. — Um in diesem Strudel der Urteile einen festen Standpunkt zu gewinnen, war eine eingehende und systematische Behandlung erforderlich, bei welcher die Zusammenstellung der Arten nicht nach äußeren Gründen der Form, sondern nach den inneren Gründen der Wirkung geschah. Daher wurden an Hand einiger einfacher Grundformen die wesentlichen Bestandteile besprochen und in eine Beurteilung ihrer Wirkung eingetreten. Die Erkenntnis ihrer Nachteile und die Bemühungen zu ihrer Beseitigung führten zu einer genaueren Betrachtung der Vorgänge beim Fangen im Betriebe, zu einer schärferen Fassung der den Fangvorrichtungen gestellten Aufgabe, zu Lösungen dieser Aufgabe und zu einer Beurteilung der einzelnen Ausführungsformen, wieweit sie gerechten Anforderungen entsprechen. Hieran ist die Prüfung der Vorrichtungen durch Fangproben angeschlossen, und zum Schlusse sind Anforderungen und Ergebnisse noch einmal zusammenfassend behandelt im Hinblick auf die voraufgegangenen Erörterungen, die ein Verständnis dieser Betrachtungen ermöglichen. — Ein volles Verständnis der einzelnen Abschnitte ist daher nur durch Studium des Ganzen möglich.

Die Bauart der Schalen, insbesondere auch die Befestigung der Wagen auf ihnen, die Schalentüren für Seilfahrtszwecke, die Schachtleitungen spielen bei den großen Teufen und den damit verbundenen, immer größer werdenden Förder- und Seilfahrtsgeschwindigkeiten eine wichtige Rolle und mußten eingehend behandelt werden.

Auf dem Gebiete der Schalenbedienung gibt es so viele durch örtliche Verhältnisse bedingte Ausführungsformen, daß die hierbei zu befolgenden und zu beachtenden Regeln und Erfahrungen nur in ihren Grundzügen skizziert werden konnten. Immerhin wurden interessante Beispiele, die besonders lehrreich und vorbildlich sind und befruchtend wirken können, eingehender behandelt. Es muß dabei die Tatsache festgestellt werden, daß das Ausland vielfach dem deutschen Bergbau vorbildlich vorangeht. Die maschinelle Bedienung der Schalen mit Hilfe von Wagenwechslern war bereits längere Zeit in Amerika bekannt, ehe sie in Deutschland eingeführt wurde. Seitdem hat sich die Zahl der Wagenwechsler zu fast beängstigender Fülle vermehrt. Aber nicht allein auf diesem Gebiete, sondern allgemein für die Zwecke der Hängebankförderung zeigt uns das Ausland viele eigenartige Einrichtungen, die nicht übersehen werden dürfen.

Die Aufsetzvorrichtungen haben neuerdings einen Kampf mit Einrichtungen zu bestehen, welche die unbestrittenen Nachteile derselben bei Wahrung ihrer Vorteile vermeiden wollen. Die Abschnitte „Aufsetzvorrichtungen", „Förderkorbanschlußbühnen" und „Vorrichtungen zur Verhütung des harten Aufsetzens der Förderschalen" stehen daher im engen Zusammenhang, und nur aus diesem Zusammenhang heraus kann eine Beurteilung stattfinden, wieweit die einzelnen Vorrichtungen die ihnen gesteckten Ziele erreichen.

Die Aufsetzvorrichtung erscheint zunächst als äußerst einfach in Form und Wirkung. Eine genaue Prüfung läßt aber die Eigenart der den Vorrichtungen gestellten Aufgabe und die große Schwierigkeit ihrer Lösung erkennen. Dabei gewinnt der spröde Stoff an Interesse, und es gelingt, Überblick und Urteil über die zahlreichen Formen zu gewinnen. Es mußte bei der Behandlung, um zu diesem Ziele zu gelangen, in grundsätzlich gleicher Weise wie bei den Fangvorrichtungen vorgegangen werden: die Beurteilung der Wirkungsweise der Grundformen führte zur genaueren Stellung der Aufgabe und zu Mitteln für ihre Lösung.

Die Förderkorbanschlußbühnen sind in ihren Wirkungen einfacher zu durchschauen. Längere Zeit durch die Eickelbergsche Bühne allein vertreten, hat die Erkenntnis einiger Nachteile und das Bedürfnis des Wettbewerbes in jüngster Zeit abweichende Formen geschaffen, so daß bereits heute ein Versuch zu systematischer Darstellung des Stoffes gemacht werden konnte.

Die Vorrichtungen zur Verhütung des harten Aufsetzens der Förderschalen sind nur für einzelne Bergbaubezirke von Bedeutung. Eine geordnete Darstellung ermöglicht einen Überblick auf beschränktem Raume und wird manchem willkommen sein.

Die Fördergerüste sind nur in ihren Grundzügen behandelt worden, was wohl kaum als Mangel aufgefaßt werden dürfte. Der Betriebsbeamte braucht im allgemeinen nur einen Überblick über die üblichen Bauarten sowie über die hiervon abweichenden Ausführungsformen zu haben. Eine eingehendere Berechnung aller Einzelteile eines Fördergerüstes oder gar aller der verschiedenen Gerüstkonstruktionen zu geben, würde den Rahmen dieses Buches weit überschreiten und ein Sonderwerk für sich füllen. Hierzu liegt aber kaum ein Bedürfnis vor.

Sollten eingehendere Quellenstudien erforderlich werden, so weisen die Literaturverzeichnisse den Weg. Zudem sind viele Abbildungen mit voller Absicht den bei der Bearbeitung benutzten Werken entnommen, einmal weil dies dem Charakter eines Werkes entspricht, welches überwiegend nur eine Sammlung des allenthalben verstreuten Materials sein will, dann aber auch, weil die unter ihnen stehenden Quellenangaben eine weitere Erleichterung beim Nachschlagen und Aufsuchen der oft umfangreichen Veröffentlichungen bieten.

Tarnowitz, im März 1913.

Hans Bansen. Karl Teiwes.

Inhaltsverzeichnis.

Dritter Teil.

Die Schachtförderung ohne Seil.

Vierter Teil.

Die Förderschalen.

Fünfter Teil.

Die Förderkorb-Fangvorrichtungen.

Sechster Teil.

Die Skip-Förderung.

Siebenter Teil.

Das Zwischengeschirr.

Achter Teil.

Die Schachtleitungen.

Neunter Teil.

Die Abfertigung der Schalen an der Hängebank und im Füllorte.

Zehnter Teil.

Die Aufsetzvorrichtungen.

Elfter Teil.

Die Vorrichtungen zur Verhütung des harten Aufsetzens.

Zwölfter Teil.

Die Förderkorbanschlußbühnen.

Dreizehnter Teil.

Die Sicherungen gegen das Übertreiben der Schalen.

Vierzehnter Teil.

Die Fördergerüste.

Erster Teil.

Allgemeines.

Von Diplom-Bergingenieur **Hans Bansen.**

Bei der Bearbeitung benutzte Literatur.

Schmid: Einfluß der Förderleistung einer Grube auf deren Gestehungskosten. Der Bergbau XXII (1909), Nr. 28.

K. L.: Die Lastenförderung im Bergbau und im Hüttenwerk. Österreichische Zeitschrift für Berg- und Hüttenwesen, 1907, Nr. 36.

von Bolesta-Malewski: Kritische Betrachtungen des heutigen Schachtfördersystems und Vorschlag zu dessen Umgestaltung. Internationaler Kongreß für Bergbau, Hüttenwesen, angewandte Mechanik und praktische Geologie. Düsseldorf 1910, Berichte der Abteilung für Bergbau.

A. Der Zweck der Schachtförderung.

Der Zweck der Schachtförderung ist, das Fördergut vom Füllorte nach der Hängebank, teilweise auch in umgekehrter Richtung, also von der Hängebank nach dem Füllorte hin zu schaffen. Dieses letztere ist der Fall, wenn es sich darum handelt, Materialien einzuhängen, die bei der Zimmerung, Mauerung usw. gebraucht werden; ferner geschieht dies in großem Umfange bei der Einförderung von Versatzbergen. Allerdings ist dieses letztere in neuester Zeit dort mehr und mehr zurückgegangen, wo das Versatzmaterial eingespült wird.

B. Die Antriebskräfte.

Die bei der Schachtförderung verwendeten Antriebskräfte sind Menschen (z. B. am Hornhaspel), Tiere (Pferde oder Ochsen an Göpelwerken), Elementarkräfte sowie die Schwerkraft. Von Elementarkräften werden am häufigsten Dampf und Elektrizität gebraucht; daneben benutzt man auch in größerem oder geringerem Umfange Preßluft und Wasserkraft. Die Schwerkraft findet besonders umfangreiche Verwendung bei der Gesenkförderung. Hier wird das Fördergut von einer höheren nach einer tieferen Sohle hinuntergebremst, wobei gleichzeitig die leeren Fördergefäße den umgekehrten Weg zurücklegen. Nebenbei findet die Schwerkraft auch noch Verwendung beim Einhängen von Zimmerungsholz, Versatzbergen u. dgl.

C. Geschichtliches.

Schon in grauester Vorzeit trieb der Mensch Bergbau, in manchen Gegenden auf Metalle, namentlich Kupfer, in anderen Gegenden wieder auf Gesteine, z. B. Nephrit und den in die Kreide eingelagerten Feuerstein; von letzterem Bergbaubetriebe sind auch jetzt noch Spuren in Nord-Frankreich erhalten, wie Treptow nachgewiesen hat.

Die Förderung in den Schächten erfolgte z. T. ohne Maschine, indem die Leute die Last an Seilen mit den Händen herauszogen. Noch in der Römerzeit wurde in vielen deutschen Bergwerken am Rheine in tonnlägigen Schächten gefördert, indem das Erz in Säcken oder Körben von Sklaven auf dem Rücken oder auf der Schulter heraufgetragen wurde. Bis zum Jahre 1500 beschränkte man sich darauf, diese Arbeit des Schleppens und Tragens durch Haspel zu ersetzen, welche entweder mit einfachen Hörnern versehen waren oder mit Hilfe eines Speichenrades gedreht wurden. Erst um dieses Jahr, als der Bergbau zum Tiefbau überging, kamen als Fördermaschinen die Göpel und Wasserräder auf. Diese letzteren hatten ein rechtsgängiges und ein linksgängiges Schaufelrad, so daß man durch Ziehen der einen oder der anderen Schütze die Umdrehungsrichtung der Maschine ändern konnte. Der Raddurchmesser betrug z. B. 10,40 m; der Haspelrundbaum war 0,6 m stark und 10,40 m lang.

Im ersten Drittel des 19. Jahrhunderts, nämlich um das Jahr 1820, kam im Bergbau die Dampfkraft auf. Der elektrische Betrieb wurde um das Jahr 1890 eingeführt.

D. Regeln für wirtschaftlichen Schachtförderbetrieb.

(Nach von Bolesta-Malewski. Kritische Betrachtungen des heutigen Schachtfördersystems und Vorschlag zu dessen Umgestaltung. Internationaler Kongreß 1910.)

Auf die Schachtförderung wirken hauptsächlich drei Faktoren ein, nämlich:

1. der Förderbetrieb zwischen dem Abbau und dem Schachte,
2. die mechanische Ausrüstung der Grube und
3. die Wirtschaftlichkeit der Schachtförderung.

Der **unterirdische Förderbetrieb** muß so eingerichtet werden, daß die Schachtförderung nicht überlastet wird. Man muß dem Schachte nur soviel Fördergut zuführen, daß er imstande ist, auch einen durch Störungen entstandenen Ausfall in einigen Stunden einzuholen. Die Schachtförderung muß also stets im Gange sein, darf aber nicht ständig auf die Höchstleistung beansprucht werden.

Demgegenüber wird aber auch andererseits der Standpunkt betont, daß man die Schachtförderung recht intensiv betreiben soll, um dadurch niedrige Schachtförderkosten zu erzielen; denn namentlich der Dampfverbrauch und die Bedienungskosten werden dann wesentlich verringert. Solchen intensiven Förderbetrieb findet man namentlich in tiefen Schächten, wie in Westfalen; er ist hier dadurch bedingt, daß die Schächte mit Rücksicht auf die hohen Abteufkosten ein größeres Baufeld, also auch eine größere Förderziffer erhalten.

An den Bedienungskosten können namentlich bei flotter Förderung Ersparnisse erzielt werden, vorausgesetzt, daß schon während des Treibens die Wechselwagen in Bereitschaft gestellt werden und daß der Förderbetrieb im Füllorte gut geleitet ist.

Namentlich ist zu berücksichtigen, daß bei überlastetem Schachtbetriebe der Abbaubetrieb von der Schachtförderung abhängig ist, was auch nie der Fall sein dürfte.

Die **mechanische Ausrüstung** der Grube betrifft besonders die richtige Auswahl der Fördermaschine. Diese soll einfach und solide gebaut sein und sicher und wirtschaftlich arbeiten. Ihre einzelnen Teile müssen leicht zugänglich und die Maschine muß leicht manövrierfähig sein.

Da die Fördermaschine die Kraft unregelmäßig entnimmt, muß man Einrichtungen treffen, damit das Kraftwerk, elektrische Zentrale oder Kesselhaus, hierdurch nicht ungünstig beeinflußt wird.

Steht man vor der Anschaffung einer neuen Fördermaschine, so soll man sich nicht einfach nach dem Maschinenschema richten, welches in der betreffenden Gegend üblich ist, sondern muß die Förderverhältnisse seiner Grube genau studieren, neue Maschinensorten prüfen und event. einführen.

Die Dampffördermaschinen waren früher einfache Zwillingsmaschinen; dann ging man über zu Verbundmaschinen, die sich aber nur für Dampfspannung von mehr als acht Atmosphären eignen. Bei großen Teufen verwendet man jetzt Zwillings-Tandem-Fördermaschinen. Auch werden die Maschinen an die Zentralkondensation angeschlossen; auf diese Weise ist der Dampfverbrauch, der früher bei den alten Maschinen 50—150 kg für die Sch. PS./st. betrug, bis auf 11,73 kg auf die Sch. PS./st. herabgesetzt worden; im allgemeinen rechnet man aber für gewöhnliche Verhältnisse mit 16—20 kg Dampfverbrauch.

Damit die **Schachtförderung** eine **wirtschaftliche** ist, soll man bei Dampfmaschinen mit hoher Spannung arbeiten, die Expansionskraft ausnutzen und die Maschine an die Zentralkondensation anschließen. Erhöht man beispielsweise die Dampfspannung von 7—8 Atmosphären auf 11 Atmosphären, so wird die Leistung um 50%, der Kohlenverbrauch aber nur um 5—6% gesteigert. Infolge der höheren Spannung wird die Fördermaschine kleiner, leichter, billiger. Ferner wird durch die höhere Spannung die Expansionskraft gesteigert.

Am besten nutzt man eine Fördermaschine aus, wenn sie ständig im Betriebe ist; deshalb soll man die Bedienungszeit der Förderschale möglichst abzukürzen suchen.

Man soll die Fördermaschine nicht zu groß wählen, sondern sie den wirklichen Verhältnissen anpassen. Fördert sie nämlich nicht aus der Tiefe, für welche sie berechnet ist, dann arbeitet sie unwirtschaftlich, weil sie nie die günstigsten Füllungen bekommt.

Bei Beschaffung einer Fördermaschine werden meistens 2 Teufen angegeben, aus denen sie fördern soll; denn man sorgt für die Zukunft, rechnet, daß die Maschine 20—25 Jahre im Betriebe bleiben soll, und daß dann der Abbau in größere Tiefe vorgerückt sein wird. Dies ist aber ein falscher Standpunkt; denn die Fördersmaschine ist schon nach 10 bis 15 Jahren verbraucht und veraltet und verursacht dann manchmal so hohe Betriebskosten, daß man unter Umständen dafür eine neue Maschine bekommen kann.

Zweiter Teil.

Die Förderseile und Förderketten*).

Von Diplom-Bergingenieur **Hans Bansen.**

Bei der Bearbeitung benutzte Literatur.

J. Hrabak: Die Drahtseile. Berlin 1900.
E. Schmidt: Beitrag zur wirtschaftlichen Wahl von Förderseilen. „Österr. Zeitschrift f. Berg- u. Hüttenwesen" 1905, Nr. 21, 22.
Julius Divis: Förderseildraht aus Nickelstahl. „Österr. Zeitschr. f. Berg- u. Hüttenwesen" 1905, Nr. 4, 5.
Hermann Kroen: Unsichere Drahtlänge, gefährdete Seillänge und zulässige Anzahl der Drahtbrüche bei für Mannsfahrt noch verwendbaren Seilen. „Österr. Zeitschr. f. Berg- u. Hüttenwesen" 1905, Nr. 32, 1906, Nr. 12.
Hermann Kroen: Versuche über die unsichere Drahtlänge bei Drahtbrüchen in Förderseilen. „Österr. Zeitschr. f. Berg- u. Hüttenwesen" 1906, Nr. 9.
Die verschiedenen Arten von Seilen. „Glückauf" 1897, Nr. 31.
O. Hoppe: Das Drahtseil, seine Erfindung, Eigenschaften und Zukunft. „Glückauf" 1903, Nr. 14.
Roch: Die Berücksichtigung von Drahtbrüchen bei Berechnung der Tragfähigkeit der Förderseile. „Jahrbuch f. d. Berg- u. Hüttenwesen im Königreich Sachsen" 1898.
Speer: Mitteilungen aus der Seilprüfungsstation der Westfälischen Berggewerkschaftskasse. „Glückauf" 1904, Nr. 20, 29.
Ehrenberg: Über Erfahrungen mit Drahtseilen patentverschlossener Konstruktion. „Preuß. Zeitschr." 1897 (Band 45).
Bericht der Transvaaler Regierungskommission über Förderseile, Fangvorrichtungen und sonstige Vorrichtungen in Seilfahrtschächten. „Preuß. Zeitschr." 1907 (Band 55).
Hermann Kroen: Prüfung der Drahtseile. „Österr. Zeitschr. f. Berg- u. Hüttenwesen" 1909, Nr. 22.
Bock: Die Bruchgefahr der Drahtseile. „Glückauf" 1909, Nr. 43, 44, 45, 46.
Baumann: Seilsicherheit bei der Schachtförderung. „Glückauf" 1911, Nr. 7.
Baumann: Seilsicherheit bei der Schachtförderung. „Glückauf" 1910, Nr. 39 und „Glückauf" 1912, Nr. 50.
Mellin: Ergebnisse der Untersuchungen der Großbritannischen Grubensicherheitskommission über Unfälle in Schächten. „Preuß. Zeitschr." 1910 (Band 58).
Winter: Über den Einfluß der Verzinkung auf die Festigkeit des Drahtes. „Der Bergbau" 1910, Nr. 28.
E. Treptow: Förderseil mit selbsttätiger Schmierung. „Zeitschr. d. Ver. d. Ing." 1909, Nr. 3.

---

*) S. a. Bansen, Bergwerksmaschinen, Band III „Die Schachtfördermaschinen", IV. Teil. A. Die Förderseile.

Dr. E. Wagner: Über die Einwirkung neutraler Salzlösungen, schwachsaurer Wasser und feuchtwarmer Luft auf Förderseildrähte. „Kali“ 1909, Nr. 18. „Braunkohle“ 1909, Nr. 28.
Seilschmiere für Förderseile. „Glückauf“ 1911, Nr. 16.
Baumann: Seilfahrt in Förderschächten. „Kohle und Erz“ 1904, Nr. 4.
Laske: Bericht über eine nach dem Ostrau-Karwiner Steinkohlenrevier ausgeführte Belehrungsreise. „Preuß. Zeitschr.“ 1908 (Band 56).
Körfer: Zusammenstellung der von den deutschen und österreichischen Bergbehörden erlassenen Vorschriften über die Prüfung der zur Seilfahrt benutzten Drahtförderseile. Bericht über den internationalen Kongreß 1910.
Julius Divis: Die Elastizität blanker, verrosteter uud verzinkter Seildrähte. „Österr. Zeitschr. f. Berg- u. Hüttenwesen“ 1910, Nr. 4, 5, 6, 7, 8.
Seyboth: Neuerungen in der Drahtseilfabrikation. „Glückauf“ 1906, Nr. 44.
Förderseile mit eingeflochtenen Signaldrähten. „Der Bergbau“ 1910, Nr. 52.
M. Lucien-Dénoel: Les essais de câbles d'extraction en Belgique. Bericht über den internationalen Kongreß 1910.
Winter: Metallographische Untersuchungen über den Einfluß der Verzinkung auf Förderseildrähte. „Glückauf“ 1910, Nr. 24, 25.
Prüfungsvorschriften für die zur Seilfahrt benutzten Förderseildrähte. „Vulkan“ 1910, Nr. 15.
Über den Einfluß der Verzinkung auf die Festigkeit des Drahtes. „Österr. Zeitschr. f. Berg- u. Hüttenwesen“ 1910, Nr. 50.
A. Stör: Seilspannungen und -schwingungen bei Beschleunigungsänderungen des Schachtförderseiles. „Österr. Zeitschr. f. Berg- und Hüttenwesen“ 1909, Nr. 27, 28, 29, 30.
Ryba: Über das Ablegen von Förderseilen. „Zeitschr. des Vereins der Bergbaubetriebsleiter“ 1906, Seite 189—197.
Dobbelstein: Neuerungen bei der Förderseil- und Spurlattenschmierung. „Glückauf“ 1909, Nr. 1.
W. Wirtz: Winke zur systematischen Ausführung der bergbehördlichen Bestimmungen für die Sicherheit der Seilfahrt; dahinzielende Einrichtungen auf dem Seilfahrtsschachte „Franz“ des Eschweiler Bergwerks-Vereins. „Der Bergbau“ 1908, Nr. 34/35.
Schulze-Höing: Über die Schachtförderung aus großer Teufe beim Steinkohlenbergbau im Oberbergamtsbezirk Dortmund. Preußische Zeitschrift 1912, S. 28.
Moldenhauer: Wirtschaftliche Schachtförderung aus großen Teufen. „Glückauf“ 1911, Nr. 51.
Speer: Die Sicherheit der Förderseile „Glückauf“ 1912, Nr. 19, 20, 21, 29, 30.
Speer-Bock: Kontroverse über „Die Sicherheit der Förderseile“ unter „Zuschriften an die Redaktion“. „Glückauf“ 1912, Nr. 40.
Baumann: Allgemeine Seilfahrtsvorschriften. „Kohle und Erz“ 1909, Nr. 4.
Herbst: Der Sicherheitsfaktor der Schachtförderseile. „Glückauf“ 1912, Nr. 23.
Herbst: Ergebnisse der preußischen Statistiken der Schachtförderseile für das Jahr 1910. „Glückauf“ 1912, Nr. 10,
Horel: Förderseile aus Pflugstahldraht am Adalbert-Schachte der k. k. Bergdirektion in Przibram. „Österr. Zeitschrift“ 1912, Nr. 35, 36.
Baumann: Sicherheit hochfester Förderseile. „Glückauf“ 1913, Nr. 4.

A. Die Hanfseile.

Wie schon weiter oben erwähnt, wurde bereits in vorgeschichtlicher Zeit, beispielsweise bei der Förderung von Feuerstein, Schachtförderung angewendet; die hierbei angewendeten Seile bestanden aus Bast oder ähnlichen Stoffen. Auch heutzutage werden noch in vielen Gegenden von unzivilisierten Völkerschaften Seile aus derartigem Material benutzt. Selbst in Spanien stehen auf Haspel-Schächten Seile aus Espartogras, einem sehr zähen Material, im Gebrauch.

Ferner werden Hanfseile selbst bei großen Schachttiefen in Belgien und Nordfrankreich vielfach angewendet. Namentlich braucht man dort Hanfseile bei dem eigenartigen Umsetzverfahren für die Förderschalen, bei denen man mit Bobinen oder Spiralkörben fördert; diese Umsetzverfahren sind weiter unten im Kapitel „Die Abfertigung der Schalen an der Hängebank und im Füllorte" beschrieben.

Am häufigsten werden die Hanfseile aus russischem Reinhanf oder aus badischem Schleißhanf hergestellt. Dieses Material hat aber den Nachteil, daß die Seile, wenn sie feucht sind, leicht faulen. Ein anderer Nachteil stellt sich im Winter ein, wenn das ins Seilinnere gedrungene Wasser gefriert; das Eis zersplittert beim Laufen des Seiles über die Seilscheiben zu scharfen Stücken und zerschneidet den Hanf.

Der beste Schutz gegen die Fäulnis der Seile ist, sie nach dem jedesmaligen Gebrauch zu trocknen. Das ist aber bei Schachtförderseilen sehr umständlich, manchmal sogar unmöglich; denn die mit dem Trocknen verbundenen Kosten werden in den meisten Fällen höher sein als der durch Fäulnis entstehende Schaden.

Einen besseren Schutz hat man in dem Teeren der Hanfseile gefunden. Durch den Teergehalt wird aber das Seilgewicht erhöht und die Sicherheit gegen Zerreißen herabgemindert.

Man fertigt die Seile auch aus Materialien an, die in der Nässe nicht faulen; es sind dies Aloe- und Manilahanf.

Der Aloehanf wird aus den Fasern der bis 3 m langen Aloeblätter (Agave americana) hergestellt. Ein Vorzug dieser Seile ist ihre große Elastizität. Die Festigkeit des Materials wird durch die Nässe noch gesteigert. Schadhafte Stellen sind an ihnen leicht zu erkennen und gut auszubessern. Deshalb ist es beispielsweise in Belgien gestattet, geflickte Hanfseile selbst zur Seilfahrt zu verwenden.

Ähnlich verhalten sich die aus Manilahanf gefertigten Seile. Man gewinnt dieses Material durch Rösten der Stämme von verschiedenen Musa-Arten, namentlich von Musa textilis; der helle steife Hanf ist davon der beste.

In den ostafrikanischen Kolonien wird neuerdings der Sisalhanf gebaut, welcher möglicherweise auch dieselben Eigenschaften wie Aloe- und Manilahanf haben dürfte.

Zwecks Anfertigung von Seilen wird der Hanf zu Fäden gedreht; aus den Fäden werde Litzen und aus drei bis vier Litzen die Seile zusammengeschlagen. Die dreilitzigen Seile sind biegsamer als die vierlitzigen und brauchen namentlich keine besondere Seele (Einlage). Will man die Biegsamkeit erhöhen, so schlägt man die Seile etwas lockerer; jedoch längen sie sich dann mehr als die festgeschlagenen.

B. Die Drahtseile.

I. Das Drahtmaterial.

Die Drahtseile werden aus den meisten Metallen mit hoher Zugfestigkeit angefertigt, namentlich aus Messing, Bronze, Eisen und Stahl. Vanadium-Stahl und Nickel-Stahl haben den in sie gesetzten Anforderungen nicht entsprochen.

Bis Ende der sechziger Jahre des vorigen Jahrhunderts stellte man die Metalldrahtseile nur aus weichem, zähem Eisendraht von 50 bis 60 kg/qmm Bruchfestigkeit her. Die Sicherheit war eine 5—6 fache. Jetzt verfertigt man die Seile aus Tiegelgußstahl oder aus Siemens-Martin-Stahl; das erstgenannte Material ist sehr teuer und eignet sich auch hauptsächlich nur für Draht von hoher Festigkeit. Gußstahldraht von 120 kg/qmm Bruchfestigkeit wurde zum ersten Male im Jahre 1867 von Felten & Guilleaume in Mühlheim a. Rh., damals noch in Köln, eingeführt und hat inzwischen jedes andere Material vollständig verdrängt. Die Bruchfestigkeit ist inzwischen bis auf 240 kg/qmm gesteigert worden. Sie hängt ebenso wie die Härte des Drahtes in erster Reihe von dem Kohlenstoffgehalte des Stahles ab. Anfangs war mit dem höheren Kohlenstoffgehalte auch eine größere Sprödigkeit verbunden; diese wird aber jetzt nicht mehr wahrgenommen. Man unterscheidet in der Bruchfestigkeit folgende Hauptstufen und Drahtsorten:

Bruchfestigkeit	
60 kg/qmm	Eisendraht,
120 „	Gußstahldraht,
180 „	Extrastahldraht,
200 „	Pflugstahldraht,
240 „	Extrapflugstahldraht.

Wegen der zu großen Unterschiede zwischen diesen Festigkeitsgraden wurden noch Zwischenstufen geschaffen; dadurch erhielt man folgende Festigkeitsgrade:

60 90 120 150 180 — 200, 210, 220 — 240 kg/qmm.

In diesen oder wohl auch in anderen Sorten führen die Fabriken stets ein größeres Lager und können daher die Seile bald liefern. Werden andere Bruchfestigkeiten vorgeschrieben, so muß der Draht erst besonders angefertigt werden; dies erfordert eine längere Lieferzeit und ist teurer.

Ein Seil von der Zerreißfestigkeit von 240 kg/qmm hat gegenüber einem solchen von 120 kg/qmm ein um mehr als das 10 fache geringeres Gewicht.

Nach ihrem Durchmesser werden die Drähte in der Weise mit Nummern bezeichnet, daß jede Nummer einem Zehntelmillimeter entspricht. Es ist also:

Draht Nr.	10	solcher	von	1,0 mm	Dicke
„ „	17	„	„	1,7 „	„
„ „	28	„	„	2,8 „	„

Die üblichen Drahtdurchmesser für Schachtförderseile betragen 2—3 mm.

II. Die Flechtarten (Macharten) der Seile.

Nach der Querschnittsform werden Rundseile und Bandseile (Flachseile) unterschieden. Die Rundseile wiederum werden eingeteilt in:

1. Spiralseile oder einmal geflochtene Seile,
2. Litzenseile oder zweimal geflochtene Seile und
3. Kabelseile oder dreimal geflochtene.

a) Die Spiralseile.

Spiralseile aus rundem Draht. Die Spiralseile bestehen aus der Einlage und den Stahldrähten. Die Einlage (Seele) kann zwar Hanf sein, doch wählt man meistens weichen Eisendraht. Es werden hierzu am besten 1, 3 oder 4 Drähte genommen, weil sich diese Zahl bequem zusammenschlagen läßt, ohne eine Einlage zu beanspruchen. Um diesen Kern werden die Stahldrähte in einer oder in mehreren konzentrischen Lagen angeordnet (Fig. 1); dies letztere ist die Regel, weil sich nur dann das Seil aus einer größeren Anzahl von Drähten herstellen läßt. Jede neue Lage erhält um sechs Drähte mehr als die nächstvorhergehende. Man nennt ein solches Seil wohl auch ein umflochtenes Seil.

Fig. 1.
Spiralseil aus rundem Draht.

Die Drähte aller Lagen können in derselben Richtung (Gleichschlag) oder abwechselnd in entgegengesetzter Richtung (Kreuzschlag) gewunden sein. Bei Gleichschlagseilen ist aber die Drehrichtung der Kerndrähte und der Stahldrähte entgegengesetzt. Hrabak empfiehlt den Kreuzschlag, weil hier alle Drähte den gleichen Flechtwinkel erhalten können. Unter dem Flechtwinkel ist der Winkel zu verstehen, den der Draht mit der Seilachse bildet. In Gleichschlagseilen würden die Drähte jeder neuen Lage bei gleicher Windungslänge einen größeren Flechtwinkel erhalten. Mit dem verschiedenen Flechtwinkel hängt aber eine verschiedene Anspannung und Belastung der einzelnen Seildrähte zusammen; die stets anzustrebende gleichmäßige Belastung aller Drähte eines Seiles ist aber nur bei gleichem Flechtwinkel möglich.

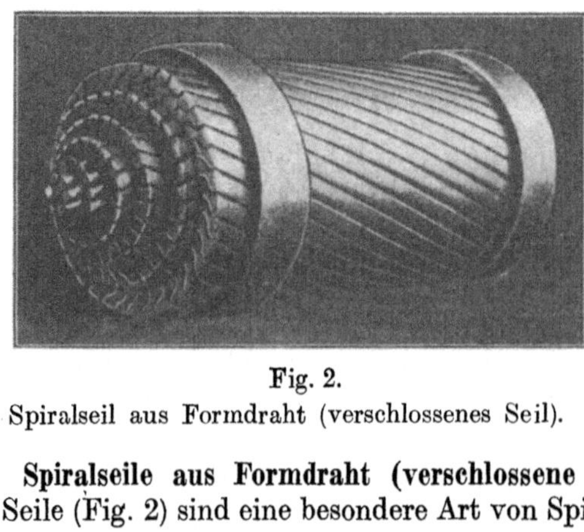

Fig. 2.
Spiralseil aus Formdraht (verschlossenes Seil).

Um sehr lange Seile herstellen zu können, muß man mehrere Drähte aneinanderlöten; zu diesem Zwecke schlägt man die Drahtenden vorher flach. Die Lötstellen selbst haben zwar eine erhöhte Zugfestigkeit, aber unmittelbar neben ihnen kommen häufig Brüche vor, weil die starke Hitze den Draht schwächt.

Spiralseile aus Formdraht (verschlossene Seile). Die verschlossenen Seile (Fig. 2) sind eine besondere Art von Spiralseilen. Sie wurden gegen

Anfang der neunziger Jahre des vorigen Jahrhunderts von der Firma Felten & Guilleaume zum ersten Male in Deutschland angefertigt; in England, ihrer Heimat, waren sie schon längere Zeit in Gebrauch.

Zu innerst liegen um einen Kerndraht mehrere Lagen von Runddrähten; darauf folgen einige Lagen von Drähten mit trapezförmigem Querschnitt und schließlich solche mit S- oder Z-förmigem Querschnitt. Die übliche Flechtart ist der Kreuzschlag.

In Frankreich stehen auch verschlossene Seile in Gebrauch, deren Decklage aus Rund- und Formdrähten (Fig. 3) besteht.

Die wesentlichsten Vorteile der verschlossenen Seile sind nach Ehrenberg folgende:

1. Bei gleichem Metallquerschnitt wie die Seile aus runden Drähten haben sie einen geringeren Durchmesser; man kann daher auf einer bereits vorhandenen Seiltrommel ein verschlossenes Seil unterbringen, das um 42% länger ist als ein gewöhnliches Runddrahtseil.
2. Da sie keine Hanfseele haben, die wohl das Gewicht erhöht, aber nicht trägt, sind sie bei gleicher Bruchfestigkeit um 13% leichter als gewöhnliche Seile.
3. Sie längen sich bei der Belastung nicht und sind torsionsfrei.
4. Wasser kann wegen der verschlossenen Konstruktion nicht ins Seilinnere gelangen; dieses bleibt infolgedessen rostfrei.
5. Die Abnutzung des Seiles, der Seiltrommeln und Seilscheiben ist wegen der glatten Seiloberfläche eine geringe und außerdem gleichmäßige.
6. Gebrochene Drähte können nicht, wie bei den Spiralseilen, heraustreten, weil sie von ihren Nachbardrähten gehalten werden.

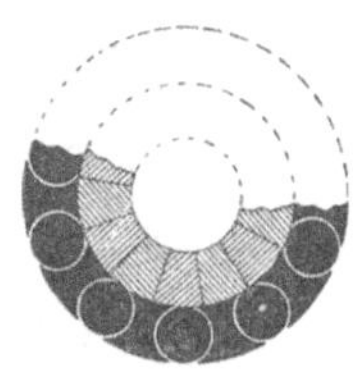

Fig. 3.
Verschlossenes Seil.
(Aus v. Höfer, Taschenbuch für Bergmänner.)

Trotz aller dieser Vorteile haben sich die verschlossenen Seile keinen Eingang verschafft. So waren z. B. im Jahre 1906 im Oberbergamtsbezirk Dortmund nur fünf solche als Schachtförderseile im Gebrauch, die den Rundseilen gegenüber keinerlei Überlegenheit zeigten; sie hatten eine höchste Aufliegezeit von 1225 Tagen bei einer Höchstleistung von 315,36 Milliarden Meterkilogramm. Bei den Rundseilen dagegen betrug die höchste Aufliegezeit 3822 Tage; ihre höchste Nutzleistung belief sich auf 289,19 Milliarden Meterkilogramm. Etwa 50% aller Rundseile hatten mehr als 75 Milliarden Meterkilogramm Nutzleistung aufzuweisen. Gegenwärtig ist im deutschen Bergbau kein verschlossenes Schachtförderseil im Betriebe.

Als besonderer Nachteil der verschlossenen Seile wäre namentlich zu nennen, daß sie gegen Stauchungen sehr empfindlich sind. Solche stellen sich stets ein, wenn nach dem Aufsetzen der Schale auf die Aufsetzvorrichtung Hängeseil gegeben wird, und ferner bei plötzlichen Geschwindigkeitsänderungen während eines Treibens.

Wird ein verschlossenes Seil neu aufgelegt, so muß man die Bildung von losen Schleifen vermeiden. Man bindet es zu diesem Zwecke an das alte Seil an und zieht es mit ihm über die Seilscheiben in das Maschinenhaus. Die Trommel, auf der es argeliefert wurde, muß dabei beständig gebremst sein.

Ein anderer, allerdings nur vermeintlicher Nachteil der verschlossenen und der Spiralseile überhaupt ist, daß man nur die Drähte der äußersten Lage sieht, innere Drahtbrüche aber nicht wahrnehmen kann. Mit Rücksicht darauf werden schon bei der Fabrikation die Drähte der Decklage mehr auf Zug beansprucht als die verdeckt liegenden inneren Drähte. Dadurch hat man erreicht, daß tatsächlich Drahtbrüche immer zuerst in dieser äußersten Schicht auftreten.

b) Die Litzenseile.

Die Litzenseile oder zweimal geflochtenen Seile bestehen aus Drähten, die man zu Litzen zusammenschlägt, welche letzteren wiederum zu

Fig. 4.
Gleichschlag-Litzenseil.

Fig. 5.
Kreuzschlag-Litzenseil.

einem Seile vereinigt werden. Man unterscheidet dabei zwei Flechtarten, den Gleichschlag (Fig. 4) und den Kreuzschlag (Fig. 5).

Beim Gleichschlag (Albertschlag, Langschlag) werden die Litzen in derselben Drehrichtung zum Seile zusammengeschlagen, in der aus den Drähten die Litzen gewunden wurden. Es sind sowohl die Drähte in den Litzen als auch die Litzen im Seile entweder rechtsherum oder linksherum geschlagen.

Beim Kreuzschlage haben die Drähte in den Litzen die entgegengesetzte Drehrichtung wie die Litzen im Seile. Wenn also die Drähte linksherum geschlagen sind, dann geht die Windungsrichtung der Litzen im Seile rechtsherum.

Der Erfinder der Litzenseile und Drahtseile überhaupt war der Oberbergrat Albert in Klaustal; bedeutenden Anteil an den Versuchsarbeiten, die von 1827—1834 dauerten, hatte der ihm unterstellte Maschinendirektor Mühlenpfordt. Ebenso wie bei den Hanfseilen, die als Muster dienten, wurde der Gleichschlag gewählt. Darum wird auch dieses Flechtverfahren der Albertschlag genannt; die danach hergestellten Seile heißen Albertseile.

Die Albertsche Erfindung verbreitete sich in Deutschland erst auf dem Umwege über England. Ein Engländer Lang, der die Albertschen Seile vermutlich im Harz gesehen hatte, ließ sich auf diese deutsche Erfindung ein englisches Patent geben; daher kommt es, daß diese Seile jetzt fast allgemein Langschlag- oder fälschlich Längsschlagseile heißen.

Der Kreuzschlag kam erst später auf. Außerdem gibt es für die Litzenseile noch eine dritte Flechtart, den Halbschlag; über ihn wird späterhin an geeigneter Stelle das erforderliche gesagt werden.

Die Einlagen. Es werden sowohl beim Zusammenschlagen der Drähte zu Litzen als auch der Litzen zum Seile besondere Einlagen benutzt; diese können aus Hanf oder Draht (weichem Eisendraht oder Stahldraht) bestehen.

Die Litzen erhalten fast allgemein eine Einlage von 1, 3 oder 4 Drähten, die in entgegengesetzter Richtung gewunden werden wie die Stahldrähte. Man zieht allgemein Drähte aus dem dehnbaren weichen Eisen vor, weil die Seele beim Zusammenschlagen der Litze weit mehr auf Zug beansprucht wird als die in weiteren Windungen verlaufenden Stahldrähte. Im Transvaaler Minenbezirk werden aber auch die Seelendrähte aus Stahl von hoher Zugfestigkeit hergestellt; dadurch gewinnt das Seil eine wesentlich höhere Sicherheit.

Beim Zusammenschlagen der Litzen zum Seile wird die weichere Hanfeinlage vorgezogen; die Litzen liegen in ihr weit besser eingebettet als in einer Drahteinlage. Dies ist um so wichtiger, als die Oberfläche bzw. der Querschnittsumfang einer Litze meistens ein sehr eckiger ist. Die Stärke der Hanfseele im Seile beträgt 12—20 mm; erhalten auch die Litzen eine solche, so wird diese 4 mm stark gemacht.

Fig. 6.
Mit Eisenband verstärkte Hanfseele.

Weil die Seildrähte bei jeder Biegung an der Hanfeinlage scheuern, und um diese überhaupt widerstandsfähiger zu machen, umwickelt man die Seele gern mit dünnem Eisenband (Fig. 6).

Man kann auch die Seilseele aus dünnem Eisendraht herstellen, den man mit Hanf umwickelt. Sie zerreißt dann nicht so leicht wie eine einfache Hanfseele, wenn sich das Seil infolge starker Zugbeanspruchungen längt.

Die Zahl der Drähte und Litzen. Anfangs wurden die Drahtseile nur aus 3 Litzen mit je 4 Drähten gefertigt. Wollte man eine höhere Tragfähigkeit erhalten, so mußte man eine höhere Drahtnummer — bis Nr. 35 — wählen. Einlagen kamen weder in die Litzen noch in das Seil.

Späterhin ging man zu Seilen über, die sechs sechsdrähtige Litzen enthielten. Aber auch diese Seile genügten mit der Zunahme der Schachttiefen und der Förderlasten nicht. Das Hilfsmittel einer größeren Drahtstärke war unmöglich, weil dadurch die Biegsamkeit des Seiles litt. Abgesehen von einer Erhöhung der Bruchfestigkeit des Drahtmaterials war man also darauf angewiesen, entweder die Zahl der Litzen im Seile oder aber die Zahl der Drähte in den Litzen zu vermehren.

Im allgemeinen wählt man dieses letztere und ordnet die Drähte in mehreren konzentrischen Lagen an (umflochtene Litzen). In jeder neuen Lage beträgt auch hier wie bei den Spiralseilen die Zahl der Drähte sechs mehr als in der nächstvorhergehenden Lage.

Um das Seil genau beschreiben zu können, hat man eine Seilformel aufgestellt, z. B. (6 + h) . (6 + h). Die erste Klammer enthält die Beschreibung des Seiles, die zweite Klammer die der einzelnen Litzen. Der Buchstabe h bedeutet Hanfeinlage, ein e Eiseneinlage; die Zahlen geben die Zahl der Litzen im Seile bzw. der Drähte in den Litzen an. Das in vorstehender Formel beschriebene Seil würde also aus sechs sechsdrähtigen Litzen bestehen; das Seil und die Litzen haben Hanfeinlagen.

(6 + h) · (6 + e) bedeutet, daß das Seil ebenfalls wieder aus sechs sechsdrähtigen Litzen besteht, daß das Seil eine Hanfeinlage hat und daß die Litzen Drahtseelen besitzen.

(6 + h) . (18 + 12 + 6 + e) bedeutet: das Seil hat 6 Litzen und eine Hanfeinlage; jede Litze hat drei Reihen von Drähten; in der äußersten Reihe sind 18, in der nächsten 12, in der innersten 6 Drähte; die Litzen haben Eiseneinlagen.

Die Zahl der Litzen zu vermehren, ist nicht so gut möglich, weil es üblich ist, sie nur auf einem einzigen Kreise anzuordnen. Dies läßt sich wohl mit 6—8 Litzen machen, wird aber die Zahl der auf einem Kreise untergebrachten Litzen darüber hinaus vergrößert, so muß das Seil eine wesentlich stärkere Hanfseele bekommen und wird dadurch viel zu weich.

Hrabak hat zwar, ähnlich den Drahtspiralseilen, eine neue Seilart, die Litzenspiralseile, vorgeschlagen, bei denen die Litzen in mehreren konzentrischen Lagen angeordnet sind; indessen ist diese Seilart, soweit sich ermitteln ließ, bis jetzt noch nicht in die Praxis eingeführt worden. Nur bei den später noch zu beschreibenden flachlitzigen Seilen ist diese Litzenanordnung von der Firma Felten & Guilleaume angewendet worden.

Der Flechtwinkel. Unter dem Flechtwinkel ist der Winkel zu verstehen, den die Drähte mit der Litzenachse bzw. die Litzen mit der Seilachse bilden. Ein häufig angewendeter Winkel ist der von 17 Grad; er kann aber zwischen 4 und 25 Grad schwanken.

Innerhalb eines Seiles müssen die Drähte sämtlicher Litzen genau den gleichen Flechtwinkel aufweisen; ist dies nicht der Fall, so werden sie bei der Belastung ungleich beansprucht, nämlich die mit kleinerem Flechtwinkel mehr als die mit großem. Die stärker belasteten Drähte reißen natürlich viel schneller, und die noch übrig bleibenden Drähte vermögen dann nicht mehr so sicher die Gesamtlast zu tragen. Die Lebensdauer des Seiles wird also durch ungleichen Flechtwinkel innerhalb der einzelnen Litzen verkürzt; dagegen können die Litzen im Seile einen anderen Flechtwinkel erhalten als die Drähte in den Litzen.

Am besten ist es, wenn sich die Windungslängen der Drähte in den Litzen zu denen der Litzen im Seile wie 1 : 2 bis 1 : 3 verhalten. Haben also z. B. die Litzen im Seile eine Windungslänge von 24 cm, so sollen die Drähte in den Litzen eine solche von 8—12 cm erhalten. Bei dem Verhältnisse von 1 : 3 schließt sich die

Windung der Litze im Seil genau der der Drähte in den Litzen an; darum ist ein solches Seil sehr biegsam und gleichzeitig drallfrei.

Die St. Egydier Eisen- und Stahl-Industriegesellschaft schlägt ihre Seile so, daß die Windungslänge bei Kreuzschlagseilen gleich dem siebenfachen, bei Albertseilen gleich dem achtfachen Seildurchmesser ist. Die Litzen und deren innere Drahtlagen haben eine viel größere Windungslänge,

Der Flechtwinkel hat Einfluß auf die Dicke und auf die Biegsamkeit des Seiles. Je größer der Flechtwinkel ist, um so biegsamer ist auch das Seil; denn die Drähte bzw. Litzen laufen dann in Spiralen von geringerer Steigungshöhe. Deshalb ist auch der Vorschlag nicht durchführbar, die Seile einfach aus geradlinig verlaufenden Drähten herzustellen; abgesehen von allen sonstigen Nachteilen würde sich ein solches Seil nur sehr schwer biegen lassen.

Die Seildicke. Mit der Zunahme des Flechtwinkels nimmt auch die Seildicke zu. Man kann sie aus diesem, der Drahtstärke und der Drahtzahl nach dem Verfahren von Professor Rziha ermitteln. Er hat für ein zweimal geflochtenes Rundseil die Formel

$$d = 1{,}5\,\delta\sqrt{i},$$

für ein Kabelseil die Formel

$$d = 2\,\delta\sqrt{i}$$

aufgestellt; in ihr bedeutet d die Seildicke, δ die Drahtstärke und i die Anzahl der Drähte.

Hrabak stellte für die verschiedenen Seilarten besondere Formeln auf, nämlich

für Litzen und Spiralseile . . . . $d = A \,.\, \delta$
für zweimal geflochtene Seile . . . . $d = A_1 \,.\, A_2 \,.\, \delta$
für dreimal geflochtene Seile . . . . $d = A_1 \,.\, A_2 \,.\, A_3 \,.\, \delta$.

In diesen Formeln ist einzusetzen für d die Seilstärke, für δ die Drahtstärke; A, A_1, A_2 und A_3 sind nach der Formel

$$A = \sec w \operatorname{cosec} \frac{\pi}{n} + 1$$

zu berechnen; w bedeutet hier den Flechtwinkel, n die Zahl der Drähte, Litzen oder Stränge.

Die Seildicke kann schließlich auch noch auf zeichnerischem Wege festgestellt werden; man zeichnet zu diesem Zwecke den Seilquerschnitt auf, aber in vergrößertem Maßstabe, weil in kleinem Maßstabe hergestellte Zeichnungen stets wesentlich ungenauer sind. Ebenso wie das zuerst beschriebene Verfahren von Rziha leidet aber auch dieses an dem Fehler, daß der Flechtwinkel unberücksichtigt gelassen wird. Die Drahtquerschnitte sind in Wirklichkeit Ellipsen, während sie als Kreise gezeichnet werden. Der dadurch entstehende Fehler beträgt nach Angaben von Hrabak für Litzenseile 7—14%, für Kabelseile 10—20%.

Die Biegsamkeit. Die Biegsamkeit eines Seiles wird hauptsächlich von folgenden Ursachen beeinflußt:

1. der Drahtstärke: Je dünner die verwendeten Drähte sind, um so leichter biegsam ist das Seil;
2. dem Drahtmaterial: Wie schon weiter oben ausführlicher erwähnt wurde, werden die Stahldrähte mit zunehmendem Kohlenstoffgehalte zwar wiederstandsfähiger gegen Zug, aber auch gleichzeitig spröder. Mit wachsender Sprödigkeit nimmt aber die Biegsamkeit ab. Eine merkbare Sprödigkeit zeigt sich allerdings gegenwärtig kaum mehr, da die Herstellungsverfahren gegen früher wesentlich vervollkommnet sind. Die Zahl der Biegungen wächst jetzt sogar mit der zunehmenden Zugfestigkeit.
3. dem Flechtwinkel: Mit zunehmendem Flechtwinkel wächst auch die Biegsamkeit des Seiles;
4. den Einlagen: Hanfeinlagen machen das Seil biegsamer, namentlich wenn solche auch in die Litzen eingelegt werden; indessen wird das Seil dadurch sehr weich;

5. der Flechtart: Bei gleicher Drahtstärke, Drahtzahl, gleichem Flechtwinkel usw. ist ein im Gleichschlage hergestelltes Litzenseil (Albertseil) biegsamer als ein Kreuzschlagseil. Dies hängt damit zusammen, daß sich jeder Draht eines solchen Seiles während der Biegung noch in die Lage drehen kann, die für ihn die günstigste ist.

Schließlich ist noch darauf zu achten, daß die Seilscheiben und -trommeln den für das Seil günstigsten Durchmesser bekommen. Dieser muß nämlich mindestens gleich der tausendfachen Drahtstärke sein. In der Praxis wird der Scheibendurchmesser häufig gleich dem hundertfachen Seildurchmesser gewählt; dieses Verfahren ist aber nicht nachahmenswert, weil ja zwei Seile von gleichem Durchmesser immerhin aus Drähten von ganz verschiedener Stärke bestehen können.

Der Drall. Unter dem Drall hat man die Erscheinung zu verstehen, daß ein belastetes Seil sich aufzudrehen sucht, während es sich im entlasteten Zustande wieder zudreht. Wegen der verschieden schweren Lasten beim Aufwärts- und Abwärtsgang der Schale dreht sich das Förderseil nicht gleichmäßig zu und auf; deshalb dreht es sich in der Seilscheibenrille und bewirkt eine einseitige Ausfräsung derselben. Der Drall ist zum Teil schon von der Fabrikation her in den Drähten vorhanden und entsteht in ihnen durch die Bearbeitung in den Zieheisen und durch das straffe Aufwickeln auf die Ziehtrommeln. Wo es darauf ankommt, drallfreie Seile zu haben, wie z. B. für die Mannschaftsfahrung und für die Streckenförderung mit Kettchenanschlag, kann man folgende Hilfsmittel anwenden.

1. Der Drall wird aus den einzelnen Drähten dadurch entfernt, daß man sie vor dem Zusammenschlagen zum Seile in der Seilbahn, einer langen, schmalen Halle, lang auszieht; die Drahtenden werden in Drehwirbeln festgemacht, die ein Auslaufen des Dralles gestatten. Eine aus solchen drallfreien Drähten hergestellte Litze liegt vollkommen glatt und gerade auf dem Erdboden, während jede andere sich ringelt und wirft.
2. Litzenseile können im Halbschlage hergestellt werden. Man stellt ein solches Seil aus gleich viel links- und rechtsgewundenen Litzen her.
3. Die Spiralseile können dadurch drallfrei gemacht werden, daß man sie im Kreuzschlage anfertigt; dies ist bei den verschlossenen Seilen immer der Fall.
4. Auch das Verhältnis der Windungslänge der Drähte und Litzen hat auf den Drall Einfluß. Seile, bei denen das Verhältnis 1 : 2 bis 1 : 3 beträgt, sind drallfrei.

Die verjüngten Seile. Für sehr bedeutende Schachttiefen dürfen die Seile nicht auf ihre ganze Länge den gleichen Metallquerschnitt behalten. Der unterste Seilquerschnitt hat stets nur die Förderlast zu tragen; jeder weiter oben liegende Seilquerschnitt trägt nicht nur diese, sondern auch das unter ihm hängende Seilstück. Dieses zu hebende Seilgewicht wird um so bedeutender, je länger das Seil ist. Mit zunehmender Seillänge wird endlich der „gefährliche Querschnitt“ erreicht; er vermag gerade nur noch das Seilgewicht zu tragen, nicht aber auch noch eine Förderlast. Die Länge des unter ihm hängenden Seilstückes ist dessen „Zerreißlänge“, d. h. diejenige Länge, bei der es infolge seines Eigengewichts im gefährlichen Querschnitte abreißen muß.

Die Zerreißlänge beträgt für ein

1. ungeteertes Aloeseil . . . . 12 000 m,
2. Tiegelgußstahlseil von 120 kg/qmm Bruchfestigkeit . . . . 12 500 m,

3. geteertes Hanfseil . . . . 6 000 m,
4. Förderseil aus Pflugstahldraht . . . . 20 000 „

(aus „Glückauf“ 1897, Nr. 31).

Um eine sechsfache Seilsicherheit zu haben, dürften diese Seile nur Längen erhalten von:

zu 1. 2000 m,
zu 2. ~ 2100 m,
zu 3. 1000 m,
zu 4. ~ 3300 m.

Fig. 7.
Dreieckslitziges Seil.

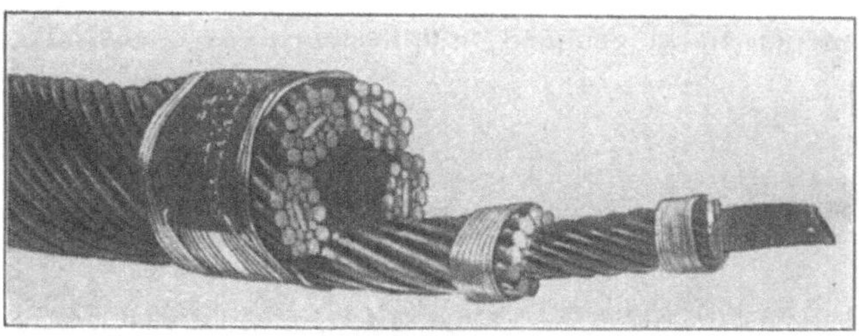

Fig. 8.
Flachlitziges Seil.

Man kann unter gleichzeitiger Verringerung des Seilgewichtes bedeutend größere Lasten heben, wenn man verjüngte Seile anwendet. Der Querschnitt eines solchen Seiles wird von oben nach unten absatzweise verkleinert. Er muß in jedem Absatz so berechnet sein, daß er bei entsprechender Seilsicherheit imstande ist, die Förderlast und das unter ihm befindliche Seilstück zu tragen.

Die Höhe der einzelnen Seilabsätze beträgt meistens 100 m. Die Verjüngung soll nicht durch Fortlassen von Drähten, sondern durch Anlöten dünnerer Drähte bei gleichbleibender Drahtzahl erreicht werden.

Die Verwendung verjüngter Seile ist erst bei mehr als 500 m Schachttiefe lohnend.

Professor Hrabak empfiehlt dagegen, verjüngte Seile erst bei 700—800 m Tiefe anzuwenden; das unterste Seilstück soll 300—400 m lang sein, während die übrigen Absätze eine Länge von etwa je 200 m erhalten. Als Begründung dafür weist er darauf hin, daß jedes Schachtförderseil heftigen axialen Stößen ausgesetzt ist; diese sind am untersten Seilende am stärksten und schwächen sich infolge der Elastizität des Seiles nach oben hin ab. Aus diesem Grunde muß das unterste Seilende eine möglichst hohe Sicherheit haben, die ihm durch das eben genannte Verjüngungsverfahren gegeben wird.

Die dreieckslitzigen und flachlitzigen Seile. Die Gleichschlagseile nutzen sich nicht so schnell ab wie die Kreuzschlagseile; sie sind also überall dort vorzuziehen, wo die Seile viel auf der Streckensohle schleifen (Bremsberge), oder wo sie in irgend welcher anderen Weise stark gescheuert werden (Seilförderstrecken). Die längere Lebensdauer der Albertseile ist damit zu erklären, daß bei ihnen die Drähte bei jedesmaligem Erscheinen an der Seiloberfläche mit einer größeren Länge freiliegen und infolgedessen nicht so stark gekrümmt sind; die Abnutzung verteilt sich also auf dieses längere Drahtstück und schreitet mithin nicht so schnell nach der Drahtmitte vor wie bei den Kreuzschlagseilen. Aus diesen selbigen Gründen erscheint bei einem Kreuzschlagseile jeder Draht doppelt so oft an der Außenseite des Seiles; die Zahl der Angriffspunkte für die Abnutzung wird hierdurch verdoppelt.

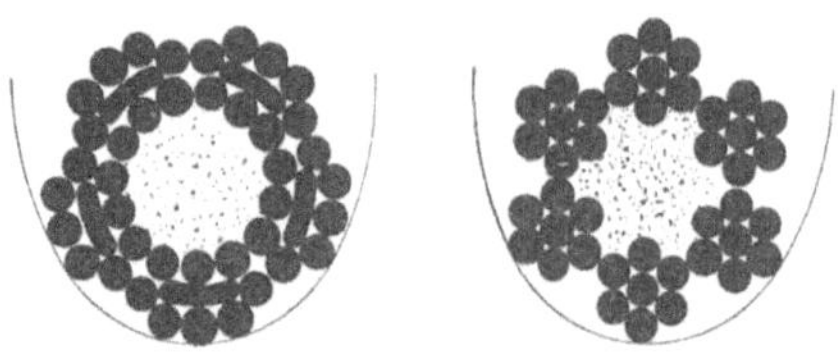

Fig. 9. Flachlitziges — Fig. 10. Rundlitziges
Seil in der Seilscheibenrille.

Um diese Übelstände herabzumindern, hat die Firma Felten & Guilleaume die dreieckslitzigen (Fig. 7) und flachlitzigen (Fig. 8) Seile auf den Markt gebracht. Sie bestehen aus Litzen mit 2 bzw. 3

Fig. 11.
Flachlitziges Litzenspiralseil.

Breitseiten. Es liegt somit von jeder Litze eine größere Zahl von Drähten auf dem Grunde der Seilscheibenrille auf (Fig. 9), was bei den rundlitzigen Seilen nicht der Fall ist (Fig. 10). Die Abnutzung verteilt sich bei beiden Seilarten auf eine wesentlich größere Zahl von Drähten.

Die dreikantlitzigen Seile haben vor den flachlitzigen den Vorzug, daß sie keine so starke Hanfseele brauchen, den Seilquerschnitt also besser ausnutzen. Um dies einigermaßen wettzumachen, werden die flachlitzigen Seile auch nach Hrabaks Vorschlag als Litzenspiralseile (Fig. 11) angefertigt.

Die flachlitzigen und verschlossenen Seile sind bis jetzt den gewöhnlichen rundlitzigen Seilen weder in der Lebensdauer noch in der Nutzleistung gleichgekommen. Dagegen haben die Dreikantlitzenseile allen anderen Seilen gegenüber in den letzten Jahren große Überlegenheit bewiesen, und zwar auch in Schächten mit saurem Wasser.

c) Die Kabelseile.

Um die schwersten Lasten zu heben, die im Bergbau überhaupt vorkommen, benutzt man die Kabelseile (Fig. 12). Hauptsächlich braucht man sie beim Einhängen schwerer Maschinenteile oder auch ganzer Maschinen (Lokomotiven) und beim Schachtabteufen zum Tragen fliegender Abteufpumpen und zum Einlassen ganzer Tübbingsringe.

Fig. 12. Kabelseil.

Neben einer hohen Tragfähigkeit verlangt man von ihnen in allen diesen Fällen auch noch eine große Biegsamkeit; denn sie müssen um geringe Trommel- und Scheibendurchmesser geschlungen werden. Deshalb erhalten sie sehr viele Hanfeinlagen. Es werden nämlich sechs oder mehr Drähte um eine Metallseele zusammengeschlagen; sechs solcher Litzen erhalten eine Hanfseele und bilden ein „Seilchen". Sechs Seilchen bilden das Kabelseil, das ebenfalls eine Hanfseele erhält.

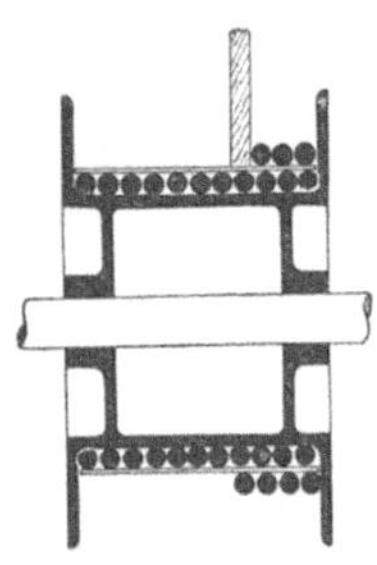

Fig. 13. Kabelseil auf der Trommel mit Schutzbrettern zwischen den einzelnen Seillagen.

Die vielen Hanfeinlagen sind die Veranlassung dafür, daß das Kabelseil sehr weich und empfindlich gegen Quetschungen wird. Diese letzteren sind beinahe unvermeidlich, weil lange Kabelseile mit Rücksicht auf den geringen Durchmesser ihrer Seiltrommeln immer in mehreren Lagen übereinander aufgewickelt werden. Einzelne Windungen einer oberen Lage werden dann immer zwischen die der nächstunteren Lage gezogen und drücken sich dabei flach. Um diese beiden Mißstände zu vermeiden, legt man während des Aufwickelns zwischen die einzelnen Seillagen dünne Zwischenbretter (Fig. 13).

d) Die Bandseile.

Die Bandseile (Flachseile) wurden früher durchweg aus Hanf hergestellt; auch jetzt noch finden sich solche Hanfseile ab und zu, sogar in Schächten von bedeutender Tiefe. In den weitaus meisten Fällen wird aber auch bei der Anfertigung von Flachseilen heutzutage Stahldraht benutzt.

Sie bestehen aus zweimal geflochtenen Rundseilen, die man nebeneinander legt und miteinander vernäht. Diese Rundseile, die richtiger Litzenseile oder Schenkel heissen, bestehen aber nur aus je vier Litzen, und diese wiederum aus je vier oder auch mehr Drähten.

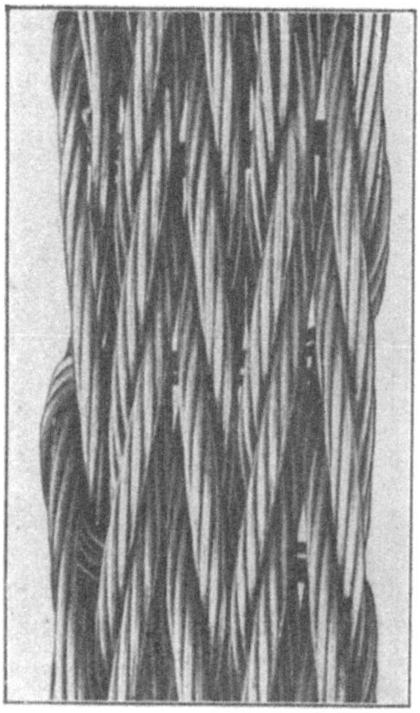

Fig. 14.
Flachseil.

Um dem Seile jeden Drall zu nehmen, werden Schenkel verwendet, die wechselweise rechts- und linksherum gewunden sind (Kreuzschlag).

Das Vernähen erfolgt je nach der Seilstärke nur mit Draht oder mit dünnen Litzen, die in Schlangenlinien hin- und hergeführt werden (Fig. 14). Statt dessen werden auch wohl nur Stifte quer durch das Seil gesteckt.

Wegen ihrer Gestalt kann man die Bandseile nicht in nebeneinander liegenden Windungen aufwickeln wie die Rundseile, sondern nur in solchen, die übereinander liegen. Die dazu gebrauchten Trommeln, die Bobinen, sind naturgemäß nur sehr schmal; auch darf ihr Durchmesser nicht allzu groß sein; denn dieser wächst sowieso mit der Zahl der Seilwindungen. Außerdem würde dadurch das Kraftmoment der Fördermaschine sehr ungünstig beeinflußt werden; denn der Kurbelradius, der Kraftarm, bleibt ständig derselbe, der Lastarm verändert sich aber mit jeder neuen Seillage. Mit Rücksicht auf diesen geringen Trommeldurchmesser muß das Bandseil große Biegsamkeit haben; diese gibt man ihm durch 3—7 mm starke Hanfeinlagen, die in die Litzen kommen.

Mit Rücksicht auf die Biegsamkeit werden auch die Drähte nicht stärker als 2 mm genommen. Viel schwächer dürfen sie andererseits aber auch nicht sein, weil sie sich auf der Bobine gegenseitig stark abreiben.

Wegen des schnelleren Verschleißes soll man Bandseile nicht länger als 1 Jahr für Seilfahrtszwecke benutzen. Eine längere Verwendung ist nur unter besonderen Umständen angängig, z. B. wenn nur gelegentlich einzelne Personen fahren.

Die Arbeitsleistung und Aufliegezeit der Bandseile kommt von allen Seilarten den Rundseilen am nächsten. Im Oberbergamtsbezirke

Dortmund hatten z. B. im Jahre 1906 75,8% der Bandseile weniger als 400 Tage aufgelegen, während 54,4% der Rundseile über 400 Tage Aufliegezeit hatten. Die längste Aufliegezeit betrug bei Bandseilen 1115 Tage, bei Rundseilen 3822 Tage.

57,6% der Bandseile hatten weniger als 24 Milliarden Meterkilogramm-Nutzleistung (Höchstleistung 83,52 Milliarden Meterkilogramm); dagegen hatten etwa 50% der Rundseile über 75 Milliarden Meterkilogramm Nutzleistung (Höchstleistung 829,19 Milliarden Meterkilogramm).

Die Bandseile bleiben also noch immer weit hinter den gewöhnlichen Rundseilen zurück.

III. Die Mittel zur Schonung der Seile.

Die Lebensdauer eines Seiles ist verschieden lang; sie hängt von vielen schädlichen Einflüssen ab, die das Seil im Bergwerksbetriebe zu zerstören suchen und sich auf keine Weise beseitigen, höchstens nur abschwächen lassen.

Im Interesse der Grubenverwaltung liegt es, die Seile möglichst lange lebensfähig zu halten. Im allgemeinen beträgt die Lebensdauer bei flotter Förderung etwa zwei Jahre.

Nach der Ansicht der Großbritannischen Grubensicherheitskommission geht die Lebensdauer der Seile in keinem Falle über 3 bis 3½ Jahre hinaus.

Es gibt aber Grubenverwaltungen, welche die Seile nicht einmal so lange im Hauptbetriebe verwenden. So benutzen z. B. viele Oberschlesische Bergwerke die Seile nur ein Jahr lang zur Seilfahrt bzw. zur Schachtförderung, verwenden sie aber dann für untergeordnete Zwecke, indem sie sie in die Litzen auflösen und zur Gesenkförderung oder beim Bremsbergbetriebe weiterverwerten.

Um die Seile möglichst lange lebensfähig zu halten, soll man dem Fabrikanten bei der Bestellung eines neuen Seiles am besten eine um 50% erhöhte Sicherheit vorschreiben, d. h. man müßte von ihm verlangen:

1. mindestens neunfache Sicherheit gegenüber der Höchstbelastung bei der Materialförderung und
2. daß die Drähte um die Hälfte mehr Biegungen aushalten müssen als wie seitens der Bergbehörde vorgeschrieben ist.

Die Fabrikanten werden infolgedessen z. T. schwere Seile anbieten, die aus Drähten von geringerer Bruchfestigkeit bestehen, z. T. werden sie leichtere Seile mit Drähten von hoher Bruchfestigkeit liefern wollen. Die Entscheidung des Käufers wird sich dann nach dem Preise richten, welcher wieder von der Qualität abhängig ist.

Beispielsweise sind Drähte mit 200 kg/qmm Bruchfestigkeit um etwa ein Drittel teurer als Drähte von 150 kg/qmm. Infolge der erhöhten Tragkraft der Drähte werden die Seile dünner; zweckmäßigerweise nimmt man dann auch dünnere Drähte, weil dadurch die Biegungsspannungen verringert werden. Dadurch wird ein Preisunterschied von etwa 50% bedingt. Die dünneren Drähte mit hoher Tragkraft kosten nämlich das 1,5 fache der dickeren Drähte mit niedriger Tragkraft. Dagegen ist das Seil mit einer Tragkraft von 200 kg/qmm 5 mal leichter als das andere Seil, kostet also nur $\frac{1,5}{5} = {}^3/_{10}$ des Seiles mit 150 kg/qmm Zerreißfestigkeit. Daraus ergibt sich ohne weiteres, daß das Seil aus der dünneren, aber teureren Qualität tatsächlich das billigere ist.

Namentlich mit zunehmenden Schachttiefen erhöhen sich die Seilgewichte nicht im einfachen, sondern in schnell wachsendem Verhältnis. Deshalb muß man bei großen Schachttiefen Seile aus Drähten von hoher Bruchfestigkeit anwenden; man erzielt dadurch, wie Baumann angibt, folgende Vorteile:

1. erleichterte Fördermöglichkeit,
2. größere Betriebssicherheit,
3. geringere Kapitalanlage und
4. größere Betriebsersparnisse.

Die schädlichen Einwirkungen können schon bei Reserveseilen einsetzen, die sich noch im Lagerraume befinden. In der Hauptsache geschieht dies hier durch Rosten, weil, wenn die Räume feucht sind, die Erdfeuchtigkeit in die Seile eindringt. Man muß darum auf Trockenheit der Magazine achten und die Seile auf Holzunterlagen aufsetzen, damit sie mit dem Erdboden nicht in Berührung kommen; doch sind auch solche Holzunterlagen nicht immer vollkommen sicher.

Die häufigsten Schäden, die im Betriebe auf die Förderseile einwirken, nebst den Mitteln zu ihrer Beseitigung wären die folgenden:

1. Temperaturwechsel. Ein sehr schneller Temperaturwechsel wirkt auf die Seile beispielsweise im Winter ein, wo das Seil im steten Wechsel aus den warmen Ausziehschächten in die kalte Winteratmosphäre kommt.

2. Wechselnde Zugbeanspruchung. Sie macht sich bei der Schachtförderung am häufigsten geltend. Das Seil ist entlastet, während die Schalen auf den Aufsatzvorrichtungen aufstehen; sowie das nächste Treiben beginnt, wird es straff angespannt. Als Folge hiervon wird das unterste Seilende schnell spröde und brüchig.

Vorbeugungsmittel sind:

a) Förderung ohne Aufsatzvorrichtungen bzw. mit Aufsatzbühnen (Förderkorbanschlußbühnen) in den Füllörtern, neuerdings auch an der Hängebank;

b) Puffervorrichtungen oder Federbüchsen an der Schale, um das Seil stets straff zu halten;

c) in bestimmten Zeiträumen wiederholtes Abhauen des untersten Seilendes; hierdurch wird die Lebensdauer des Seiles um 10 bis 30 % verlängert.

Das einfachste Verfahren zum Abhauen des Seilendes ist, daß man dieses auf einen Amboß legt, an der abzuhauenden Stelle breit schlägt und nun die einzelnen Litzen mit Schrotmeißel und Hammer durchkreuzt. Eine gleichmäßige Schnittfläche ist hierbei aber nicht zu erzielen, das Seilende verliert seine Form, und es macht oft Schwierigkeiten, dieses Ende durch die Öffnung in der Seilklemme oder im Seilkorbe durchzubringen. Ferner braucht man zu dieser Arbeit mindestens 4 Mann. Es sind deshalb Seilabhau-Apparate gebaut worden, welche diese Arbeit schneller und einfacher durchzuführen gestatten.

Der Seilabhauer „Herkules" von Georg Heckel in St. Johann-Saarbrücken erledigt das Seilabhauen mit nur 2 Mann und in dem vierten Teil der Zeit. Ein Mann legt das Seil zwischen die Meißel, welche in besonderen Führungen des

Apparates gleiten, der andere schlägt mit einem entsprechend schweren Hammer auf den oberen Meißel. Da das Seil straff eingespannt ist, kann es nicht ausweichen, also auch nicht seine Form verlieren.

Fig. 15. Seilabhauschere von H. Korfmann jun.

Die Seilabhau-Schere (Fig. 15) von Heinr. Korfmann jun., Maschinenfabrik in Witten a. R., hat ebenfalls 2 Meißel mit halbkreisförmigen Schnittflächen, zwischen die das Seil dadurch eingeklemmt wird, daß man den Bügel mit dem oberen Meißel mit Hilfe der Spindel und des Handrades niederdrückt. Nun schlägt der andere Mann mit dem Vorhammer auf den Kopf des Meißels; ein Zurückspringen dieses Meißels wird durch den Bolzen verhütet, mit dem er im Bügel befestigt ist. Der zweite Arbeiter zieht dabei regelmäßig die Mutter der Schraubenspindel mit Hilfe des Handrades an.

Auf Grube „Reden" im Saar-Reviere hat man eine fahrbare Vorrichtung zum Abhauen der Förderseile. Sie besteht aus einem Stahlguß-Amboß A (Fig. 16) mit eingesetztem Messer und aus dem keilförmigen Messer K. In das Loch L, dessen

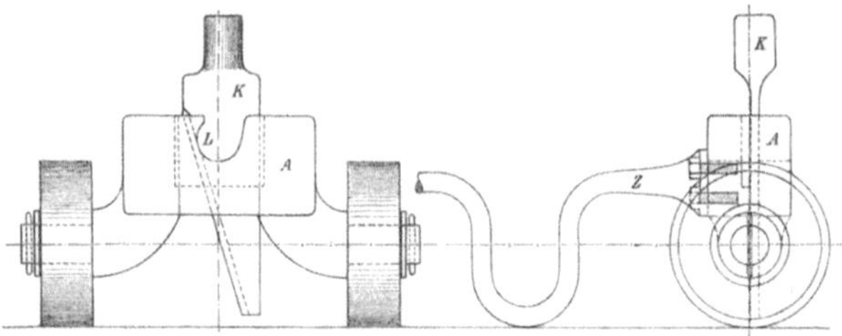

Fig. 16.
Seilabhauer. (Aus Vers. und Verb. i. J. 1904.)

Form ein Ausweichen des Seilschwanzes verhindert, wird das abzuhauende Seilstück eingesteckt. Das Durchschneiden erfolgt durch Schläge auf den Kopf des Keilmessers K; hierbei hält die gekröpfte Zugstange Z den Amboß in wagerechter Lage.

3. Plötzliche axiale Stöße. Sie entstehen durch plötzliche Geschwindigkeitsänderungen während eines Treibens, namentlich aber, wenn bei Überschreitung der Höchstgeschwindigkeit der Sicherheitsapparat in Tätigkeit tritt. Je kürzer das Seilstück und je höher der Festigkeitsgrad des Materials ist, um so gefährlicher sind nach der z. Zt. noch herrschenden Annahme die Stöße. Deshalb soll man hochfestes Material nur in tiefen Schächten verwenden; die Seilscheiben sind möglichst hoch über der Hängebank zu verlagern.

Vorbeugungsmittel sind:

a) ein zuverlässiger Maschinenwärter und

b) Benutzung der neuerdings immer mehr in Aufnahme kommenden Steuerungsregler.

4. Biegungen des Seiles. Unnötige Biegungen, ganz besonders aber solche nach entgegengesetzten Richtungen, sind zu vermeiden. Der Seiltrommel- und Seilscheibendurchmesser soll mindestens das 1000fache des Drahtdurchmessers betragen.

Es ist nachgewiesen, daß im rheinisch-westfälischen Industriebezirk die Seilkosten für ein gefördertes Tonnenkilometer auf den älteren Zechen, deren Seilscheiben einen Durchmesser von höchstens 4 m besitzen, 3—4 mal größer sind als bei den neueren Zechen mit Seilscheibendurchmessern von 5—6 m.

Am meisten leiden infolge von schädlichen Biegungsspannungen solche Seile, die abwechselnd nach der einen Seite und dann nach der anderen Seite gebogen werden. Dies ist bei Koepeförderung immer der Fall, bei Trommelförderung stets beim unterschlägigen Seil. Ferner tritt es ein, wenn die Last — z. B. der Kübel — nicht geführt wird, oder wenn das Zwischengeschirr mit einem Drehwirbel versehen ist. Doch hat man selbst bei geführten Lasten beobachtet, daß sich nicht immer derselbe Teil des Seiles auf die Scheibe auflegt, d. h. also, daß das Seil sich um seine Längsachse dreht; dies ist bei längeren Seilen sehr häufig, in einem Falle sogar bei einer Fördertiefe von nur 50 m beobachtet worden.

Um die Lebensdauer des unterschlägigen Seiles zu verlängern, legt man es nach einiger Zeit um, vertauscht also Trommelende und Schalenende miteinander. Durch dieses Umlegen will man die Lage der am stärksten beanspruchten Stellen ändern. Diese schwachen Punkte befinden sich dort, wo bei Ende des Treibens das Seil an der Trommel und an der Seilscheibe anliegt. Jedes Seil hat also 4 schwache Punkte. Für gewöhnlich wird das Umlegen des Seiles nach etwa einem Drittel seiner Lebensdauer vorgenommen.

In Österreich ist es erlaubt, Rundseile innerhalb der ersten 9 Monate, Bandseile innerhalb der ersten drei Monate umzulegen, worauf sie für Seilfahrtszwecke als neue Seile angesehen werden. Doch hat ein solches Umlegen nach Laske wohl nur dann Wert, wenn die Mehrzahl der gebrochenen Drähte des bisherigen unteren Seilendes auf die Trommel kommt.

Die Großbritannische Grubensicherheitskommission hält nach ihren Erfahrungen das Umlegen für nicht vorteilhaft, weil es dann häufig vorkommt, daß nach dem Umlegen unter einem schwachen Punkte ein im Verhältnis größeres Seilgewicht hängt als vorher.

5. Das Schleifen des Seiles. Es ist besonders häufig in tonnlägigen Schächten, dann ferner im Grubenbetriebe auf Bremsbergen und maschinell betriebenen Streckenförderungen.

Vorbeugungsmittel sind:

a) Wahl einer Flechtart, die größere Sicherheit gegen das Durchscheuern der Drähte bietet (Albertschlag, flachlitzige und dreikantlitzige Seile);

b) es werden Tragerollen eingebaut, die das Seil vor einer Berührung mit den Schachtstößen schützen;

c) man wählt Drahtmaterial von hoher Bruchfestigkeit, weil es infolge des höheren Kohlenstoffgehaltes härter ist.

6. Rost und saures Wasser. Die Seildrähte werden von beiden angefressen; das Seil erleidet infolgedessen Einbuße an seiner Tragfähigkeit. Je höher die Festigkeit des Materials, um so weniger widerstandsfähig ist es gegen Rost. Innere Verrostungen erkennt man daran, daß die Litzen etwas gelockert sind und die Drähte voneinander abstehen. Zur genaueren Untersuchung läßt man diese Stelle durch einen geübten Spleißer etwas aufdrehen und dann wieder schließen.

Vorbeugungsmittel sind:

a) Die Drähte werden vor dem Verflechten zum Seile auf galvanischem Wege mit einem dünnen Schutzüberzug von Blei, Zink oder Kupfer versehen. Am häufigsten findet sich das Verzinken. Derart geschützte Seile haben sich schon vielfach vorzüglich bewährt. Der metallische Überzug erhöht aber das Seilgewicht nicht unwesentlich, ohne daß gleichzeitig die Tragfähigkeit wächst.

Durch das Verzinken erleiden die Drähte häufig eine Verschlechterung, indem sie

an Zugfestigkeit um	. . . .	8—10 %
an Biegefestigkeit um	. . . .	8—22 %
an Verwindefestigkeit um	. . . .	29—74 %

abnehmen. Die Festigkeitsabnahme ist um so größer, je dünner der Draht ist. Speer hat diese Erscheinung eingehend untersucht und ist zu dem Schlusse gekommen, daß die Festigkeitsabnahme eine Folge der Heißverzinkung ist. Das Zinkbad hat nämlich eine Temperatur von 500° Celsius, wodurch das Drahtmaterial ungünstig beeinflußt wird. Das kommt daher, daß sich zwischen dem Draht und der Zinkschicht eine Eisen-Zink-Legierung bildet, welche sehr spröde ist. Doch lassen sich diese Schäden nachher wieder durch eine entsprechende Wärmebehandlung ausgleichen, soweit als es sich um die Biege- und Verwindefestigkeit handelt.

Insbesondere muß man, wie Speer ermittelt hat, zwecks Herstellung eines guten und brauchbaren Förderseildrahtes

1. vor dem Verzinken den Draht sorgfältig reinigen und dafür sorgen, daß jede sich beim Waschen bildende Chlor-Verbindung wirksam beseitigt wird;
2. die Wärme des Verzinkherdes muß regulierbar sein, um die Temperatur der Drahtqualität anpassen zu können;
3. für die einzelnen Drahtstärken und Drahtfestigkeiten muß man die günstigste Geschwindigkeit des Durchziehens ausprobieren;
4. man muß die günstigste Temperatur des Zinkbades ausprobieren.

b) Es wird die größte Drahtnummer gewählt, die mit Rücksicht auf etwaige Seilbiegungen zulässig ist. Denn stärkere Drähte werden nicht so schnell vom Roste durchgefressen wie dünnere.

c) Das Seil wird geschmiert. Die Schmiere soll harz- und säurefrei sein. Denn die Säure schadet dem Seile. Ist die Schmiere harzig, so bildet sie bald harte Krusten. Diese Krusten brechen auf, wenn das Seil gebogen wird, und auf den Rissen kann Wasser an und in das Seil kommen und dieses zum Rosten bringen, ohne daß man etwas davon wahrnimmt.

Das Schmieren der Förderseile hat nach Speer die Nachteile,

1. daß die Feuersgefahr erhöht wird,
2. daß das Seil bei Treibscheibenförderung rutscht,
3. daß das Seil von innen zu rosten anfängt, wenn sich seine Seele in nassen Schächten voll Wasser gesaugt haben sollte.

Als gute Schmiermittel wären zu nennen: Graphit oder Mischungen hiervon mit Vaselin, Leinöl, Palmöl oder einem anderen pflanzlichen Öle.

Auf Schachtanlage „Hugo II“ bei Holten schmiert man die Koepeseile mit einer Mischung aus Eisenlack und Holzkohlenteer. Diese Schmiere wird erwärmt und im flüssigen Zustande mit Hilfe eines Schmierapparates auf das Seil aufgetragen. Sie haftet gut; das Seil ist noch nie gerutscht. Sodann war sie ein guter Schutz gegen Rost, so daß ein Verzinken der Seile überflüssig war.

Die Hanfseelen und Seildrähte sollen schon in der Fabrik gut eingefettet worden sein.

Die Schmiere wird am besten heiß aufgetragen. In trockenen Seigerschächten hat dies alle 14 Tage zu geschehen, in nassen oder tonnlägigen Schächten alle Wochen, nötigenfalls auch öfter.

Damit das Seil bei jeder Neuschmierung gut durchgefettet wird, muß die alte, erhärtete Schmiere vorher entfernt werden. Hierzu dienen verschiedene Seilreinigungsapparate.

Der Seilreinigungsapparat von Kappatsch (Fig. 17) (Firma: Oberschlesische Maschinen-Vertriebs-Cie, Gleiwitz) ist in einer Schraubenschneidekluppe nachgebildet und besteht aus zwei Hälften a und b, die in einem Gelenke c leicht beweglich sind. Sie werden mit Hülfe des Bügels d festgestellt. Der eigentliche Seilreiniger ist der zweiteilige Ring e, dessen Innenfläche der Seiloberfläche genau angepaßt ist. Um das Seil zu reinigen, wird der Apparat übergelegt und festgehalten,

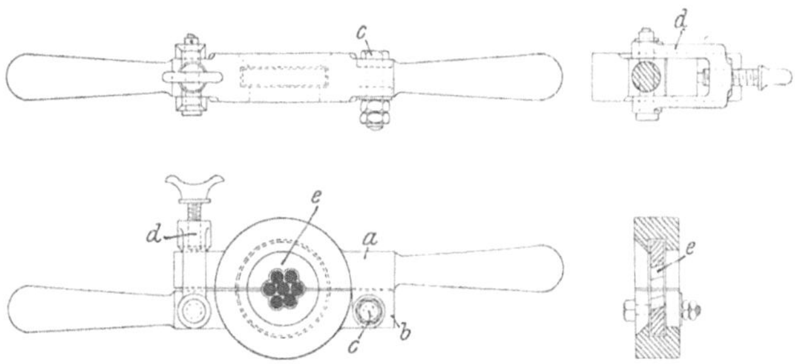

Fig. 17.
Seilreiniger von Kappatsch.

während das Seil geht. Dabei dreht sich der Ring und streift alle Schmiere vom Seile ab. Gleichzeitig zeigt der Apparat auch Drahtbrüche an, denn an solchen Stellen wird er vom Seile mitgerissen. Natürlich darf er mit Rücksicht auf etwaige Drahtbrüche nur mit den Händen gehalten, nicht aber in anderer Weise festgelegt werden.

Der Seilreinigungsapparat von Birkholz (Fig. 18) (Firma: Salau & Birkholz in Essen). Er ist insbesondere für Schachtförderseile bestimmt, die er während ihres Abwärtsganges reinigt. Die auf Kugeln ruhende Scheibe a trägt so viele Schaber b, als das Seil Litzen hat. Sie können mit Hilfe der Stellschrauben c auf jede Seilstärke eingestellt werden. Die Spiralfedern d drücken die Schaber so fest gegen das Seil, daß die Schmiere sicher entfernt wird, ohne die Drähte zu beschädigen.

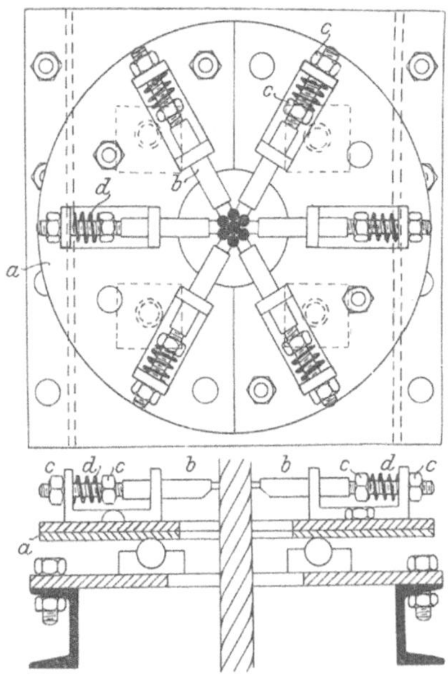

Fig. 18.
Seilreiniger von Salau & Birkholz.

Der Seilreinigungsapparat von Weinmann & Lange in Gleiwitz (Fig. 19a und b) reinigt das Seil und schmiert es gleichzeitig von neuem. Die Schmiere wird in den zylindrischen Schmierbehälter a eingefüllt und von hier mittels des Kolbens b, der Schraubenspindel c und des Handrades d durch die Schmierkanäle e und f in den unteren Schmierbehälter g gedrückt. Dieser besteht aus zwei Teilen; der Boden ist nämlich mit dem Oberteile gelenkig verbunden, um das Seil in diesen Behälter einführen zu können. Es tritt bei h in ihn ein und wird sofort von dem hier angebrachten Reibkissen von Rost und Schmiere befreit. Darauf geht es zwischen den Schmierrollen i und k durch und wird schließlich bei seinem Austritt aus dem Behälter durch das Reibkissen l von überflüssiger Schmiere befreit. Die Schmierrollen i und k erhalten das Fett durch die Kanäle e und f zugeführt; sie können mittels der Stellschraube m fest gegen das Seil gedrückt werden, so daß sie es von allen Seiten umschließen.

Auf Schacht „Hugo“ bei Holten werden die Seile anstatt mit Fett mit gebrauchtem Maschinenöl eingeschmiert. Der hierbei benutzte Apparat System

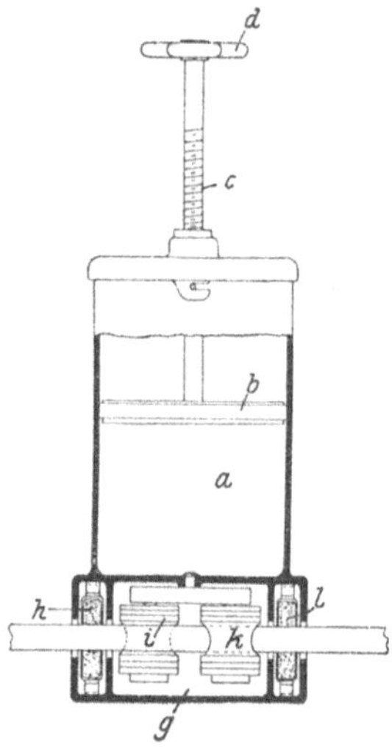

Fig. 19a.

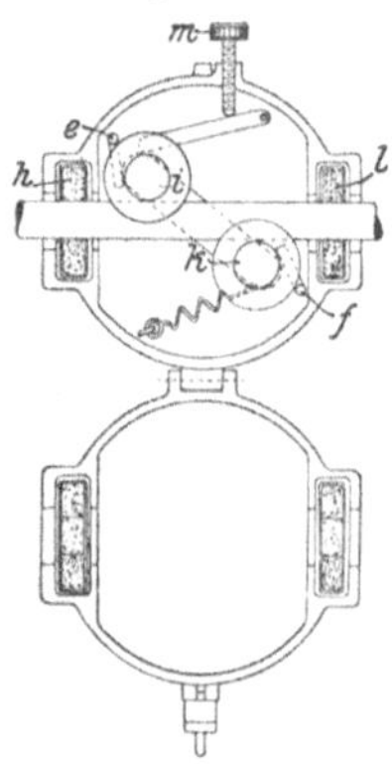

Fig. 19b.

Seilreinigungs- und Seilschmierapparat von Weinmann & Lange.

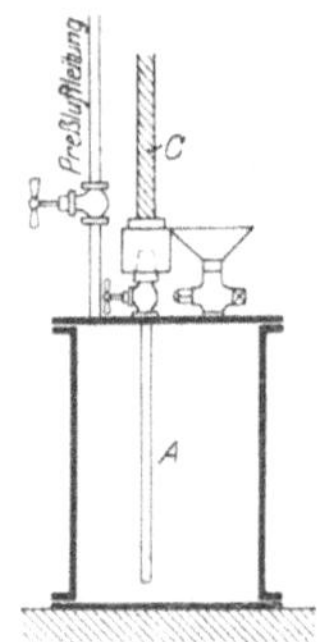

Fig. 20.

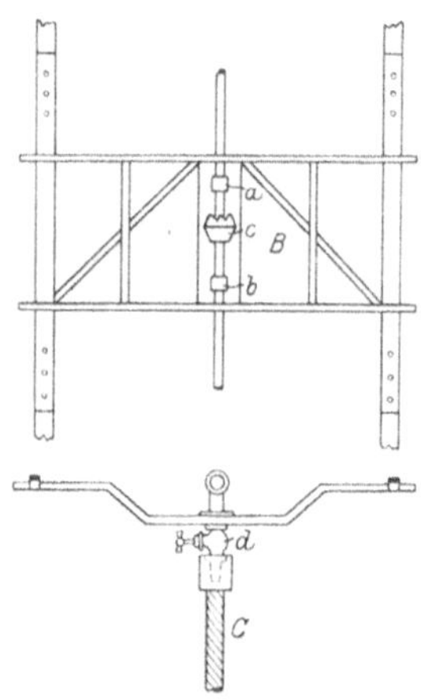

Fig. 21.

Fig. 20 und 21.

Seilschmierapparat „Westfalia“. (Aus „Preuß. Zeitschrift“ 1909.)

„Westfalia“ besteht aus einem Gefäß A (Fig. 20), das an die Druckluftleitung angeschlossen ist, dem Düsenapparat B und dem Verbindungsschlauche C (Fig. 21). Der Schmierkopf c sitzt an einem Gestell, welches an die Leitungsbäume angeschraubt wird; a und b sind die Seilführungen. Aus den 6 Düsen (Fig. 22) treten Ölstrahlen aus, deren Stärke durch den Hahn d geregelt wird. a, b und c sind aufklappbar und umschließen das Seil nur während der Benutzung. Fig. 23 zeigt den

Apparat auf einem fahrbaren Gestelle. Das Seil geht durch den Schmierapparat mit einer Geschwindigkeit von 6—8 m. Zum Schmieren zweier Seile von je 700 m Länge braucht man jetzt nur noch 20 Minuten, während früher die Handschmierung mit Fett 8 Stunden erforderte. Nach dem neuen Verfahren belaufen sich die Kosten auf monatlich 19,10 Mark; das alte Handschmierverfahren bereitete Kosten von monatlich 108 Mark.

Bei dem Schmierapparate von August Keil in Altenessen (Fig. 24) wird das Seil zunächst durch Dampf vom Schmutz gereinigt und dann das Schmiermittel ebenfalls durch Dampf aufgebracht. a ist die Dampfanlage von der die Leitung b mit dem Absperrhahn c ausgeht; in sie münden zu beiden Seiten des Absperr-

Fig. 22.
Schmierkopf „Westfalia".

hahnes die Leitungen e, welche mit Absperrhähnen f und g versehen sind und in dem Schmierbehälter d endigen. Sind die Hähne f und g geschlossen und Hahn c auf, so tritt Dampf in den Hohlkörper h und von da gegen das Förderseil. Ist auf diese Weise das Seil gereinigt, so werden die Hähne f und g geöffnet und Hahn c geschlossen. Nun drückt der Dampf das Schmiermittel aus dem Schmierbehälter d in den Hohlkörper und von da auf das Förderseil.

Koepeseile werden im allgemeinen nicht geschmiert, weil sie sonst auf der Treibscheibe rutschen. Manche Werke verlangen auch, daß die Seele dieser Seile bei der Anfertigung nicht eingefettet wird, weil sich das Fett im Laufe des Betriebes herauspreßt. Aus diesen Gründen hatte im O.-B.-A.-Bezirke Dortmund etwa die Hälfte der im Jahre 1906 verwendeten Koepeseile eine Aufliegezeit von weniger als 500 Tagen und eine Nutzleistung von weniger als 100 Milliarden Meterkilogramm.

7. Gebrochene Drähte. In Spiralseilen, mit Ausnahme der verschlossenen Seile, nimmt man Drahtbrüche sehr leicht wahr, weil sich der Draht sofort aus dem Seile herausschält.

In den Litzen- und Kabelseilen läßt sich das Vorhandensein von Drahtbrüchen in einfacher Weise dadurch feststellen, daß man etwas Putzwolle in die Hand nimmt und nun das Seil mit einer Geschwindig-

Fig. 23. Seilschmierapparat „Westfalia“.

keit von 20—25 cm/sec durchgleiten läßt. Vorstehende Drahtenden sind an den Stellen, wo der Draht im Seile verschwindet, abzukneifen. Anderenfalls würden sich diese Spitzen beim Laufen über die Seilscheiben in das Seil eindrücken und es beschädigen; dasselbe kann auf den Seiltrommeln mit den Nachbarwindungen geschehen.

Die Stellen, wo sich Drahtbrüche befinden, sind durch Umbinden eines Hanfringes sofort kenntlich zu machen und bei jeder Untersuchung des Seiles besonders sorgfältig zu prüfen.

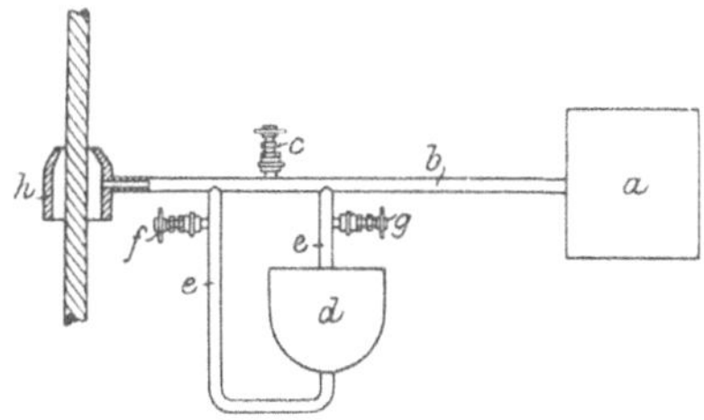

Fig. 24.
Seilschmierapparat von Keil, D.R.P. 214 394.

IV. Die Prüfung der Seilsicherheit.

Ein Schachtförderseil darf weder bei der Materialienförderung noch auch ganz besonders bei der Mannschaftsfahrung bis zu seiner Bruchbelastung in Anspruch genommen werden. Seine tatsächliche Belastung darf immer nur einen Bruchteil der Zerreißfestigkeit betragen. Ist dieser Bruchteil z. B. $^1/_6$, so besitzt das Seil sechsfache Sicherheit.

a) Die Prüfung der Seilfahrtseile.

Tägliche Prüfung. Die Seilfahrtseile sind täglich bei hellem Lichte zu prüfen. Außer auf Drahtbrüche muß dabei geachtet werden auf Abnutzung, Lockerung der Litzen, Langziehen der Windungen, Klinkenbildung, Roststellen usw.; an solchen Stellen ist anzuhalten, das Seil zu reinigen und genau zu prüfen. Über den Befund wird eine Eintragung in das behördlicherseits vorgeschriebene Seilfahrtbuch gemacht. Alle bekannten der Überwachung bedürftigen Stellen werden durch ein Zeichen, z. B. eine Hanfschlinge, am Seile kenntlich gemacht. Besonders zu überwachen sind ferner noch die Seilstücke, die beim Ende eines Treibens zwischen der Trommel und der Seilscheibe liegen, und die, welche „in den Augenblicken der normalen Beschleunigung oder Verlangsamung des Treibens mit den Seilscheiben oder schweren Führungsrollen in Berührung sind".

Um die Schachtförderseile und die Zwischengeschirre sorgfältig und gefahrlos nachsehen zu können, benutzt man auf Schacht „Schlegel und Eisen V/VI" eine Bühne, die im Luftschachte angebracht ist. Sie ist ein Gestell von 6 m Länge, und 0,6 m Breite und am Vorderende mit einem Geländer versehen. Bei der Benutzung ragt dieses Ende frei in den Schacht hinein, wobei das hintere mit Hilfe eines 50 mm starken Bolzens in einem 2 m langen Schlitze in dem eisernen Bodenbelag der Hängebank gehalten wird. Es kann also nicht zu weit in den Schacht hineingeschoben werden.

Eine ähnliche Einrichtung hat man auf Schacht III derselben Zeche. Dort ist am Luftschacht eine mittels einer Fahrt zugängliche kleine Plattform (Fig. 25) in einer Höhe von 0,8 m über dem höchsten Stande der Förderschale angebracht. An dieser Plattform ist eine um Gelenke schwenkbare Bühne befestigt, die bei der Seilrevision in den Schacht hinein umgeklappt wird und gleichzeitig beide Trümer überdeckt. Sie trägt ebenfalls am Vorderende ein Geländer und ist zur größeren Sicherheit durch eine starke Kette mit dem Fördergerüste verbunden. Von den Gelenken aus hat sie außerdem noch 250 mm Auflage auf der Plattform.

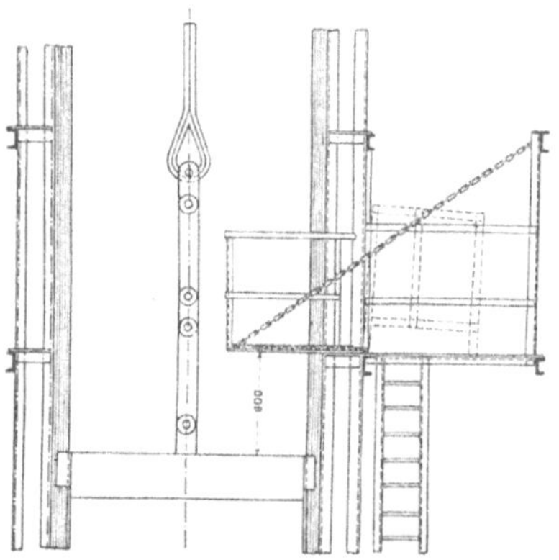

Fig. 25.
Bühne zur Prüfung von Schachtseilen. (Aus Vers. und Verb. i. J. 1904.)

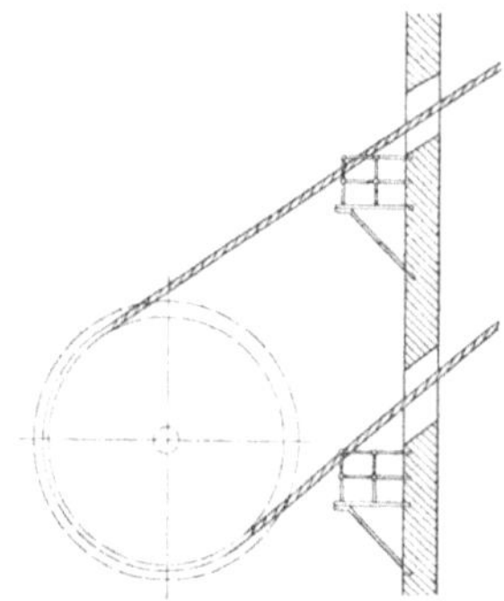

Fig. 26.
Standbühnen. (Aus Der Bergbau XXI, Nr. 35.)

Auf Schacht „Franz“ des Eschweiler Bergwerks-Vereins hat man im Maschinenraume an den Seilfenstern Standbühnen (Fig. 26) angebracht, um auch das zwischen der Fördermaschine und den Seilscheiben befindliche Seil untersuchen zu können.

Periodische Prüfungen. Die periodischen Prüfungen werden an Seilen vorgenommen, die im Betriebe sind. Über die Art ihrer Ausführung sind die Vorschriften in den einzelnen Staaten verschieden.

Kgr. Preußen. Jedes Förderseil muß im Verhältnis zur Meistbelastung bei der Produktenförderung dauernd mindestens eine sechsfache Sicherheit gewähren. Die Belastung des Korbes darf bei der Seilfahrt nicht mehr als die Hälfte der Korbbelastung bei der Produktenförderung betragen. In den O.-B.-A.-Bezirken Dortmund und Bonn wird dagegen vorgeschrieben, daß jedes Förderseil dauernd mindestens eine achtfache Sicherheit im Verhältnis zur Meistbelastung bei der Seilfahrt gewähren muß, und daß ferner die Belastung des Seiles bei der Seilfahrt nicht mehr als 90 % der Belastung bei der Produktenförderung betragen darf.

Zur Seilfahrt zu verwendende Koepeseile müssen beim Auflegen eine $9\frac{1}{2}$ fache (Seilfahrts-Höchstlast) bzw. 7 fache (Produktenförderung) Sicherheit haben.

Schon vor dem Auflegen müssen die Seile auf ihre Tragfähigkeit untersucht werden. Bei gewöhnlichen Seilen aus runden Drähten geschieht dies durch Abhauen eines Stückes von 1 m Länge, welches in derselben Weise untersucht wird, wie nachstehend beschrieben ist. Besteht ein Seil aus Formdrähten, so ermittelt man seine Tragfähigkeit durch Zerreißen im ganzen Strange oder in ganzen Litzen.

Steht das Seil bereits im Betriebe, so muß man alle 3 Monate das an der Förderschale befindliche Seilende auf mindestens 3 m Länge über dem Einbande abhauen. Von diesem Ende wird das oberste Meter auf seine Tragfähigkeit und Biegbarkeit untersucht. Als Einband gelten das Herzstück und der darüber liegende Teil, soweit die beiden Seilstränge nebeneinander liegen; daraus geht hervor, daß man bei Herzstücken durch Abhauen mehr Seil verliert als bei Verwendung von Seilklemmen.

Bei Koepeseilen ist ein Kürzen ausgeschlossen; darum dürfen sie nicht länger als 2 Jahre zur Seilfahrt benutzt werden.

Da eine Seilzerreißmaschine nicht nur für eine einzelne Schachtanlage, sondern auch noch für eine Gruppe von solchen zu teuer wäre, ist von den preuß. Bergbehörden vorgeschrieben, daß die Brauchbarkeit eines Seiles durch Prüfung der einzelnen Drähte in Drahtzerreißmaschinen zu ermitteln ist. In Rechnung kommen nur die eigentlichen Seildrähte, nicht aber auch die in den Seil- und Litzenseelen enthaltenen Kerndrähte. Jeder einzelne Seildraht wird auf Zug- und Biegungsfestigkeit untersucht; erwünscht sind auch Verwindeproben.

Die Tragfähigkeit eines jeden Drahtes wird auf besonderen Zerreißmaschinen durch das zu seiner Zerreißung erforderliche Gewicht ermittelt. Daraus bestimmt man die Tragfähigkeit des ganzen Seiles, indem man die zur Zerreißung der einzelnen Drähte erforderlichen Gewichte (Bruchbelastung) zusammenzählt. Es ist zu beachten, daß die Bruchlast des ganzen geflochtenen Seiles kleiner ist als die Bruchlast aller Drähte.

Drähte, die auf je 1 qmm Querschnittsfläche eine um 20 % geringere Tragfähigkeit als die durchschnittlich ermittelte Tragfähigkeit aller Drähte besitzen, dürfen nicht in Rechnung gestellt werden.

Bei den Biegungsproben spannt man jeden einzelnen Draht zwischen zwei halbrunden Backen ein, deren Krümmungsradius je 5 mm beträgt. Als Biegung um 180° wird die Biegung — abwechselnd nach rechts und links — aus der Senkrechten um 90° zur Horizontalen und wieder in die Senkrechte zurück angesehen.

Nicht in Rechnung gestellt dürfen solche Drähte werden, die

bei	0,0	bis ausschließlich	2,0	mm Durchmesser	weniger	als	8	Biegungen
„	2,0	„ „	2,2	„	„	„	7	„
„	2,2	„ „	2,5	„	„	„	6	„
„	2,5	„ „	2,8	„	„	„	5	„
„	2,8	und mehr mm Durchmesser			„	„	4	„

aushalten.

Die Seelendrähte der Litzen dürfen als tragend mitgezählt werden, wenn sie

a) unter sich verflochten sind,
b) aus besserem Gußstahl bestehen,
c) dieselbe Bruch- und Biegungsfestigkeit wie die anderen Drähte besitzen.

Von der Gesamtzahl der Seildrähte sind ferner noch so viele Drähte abzuziehen, als das Seil insgesamt Drahtbrüche aufweist.

Eine Verwindeprobe wird in den preußischen Seilfahrtsordnungen nicht vorgeschrieben. Sie ist aber doch sehr geeignet, um über die Beschaffenheit des Drahtmaterials Auskunft zu geben. Wird der Draht an einem Ende fest eingespannt und sodann um seine Längsachse verwunden, so zeigen sich bei gleichartigem Material auf seiner Oberfläche gleichmäßig ansteigende Spiralen. Sind dagegen härtere Stellen vorhanden, so setzen diese Windungen hier ab, während sie an weicheren Drahtstellen dichter aufeinander folgen.

Verwinde- und Dehnungsproben sind weder in Deutschland noch in Österreich vorgeschrieben. Es ist durch Versuche festgestellt worden, daß geringfügige Anrostungen oder kaum sichtbare äußere Verletzungen die Torsionsfähigkeit des Drahtes sehr stark verringern, daß aber die Tragfähigkeit und Biegsamkeit trotzdem keine Einbuße erleiden.

Die nachstehende Tabelle enthält die Mindestanforderungen, die man an die angeführten Drahtsorten und -stärken stellen muß. Es sind hierbei Biegungen um 180° bei 5 mm Kante und Windungen um 360° bei 200 mm Drahtlänge vorausgesetzt.

Bruchfestigkeit in kg/qmm	60			120			150			180		
Draht Nr.	14	20	25	14	20	25	14	20	25	14	20	25
Biegungen	27	18	14	26	17	12	26	16	11	25	16	10
Windungen. . . .	60	52	40	26	22	18	26	20	17	25	19	16

(Aus Hrabak, Die Drahtseile.)

Es hat sich gezeigt, daß auch minderwertige Drähte den Anforderungen entsprechen, wenn sie nacheinander auf Zug, Biegung und Verdrehung beansprucht werden, daß sie aber vereinigten Zug-, Druck- und Biegungsbeanspruchungen, nötigenfalls in Verbindung mit Verdrehung, nicht gewachsen sind. Für derartige Untersuchungen empfiehlt die Transvaaler Regierungskommission die Seilprüfmaschine von Vaughan & Epton.

Andere deutsche Bundesstaaten. In Sachsen hat das Seilabhauen mindestens alle vier Monate zu erfolgen; in Bayern wird die Frist hierfür von Fall zu Fall besonders festgelegt.

In beiden Staaten werden Drähte mit nicht ausreichender Biegungsfähigkeit im Verhältnis zu der vorhandenen Biegsamkeit berücksichtigt. Hat also ein Draht beispielsweise $^3/_4$ der vorgeschriebenen Biegungen ausgehalten, so wird er auch mit $^3/_4$ der für ihn ermittelten Tragfähigkeit in Anrechnung gebracht.

Österreich. Auch in Österreich werden Drähte mit nicht genügender Biegungsfähigkeit bei der Berechnung ihrer Tragfähigkeit im Verhältnis zur nachgewiesenen Biegungsfähigkeit berücksichtigt.

Bei der Auflegung muß jedes Seil eine 7- oder 8 fache Sicherheit (es ist in den verschiedenen Berghauptmannschaften verschieden) bei der Produktenförderung gewähren. Ist der Aufwicklungsradius der Seiltrommeln kleiner als der 650 fache Drahtdurchmesser, so wird 9 fache Sicherheit verlangt. Die Belastung bei der Seilfahrt darf höchstens 85 % der Belastung bei der Produktenförderung betragen.

Ferner muß die maximale Stärke des Drahtes der Formel

$$d = \frac{r}{650}$$

genügen. In dieser Formel ist r der kleinste Aufwicklungsradius der Seilkörbe, d der Drahtdurchmesser in mm. Nur aus besonderen Gründen wird die Formel

$$d = \frac{r}{550}$$

erlaubt. Seilfahrtsseile mit der Formel $d = \frac{r}{550}$ müssen nach zwei Jahren abgelegt werden.

Weist an einem Seilfahrtsseile ein 5 m langes Stück eine bestimmte Anzahl von Drahtbrüchen auf, so darf dieses Seil nicht mehr benutzt werden. Die Zahl der Drahtbrüche wird ermittelt durch die Formel

1. $Z = \frac{2}{3} \cdot \frac{(C - 6{,}5)}{C} \cdot i$ für Seile nach der Formel $d = \frac{r}{650}$ und

2. $Z = \frac{2}{3} \cdot \frac{(C - 8)}{C} \cdot i$ für Seile nach der Formel $d = \frac{r}{550}$. In diesen Formeln bedeutet Z die Anzahl der sichtbaren Drahtbrüche, C die anfängliche nominelle Sicherheit, i die Anzahl der tragenden Drähte im Seil.

Sollen Seile, die schon zwei Jahre im Betriebe waren, noch weiter benutzt werden, so gilt für sie die Formel

$$Z = {}^2/_3 \cdot \frac{(C_1 - 6)}{C_1} \cdot i.$$

In dieser Formel bedeutet C_1 die bei der jeweiligen letzten Prüfung ermittelte Tragsicherheit.

Stimmen der Praxis und Wissenschaft. Bei Ermittelung der Biegungsfestigkeit werden die Drähte um einen Halbmesser von 5 mm gebogen. Es ist zu berücksichtigen, daß so starke Biegungen im Betriebe nicht vorkommen. Deshalb schlägt Bock vor, Biegeproben um solche Halbmesser vorzunehmen, die den wirklichen Betriebsverhältnissen entsprechen, also mit den Drähten Dauerversuche vorzunehmen, bei denen eine sehr große Zahl von Biegungen (Millionen) vorkommt. Zu diesem Zweck müssen natürlich die Biegeapparate mit einem Zählwerk versehen sein. Er nennt diese Art von Biegungen Dauer- oder Ermüdungsbiegeversuche im Gegensatz zu den bergbehördlich vorgeschriebenen Zerstörungsbiegeversuchen, bei denen nur 4—8 Biegungen erforderlich sind. Ferner nimmt Bock diese Ermüdungsbiegeversuche in anderer Art vor, wofür er auch einen besonderen Biegeapparat entworfen hat.

Ein Draht, der bereits im Betriebe war, besitzt eine geringere Sicherheit gegen Bruch als ein neuer Draht. Um seine Sicherheit zu ermitteln, hat Bock die Formel

$$S = S_a - n \cdot \frac{S_a - 1}{n_{br}}$$

aufgestellt. In dieser Formel bedeutet

S die jeweilige Sicherheit nach der Anzahl n der bereits erlittenen Biegungen;

n_{br} bedeutet die dem Werte S = 1 zugeordnete Zahl von Biegungen, die den Bruch herbeiführt (Bruchbiegezahl);

S_a ist die anfängliche Sicherheit.

Demzufolge würde ein Draht, welcher eine Million Biegungswechsel ertragen kann, nach einer halben Million von Biegungswechseln nur noch die Bruchsicherheit $\frac{S_a - 1}{2}$ haben.

Während nach den behördlichen Bestimmungen jeder gebrochene Draht als fehlender Draht zu betrachten ist, faßt Baumann dies als große Härte auf, weil dabei auf die Länge des Seiles keine Rücksicht genommen wird. Er wünscht die Aufhebung dieser Bestimmung und als Ersatz dafür die Vorschrift,

„daß bei Berechnung der Sicherheit von dem tragenden Seilquerschnitt ebensoviel Drähte in Abzug gebracht werden, als in der schadhaftesten Stelle des Seiles Drahtbrüche auf einer Länge von 3 Windungen vorgefunden werden."

Dieses Verlangen von Baumann scheint doch etwas weitgehend zu sein. Denn, wie weiter unten ausgeführt ist, fordert Roch bei Ermittlung der Sicherheit von Förderseilen, daß die Zahl der Drahtbrüche in 10 Seilwindungen zu berücksichtigen ist. Was aber für Förderseile verlangt wird, muß erst recht für Seilfahrtsseile gelten, weil es sich doch bei diesen um die Erhaltung von Menschenleben handelt.

Ferner ist Baumann ein Gegner davon, daß das Seil beim Fehlen einer Fangvorrichtung verdoppelte Sicherheit haben muß; er begründet dies damit, daß eine solche Sicherheit sonst nirgends im Bau von Maschinen, Dampfkesseln, Brücken usw. üblich ist.

Die „Freiberger Vorschläge" wünschen, daß nur 25 % aller Drähte den Zerreiß- und Biegeproben unterworfen werden.

Speer schlägt vor, daß das ganze Seil im geflochtenen Zustand zerrissen wird, sowie daß Zug-, Biege- und Verwindeproben an 10 % seiner Drähte, mindestens aber an 10 Drähten vorgenommen werden.

b) Die Prüfung der Förderseile.

Bei Seilen, die ausschließlich zur Massenförderung, also nicht zur Mannschaftsfahrung benutzt werden, sind naturgemäß die scharfen Bestimmungen, die für Seilfahrtsseile gelten müssen, nicht erforderlich. Trotzdem ist es aber auch hier sehr wichtig, daß man rechtzeitig den Zeitpunkt erkennt, zu welchem das Seil abgelegt werden muß. Denn wird es übermäßig lange aufliegen gelassen, so kann bei einem Seilbruche, abgesehen von dem Förderausfall, im Schachte ein Schaden angerichtet werden, der in keinem Verhältnis zu den am Seile gemachten Ersparnissen steht.

Sehr eingehende Versuche hierüber sind von Meyer in Gleiwitz O.-S. und darauf von Prof. Roch in Freiberg vorgenommen worden. Sie schlugen verschiedene Wege ein, kamen aber auf beiden zu annähernd gleichen Ergebnissen.

Meyer nahm mit 30 verschiedenen Seilen Zerreißversuche vor; er benutzte dabei eine Zerreißmaschine von Mohr & Federhaff in Mannheim, die eine Zugkraft von 90 000 kg auszuüben imstande war. Aus den Ergebnissen dieser Proben kam Meyer zu dem Schlusse,

„daß man zur Bestimmung der Sicherheit eines Seiles nur zwei Windungen der schlechtesten Stelle des Seiles in Betracht zu ziehen braucht, und daß, wenn das Seil nach Abzug der gebrochenen Drähte (wobei jeder Drahtbruch als fehlender Draht zu betrachten ist) innerhalb dieser zwei Windungen noch die genügende Sicherheit hat, das Seil zur weiteren Benützung zulässig sein dürfte, vorausgesetzt, daß die Drähte keine große Abnutzung zeigen, in welchem Falle die Durchschnittsdrahtproben des Seiles an der abgenützten Stelle zugrunde zu legen sind."

Roch ging bei seinen Versuchen ebenso wie Meyer von der Voraussetzung aus, daß man die Zahl der Drahtbrüche nicht innerhalb eines bestimmten Längenmaßes von 1,2 oder auch mehr Metern feststellen dürfe, weil dann bei Annahme eines und desselben Längenmaßes die verschiedenen Seile verschieden streng beurteilt würden; vielmehr zählte auch er die Drahtbrüche innerhalb einer bestimmten Zahl von Seilwindungen.

Er führte seine Versuche in folgender Weise aus. Aus dem fest eingespannten Seile versuchte er gebrochene (oder durchgefeilte) Drähte herauszuziehen, indem er sie mit einem Kloben anpackte. Bei einem Abstande von zwei und mehr Windungslängen von der Bruchstelle aus ließen sich die Drähte nicht mehr herausziehen, sondern zerrissen von neuem. Weil sich aber doch in einem einzigen Falle ein Draht noch bei 2,2 Windungslängen aus einem Bandseile herausziehen ließ, rundete Roch den Einfluß der Drahtbrüche auf 2,5 Windungslängen ab. Diesen Betrag von 2,5 Windungslängen nennt er die „unsichere Drahtlänge."

Außer diesem Begriffe führte Roch auch noch den der „gefährdeten Seillänge" ein; er versteht darunter diejenige Länge des Seiles, innerhalb welcher zur Beurteilung der Seilsicherheit die Drahtbrüche gezählt werden müssen. Sie wurde von ihm nach dem Vorschlage des Oberbergrates Menzel als im äußersten Falle gleich 10 Seilwindungen, d. h. gleich der vierfachen unsicheren Drahtlänge ermittelt.

Als Ergebnis seiner Untersuchungen stellt Roch den Satz auf:

„Als schlechteste Stelle in einem Förderseile ist diejenige zu betrachten, welche auf eine Länge von 10 Seilwindungen die meisten Drahtbrüche erkennen läßt. Für jeden dieser Drahtbrüche ist bei Berechnung der Tragfähigkeit des Seiles ein Draht in Abzug zu bringen."

Es sei noch erwähnt, daß Hrabak für Schächte von geringer Tiefe (weniger als 100 m) höhere Sicherheitsgrade, und zwar 9—10 fache Sicherheit gegen Bruch verlangt. Er begründet seine Forderung damit, daß in solchen Schächten die Zahl der Treiben eine größere ist, daß infolgedessen der Wechsel zwischen Biegung und Streckung des Seiles ein häufigerer wird, daß die Zahl der axialen Stöße zunimmt usw.

Nach den von Speer in der Seilprüfungsstation der Westfälischen Berggewerkschaftskasse vorgenommenen Untersuchungen scheint die am meisten beanspruchte Seilstelle nicht die im oder unmittelbar über dem Einbande zu sein, sondern

„die, welche sich vor oder auf der Seilscheibe befindet, wenn der Korb in seiner tiefsten Stellung ist, da diese Stelle außer dem Korbe, den Wagen und der Förderlast das ganze, der Teufe entsprechende Seilgewicht zu tragen hat, und da außerdem diese größte beim Betriebe vorkommende Masse beim Anfahren beschleunigt werden muß."

Tatsächlich nimmt nach seinen Messungen der Durchmesser des Seiles an der Seilscheibe gegen den des über dem Einbande befindlichen Seilstückes auf eine nur geringe Anzahl von Metern ganz erheblich ab. Die Festigkeit dieses Stückes scheint gegen die des Stückes am Einbande um 25—33 % zurückzubleiben. Es hätte also bei 6facher Sicherheit des untersten Seilendes nur noch eine 4—4,5fache Sicherheit.

c) Die Seilprüfungsstation.

Zur Prüfung eines Seiles ist auf Grund der behördlichen Vorschriften als mindestes eine Drahtzerreißmaschine erforderlich, die auch die Vornahme von Biegeversuchen gestattet. Daß Torsionsproben empfehlenswert sind, ist schon weiter oben ausgeführt. Durch Zusammenzählen der für die einzelnen Drähte erhaltenen Zahlenwerte wird die Zerreißfestigkeit des ganzen Seiles berechnet.

Um Zerreißversuche mit ganzen Seilen vorzunehmen, sind sehr starke und naturgemäß teure Maschinen nötig. Eine solche Seilzerreißmaschine zu beschaffen, ist für einzelne Werke mit zu hohen Unkosten verknüpft, weil Zerreißversuche mit ganzen Seilen nur selten erforderlich werden. Solche Maschinen werden daher besser von einer größeren Gruppe von Werken, am besten gemeinschaftlich für ein ganzes Revier beschafft. So ist beispielsweise mit der Bochumer Bergschule eine für den westfälischen Bergbaubezirk bestimmte Seilprüfungsstation verbunden, in welcher eine derartige Maschine aufgestellt ist. Die Einrichtung dieser Station soll an Hand eines Aufsatzes von Speer im fogenden kurz angegeben werden.

Fig. 27.
Drahtzerreißmaschine von v. Tarnogrocki-Essen mit Handantrieb.

Eine Seilprüfungsstation soll gestatten:

1. die Prüfung ganzer Seile,
2. die Prüfung des zu den Seilen verwendeten Materials und
3. die Prüfung der dabei benutzten Maschinen auf ihre Richtigkeit.

Die zur Verwendung kommenden Maschinen sind hauptsächlich:

1. eine Seilzerreißmaschine,
2. eine Drahtzerreißmaschine,
3. ein Biegeapparat und
4. ein Torsionsapparat.

Die Bochumer hydraulische Seilzerreißmaschine von C. Hoppe in Berlin besitzt eine Zugkraft von 250 000 kg bei 200 Atm. Betriebsdruck. Die freie Länge des zu prüfenden Seiles beträgt 1,5 m; hierzu kommen beiderseits je 0,75 m vom Spannschlosse umfaßte Seilstücke, so daß die Gesamtseillänge 3 m beträgt.

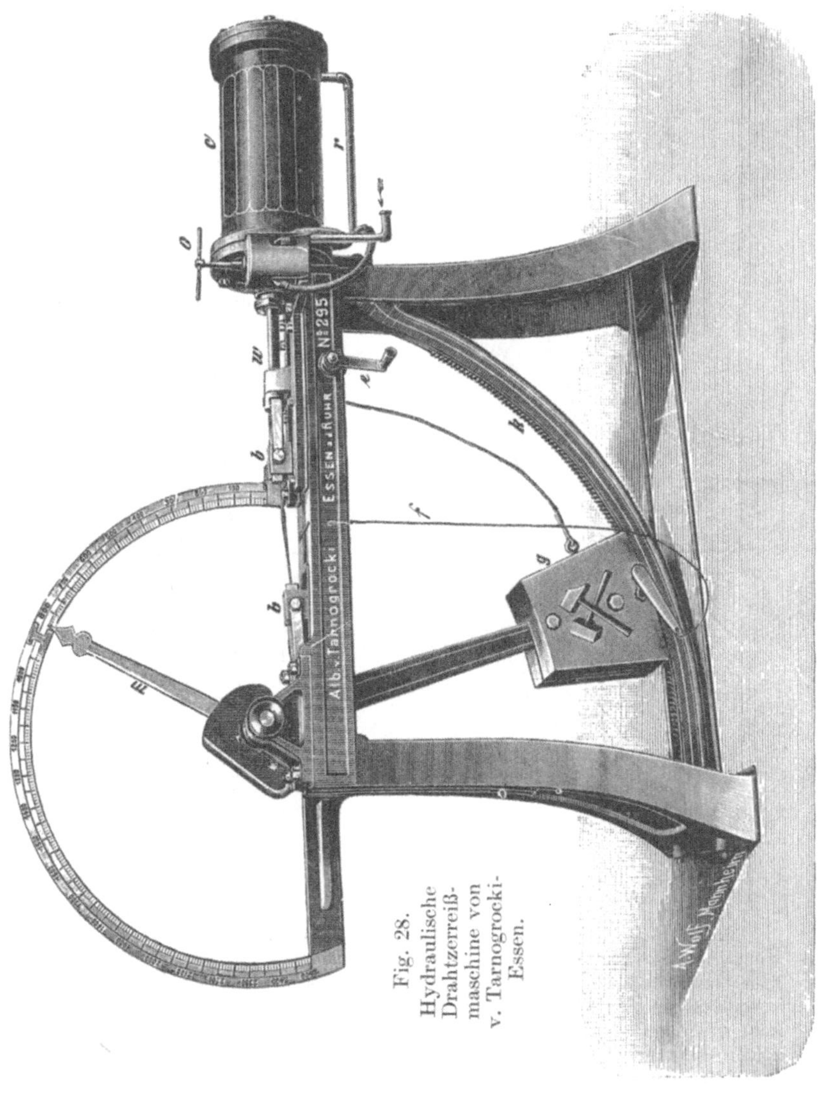

Fig. 28. Hydraulische Drahtzerreißmaschine von v. Tarnogrocki-Essen.

Zur Untersuchung einzelner Drähte dient eine ebenfalls hydraulisch angetriebene Drahtzerreißmaschine von A. v. Tarnogrocki in Essen. Der von ihr ausgeübte Zug kann bis 2000 kg gesteigert werden. Beim Einspannen der Drähte ist besonders darauf zu achten, daß sie bei der Zerreißprobe nur auf Zug, nicht aber auch auf Biegung beansprucht werden. Dies erreicht man dadurch, daß die Klemmbacken genau in die Richtung der Zugkraft eingestellt werden oder besser sich von selbst einstellen.

Eine Zerreißmaschine soll immer nur für Lasten benutzt werden, die größer sind als $^1/_5$ der Zugkraft, für welche die Maschine berechnet ist. Man soll also nicht etwa dünne Drähte auf Zerreißmaschinen mit großer Zugkraft zerreißen; denn dies dauert erfahrungsmäßig länger und ist ungenau. So wird beispielsweise Draht mit einer Zerreißfestigkeit von 500 kg nicht mehr auf einer Maschine zerrissen, die für eine Last von 2500 kg konstruiert ist, sondern man nimmt eine passende kleinere Maschine.

Fig. 29.
Stehende Drahtzerreißmasehine von v. Tarnogrocki-Essen.

Die Geschwindigkeit beim Zerreißen soll nicht zu groß gewählt werden, weil sonst der Gewichtszeiger weit über die tatsächliche Tragkraft hinaus geschnellt wird.

Im deutschen Bergbau werden sehr häufig die Zerreißmaschinen von Alb. v. Tarnogrocki, Essen a. R., benutzt, von denen einige Typen nachstehend beschrieben sind. Die Maschinen werden in stehender und in liegender Bauart ausgeführt.

Am häufigsten findet sich die in Fig. 27 dargestellte Drahtzerreißmaschine. Sie ist für eine Drahtlänge von 200—500 mm bestimmt und hat je nach der Modellnummer eine Zugkraft von 1000 bis 10 000 kg. Für Bergwerkszwecke genügen solche bis 1500 kg Zugkraft; mit diesen letzteren Maschinen können Gußstahldrähte bis 3,5 mm Durchmesser bei einer Bruchfestigkeit von 125 kg/qmm zerrissen werden. Die Spannköpfe b b′ sind nicht fest, sondern drehbar, so daß sich der Draht von selbst in die Zuglinie einstellt; dadurch wird ein Biegen des Drahtes vermieden, wie es bei festen Spannköpfen fast stets vorkommt. Der Draht wird von oben her zwischen zwei Keile eingelegt. Durch Drehen am Speichenrade h wird der Zug vermittels einer Schraubenspindel auf den eingespannten Draht übertragen. Dabei hebt sich das Gegengewicht g; der Zeiger m und mit ihm zusammen der Schleppzeiger n bewegen sich auf der Skala l fort und zeigen so die jeweilig ausgeübte Zugkraft an. In dem Augenblick, wo der Draht reißt, wird das Gegengewicht g arretiert und der Schleppzeiger n bleibt auf der Skala stehen, während Zeiger m etwas sinkt. Das Gegengewicht g wird mit Hilfe des Windwerkes e hinunter gelassen, indem man gleichzeitig seine Sperrklinken mittels der Schnur f lüftet. Die Maschine kann auch mit einem Dehnungsmesser versehen werden.

Handelt es sich um häufige Untersuchung vieler Drähte von hoher Bruchfestigkeit, so empfiehlt es sich anstatt dieser Hand-Zerreißmaschine eine hydraulische Zerreißmaschine (Fig. 28) anzuschaffen. Hierzu muß ein Wasserleitungsdruck von mindestens 3 Atmosphären zur Verfügung stehen. Bei dieser Maschine sind das Handrad und die Schrauben-Spindel durch einen hydraulischen Kolben ersetzt. Diese hydraulische Zugvorrichtung wird mit Hilfe des Steuerhahnes 0 vorwärts und rückwärts bewegt. Die Maschine gewährt insbesondere den Vorteil, daß die Zugerzeugung vollkommen gleichmäßig und stoßfrei vor sich geht, was bei Handarbeit nicht immer der Fall ist, und daß man den das Handrad bedienenden Arbeiter erspart.

Die stehenden Zerreißmaschinen haben gegenüber den liegenden namentlich den Vorteil, daß man sie auf die Richtigkeit ihrer Arbeit einfach nachprüfen kann. Es werden nämlich in geeigneter Weise am oberen Spannkopfe m Gewichte (Fig. 29)

Fig. 30.
Draht-Biegeapparat von v. Tarnogrocki-Essen.

angehängt; der Zeiger muß dann auf die diesen Gewichten entsprechende Zahl einspielen. Der Antrieb erfolgt vom Handrade r aus mittels der Kegelräder i auf die mit dem unteren Spannkopfe verbundene Schraubenspindel. Um den unteren Spannkopf schnell in die ursprüngliche oder in jede beliebige Stellung zurückdrehen zu können, läßt sich das Rädervorgelege entsprechend umschalten. Während der Zugerzeugung bewegt sich das Pendel P aus seiner senkrechten Stellung in eine geneigte, wodurch der Zeiger auf der Skala bewegt wird. Im Augenblicke des Drahtbruches wird das Pendel mit seinem Gegengewichte durch Sperrklinken in einer Zahnstange arretiert, die sich im Untersatze der Zerreißmaschine befindet. Das Zurücklassen des Pendels erfolgt bei kleineren Maschinen mit Hilfe der Handhabe H und der die Sperrklinken auslösenden Schnur h, bei größeren Zerreißmaschinen mit Hilfe eines besonderen Windwerkes.

Der Biegeapparat (Fig. 30) ermöglicht die Prüfung von Drähten von 1 bis 8 mm Durchmesser. Der vorgeschriebene Radius von 5 mm wird nicht durch geschliffene Backen, sondern durch gehärtete und auf Maß geschliffene Stahlwellen gebildet, deren richtiger Durchmesser leicht nachgeprüft werden kann. Der zu untersuchende Draht wird mit Hilfe des Exzenters D und der beweglichen Klemmbacke f zwischen den Wellen eingespannt. In dem Drehhebel c ist der Querbolzen A in einer Führung verstellbar; er ist mit mehreren Öffnungen von verschiedenem Durchmesser versehen, um Drähte verschiedenen Kalibers durchstecken zu können. Es soll immer jeder Draht in das nächstpassende Loch eingeführt werden. Der Drehhebel c schlägt in seinen beiden Endlagen auf die Anschläge n auf, wodurch eine genaue Biegung um 180° ermöglicht wird.

Bock hat beobachtet, daß die Drähte um so eher brechen, je fester die Einspannbacken aneinander gepreßt werden und namentlich dann, wenn die Backen

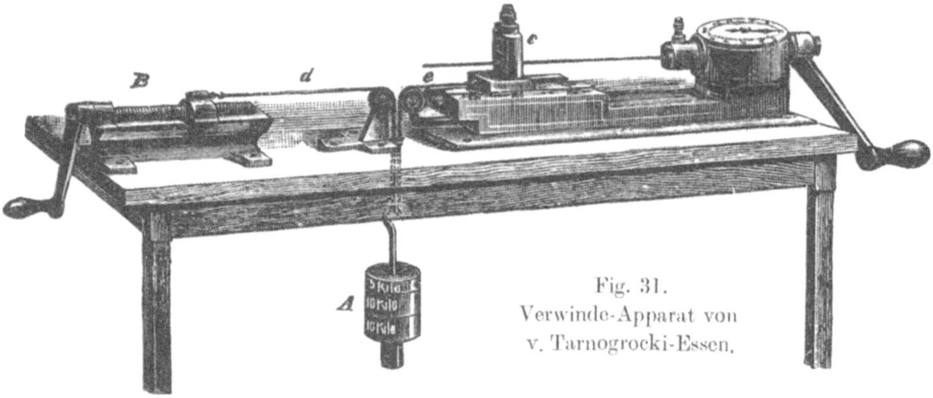

Fig. 31. Verwinde-Apparat von v. Tarnogrocki-Essen.

mit der Einspannstelle zusammenfallen; er wünscht deshalb Verwendung von Biegeapparaten, bei denen die Einspannstelle etwas tiefer liegt als die Stelle der beginnenden Krümmung.

Die Biegung, während welcher der Bruch erfolgt, wird nicht mehr mitgezählt.

Die Biegungen müssen gleichmäßig erfolgen; namentlich darf man keine Pause machen, wenn der Draht in der senkrechten Stellung angekommen ist. Auch darf nicht zu schnell gebogen werden, weil sich sonst der Draht zu sehr erhitzt.

Der Torsionsapparat (Fig. 31) gestattet die Untersuchung von Drähten von 1—8 mm Durchmesser und 150—250, bei größeren Modellen auch 150—500 mm Länge. Er ist mit einem Zählwerke versehen, welches die Drehungen von 1—100 anzeigt. Der Spannkopf c ist in einer Schlittenführung verschiebbar, so daß er das Einspannen von Drähten verschiedener Länge gestattet, dann aber auch der Längen-Änderung des Materials während der Verwindungsprobe folgen kann. Er ist mit einer Gewichtsspannung A versehen, um während der Torsionsuntersuchung die Drähte in Zwischenräumen von 5—5 kg Zugbeanspruchungen von 10—50 kg aussetzen zu können. Das Belastungsgewicht A hängt an der Schnur e, die am Spannkopfe c angreift. Während des Versuches ist die Schnur d so weit außer Spannung, daß das Gewicht A beim Bruche des Materials nur um etwa 1 cm fallen kann.

C. Die Ketten.

Ketten werden im Bergbau im allgemeinen seltener wie Seile benutzt. Ihre häufigste Verwendung finden sie zum Betriebe maschineller Streckenförderungen, namentlich Unterketten; im Bremsbergbetriebe werden sie seltener benutzt. Schließlich dienen noch kurze Kettenstücke

(Schurzketten, Zwieselketten) zur Verbindung der Schachtförderseile mit den Förderschalen.

Der Bauart nach werden Gliederketten und Gelenkketten unterschieden.

I. Die Gliederketten.

Die Gliederketten werden am besten aus Martinstahl hergestellt, dessen Bruchbelastung im Durchschnitt höchstens 30 kg/qmm beträgt. Die im Betriebe übliche Belastung beläuft sich bei Förderketten auf 3 bis 5 kg/qmm.

Nach der Gestalt der einzelnen Glieder werden unterschieden die weiten (deutschen) Ketten (Fig. 32) und die engen (englischen) Ketten (Fig. 33).

Ein Nachteil, der sich namentlich bei lose durchhängenden Ketten zeigt, ist das Klinken einzelner Glieder. Man versteht darunter, daß sich ein solches Glied quer legt; beim Anspannen der Ketten bleibt es zunächst

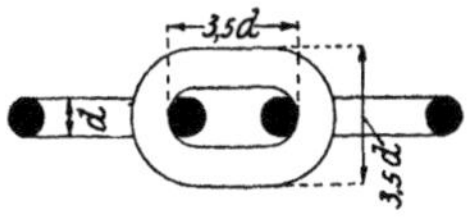

Fig. 32.
Weite (deutsche) Kette.

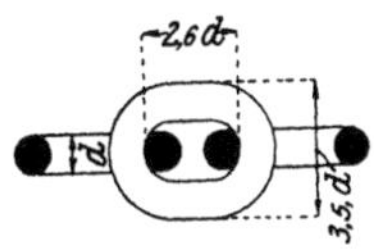

Fig. 33.
Enge (englische) Kette.

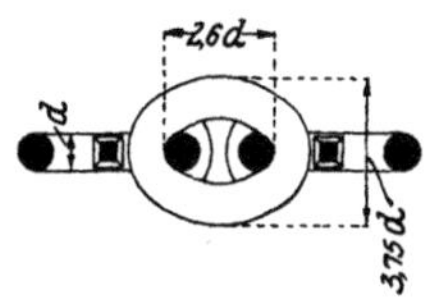

Fig. 34.
Stegkette.

(Aus Reuleaux, Der Konstrukteur.)

in dieser Stellung, um dann mit einem Ruck in die richtige Lage zurückzuschnellen. Dies ist besonders leicht bei den Schurzketten der Schachtförderschalen möglich. Mit Rücksicht auf die damit verknüpften Gefahren muß man das Klinken zu vermeiden suchen. Dies läßt sich durch einen quer umgelegten Ring oder durch einen quer durchgehenden Steg (Stegketten) (Fig. 34) erreichen.

Die Ketten haben gegenüber den Seilen den Nachteil, daß sie plötzlich reißen; bei den Seilen kann man dies auf Grund der häufiger werdenden Drahtbrüche voraussehen. Namentlich die Schweißstellen sind in dieser Hinsicht gefährlich und müssen, insbesondere bei den Schurzketten der Förderschalen, durch Abklopfen häufiger untersucht werden. Ferner wird das Kettenmaterial an den Berührungsstellen der einzelnen Glieder leicht kristallinisch und somit brüchig. Dies läßt sich dadurch vermeiden, daß die Ketten in regelmäßigen Zwischenräumen ausgeglüht werden; es hat in der Weise zu erfolgen, daß man sie langsam erhitzt und dann wieder unter Asche langsam abkühlt.

II. Die Gelenkketten.

Die Gelenkketten werden fast nur als Unterketten zur Fortschaffung großer Mengen von Förderwagen benutzt. Sie sind entweder einfache

Laschenketten, die auch Gallsche Ketten genannt werden, oder amerikanische Ketten. Die Laschenketten werden entweder nur aus abwechselnd einer und dann zwei Laschen gebildet (Fig. 35), oder jeder Gelenkteil besteht aus einer größeren Zahl von Stahlplatten (Fig. 36).

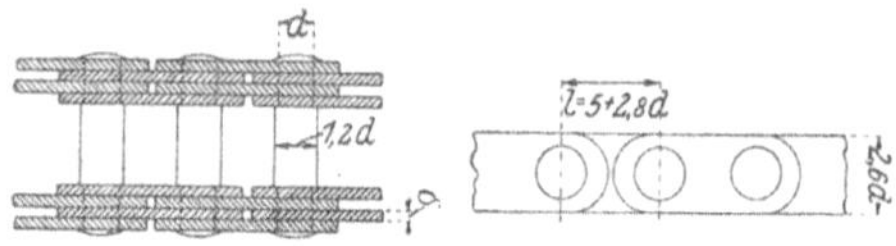

Fig. 35. Einfache Laschenkette. Fig. 36. Zusammengesetzte Laschenkette. (Aus Reuleaux, Der Konstrukteur.)

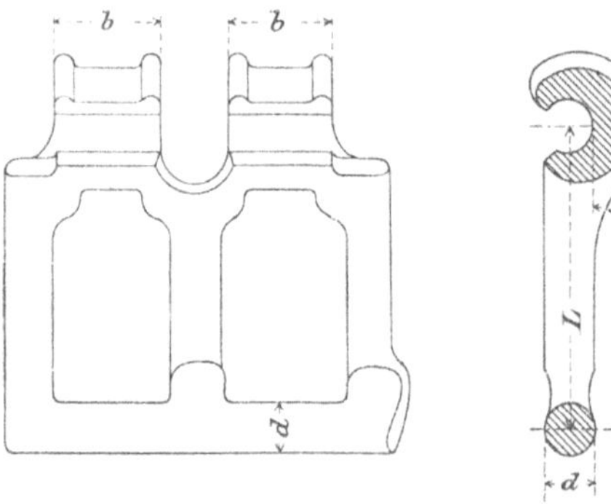

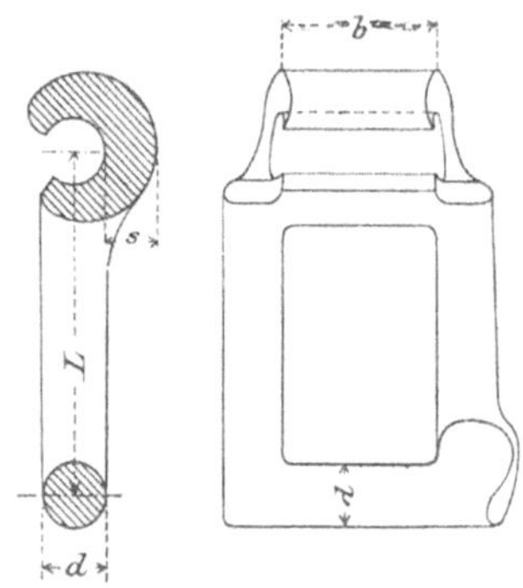

Fig. 37. Fig. 38. Amerikanische Kette. (Aus Ernst, Die Hebezeuge.)

Dies letztere gibt der Kette eine größere Sicherheit; denn beim Bruche einer solchen Platte halten die übrigen immer noch ausreichend.

Die amerikanischen Ketten (Fig. 37 und 38) haben Glieder, die sich schnell in- und auseinander haken lassen. Es ist also die Auswechslung schadhafter Teile und die Verlängerung oder Verkürzung einer solchen Kette leicht möglich.

Dritter Teil.

Die Schachtförderung ohne Seil.

Von Diplom-Bergingenieur **Hans Bansen.**

Bei der Bearbeitung benutzte Literatur.

Simmersbach, Ueber moderne Schachtförderung. Berg- und hüttenmännische Rundschau 1907/08 (IV. Jahrg.) Nr. 23.

E. Mähnert, Auftrieb-Förderverfahren. Glückauf 1899, Nr. 24.

v. Bolesta-Malewski, Kritische Betrachtungen des heutigen Schachtfördersystems und Vorschlag zu dessen Umgestaltung. Bericht vom Inter-

nationalen Kongreß 1910, Abt. Bergbau. Der Bergbau 1910 (XXIII. Jahrg.) Nr. 33.
Pieper, Schachtförderung durch Becherwerksbetrieb. Berg- und hüttenmännische Rundschau VII. Jahrg. (1910/11) Nr. 7.
Baum, Kohle und Eisen in Nordamerika. Glückauf 1908, Nr. 10.
E. Winkelmann, Die Eibensteinerschen Erfindungen auf dem Gebiete des Seilschienen-Bahntransportes. Oesterr. Zeitschrift für Berg- und Hüttenwesen 1906, Nr. 24.
v. Czeti di Verbo, Die neue Förderung für vertikale Schächte. A. Felix, Leipzig, 1903.
Lehmann, Über die Schachtförderung mittels Becherwerks. Braunkohle 1912 (XI), Nr. 26, 33, 35.

Das heutige Schachtfördersystem mit Drahtseilen hat viele Nachteile. Solche wären:

1. Mit den zunehmenden Schachttiefen werden die Seile immer schwerer und teuerer; es dürfte schließlich unmöglich sein, so lange Seile aus einem Stücke herzustellen. Deshalb hat man schon ins Auge gefaßt, in einem Schachte zwei oder mehr selbständige Seilförderungen übereinander unterzubringen, welche das Fördergut einander zuheben. (Tandem-Förderung).

2. Mit zunehmender Schachttiefe wird die für ein Treiben erforderliche Zeit immer länger, was namentlich im Kohlenbergbau eine wesentliche Rolle spielt. Allerdings sucht man die Zeit dadurch abzukürzen,
daß man möglichst viel Förderwagen auf einmal hebt,
daß man die Fördergeschwindigkeit vergrößert,
daß man sämtliche Schalenstockwerke zu gleicher Zeit bedient usw.; aber durch alle diese Maßnahmen wird nur der Zeitpunkt des Überganges zu einem anderen Schachtförderverfahren hinausgeschoben.

3. Infolge der hohen zu hebenden Lasten sind die Gewichtsverhältnisse recht ungünstig; im Durchschnitt verhält sich die Nutzlast zur toten Last wie 1 : 3, manchmal sogar wie 1 : 5. Es muß also sehr viel Kraft auf die Verrichtung von nutzloser Arbeit verwendet werden.

4. Die Betriebssicherheit der Schachtförderung wird durch viele Gefahrenquellen ungünstig beeinflußt, z. B. durch die Möglichkeit des Übertreibens der aufgehenden Schale bzw. des harten Aufsetzens der abwärts gehenden Schale, durch die Möglichkeit des Seilbruches, durch die Verschiedenheit der Belastung bei den einzelnen Treiben (je nachdem ob Kohlen oder Berge gehoben werden);

5. Infolgedessen muß der Maschinenwärter angespannt aufpassen; ein einziger falscher Handgriff desselben kann zu wochenlangen Störungen des Betriebes führen.

6. Die Hauptförderschächte sind auch meistens Hauptwetterschächte (Einziehschächte). Durch die rasche Bewegung der Förderschalen werden Wirbelbildungen im Wetterstrome verursacht; sind diese Schächte mit Wetter-Schleusen versehen, so entstehen stets Wetterverluste.

Aus all diesen Gründen ist man schon seit langer Zeit bemüht, andere Förderverfahren ausfindig zu machen, welche sich für große Teufen und große Förderleistungen eignen, ohne die Nachteile des Seilfördersystems zu besitzen. In der Hauptsache hat man folgende Fördersysteme versucht bzw. vorgeschlagen:

1. die pneumatische Förderung,
2. die Becherwerksförderung,
3. das Auftriebverfahren von Mähnert,
4. das System Eibensteiner,
5. das System von Siemens & Halske A.-G.

Bei den meisten dieser Förderverfahren verkehren die Förderwagen nur zwischen den Abbauen und dem Schachte. Sie brauchen auch dann nicht einmal in die Abbaue hineinzukommen, sondern man läßt sie vor diesen anhalten und füllt sie dort mit Hilfe von Rutschen oder Förderbändern. Sind sie im Füllorte angekommen, so wird ihr Inhalt in Entladetaschen entleert, die so groß sein müssen, daß die Schachtförderung mindestens noch eine halbe bis eine Stunde aufrecht erhalten werden kann, wenn einmal in der Grubenförderung eine Störung eintritt. Richtet man den Förderbetrieb nach diesen Gesichtspunkten ein, dann gewinnt man noch den ferneren Vorteil, daß man große Förderwagen und schwere Lokomotiven benutzen kann, so daß auch dadurch die Förderleistung gesteigert wird.

A. Die pneumatische Förderung.

Schon im Jahre 1877 richtete der Bergingenieur Zulma Blanchet einen solchen Förderbetrieb ein, der aber damals wegen der hohen Kosten nicht wirtschaftlich arbeitete. Dies kam daher, daß man damals noch keine Elektrizität zur Verfügung hatte, mit deren Hilfe man die erforderlichen Motoren hätte automatisch antreiben können.

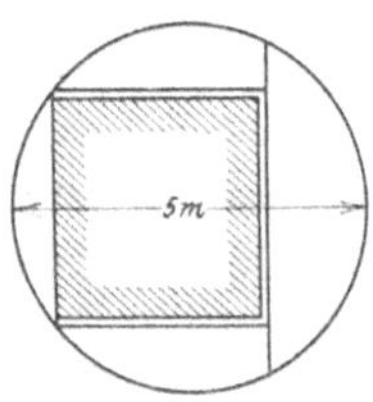

Fig. 39. Schachtscheibe eines pneumatischen Förderschachtes. (Aus Berg- und Hüttenmännische Rundschau, IV. Jahrgang, Nr. 23.)

Die dort geschaffene Einrichtung bestand aus einem eisernen Rohr als Schachtauskleidung; sein oberes Ende war mit der pneumatischen Maschine, das untere mit der freien Luft in Verbindung. In diesem Förderrohre bewegte sich die mit einem Kolben versehene Förderschale. Durch Wegsaugen der Luft über dem Kolben wurde die Schale zum Aufwärtsgange gebracht; ließ man aber über ihn Luft eintreten, so bewegte sie sich abwärts. Zu diesem letzteren Zwecke wurden alle Türen des Hauptrohres geschlossen, alle Schieber gedichtet, die Verbindung mit der pneumatischen Maschine unterbrochen und dann das Einströmventil je nach dem Gewichte der Schale mehr oder weniger geöffnet. Durch das Schalengewicht wurde die Luft unter der Schale verdichtet und konnte dann durch den Maschinisten abgelassen oder auch zum selbsttätigen Entweichen gebracht werden.

Aus diesem Verfahren entstand die moderne pneumatische Förderanlage. Der Hauptförderschacht von 5 m Durchmesser (Fig. 39) besitzt ein viereckiges luftdichtes Trum von 3 : 3 m Seitenlänge, so daß also der Schalenkolben eine Grundfläche von 9 qm besitzt. Die Wandungen des Fördertrumes bestehen aus Eisenblech von 10 mm Wandstärke. An maschinellen Einrichtungen braucht man einen Luftkompressor mit Elektromotor und automatischer Stromzuleitung, ein Zuführungsrohr, um die Preßluft unter die Schale zu leiten, und einen Elektromagneten zum selbsttätigen Öffnen der Türen in Füllort und Hängebank.

Es genügt ein einziges Fördertrum; denn nach den von Simmersbach mitgeteilten Berechnungen kann man bei einer Förderzeit von 2 Minuten in der Stunde 360 Tonnen, also in 8 stündiger Schicht 2880 t fördern.

Die hauptsächlichsten Vorteile der pneumatischen Förderung wären:

daß die Schachttiefe keinen Einfluß ausübt,
daß im Gegenteil die Vorteile mit der Tiefe zunehmen,
daß die Schale niemals abstürzen kann usw.

Als Nachteile wären zu nennen:

daß bei Gebirgsdruck das Fördertrum schwer dicht zu halten ist,
daß Undichtigkeiten nicht immer leicht aufzufinden sein werden,
daß die Fördergeschwindigkeit nicht so groß ist wie bei Seilförderungen usw.

B. Die Becherwerksförderung

Gegenwärtig arbeiten in Deutschland zwei Schachtbecherwerke, die von der Maschinenfabrik „Buckau“ in

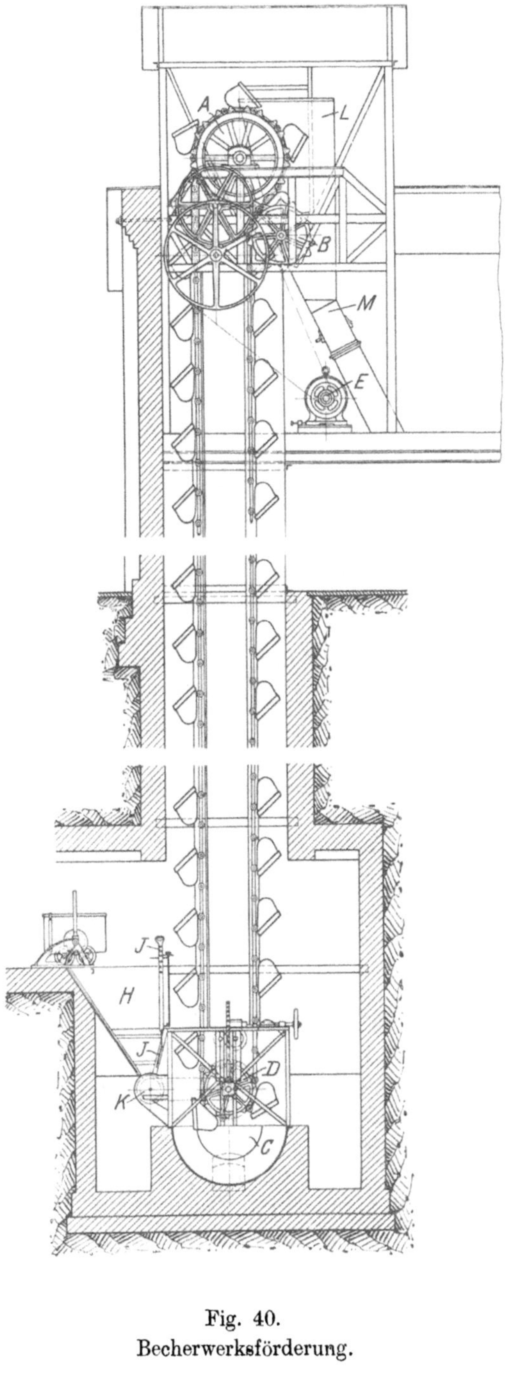

Fig. 40.
Becherwerksförderung.

Magdeburg-Buckau erbaut wurden. Sie stehen auf Grube „Emma“ bei Helmstedt bzw. auf „Carolinenschacht“ in Gorma bei Rositz S.-A. Die Förderhöhe beträgt bei beiden Anlagen nur 48 m; eine neue Anlage mit 63 m Förderhöhe ist zurzeit in der Ausarbeitung begriffen.

Eine endlose Kette läuft auf der Hängebank über die Kettentrommel A (Fig. 40) und im Füllorte über die Kettentrommel D; sie wird auf der Hängebank vom Elektromotor E aus durch Riemen und Zahnradgetriebe in Gang gesetzt. Die Teilung der Kette beträgt 600 mm. In den Stahlgußgliedern sitzen schmiedeeiserne Becher von 85 Zentner Fassungsvermögen. Sie werden im Füllorte aus dem Schöpfrumpfe C gefüllt, welcher die Kohlen aus dem Fülltrichter H mittels des Schiebers J und der Verteilungswalze K zugeführt erhält. Über Tage wird die Kette durch die Andruckrolle B nach innen abgelenkt, so daß sich die Becher in den Schüttrumpf L entleeren können; von hier aus gelangt die Kohle durch die Schurre M zur weiteren Verarbeitung.

Im Schachte werden die Kettenbolzen in Führungen geleitet, die aus Formeisen bestehen und an den Schachtscheidern angeschraubt sind. Dies ist gleichzeitig eine Sicherung gegen das Abstürzen beim Kettenbruch; denn die Glieder setzen sich dann innerhalb der Führung aufeinander.

Füllort und Hängebank sind durch Signal- und Sprecheinrichtungen verbunden. Der Antriebsmotor kann nur von der Hängebank aus in Betrieb gesetzt, aber vom Füllorte und von der Hängebank aus stillgestellt werden. Zwischen der Riemenscheibe und dem Vorgelege wird die Kuppelung durch einen Stift bewirkt, der bei übermäßiger Belastung, z. B. bei Sperrung der Kette durch eingeklemmte Holzstücke, Gezähe usw. abgeschert wird.

Bezüglich der Betriebskosten bei 300 Arbeitstagen im Jahre macht W. Pieper folgende Angaben:

Verzinsung (5 % von 24000 M.)	1200 M.	pro Jahr
Abschreibungen	2240 M.	„ „
Elektrischer Strom: 300 · 330 KWstd. zu 0,03 M. ∾	3000 M.	„ „
Schmier- und Putzmaterial: 300 . 0,3 M. . . .	90 M.	„ „
Bedienung: 300 . 2 Schichten zu 3,8 M. . . .	2300 M.	„ „
	8830 M.	pro Jahr

$$\frac{8\,830}{216\,000} = 0{,}04 \text{ M. pro t.}$$

Hierbei ist aber zu bemerken, daß die beschriebene Anlage nicht voll ausgenutzt wird und der Maschinenwärter noch den gesamten Naßdienst versehen muß. Eine Schalenförderung am Seil würde mit den doppelten bis dreifachen Kosten verbunden sein.

Bei mehr als 100 m Abstand der beiden Trommelachsen voneinander wird man mehrere Becherwerke von 100 m übereinander anbringen und einander zufördern lassen müssen. (Tandem-Förderung.)

Ein Nachteil der Becherwerksförderung wäre beispielsweise, daß sie nicht zur Fahrung und zum Einhängen von Holz brauchbar ist. Für diese Zwecke muß man also eine besondere Schalenförderung vorrätig halten, die aber immerhin als Betriebsreserve einen gewissen Wert besitzt.

Eine andere Becherwerksförderung ist in einem tonnlägigen Schachte bei Karthago (Montana) in Nordamerika in Betrieb. Ihre flache Förderhöhe beträgt nach Angaben von Baum 100 m, der Neigungswinkel 45°. Die Becherkette läuft mittels Rollen auf Schienen; die Becher haben eine Breite von 640 mm. Die Kosten der Einrichtung belaufen sich auf 25000 Mark, die Betriebskosten auf 15,5 Pf./1 t.

Oberbergrat Czeti di Verbo hat ein eigenes Schachtförderverfahren vorgeschlagen, mit einer endlosen Doppelkette, die als Zugmittel dient. Sie trägt in gleichmäßigen Abständen Haken, an denen die Kasten der Förderwagen befestigt werden, während ihr Untergestell in der Grube bleibt. Das System soll für Tiefen bis zu 200 m ausführbar sein; bei größeren Tiefen sind mehrere derartige Fördersysteme übereinander zu setzen.

Dipl.-Bergingenieur v. Bolesta-Malewski hat auf dem Internationalen Kongreß 1910 in Düsseldorf ein von ihm erfundenes Schachtfördersystem mit einem Becherwerke beschrieben. Das Fördergut kommt hier aus einem im Füllorte untergebrachten Füllrumpfe in kübelartige Fördergefäße, die in gleichmäßigen Abständen an 2 endlosen Seilen befestigt sind. Diese Seile laufen wie bei jedem Becherwerk um je eine Trommel im Füllorte und in der Hängebank. Die Antriebsmaschine steht auf der Hängebank. Die Entleerung erfolgt über Tage selbsttätig in einen Trichter, der ebenso wie der Füllorts-Füllrumpf die Förderung von ½ Stunde aufnehmen kann.

v. Bolesta-Malewski behauptet, daß sein Becherwerksystem sich noch für Schachttiefen von 800 m eignet, ohne daß es geteilt zu werden brauchte. Die Betriebskosten berechnet er auf 12—15 Pf./1 t gegen 60—70 Pf./1 t. bei der bisherigen Schalenförderung.

C. Das Auftriebförderverfahren.

Bei dem Auftriebförderverfahren von E. Mähnert wird das Fördergut zwischen dem oberen und dem unteren Förderorte durch eine Flüssigkeitssäule hindurch bewegt. Im Füllorte dient eine Schleuse dazu, das Fördergut in die Flüssigkeitssäule hineinzubringen und aus ihr herauszuholen. Der Name Auftriebverfahren stammt daher, daß die Förderwagen in eiserne Behälter geschoben werden und mit ihnen dann infolge des Auftriebes in dem einen Fördertrum nach oben gehen. Im andern Fördertrum, dem Fallrohr, steht die Flüssigkeit nicht so hoch wie im Steigrohre. Das Niedersinken der Behälter, welche nur leere Förderwagen enthalten, wird hier durch Übereinandersetzen von so vielen Fördergefäßen erzielt, daß das Gewicht ausreicht, um sie bis ins Füllort hinunterzudrücken. Zwecks Auswechslung der Behälter sind im Füllorte besondere Sperrorgane (z. B. Wasserschieber) angebracht, auf deren nähere Beschreibung und Bedienung aber hier nicht eingegangen zu werden braucht.

Wenn mehrere Fördersohlen übereinander liegen, so werden bei jeder Schleusen angebracht; diese besitzen auch am Boden Sperrorgane, um durch die Schleusen hindurch weiter nach unten fördern zu können.

Bei sehr großen Schachttiefen bringt man im Steigrohre und im Fallrohre Zwischenschleusen an. Man erzielt auf diese Weise getrennte übereinanderstehende Flüssigkeitssäulen und vermeidet dadurch einen übermäßig hohen Flüssigkeitsdruck sowie die damit notwendigerweise verbundene große Wandstärke der Rohre, Behälter und Schleusen.

Als Vorteile seiner Erfindung gibt Mähnert an:

1. hohe Nutzleistung, weil die Antriebskraft unmittelbar am Fördergegenstand angreift,
2. große Betriebssicherheit wegen der großen Einfachheit,
3. geringen Anschaffungspreis und niedrige Betriebskosten.

Das Verfahren ist betriebsmäßig nicht ausgeführt worden, wie dies auch mit vielen anderen neuen Vorschlägen der Fall gewesen ist; denn jede Bergwerksverwaltung scheut natürlich die Hergabe eines Schachtes zu Versuchen, die möglicherweise mißlingen, ganz besonders auch, weil Schächte immer ein hohes Kapital darstellen, welches nutzbringend verwertet werden muß.

D. Das System Eibensteiner.

Der Eibensteinerschen Erfindung dienten als Muster die Spiral-Gleisanlagen, welche bisher an Vergnügungsstätten der Volksbelustigung dienten.

Die beiden Fördertrümer des Schachtes haben runden Querschnitt und sind mit einem Gestänge versehen, welches an ihren Stößen in Schraubenwindungen verläuft. Auf diesem Gestänge werden die Förderwagen in gleichbleibenden Abständen aufwärts bzw. abwärts bewegt. Hierzu dienen zwei senkrechte Antriebswellen, die in der Mitte der Fördertrümer angebracht sind. An ihnen sitzen radiale Querarme, die an ihren Außenenden mit Leitschienen versehen sind, welche senkrecht zur Ebene der Spiralgleise stehen und sich dicht an ihnen vorbeibewegen. Sie drücken dabei gegen eine mit Laufrollen versehene Konsole an der Außenseite der Förderwagen, wodurch diese mitgenommen werden.

Die Abwärtsbewegung der Förderwagen erfolgt in ähnlicher Weise. Der leere Wagen wird auf der Hängebank in das Spiralgleis eingeschoben und läuft auf diesem so lange frei abwärts, bis seine Laufrollen auf die oberste Führungsschiene aufstoßen. Wegen der gleichmäßigen Drehung der Führungsschienen kann der Wagen nicht schneller abwärts rollen, als wie es der Gang der Antriebsmaschine gestattet.

E. Das System Siemens & Halske A.-G.

(D.R.P. 151307*).

Bei diesem Förderverfahren sind zwei getrennte Schächte vorhanden oder aber der Schacht hat, ähnlich wie bei der Schalenförderung, 2 Fördertrümer. Das eine Trum dient zur ständigen Aufwärtsförderung der vollen Lasten, das andere zur Abwärtsbewegung der leeren Gefäße. Jedes Trum ist mit senkrecht durchlaufenden Zahnstangen ausgestattet, an denen sich die Fahrzeuge mit Hilfe von 4 Zahnrädern und 4 Führungsrädern bewegen. In den Anschlagsorten, Hängebank und Füllort, sind die beiden Trümer durch Schleifen miteinander verbunden, so daß die Fahrzeuge einen ständigen Kreislauf beschreiben können. Außerdem sind auch Weichen angebracht, um die Fahrzeuge nach beliebigen anderen Stellen schaffen zu können; so ist es beispielsweise im Füllorte möglich, die Förderung aus dem Schachte unmittelbar nach den Querschlägen und von diesen nach den Grundstrecken abzuleiten. Der Übergang von der senkrechten Schachtförderbahn nach den söhligen Bahnen über Tage und unter Tage erfolgt mit sogenannten Leitungskurven.

Die Fahrzeuge besitzen jedes 2 Elektromotore, von denen die in die Zahnstangenpaare eingreifenden Zahnräder mittels geeigneter Zwischenvorrichtungen angetrieben werden können. Jedes Fahrzeug besteht aus einem viereckigen Rahmen, der sich im Schachte senkrecht einstellt; an dem oberen und unteren Querstücke dieses Rahmens wird je ein Fördergefäß angehängt. In den Steigungskurven legen sich die Fahrzeugrahmen in die wagerechte Lage, so daß nun die Fördergefäße unter ihnen hängen.

Die Vorteile dieses Verfahrens wären:

daß man an Hängebank und Füllort keinerlei Bedienungsmannschaften braucht;

---

*) „Glückauf" 1904, S. 603/604.

daß der Übergang von der Schachtförderung zur söhligen Förderung und dann weiter

daß die Querschlags- und Grundstreckenförderung automatisch vor sich geht;

daß man kein Seil braucht;

daß die Förderschalen in Wegfall kommen usw.

Nachteile wären:

die Nichtverwendbarkeit in druckhaften Schächten, weil hier die Zahnstangenpaare ihre Lage ändern;

die Unverwendbarkeit in nassen Schächten, weil die Stromzuführung versagt.

Vierter Teil.

Die Förderschalen.

Von Diplom-Bergingenieur **Hans Bansen.**

Bei der Bearbeitung benutzte Literatur.

Klein, Handbuch für den deutschen Braunkohlen-Bergbau.

Demanet, Traité d'exploitation des mines de houille.

Dannenberg, Der Bergbau in Skizzen.

Rietkötter, Kohlenersparnis bei der Schachtförderung in Erzgruben. Glückauf 1907, Nr. 47.

Mellin, Ergebnisse der Untersuchungen der großbritannischen Kommission über Unfälle in Schächten. Preußische Zeitschrift 1910, Heft 2.

Baum, Kohle und Eisen in Nordamerika. Glückauf 1908, Nr. 10.

Dr. Ebeling, Automatische Hängebankförderung und Schachtbedienung auf den Fürstlich Plessischen Steinkohlenbergwerken Brade und Emanuelssegen bei Kattowitz O. S. Oberschlesische Zeitschrift 1912 (51. Jahrgang), S. 45. Kohle und Erz 1912, Nr. 22, 23.

Selbsttätige Förderwagen-Arretierung für Förderschalen. Kohle und Erz 1906, Nr. 1.

Der Unfall bei der Seilfahrt auf dem Zirkelschachte bei Volkstedt am 8. August 1907. Preußische Zeitschrift 1908, Bd. 56, Heft 1.

Selbsttätiger Förderkorbverschluß. Glückauf 1909, Nr. 20.

Förderkorbverschlußtüren. Glückauf 1906, Nr. 31.

Selbsttätiger Rolladenverschluß für Förderkörbe. Bergbau XXII, Nr. 22.

Förderkorbtüren. Bergbau XX, Nr. 41.

Förderkorbtüren. Kohle und Erz 1906, Nr. 18.

Zwei neue Förderkorbverschlüsse. Kohle und Erz 1906, Nr. 2.

Versuche und Verbesserungen im Jahre 1902.

„ „ „ „ „ 1905

„ „ „ „ „ 1907.

„ „ „ „ „ 1909.

A. Das Material der Schalen.

Die Förderschalen wurden früher aus Holz hergestellt und mit eisernen Beschlägen versehen. Jetzt verfertigt man sie aus Schmiedeeisen oder Stahl. Stahlschalen wiegen nur etwa $^4/_7$ des Gewichts von schmiedeeisernen Schalen. Man hat infolgedessen den Vorteil der geringeren toten Last und kommt auch mit schwächeren, also billigeren Seilen aus.

B. Die Zahl der Schalen-Stockwerke.

Die Förderschalen können einstöckig oder mehrstöckig sein. Bei den letzteren finden sich am häufigsten solche mit zwei, drei oder vier Stockwerken.

In Nordfrankreich, Belgien und auch im Aachener Bezirke stehen aber auch noch Schalen mit 8,16, wohl auch noch mehr Stockwerken im Betriebe, die auf jedem Stockwerk nur einen Förderwagen aufnehmen. Es handelt sich hier immer um alte Schächte, von denen früher nur eine geringe Förderleistung verlangt wurde. Da sie gleichzeitig in schwierigem Gebirge (schwimmendes Gebirge, festes, aber klüftiges und wasserreiches Gebirge) abgeteuft werden mußten, und da seinerzeit noch nicht die vollkommenen Abteufverfahren zu Gebote standen wie heutzutage, gab man ihnen nur ganz geringen Durchmesser. Als dann später die Förderleistung des Schachtes stieg, blieb nichts anderes übrig, als Schalen mit einer entsprechend großen Zahl von Stockwerken zu verwenden; denn andernfalls hätte man den Förderbetrieb einstellen müssen, um den Schachtquerschnitt auf den gewünschten Durchmesser zu erweitern; zudem wäre diese Arbeit mit Rücksicht auf die Art des Gebirges sehr schwierig gewesen.

Die Zahl der Stockwerke einer Schale ist ferner abhängig von der verlangten Förderleistung, dem Fassungsvermögen der Förderwagen, der Fördergeschwindigkeit und der Tiefe des Schachtes. Je tiefer ein Schacht ist, um so länger dauert ein Treiben. Um aber die Förderleistung aus diesem Grunde nicht sinken zu lassen, muß man einen Ausgleich schaffen durch größere Fördergeschwindigkeit bzw. durch Vermehrung der Schalenstockwerke.

C. Die Zahl der Wagen auf einem Stockwerk.

In den meisten Fällen werden auf einem Stockwerk ein oder zwei Wagen untergebracht. Die zwei Wagen können nebeneinander oder hintereinander stehen. In dem ersten Falle sind die Schalen oft fast ebenso breit wie lang; stehen die Wagen hintereinander, so ergeben sich schmale, aber lange Schalen. Die Stellung der Wagen hat Einfluß auf die Bedienung. Bei hintereinanderstehenden Wagen geht die Abfertigung der Schalen nicht so schnell vor sich wie bei nebeneinanderstehenden, erfordert aber weniger Bedienungsmannschaften.

Wenn man auf einem Stockwerk drei Wagen unterbringt, so stehen sie immer hintereinander; man kann aber derartige Schalen wegen ihrer Länge nur in Schächten von großem Durchmesser anwenden.

Die Unterbringung von vier Wagen auf einem Schalenstockwerk ist namentlich in Oberschlesien üblich. Die Wagen stehen dann paarweise neben- und hintereinander. Derartige Schalen erfordern weite Schächte; ferner müssen sie wegen ihrer Größe sehr genau im Gleichgewicht aufgehängt sein bezw. belastet werden.

D. Maße und Gewichte der Schalen.*)

Die Schalen haben allgemein viereckige Grundrißform; doch kommen gelegentlich auch andere Bauarten vor. So haben beispielsweise die Schalen auf Ulrich-Schacht der Kleophas-Grube bei Katto-

*) S. a. Bansen, Bergwerksmaschinen, Band III: „Die Schachtfördermaschinen", Seite 11.

witz die aus Fig. 41 ersichtliche Gestalt; durch diese wird die Schachtscheibe besser ausgenutzt, und man kann auf den Schalen, die nur zur Seilfahrt dienen, mehr Leute unterbringen. Die Abmessungen einer Schale hängen davon ab, wieviele Wagen auf ihr stehen und welche gegenseitige Stellung sie haben.

Lange, schmale Schalen nutzen den Schachtquerschnitt schlecht aus (Fig. 42) . Deshalb bringt man gern in einem solchen Schachte eine

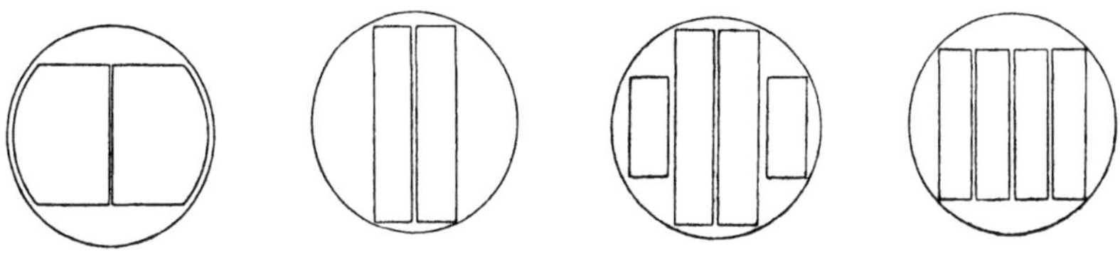

Fig. 41. Fig. 42. Fig. 43. Fig. 44.

Fig. 41—44.

Ausnutzung der Schachtscheibe durch die Förderschalen.

Hauptförderung und eine Nebenförderung unter (Fig. 43). Am besten wird die Schachtscheibe ausgenutzt, wenn man im Schachte zwei gleichwertige Hauptförderungen einrichtet (Fig. 44). Man muß hierbei Rücksicht nehmen auf die Lage der Fördermaschinen, sowie darauf, daß man sowohl bei der Hauptförderung als auch bei der Nebenförderung die Durchschiebe-Bedienung anwenden kann.

Es wiegen

2 stöckige Schalen zu zwei Wagen	2300—4500 kg,
3 stöckige Schalen zu 1 Wagen	2300—2800 kg,
3 stöckige Schalen zu 2 Wagen	6300 kg,
4 stöckige Schalen zu 1 Wagen	3600 kg,
4 stöckige Schalen zu 2 Wagen	(3980) 5440—6000—8200 kg,
6 stöckige Schalen	6100 kg,
8 stöckige Schalen	6300 kg.

Das Verhältnis der Nutzlast zur toten Last schwankt von 1: 0,9 (selten) bis 1: 1,6. Bei tiefen Schächten, in denen stets mit Unterseil gefördert wird, wird das Schalengewicht stets im Verhältnis zur Nutzlast ein sehr hohes sein, weil die Schale dann auch das schwere Unterseil tragen muß und mit Rücksicht hierauf kräftiger und schwerer gebaut gebaut wird. Doch kann man dies vermeiden, wenn man das Unterseil nach dem Muster von Fig. 191/192 unmittelbar am Förderseile anhängt.

E. Einstöckige Schalen.

Einstöckige Schalen werden meistens in Gesenken verwendet. Eine solche Schale besteht aus einem viereckigen Doppelrahmen a aus Winkeleisen (Fig. 45), welcher die Schachtleitung zwischen sich faßt, also gleichzeitig zur Führung der Schale dient. Auf diesem Rahmen sind die Schienen b befestigt, deren Enden von U-Eisen c getragen werden. Diese U-Eisen sind durch die Streben d mit dem senkrechten Doppelrahmen a verbunden. Die Schalen werden fast immer ohne Dach verwendet. Eine andere ähnliche Schale ist in den Figuren 46 a, b abgebildet. Sie hat indessen nicht einen geschlossenen Hauptrahmen; der Kopfteil der Schale besteht vielmehr aus zwei U-Eisen und ist mit dem Fußrahmen durch schräge Streben verbunden.

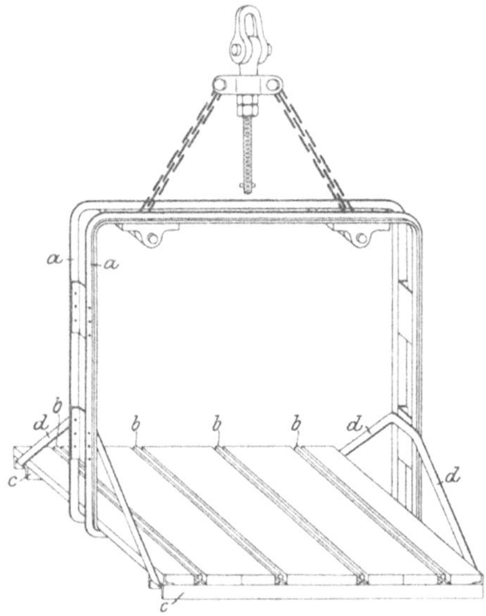

Fig. 45.
Einstöckige Schale.

Einstöckige Förderschalen für Hauptschächte bekommen ein Dach, weil sie auch meistens zur Mannschaftsfahrt benutzt werden. Eine solche Schale ist in Fig. 47 abgebildet; die Beschreibung derselben erfolgt bei den mehrstöckigen Schalen.

Auf Grube Altenwald ist eine Förderschale für zwei nebeneinanderstehende Wagen eingerichtet. Wegen ihrer größeren Breite sind die beiden Schenkel des Hauptrahmens in ungefähr zwei Drittel der Schalenhöhe gegeneinander versteift (Fig. 48).

Auf den teils seigeren, teils flachen Schächten der östlichen Lausitz stehen sogenannte Pendelschalen (Fig. 49) in Gebrauch. Sie haben am Kopfe zwei kleine Wagen mit je zwei übereinanderliegenden Räderpaaren; mit ihrer Hilfe laufen sie in den als Führung dienenden Winkelschienen. Die Schale hängt an den kräftigen Verbindungsbolzen dieser beiden Wagengestelle.

In tonnlägigen Schächten benutzt man zur Förderung mit Rädern versehene Gestelle, die den in den Bremsbergen üblichen Fördergestellen vollständig gleichen. Sie laufen mit Rädern auf einem Gestänge, welches auf dem liegenden Schachtstoße verlagert ist, und werden außerdem noch an hölzernen oder eisernen Leitungen geführt.

Im Siegerlande benutzt man auf den dortigen Eisenstein-Gruben fast nur einstöckige Förderschalen, weil die Fördermengen gegenüber den Kohlenzechen nur gering sind, die Zahl der Treiben nicht groß ist und auch die Zeitersparnis infolgedessen keine große Rolle spielt. Jedoch hat Rietkötter nachgewiesen, daß sich für die Förderung mit Schalen von 1,2 und 3 Stockwerken, wobei auf jedem Stockwerk nur ein Wagen steht, folgende Werte ergeben*).

---

*) Aus „Glückauf“ 1907, Nr. 47.

	Förderung einstöckig 1 Wagen = 600 kg	Förderung zweistöckig 2 Wagen = 1200 kg	Förderung dreistöckig 3 Wagen = 1800 kg
Wirkliche Förderleistung	600 . 6,5 = 3900 mkg/sek	1200 . 6,5 = 7800 mkg/sek	1800 . 6,5 = 11700 mkg/sek
Förderleistung bei einem Hub des Korbes in t = r . $\frac{600}{6,5}$ = 92 Sek.	600 . 600 = 360000 mkg	1200.602 = 722400 mkg	1800.604 = 1087200 mkg
Erforderliche Hübe im Monat zum Fördern von 4000 t	$\frac{4000 \,.\, 1000}{600} = 6666$	$\frac{4000 \,.\, 1000}{1200} = 3333$	$\frac{4000 \,.\, 1000}{1800} = 2222$
Aufzuwendende Reibungsarbeit für 1 Hub des Korbes in 92 Sek.	92 . 3200 = 294400 mkg	92 . 3450 = 317400 mkg	92 . 3700 = 340400 mkg

Bei 8 facher Verdampfung beträgt der Kohlenverbrauch K, berechnet nach dem nutzbaren Dampfverbrauch = 30 kg/N_i/st, W = $^{30}/_{8}$ = 3,75 kg Kohle für die PS_i-Stunde, entsprechend einer Leistung von 75 . 60 . 60 = 270000 mkg/st.

	Förderung einstöckig 1 Wagen = 600 kg	Förderung zweistöckig 2 Wagen = 1200 kg	Förderung dreistöckig 3 Wagen = 1800 kg
Daraus ergibt sich der Kohlenverbauch im Monat			
a) für die gesamte Förderleistung von 4000 t	$\frac{360000 \,.\, 6666 \,.\, 3,75}{1000 \,.\, 270000}$ = 33,3	$\frac{722400 \,.\, 3333 \,.\, 3,75}{1000 \,.\, 270000}$ = 33,3	$\frac{1087200 \,.\, 2222 \,.\, 3,75}{1000 \,.\, 270000}$ = 33,3
b) für die gesamte Reibungsarbeit . . t	$\frac{294400 \,.\, 6666 \,.\, 3,75}{1000 \,.\, 270000}$ = 27,3	$\frac{317400 \,.\, 3333 \,.\, 3,75}{1000 \,.\, 270000}$ = 14,7	$\frac{340400 \,.\, 2222 \,.\, 3,75}{1000 \,.\, 270000}$ = 10,5
Gesamter Kohlenverbrauch im Monat . . t	60,6	48,0	43,8
Betriebskosten der Förderung (1 t Kohlen frei Grube 19 M.) im Monat . . . . M.	1151,40	912,00	832,20
Kohlenersparnis im Monat . . . . . . M.	—	239,00	319,20
Kohlenersparnis %	—	20,7	36,8

Diese Zahlen geben natürlich nur einen ungefähren Überblick über die möglichen Ersparnisse.

Weshalb man im Siegerlande jetzt noch einstöckige Schalen hat, liegt höchstwahrscheinlich daran, daß man beim Schachtabteufen die Mächtigkeit und Qualität der Lagerstätten noch nicht kennt, die Anlagekosten möglichst gering halten will

Fig. 46a/b.
Einstöckige Schale von Windhoff & Co. in Rheine.

und deshalb einstöckige Schalen, also auch niedrige Fördergerüste, verwendet. Wollte man später mit mehrstöckigen Schalen fördern, so hätte man hohe Unkosten, bedingt durch die Erhöhung des Gerüstes, den mit der Betriebseinstellung verbundenen Förderausfall und den Arbeitsausfall für die Belegschaft. Doch soll man diese Bedenken nur bei geringen Teufen gelten lassen, nicht aber bei großen Teufen, bei denen diese Betriebsänderungen großen wirtschaftlichen Vorteil mit sich bringen.

Jedoch darf man der Schale auch nicht zu viele Stockwerke geben; denn schließlich tritt, wie obige Tabelle zeigt, eine Grenze in der Kohlenersparnis ein. Ferner ist zu berücksichtigen, daß auch die Fördermaschinen nicht auf jede be-

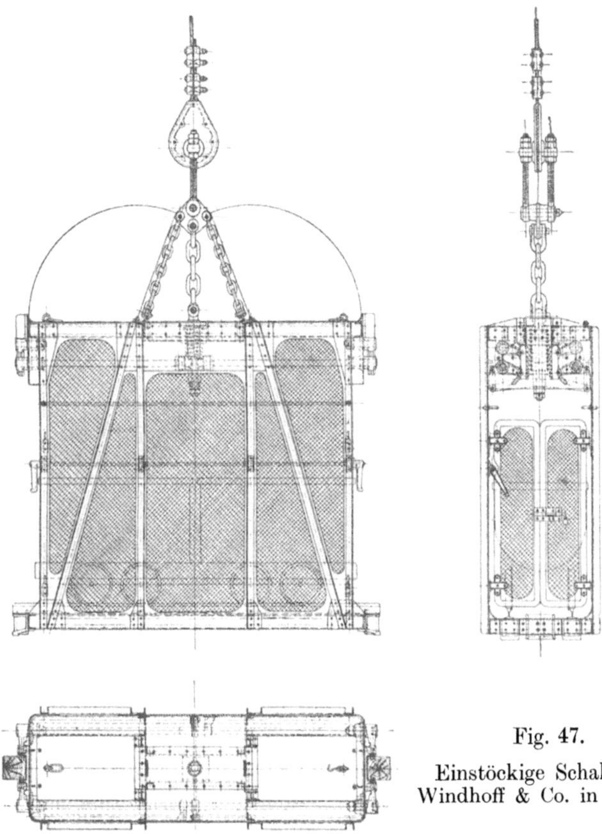

Fig. 47.
Einstöckige Schale von Windhoff & Co. in Rheine.

liebige Last konstruiert sind, namentlich aber, daß die Maschinen bei den alten Aufsatzvorrichtungen mit drehbaren Stützen zunächst die gesamte Förderlast heben müssen, und zwar ohne die Hilfe des durch die andere Schale gegebenen Gewichtsausgleichs.

F. Mehrstöckige Schalen.

Die mehrstöckigen Schalen haben am häufigsten zwei Stockwerke. Daneben finden sich auch solche mit drei oder vier Förderböden. Neuerdings verwendet man im Steinkohlenbergbau mit Rücksicht auf die immer größer werdenden Schachttiefen auch sechs- oder achtstöckige Schalen; dies ist namentlich im niederrheinisch-westfälischen Bezirke der Fall.

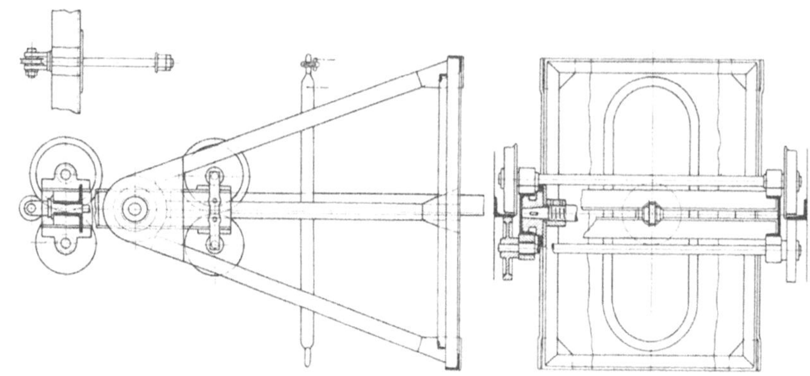

Fig. 49. Pendelschale.
(Aus Klein, Handbuch für den deutschen Braunkohlenbergbau.)

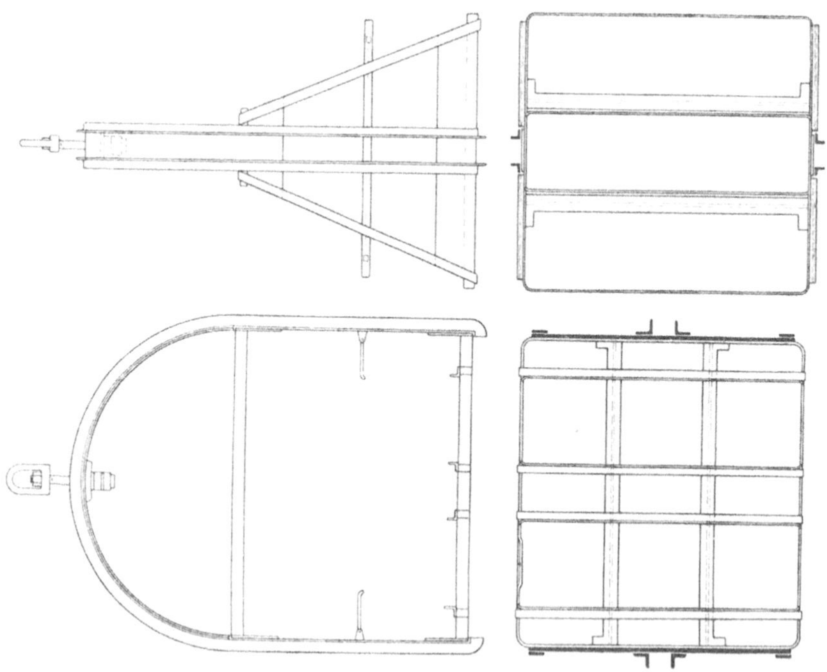

Fig. 48. Schale von Grube Altenwald.
(Aus Dannenberg, Der Bergbau in Skizzen.)

I. Bauart einer Schale.

Jede Schale besteht aus einer größeren Zahl wagerechter viereckiger Rahmen, die unter einander durch senkrechte und schräge Versteifungen verbunden sind. Die Zahl der Rahmen ist gleich der Zahl der Stockwerke nebst einem Kopfrahmen. Der Kopfrahmen ist der kräftigste; denn an ihm hängt die gesamte Last. Auch der Fußrahmen wird gern stärker gehalten, weil er beim Aufsetzen gebraucht wird, und weil an ihm auch häufig das Unterseil befestigt wird.

Die senkrechten Zugstangen, welche zur Verbindung der einzelnen Bodenrahmen dienen, werden in den vier Ecken der Schalen angebracht. Lange, schmale Schalen erhalten auch noch an ihren Langseiten ein oder zwei solche Steifen (Fig. 47,50,52); die schrägen Stangen liegen in den Langseiten der Schalen und gehen meistens von den vier Ecken des Bodenrahmens aus. Sie können über sämtliche Schalenstockwerke bis hinauf zum Kopfrahmen reichen (Fig. 51, 52). Doch finden sich auch recht häufig Schalen, bei denen diese Versteifungen nur über einige Stockwerke reichen (Fig. 50, 53). Ebenso können auch die einzelnen oder mehrere Stockwerksfelder durch übers Kreuz laufende Streben verstärkt werden (Fig. 54, 55).

An ihrem oberen Ende versieht man die Streben gern mit Ösen zur Aufnahme der Schurzketten. Dadurch wird der Seilzug gleichmäßig auf die einzelnen Rahmen der Schale verteilt. Nicht so gut ist es, diese Ösen gesondert am Kopfrahmen anzubringen (Fig. 54). Man soll ferner darauf achten, daß die Schurzketten möglichst in der Verlängerung der schrägen Seitenversteifungen liegen.

Die Förderschale muß auf Zug und auf Stauchung berechnet werden. Die Stauchung tritt beim Aufsetzen auf die Aufsatzvorrichtung ein und ist namentlich bei flotter Förderung sehr bedeutend. Die größten Zugbeanspruchungen machen sich beim Anheben der Schale und überhaupt während der Beschleunigungsperiode geltend; sie sind besonders groß, wenn mit Unterseil gefördert wird.

Die zum Bau einer Schale verwendeten Eisenprofile sind Flacheisen, L-Eisen, Winkeleisen, T-Eisen, I-Eisen und U-Eisen. Die einzelnen Teile werden miteinander verschraubt oder vernietet.

Die Höhe der einzelnen Stockwerke kann gleich der Höhe der einzelnen Förderwagen + 10 bis 15 cm sein. Wird die Schale aber auch zur Seilfahrt benutzt, so ist es besser, jedem Stockwerk Manneshöhe (mindestens 1,80 m) zu geben. Diese Stockwerkshöhe muß man auch wählen , wenn die Schale nicht umgesetzt wird, damit die Bedienungsmannschaften auf den einzelnen Abzugsbühnen aufrecht arbeiten können.

Die Vorteile der Stockwerke von solcher Höhe, daß die Leute darin aufrecht stehen können, zeigen sich deutlich bei der Seilfahrt, wie Schulze-Höing in „Preußische Zeitschrift“ 1912, Heft 1 nachweist Eine sitzende oder gebückte Person braucht nämlich eine Standfläche von 0,28—0,4 qm, während stehende Leute mit 0,17—0,2 qm auskommen. Man kann also auf Schalen mit hohen Stockwerken die doppelte Mannschaftszahl auf einmal befördern.

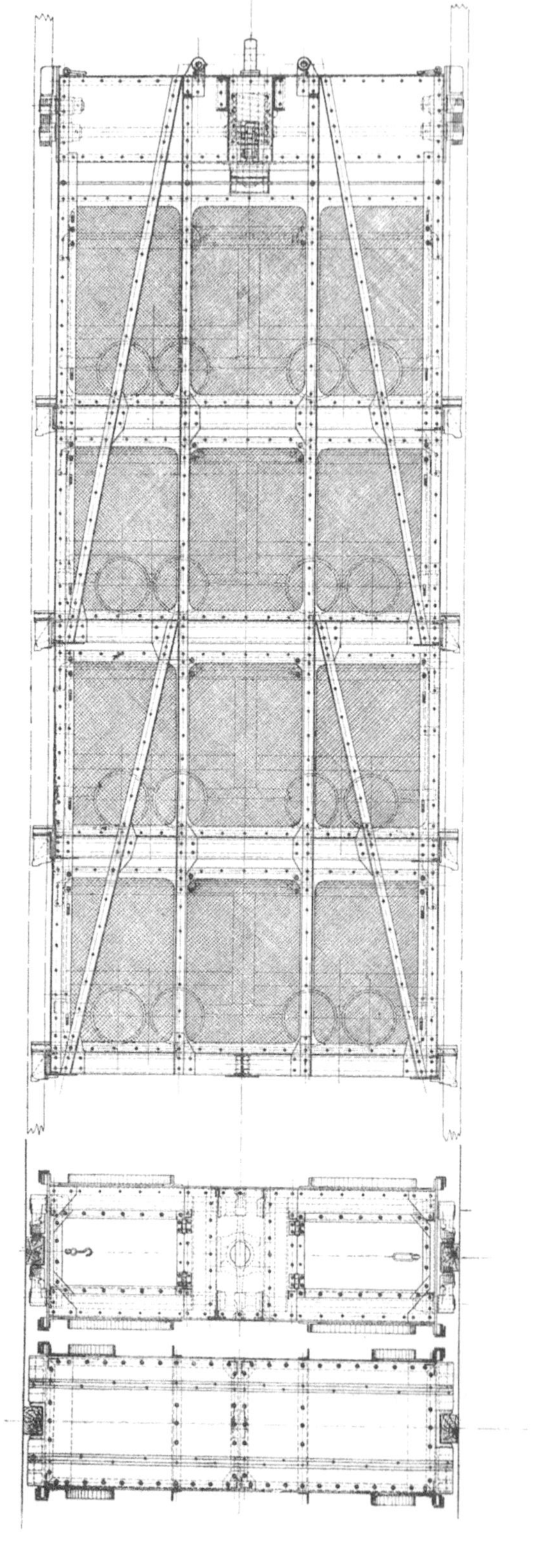
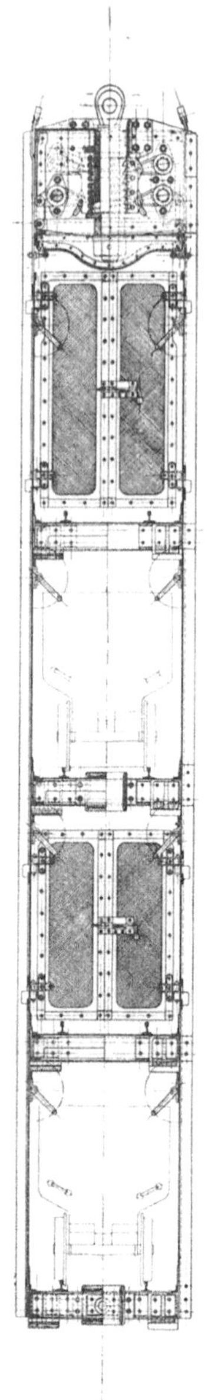

Fig. 50.
Förderschale für 8 Kasten von Windhoff & Co. in Rheine.

Auf manchen Schachtanlagen werden die Förderschalen auch mit ausziehbaren Zwischenböden versehen. An einer vierstöckigen Schale wird beispielsweise der erste und dritte Boden zum Herausziehen einge-

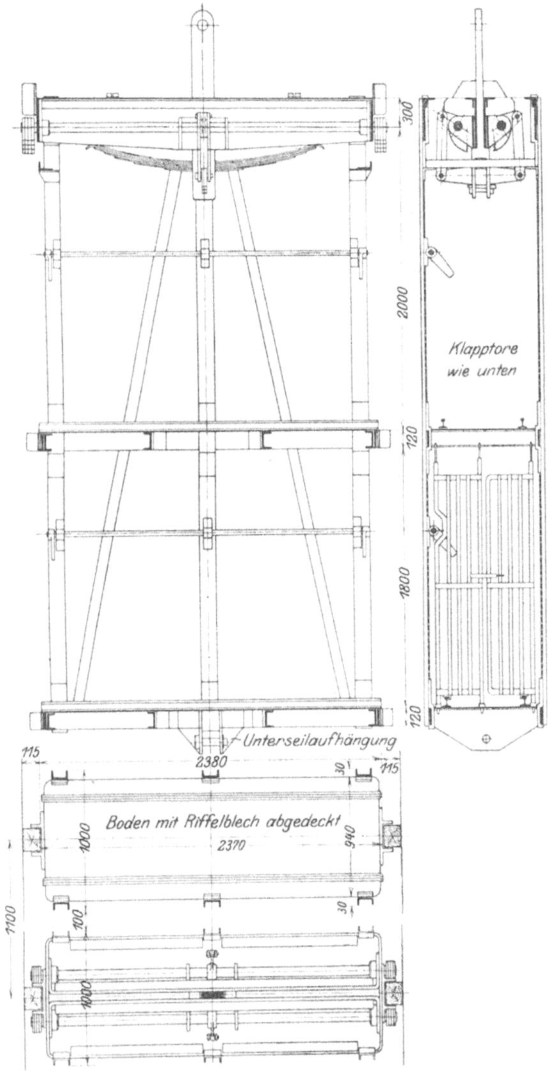

Fig. 51.
Förderschale von Aug. Klönne in Dortmund.

richtet, so daß die Schale bei der Seilfahrt nur zweistöckig ist, aber hohe Stockwerke besitzt, während sie bei der Förderung vier Förderböden, aber nur geringe Stockwerkshöhe hat.

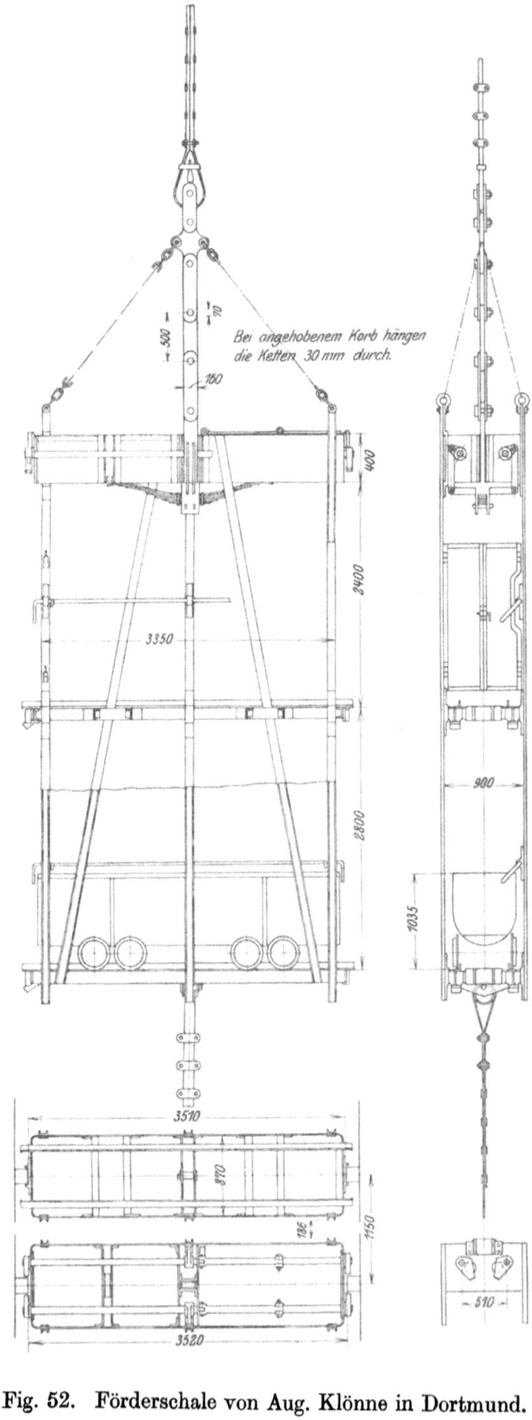

Fig. 52. Förderschale von Aug. Klönne in Dortmund.

An jedem Rahmen werden für die Schachtleitung Führungsschuhe oder Führungsösen angebracht. Ebenso versieht man die Schale an jedem Rahmen mit kräftigen Nasen (Pratzen) (Fig. 50), mit denen sie auf die Aufsatzvorrichtungen aufgesetzt wird. Werden sämtliche Stockwerke zu gleicher Zeit abgefertigt, dann genügen Aufsatzpratzen am Bodenrahmen oder am Kopfrahmen. Das letztere, also das Aufhängen der Schalen am Kopfrahmen, ist vorzuziehen, weil dann die Schale auch während der Bedienung auf Zug beansprucht bleibt.

Der Belag der einzelnen Schalenböden besteht aus Bohlen oder aus Eisenblech. Er soll leicht abnehmbar sein, damit die auf den unteren Stockwerken befindlichen Leute im Notfalle schnell nach oben gelangen können, z. B. wenn die Schale aus irgendwelchen Ursachen in den Sumpf gehängt wird.

Ferner wird jedes Stockwerk mit Gestänge für die Förderwagen versehen; dieses besteht aus Vignolschinen, L-Eisen (Fig. 53), Quadrateisen oder aus U-Eisen mit einer Einlage aus Quadrateisen (Fig. 56).

Das Schalendach kann flach oder aber geneigt sein. Eine konische Form desselben soll die Förderung günstig beeinflussen, indem das Dach

Fig. 53.
Förderschale von R. W. Dinnendahl A.-G. in Steele-Ruhr.

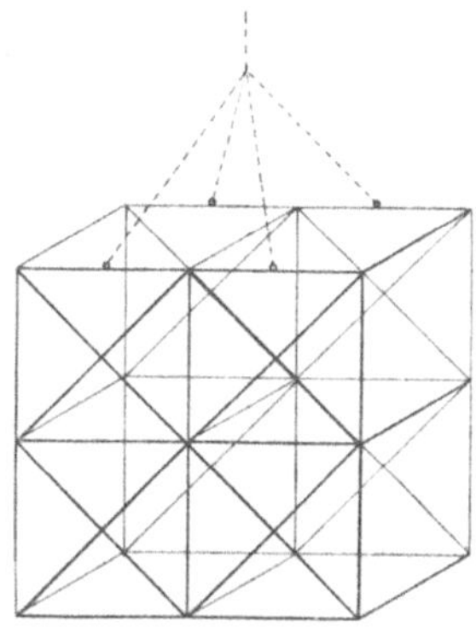

Fig. 54.
Förderschale.

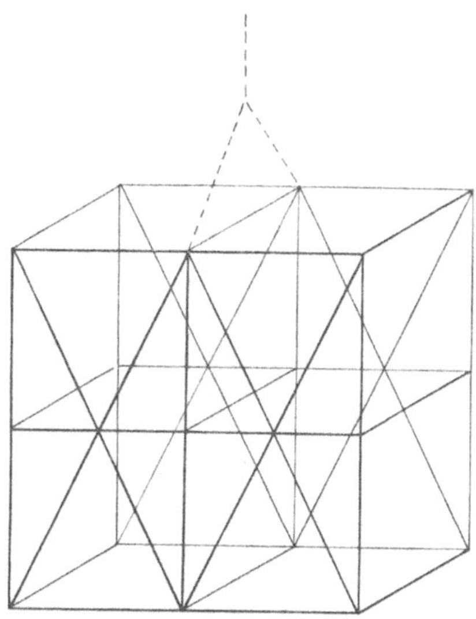

Fig. 56.
Schalen-Gestänge.

Fig. 55.
Förderschale.

die Luft durchschneidet, infolgedessen eine ruhigere Bewegung der Schale hervorruft und den zur Überwindung des Luftwiderstandes erforderlichen Kraftbedarf verringert; auch soll der Wetterstrom dadurch günstig beeinflußt werden, weil nicht so starke Wirbelbildung eintritt.

Anemometerversuche haben aber, wie Mellin berichtet, gezeigt, daß sich über dem flachen Schalendach ein Kegel von ruhender Luft bildet, der den Wetterstrom ebenso durchschneidet wie ein konisches Dach. Im Innern der Schale war die Luftbewegung fast gleich Null; bei größter Fördergeschwindigkeit betrug der Luftwiderstand 13,9 kg/qm und stieg bei der Begegnung der Schalen auf 16,4 kg/qm.

Auf Aldwarke-Grube hat man beobachtet, daß bei Seilführung die Schalen trotz eines Abstandes von 425 mm aneinanderschlugen, wenn sie konische Dächer hatten, aber nicht bei flachen Dächern.

Im Ostrau-Karwiner Bezirke erhalten die Schalendächer nach Mitteilungen von Laske eine Neigung von 6 Grad.

Ein Vorteil der flachen Dächer ist, daß man von ihnen aus Ausbesserungsarbeiten im Schachte vornehmen kann. Auch benutzt man das Schalendach bei der Untersuchung der Schachtleitungen vor der Seilfahrt, wenn die Schale an den langen Seiten geführt wird. Um die auf dem Dache stehenden Leute vor dem Abstürzen zu bewahren, versieht man es mit einem einfachen Geländer; außerdem wird am Zwischengeschirr ein Schutzdach befestigt.

Das Schalendach muß aufklappbar sein (Fig. 47, 50), um lange Gegenstände, wie Schienen, Zimmerungsholz usw., die nicht in die Schale hineingelegt werden können, einzuhängen. Sie werden senkrecht auf das oberste Stockwerk gestellt und am Zwischengeschirr befestigt; damit die Schale nicht eckt, müssen sie gleichmäßig auf ihr verteilt sein.

II. Besondere Schalenbauarten.

In Nordamerika sind stellenweise leicht gebaute Förderschalen in Gebrauch. Baum beschreibt eine zweistöckige Schale von Allis & Chalmers in Chicago, bei welcher das untere Stockwerk gelenkig am oberen angehängt ist (Fig. 57). Durch diese Anordnung wird die Führung der Schalen wesentlich erleichtert; denn es treten nun nicht mehr so starke Stöße auf, weil die Schale auch bei schnellstem Treiben sozusagen schlängelt; die Folge ist also auch ein geringerer Kraftbedarf bei der Förderung.

Im Kohlenbecken von St. Etienne hat man Fördergestelle ohne Boden (Fig. 58), an denen die Förderwagen angehängt werden. Die Gestelle haben zu diesem Zwecke Haken, welche sich in entsprechende Ringe einhängen, die an den Förderwagen angebracht sind. Im Füllorte sind zwei feste Bühnen, die etwas schmaler sind als der Zwischenraum zwischen den Haken des Gestelles; sie sind mit Gestänge zur Aufnahme der Förderwagen versehen. An der Hängebank sind ebensolche, aber bewegliche Bühnen vorhanden; beim Durchgange des Fördergestelles werden sie zurückgezogen.

Die Bedienung ist folgende. Die leeren Wagen des niedergehenden Gestelles setzen sich nacheinander auf die feste Füllortsbühne und werden dort abgezogen. Zu gleicher Zeit geht an der Hängebank das mit vollen Wagen beladene Gestell unbedient aufwärts. Ist im Füllorte der letzte Wagen abgezogen, so schiebt man die Hängebankbühne vor, das Vollwagen-Gestell wird gesenkt, und es werden nun von ihm die Förderwagen abgezogen.

Nun wird die Maschine wieder umgesetzt und die an der Hängebank stehende Schale mit leeren Wagen beladen. Darauf muß die Maschine wieder umgesetzt werden, um das im Füllorte befindliche Gestell mit vollen Wagen zu versehen.

Es ist einleuchtend, daß die Bedienung infolge des häufigen Umsetzens sehr umständlich und zeitraubend ist; dieses Verfahren eignet sich also nicht für flotte Förderung, sondern nur für Schächte, in denen man die tote Last verringern will.

Fig. 57.
Gelenk-Schale.
(Aus Glückauf 1908, Nr. 10.)

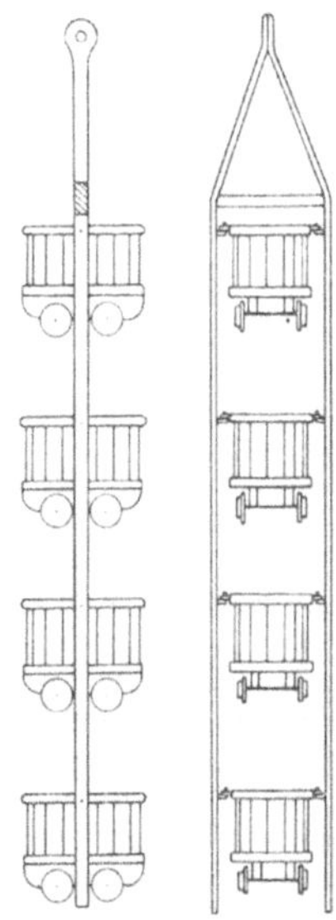

Fig. 58.
Fördergestell von St. Etienne.
(Aus Demanet, Traité d'eploitation des mines de houille.)

III. Die Auswechslung der Schalen.

Der Einbau eines neuen Förderkorbes ist eine umständliche Arbeit. Er wird auf der Rasenhängebank liegend bis zum Schachte geschleppt und mit seinem Oberteile an das Seil einer Dampfwinde angeschlagen, welches aus dem Luftschachte heruntergeführt wird. Während man auf diese Weise das Oberteil der Schale anhebt, wird das Unterteil mit Hebeln und Winden dem Schachte näher gebracht; dieses Anheben und Vorwärtsschieben geschieht meistens wechselweise, weil die gleichzeitige Ausführung beider Arbeiten sehr schwierig ist. Ist die Schale auf diese Weise bis an den Rand des Förderschachtes gebracht, so wird das Seil der Dampfwinde nachgelassen, so daß die Schale senkrecht steht. Man überdeckt nun die Schachtöffnung mit starken Trägern, setzt die Schale mit Hilfe der Dampfwinde auf diese auf und schiebt sie dann in das Fördertrum hinein, worauf sie an das Förderseil angeschlagen wird.

Das Ausbauen einer Förderschale erfolgt in umgekehrter Weise.

Um diese umständliche, zeitraubende und nicht ungefährliche Arbeit leichter und sicherer ausführen zu können, setzt man die Schale vielfach auf einen Laufwagen auf oder hängt sie an einem solchen an; mit seiner Hilfe kann man sie dann bequem bis in das Fördertrum hineinschaffen.

Hierzu kann man den Laufwagen von Oberschuir & Altena (Fig. 59a u. b) benutzen. Mit Spurschienen b versehene Träger a sind außerhalb des freien Quer-

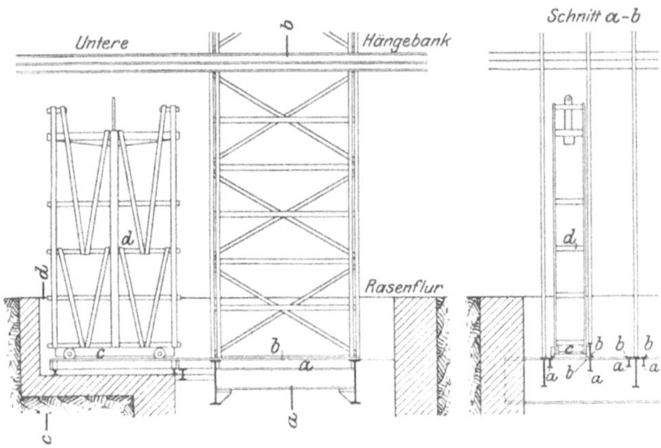

Fig. 59a, b.
Laufwagen von Oberschuir & Altena. (Aus Kohle und Erz, 1907, Nr. 5.)

schnittes des Fördertrumes fest im Schachte verlagert. Der Wagen c mit der Förderschale d läuft auf diesen Spurschienen und kann schnell und mühelos in den Schacht hineingefahren werden. Die Träger mit den Spurschienen können in jeder beliebigen Höhe zwischen Förderhängebank und Rasenhängebank angeordnet werden, so daß man die Schale je nachdem hängend oder stehend einbauen kann.

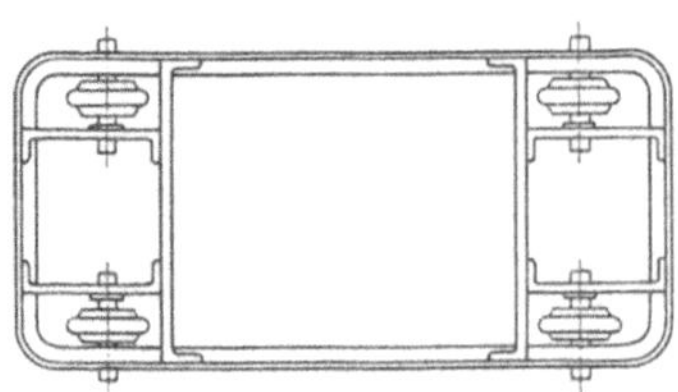

Fig. 60.
Rollwagen.

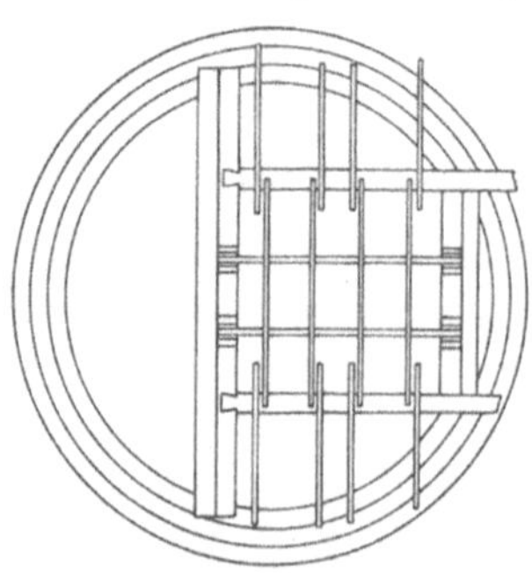

Fig. 61.
Gestänge für den Rollwagen.

(Aus Dannenberg, Der Bergbau in Skizzen.)

Auf Schacht Erkershöhe der Grube Friedrichsthal bei Saarbrücken wird zum Auswechseln der Schalen ein Rollwagen benutzt, der auf dem Hängebankgestänge läuft. Er besteht aus einem viereckigen Rahmen (Fig. 60), der noch mehrfach versteift ist und vier in seinem Innern liegende Räder hat. Jedes dieser Räder hat einen äußeren und einen inneren Laufkranz; mit den äußeren Laufkränzen läuft der Wagen auf dem Hängebankgestänge. Soll der Rollwagen unter die Schale geschoben werden, so wird diese etwas über die Hängebank gezogen und der Schacht mit Schienen überdeckt (Fig. 61), auf denen dann der Rollwagen mit seinen inneren Laufkränzen läuft. Ist der Wagen unter die Schale geschoben, so wird diese auf ihn aufgesetzt und dann vom Seile gelöst.

IV. Feststellvorrichtungen für die Förderwagen.

Damit die Förderwagen während des Treibens nicht von der Schale abstürzen, müssen sie auf ihr sicher festgestellt werden. Die hierbei angewendeten Verschlüsse sind, je nachdem womit sie bewegt werden,

1. Handverschlüsse,
2. Fußverschlüsse,
3. selbsttätige Verschlüsse.

Man kann die Einteilung auch nach ihrer Bauart vornehmen, nämlich in

1. Bügelverschlüsse und
2. Riegelverschlüsse.

a) Bügelverschlüsse.

Die Bügel können Längsbügel oder Querbügel sein.

Die Längsbügel. Die Längsbügel sind an den Langseiten der Schale angebracht; es sind schmiedeeiserne Stangen, die an beiden Enden eine Kröpfung haben (Fig. 62). Sie drehen sich in Augen, die an der Schalenwand angebracht sind. Um sie in der Verschluß-stellung zu erhalten, sind sie mit kurzen Dornen versehen, welche, nach unten hängend, an die Schalenwand anschlagen.

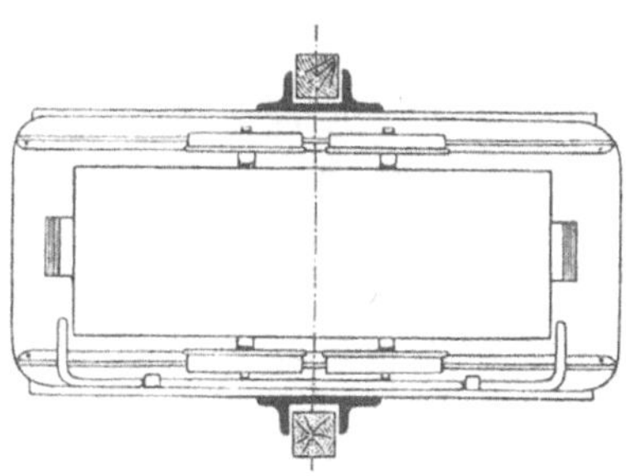

Fig. 62.
Schale mit Längsbügel. (Aus Busson, Die Unfallverhütung im Bergbaubetriebe, II).

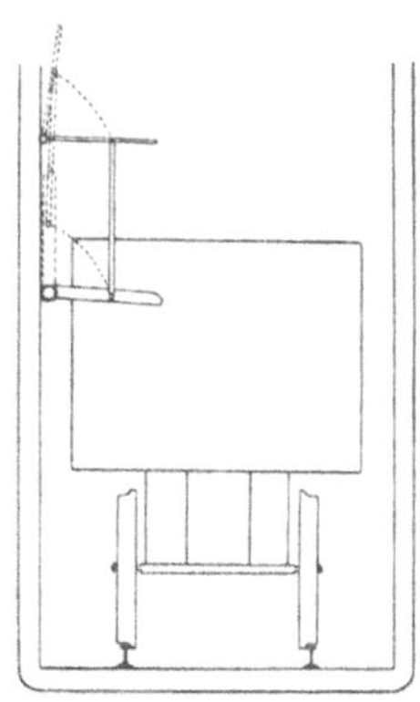

Fig. 63.
Sicherheitsbügel. (Aus Vers. und Verb. i. J. 1902.)

Diese durchgehenden Längsbügel brauchen nur einseitig bedient zu werden. Vielfach benutzt man aber nur kurze Bügelstücke, die nahe den Schalenstirnseiten drehbar verlagert sind. Derartige kurze Bügelstücke erfordern natürlich zweiseitige Bedienung. Hierbei kann es leicht vorkommen, daß auf der einen Seite der Verschluß zu früh geöffnet wird und die Wagen aufgeschoben werden, während die ent-

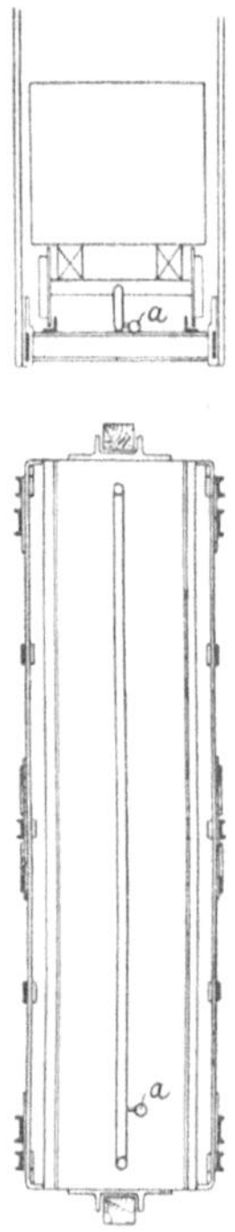

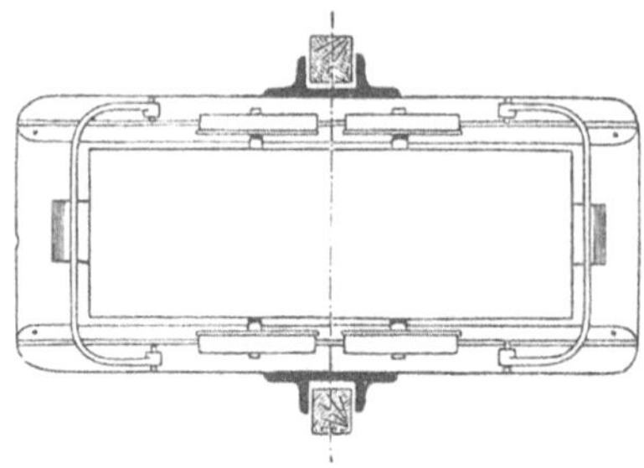

Fig. 65.
Schale mit Querbügeln. (Aus Busson, Die Unfallverhütung im Bergbaubetriebe, II.)

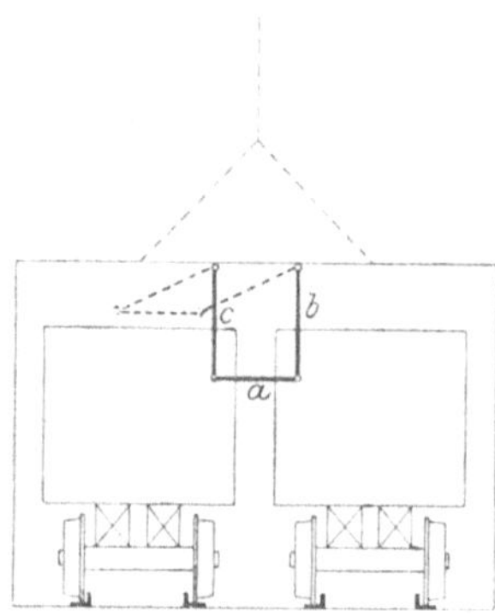

Fig. 64.
Fußbügel.

Fig. 66.
Querbügel.

gegengesetzte Schalenseite noch geschlossen ist. Dadurch wird das Öffnen dieses Verschlusses erschwert; auch können dadurch Handververletzungen des Anschlägers herbeigeführt werden.

Auf Marie-Schacht der kons. Fürstensteiner Gruben bei Waldenburg ist, um solche Fingerquetschungen zu verhüten, über dem Bügel ein Hebel angebracht, der mit ihm durch eine Zugstange verbunden ist (Fig. 63). Der Anschläger greift an diesem oberen Hebel an.

Die Längsbügel können auch zwischen den Schienen befestigt werden und greifen dann mit ihren gekröpften Enden vor die Achsen der Förderwagen (Fig. 64). Der in dieser Abbildung dargestellte Längsbügel wird in der Verschlußstellung durch ein Gegengewicht a gehalten, welches auf dem Schalenboden aufliegt. Vor dem Abziehen der Wagen wird der Bügel um 90 Grad herumgeklappt, so daß dann seine Kröpfungen auf dem

Boden aufliegen, das Gegengewicht aber senkrecht nach oben gerichtet ist; dieses ist so kurz, daß die Wagenachsen noch darüber hinweggehen.

Auch kann der Längsbügel drehbar außerhalb des Gestänges liegen; er ist dann mit zwei Klinken versehen, die sich vor die Räder des Förderwagens legen; um ihn zu öffnen und zu schließen, ist er an dem einen Ende mit einem Hebel versehen.

Auf Grube Schwalbach bei Saarbrücken sind außer den Handbügeln noch Fußklinken angebracht worden, weil die ersteren häufig infolge der starken Stöße bei der Förderung zurückspringen und die Förderwagen freigeben.

Die Querbügel gehen quer über die Wagenstirnwand (Fig. 65) und legen sich vor die Förderwagen. Um diese abziehen zu können, müssen die Bügel nach oben geklappt werden. Damit der Anschläger den Bügel in dieser Stellung nicht festzuhalten braucht, läßt man vom nächstobern Schalenrahmen einen Haken an einer Kette herunterhängen, in den der Bügel eingehakt wird. Fingerverletzungen des Anschlägers werden dadurch verhütet, daß man den Bügel in der Mitte kröpft.

An einem Aufzuge des Godullaschachtes bei Morgenroth ist die für zwei nebeneinanderstehende Wagen bestimmte Schale mit einem Querbügel versehen, dessen wagerechte Verschlußstange a (Fig. 66) gelenkig an zwei Hängeeisen b und c hängt. Um die Förderwagen freizugeben, wird sie in die punktiert gezeichnete seitliche Lage gebracht.

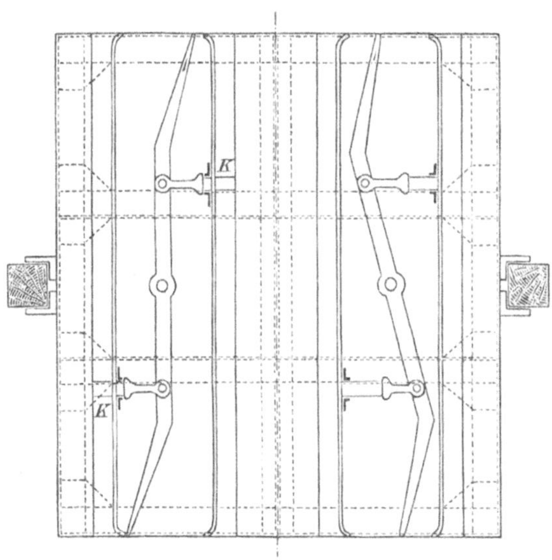

Fig. 67.
Schale mit Schubriegeln. (Aus Busson, Die Unfallverhütung im Bergbaubetriebe, II.)

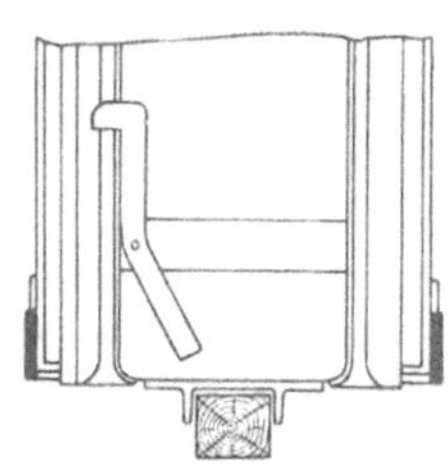

Fig. 68.
Drehriegel. (Aus dem Rhein.-Westf. Sammelwerk, Bd. V.)

b) Die Riegelverschlüsse.

Sie können Schubriegel oder Drehriegel sein und legen sich beide über das Schalengestänge vor die Wagenräder. Die Figuren 67 und 68 lassen ihre Wirksamkeit ohne weiteres erkennen.

c) Die selbsttätigen Förderkorbverschlüsse

sind zum Teil aus den Längsbügeln, zum Teil aus den Querbügeln entstanden, zum Teil haben sie eine eigenartige Konstruktion.

Ein selbsttätiger Längsbügelverschluß ist der von Nußbaum (Fig. 69). Er besteht aus einer in senkrechter Richtung verschiebbaren Stange a, die mit den Bunden e versehen und gegen Drehung gesichert ist. Die Klinken c sitzen an diesen Stangen drehbar. Setzt sich die Schale auf die Aufsatzvorrichtung auf, so wird die Stange a in die gezeichnete Stellung gehoben, und die Klinken c können von Hand herumgelegt werden, so daß sie die Förderwagen freigeben. Wird aber die Schale von der Aufsatzvorrichtung abgehoben, so senkt sich Stange a, die Anschlagarme b der Klinken c stoßen gegen die an der Schale fest angebrachten Anschläge d, so daß sich die Klinken vor die Stirnwände der Förderwagen legen.

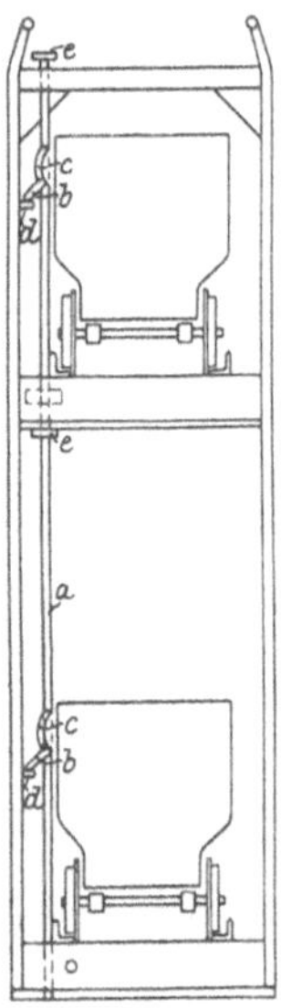

Fig. 69.
Verschluß von Nußbaum. (Aus Kohle u. Erz 1906, Nr. 1.)

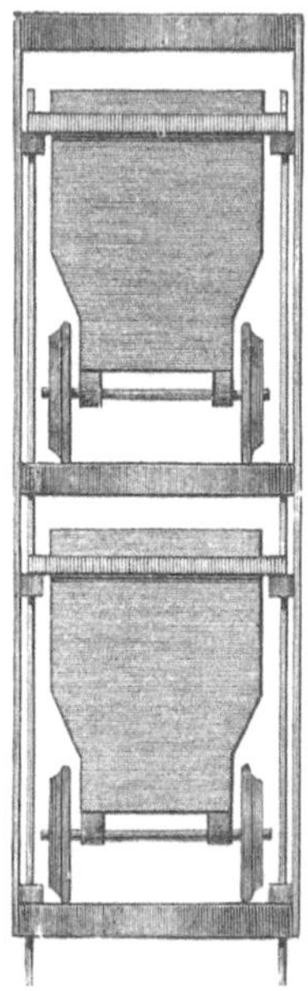

Fig. 70.
Selbsttätiger Querbügel. (Aus Demanet, Traité d'exploitation des mines de houille.)

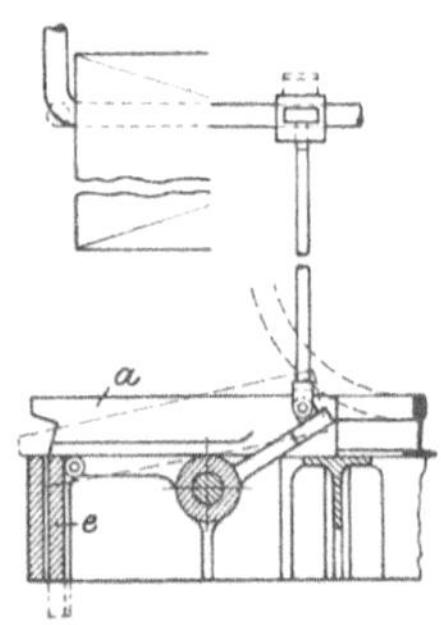

Fig. 71.
Verschluß von Pietsch. (Aus Glückauf 1900, Nr. 7.)

Demanet beschreibt einen selbsttätigen Verschluß (Fig. 70), dessen wagerechte Barrieren fest an senkrechten Stangen sitzen. Diese Stangen greifen in Ösen und reichen über sämtliche Schalenstockwerke; sie setzen sich mit der Schale zusammen auf und gehen dabei in die Höhe; diese Bewegung machen die wagerechten Barrieren mit, so daß die Wagen unter ihnen hinweg abgezogen werden. können.

Bei der Feststellvorrichtung von Pietsch (Fig. 71), D.R.P. 105195, stehen die Schienenstücke a mit den Gegengewichten e in Verbindung. Beim Aufsetzen der Schale auf die Aufsetzvorrichtung kippen sie in die wagerechte Lage und geben die Wagenräder frei. Wird die Schale von der Aufsatzvorrichtung abgehoben, so werden diese schwenkbaren Schienenstücke a durch die Gegengewichte e wieder in die schräge Lage gedreht und dadurch die Wagen festgelegt.

An den Schalen der Tomson-Förderung von Hillebrandschacht in Antonienhütte O.-S. ist eine ähnliche Gleissperre vorhanden, wirkt aber nicht selbsttätig, sondern wird von dem Maschinenwärter bedient, der seitlich vom Schachte im

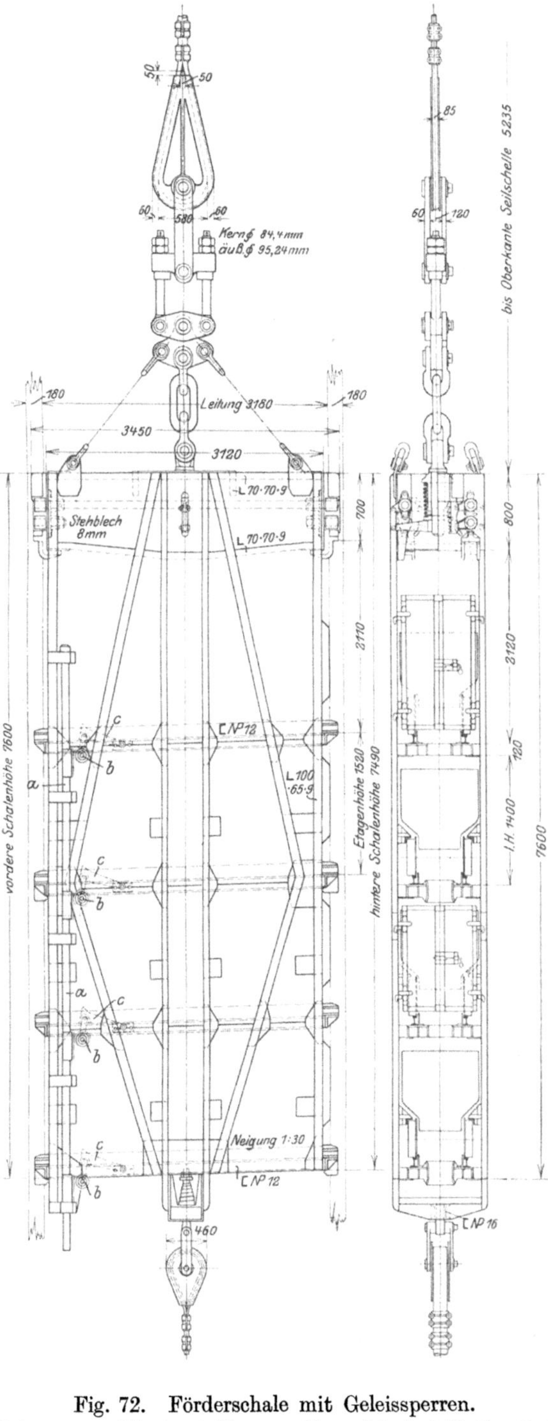

Fig. 72. Förderschale mit Geleissperren.
(Gebaut von Kania & Kuntze, Zawodzie bei Kattowitz.)

Steuerraume sitzt und das Heben und Senken der Hilfsschalen bewirkt. Sitzt die Schachtschale auf der Aufsatzvorrichtung auf, so wird das an ihrer Außenseite befindliche Gestänge a (Fig. 72) durch einen in der Abbildung nicht gezeichneten Apparat, den „hydraulischen Hammer", gehoben; die an ihr sitzenden Zahnstangenstücke drehen die Zahnräder b herum und bringen mit Hilfe eines gelenkigen Zwischengestänges die Sperren c zum Niedergange. Die Wagen können nun von den geneigt stehenden Schalenböden abrollen.

Der Verschluß von Wilde und Petrie (Fig. 73a, b) gestattet, die Wagen von der Schale einzeln oder gleichzeitig ablaufen zu lassen. Er besteht aus einem Stirnrade mit vier Armen, gegen die die Wagenachsen anlaufen. Damit der Wagen diesen Verschluß nicht überklettert, sind die Arme in der Richtung nach der Achse zu umgebogen und besitzen auf ihrer Außenseite eine Aushöhlung, in welche sich die aufkletternde Wagenachse einsetzen kann. Dieses Stirnrad ist mit einer Sperrvorrichtung versehen, deren Sperrklinken von Hand bedient werden. Der Schalenboden muß bei dieser Anhaltevorrichtung geneigt liegen.

Die Sperrvorrichtung von Holling ist ebenso wie die eben beschriebene nur

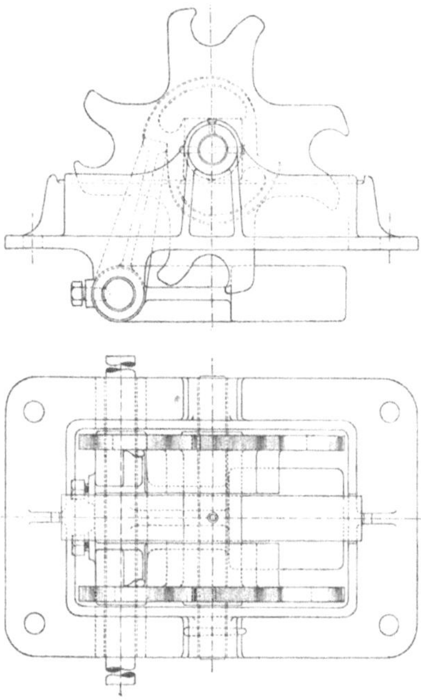

Fig. 73a/b.
Verschluß von Wilde & Petrie.
(Aus Preuß. Zeitschr. 1910.)

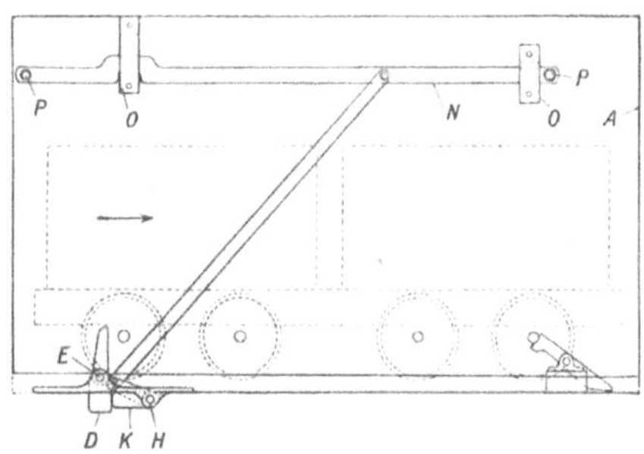

Fig. 74.
Sperrvorrichtung von Holling.
(Aus Preuß. Zeitschrift 1910.)

teilweise selbsttätig. Der um die Achse E (Fig. 74) schwingende Doppelhebel D wird dadurch in senkrechter Stellung erhalten, daß die beiden Hebelarme verschieden schwer sind. Die Wagenachse stößt gegen den aufwärts gerichteten Arm an. Um die Wagen festzustellen, wird der Doppelhebel D durch Vermittelung der Gleitstange N und einer schrägen Zwischenstange durch den um Achse H schwingenden Sperrhebel K festgelegt. N wird in der Sperrlage durch die in O ruhende Kröpfung festgehalten. Zum Zwecke des Öffnens wird die Gleitstange N an den Handgriffen P gehoben und dann in ihren Führungen verschoben.

Auf Bolko-Schacht der Fürstlich Plessischen Bradegrube in Oberschlesien hat man einstöckige Förderschalen mit geneigten, feststehenden Böden. Die Förderwagen werden auf ihnen mit der nachstehend beschriebenen Feststell-Vorrichtung gehalten, die sich beim Aufsetzen der Schale selbsttätig löst. Die Wagenräder werden durch die Bremsschuhe h (Fig. 75 a, b, c), die um die Bolzen i drehbar sind, festgebremst. Werden diese Schuhe nach der Gestängemitte zusammengezogen, so geben sie die Wagen frei, und diese können abrollen. Die Verschiebung nach der Gestängemitte erfolgt beim Aufsetzen der Schale. Hierbei wird nämlich der

Stempel a gehoben und durch Vermittlung des drehbaren Winkelhebels b, Gestänges d und Hebels e der Schieber f in wagerechter Richtung verschoben. f greift mittels der verstellbaren Gelenkstücke g an den Bremsschuhen h an. Beim Verschieben von f stellen sich die Gelenkstücke g schräg gegen die Bremsschuhe h, so daß diese sich aufeinander zu, also nach der Gestängemitte hin, bewegen.

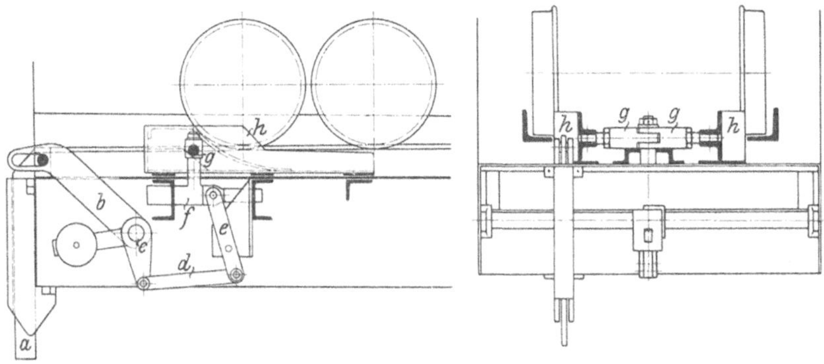

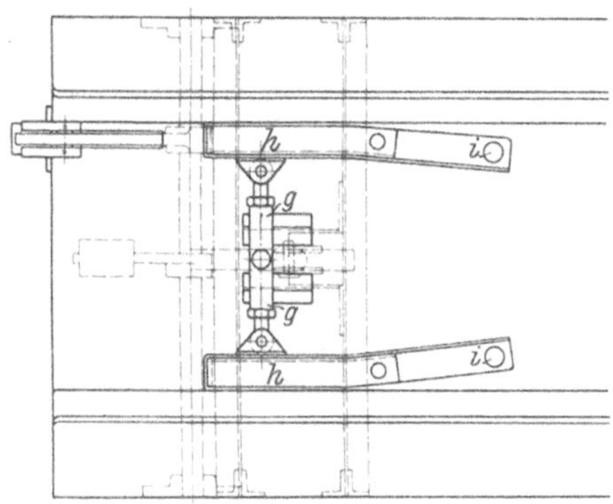

Fig. 75 a—c.
Wagenfeststeller.
(Aus Kohle und Erz 1912, Nr. 22.)

V. Förderkorbtüren.

Die Türen sind bei der Seilfahrt bergpolizeilich vorgeschrieben. Sie dürfen nur von außen geöffnet werden, damit nicht etwa eine solche Tür durch einen unglücklichen Zufall, z. B. durch Anstoßen eines auf der Schale fahrenden Mannes, aufgeht. Die Türen werden eingeteilt in Flügeltüren, Schiebetüren und Jalousietüren.

a) Die Flügeltüren (Fig. 47, 50)

bestehen aus zwei Hälften; jeder dieser Flügel kann bei sehr breiten Schalen nochmals geteilt sein und sich infolgedessen zusammenlegen lassen (Fig. 76).

Ein Nachteil der Flügeltüren ist, daß sie sich während der Fahrt leicht öffnen oder aber bei heftigen Stößen aus den Angeln springen.

Um dies zu verhüten, sicherte man sie auf dem Zirkel-Schachte bei Volkstedt durch 8 mm starke Splinte, die in die Angeln eingesteckt wurden. Die Splinte waren mittels Ketten an die Türen angeschlossen.

Auf den Schachtanlagen der Mansfelder Gewerkschaft brachte man an den Türen eine besondere Sicherung (Fig. 77) an. Der an der Tür befestigte Haken S greift unter ihre Angeln und wird in dieser Lage durch den Verschlußhebel H gehalten. Dieser Hebel kann um ein Gelenk in die durch eine punktierte Linie angedeutete Lage herumgeschwenkt werden. In der Verschlußstellung wird er selbsttätig festgehalten.

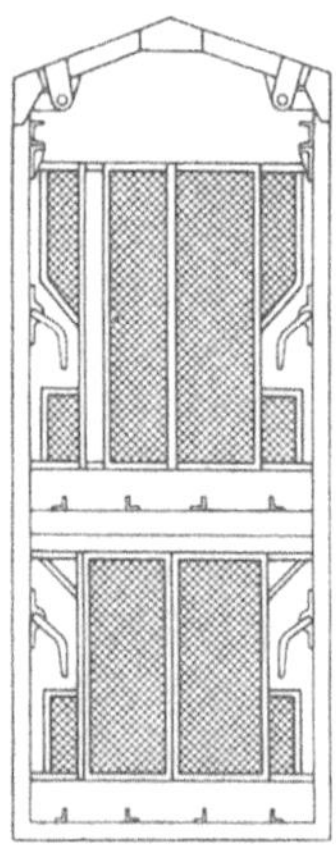

Fig. 76.
Flügeltüren mit geteilten Flügeln.

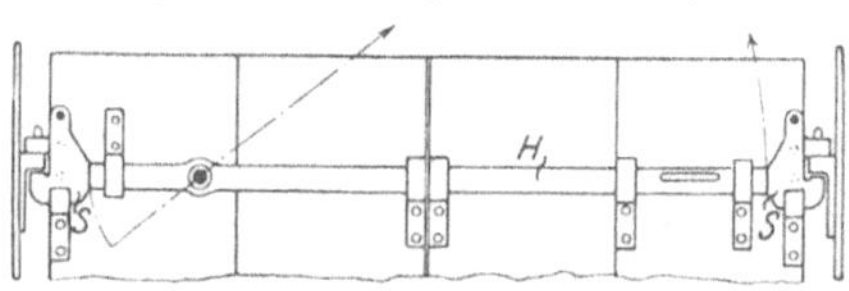

Fig. 77.
Sicherung der Schalentüren.
(Aus Preuß. Zeitschrift 1910.)

Fig. 78.
Schiebetür Westfalia II.

b) Die Schiebetüren

werden nach der Seite zu zusammengeschoben und bestehen deshalb meistens aus mehreren starken Blechen.

In der zusammengeschobenen Stellung können sie dann noch ähnlich wie die Flügeltüren seitlich an die Schalenwand herumgeschwenkt werden.

Fig. 79 a.

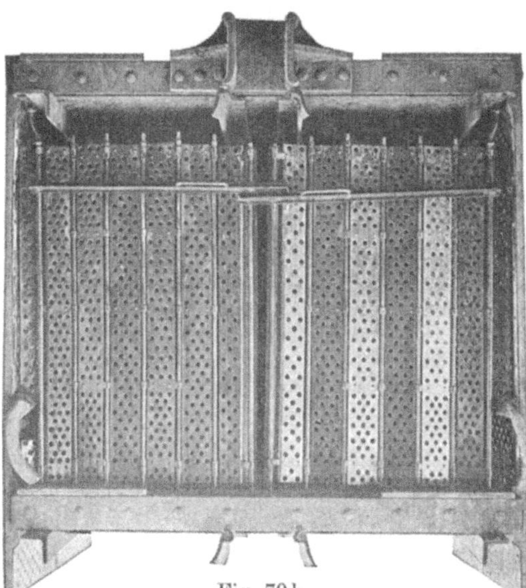

Fig. 79 b.

Schiebetür, System Geil.

Die Schiebetür Westfalia II (Fig. 78) besteht aus gelochtem Eisenblech von 2 mm Stärke. Die Zahl der Bleche ist von der Türbreite abhängig. Die Bleche sind oben und unten mit Trage- und Führungsleisten versehen und lassen sich seitlich übereinanderschieben. Das äußerste (rechte) Endblech ist mittels einer Rolle an einer über der Tür befindlichen Laufschiene aufgehängt. Das innerste (linke) Endblech ist um Zapfen drehbar. Anschläge verhüten ein zu weites Auseinanderziehen bzw. Zusammenschieben der Türteile. Die Laufschiene, die mit der Förderschale starr verbunden ist, ist vor den Drehzapfen nach unten gekröpft; die Laufrolle schwebt also dort angekommen frei in der Luft, und die Tür kann um ihre Zapfen nach innen herumgeklappt werden.

Ähnlich gebaut ist die Förderkorbtür System Geil, die von Salau & Birkholz in Essen-Ruhr geliefert wird (Fig. 79). Die Türen werden einflüglig und zweiflüglig gebaut und bestehen aus einer Anzahl Blechstreifen aus gelochtem Eisen-

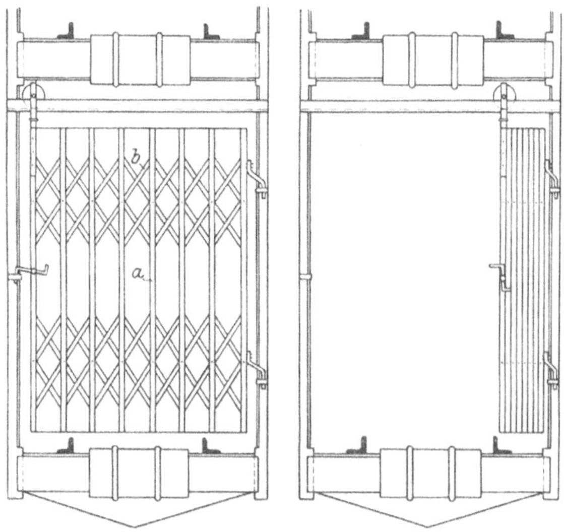

Fig. 80.
Nürnberger Scherentür. (Aus Der Bergbau XX, Nr. 41.)

blech. Doch werden diese Türstreifen nicht übereinandergeschoben, sondern zusammengeklappt. Zu diesem Zwecke sind sie untereinander durch senkrechte Rundeisen gelenkig verbunden; diese Rundeisen hängen an einer kräftigen oberen Querstange. Zum Öffnen und Schließen der Türen dient ein Riegel, der auch einen sicheren Schutz gegen das Durchbiegen nach außen bietet. Zum Zwecke des Öffnens wird der Riegel durch einen Handgriff aus der wagerechten in die senkrechte Lage geschwenkt.

Eine eigenartige seitlich zusammenschiebbare Tür ist die Nürnberger Scherentür (Fig. 80) von Johann Schmülling, Fabrik für Eisenkonstruktionen, in Köln. Sie kann ebenfalls eine einfache oder eine Doppeltür sein und besteht aus den senkrechten Eisenschienen a, die durch scherenartig angeordnete Flacheisen g gelenkig miteinander verbunden sind. Die oberen und unteren Vernietungen dieser Flacheisen lassen sich in den senkrechten U-Eisenschienen auf und ab bewegen. Auf der einen Seite (rechte Seite der Abbildung) hängt die Tür mit zwei Zapfen in entsprechenden Augen. Am linken Ende trägt sie oben eine Rolle, welche in einer wagerechten U-Eisenschiene läuft. Beim Öffnen der Tür bewegt sich die Rolle in der U-Eisenführung nach rechts. 1 m Türbreite läßt sich auf 15 cm zusammenschieben.

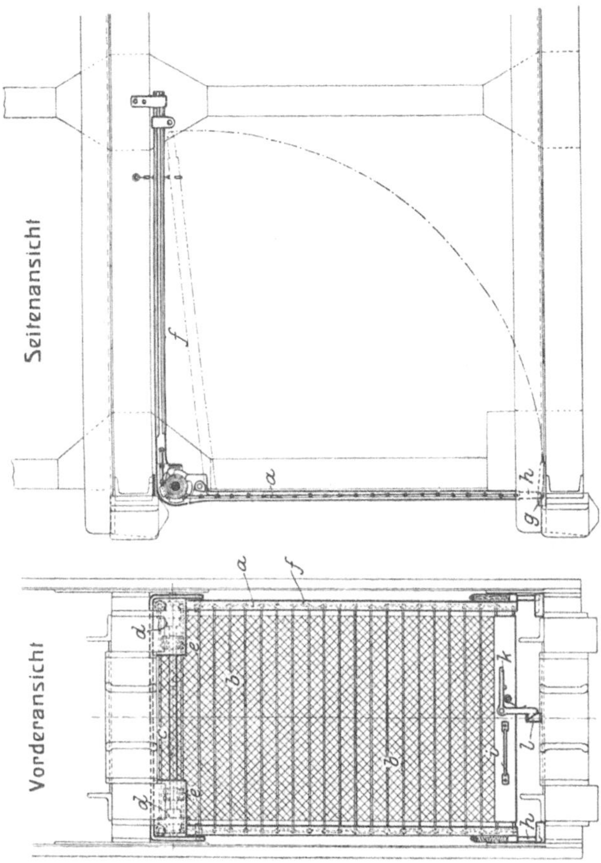

Fig. 82a/b.
Schalentür, System Behrendt.

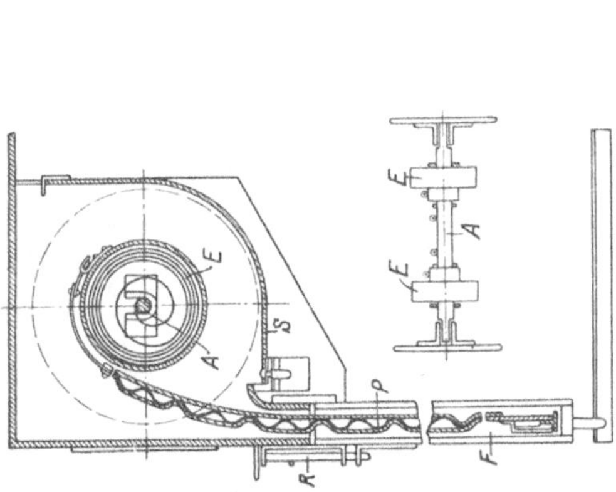

Fig. 81.
Rollade von Meining und Fritz.
(Aus Der Bergbau XXII, Nr. 22.)

Die zusammengeschobene Tür kann nach innen geklappt werden; zu diesem Zweck hat der senkrechte Innenflansch der Eisenschienen eine Aussparung, durch welche die Rolle austreten kann.

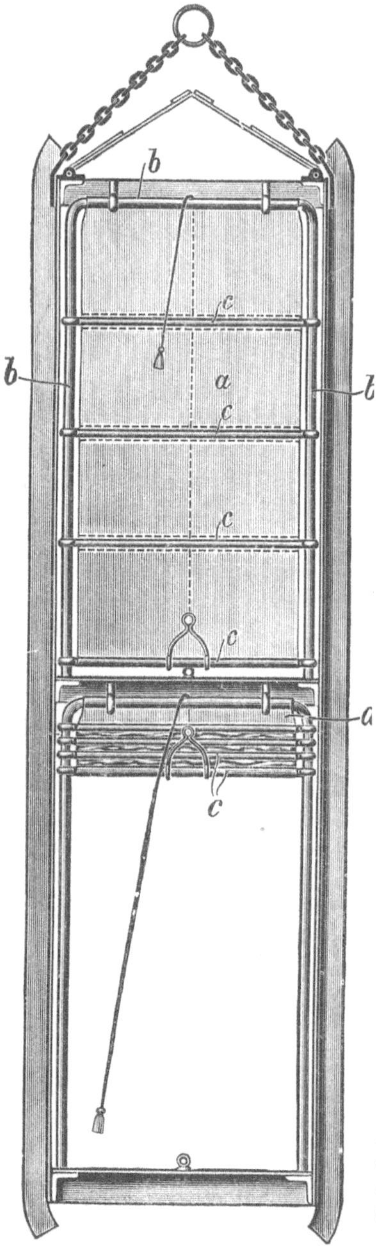

Fig. 83.
Schalenverschluß Westfalia I.

c) Rolläden und Jalousien.

Diese Verschlüsse haben ebenso wie die eben beschriebenen Schiebetüren den Vorteil, daß sie die auf der Schale stehenden Mannschaften beim Öffnen nicht stören. Während aber die Schiebetüren die Schalenbreite verringern, ist dies bei den Rolläden und Jalousien nicht der Fall; sie beanspruchen höchstens Raum über den Förderwagen, können aber leicht entfernt werden.

Der Rolladenverschluß von Meining u. Fritz, gebaut von Ludwig Rennert in Essen, hat eine Achse A (Fig. 81), welche in zwei Lagern nicht drehbar verlage ist. In zwei Gehäusen sitzen die Spannfedern E, an denen der Stahlblechrolladen P durch Haken und Ösen befestigt ist. Der ganze Apparat ist von einem Schutzblech S umgeben. Diese Teile bleiben während der Massenförderung an der Schale, können aber auch leicht herausgenommen werden. Die Führungsleisten F werden dagegen während der Förderung abgenommen, weil sie sonst den Förderwagen den Weg versperren würden. Zu Beginn der Seilfahrt werden sie eingesetzt und mit der Schale durch Riegel R und durch Zapfen verbunden. Der Rolladen ist unten mit einem Handgriff versehen, an dem er heruntergezogen wird; er wird dann mit dem Boden der Schale durch einen Riegel verbunden. Durch das Herunterziehen des Rolladens werden die Federn E gespannt; schiebt man den Verschlußriegel zurück, so geht der Rolladen selbsttätig hoch.

Der Türverschluß nach System Behrndt (Fig. 82), D.R.P. 167354, gebaut von Karl Weiss in Siegen, besteht aus zwei Gelenkketten a, die durch Querstäbe b miteinander verbunden sind; an diesen Stäben ist ein Drahtgeflecht befestigt. Zur Führung dieses Verschlusses dienen Gasrohre f, die der Länge nach aufgeschnitten und senkrecht in der Türöffnung angebracht sind, sowie zwei andere Gasrohrführungen f, die im oberen Teile eines jeden Stockwerkes wagerecht liegen. Ist die Tür geschlossen, so sind die auf der Welle c sitzenden Federn e gespannt. Löst man den Sperrhaken k, durch den der Verschluß zugehalten wird, so kommen die Federn zur Wirkung und schieben die Tür über die Kettenräder d in die wagerecht liegenden Führungen f hinein. Die senkrechten Führungen f können während der Förderung in die punktiert gezeichnete Lage hochgeklappt werden.

Der Westfalia-Verschluß I (Fig. 83) besteht aus starkem Segeltuch a mit eingenähten Rundeisenstäben c; er hängt an dem oberen Querstück eines Rundeisenrahmens b, an dessen senkrechtem Rahmenstück die Stäbe c mittels besonderer Augen geführt werden. Zum Aufziehen des Verschlusses dient eine Schnur; das Schließen erfolgt selbsttätig durch das Eigengewicht.

Fünfter Teil.

Die Förderkorbfangvorrichtungen.

Von Diplom-Ingenieur **Karl Teiwes.**

Bei der Bearbeitung benutzte Literatur.

Zeitschriften:

Selbach: Kritik der Fangvorrichtungen. Preuß. Zeitschr. 1880, 1 u. f.
Harte: Fangvorrichtungen im OBA. Dortmund. Glückauf 1903, 729.
Ackermann, Zabrze: Fangvorrichtungen im OBA. Breslau. Preuß. Zeitschr. 1905, 374 u. f.
Bericht der Transvaaler Seilfahrtkommission. Preuß. Zeitschr. 1907, 632.
Bericht der Seilfahrtkommission Dortmund. Glückauf 1905, S. 570.
Unglücksfall im Zirkelschacht (Seilleitung). Preuß. Zeitschr. 1908, 1 u. f.
Untersuchungsergebnisse der Transvaaler Seilfahrtkommission (von Undeutsch). Glückauf 1907, 1097.
Fangvorrichtung von Henry (mit hydraulischer Bremsung). Glückauf 1901, 663.
Fangvorrichtung von Schenk (von Schenk). Glückauf 1898, Nr. 12.
Fangvorrichtung von Hoppe, neueste. Z. Ver. deutsch. Ing. 1904, 1458.
Fangvorrichtung von Münzner, alte (von Prof. Franke). Preuß. Zeitschr. 1895, 244.
Fangvorrichtung von Münzner, alte (von Hahn). Z. Ver. deutsch. Ing. 1892, S. 888.
Undeutsch: Polemik gegen die Münznersche Fangvorrichtung. Österr. Zeitschr. für B.- u. H.-W. 1906, S. 105, 122.

Bücher:

Heise-Herbst: Bergbaukunde II. (1910.) Springer, Berlin.
Köhler: Bergbaukunde. Engelmann, Leipzig.
v. Hauer: Fördermaschinen der Bergwerke. 2. Auflage. (1885.) Arthur Felix, Leipzig.
Westfälisches Sammelwerk, 5. Band. S. 331—348. (1902.) Springer, Berlin.
Undeutsch: Fallbremsen und Energie-Indikatoren. (1905.) Deuticke, Leipzig.

Prospekte der Firmen.

A. Gemeinsame Gesichtspunkte.

I. Notwendigkeit der Fangvorrichtungen.

Große Korbgeschwindigkeit und gesteigerte Benutzung des Förderseiles erzeugen bei den diese Einrichtung zur Fahrung Benutzenden den dringenden Wunsch nach besonderen Vorrichtungen zum Schutze bei Seilbruch. Schon beim Auftauchen der ersten (1830) diesem Schutze dienenden „Fangvorrichtungen" glaubte man das Ziel erreicht zu haben, mußte aber bald enttäuscht erkennen, daß die Aufgabe, einen mit großer Geschwindigkeit fallenden Korb sicher und ohne Schaden für die fahrende Mannschaft aufzufangen, erhebliche Schwierigkeiten bietet. Ihre Bekämpfung zeitigte im Laufe der Jahrzehnte Erkenntnisse, deren Verwertung heute zu annehmbaren Ergebnissen geführt hat.

Diese Entwickelung läßt es erklärlich erscheinen, daß das Urteil über den Wert der Fangvorrichtungen immer ein geteiltes war und noch heute ist. Selbst die Notwendigkeit der Fangvorrichtungen wird von einzelnen bestritten: das Seil sei die beste Fangvorrichtung. Fortschreitende Technik der Seilherstellung und gewissenhafte Überwachung des Seilzustandes haben eine dauernde Verringerung der im Betriebe brechenden Seile gebracht. In den letzten Jahren entfällt im deutschen Bergbaue etwa 1 Seilbruch auf 100 abgelegte Seile.

Dieser günstige Stand kann aber die Fangvorrichtungen nicht entbehrlich machen, da im Betriebe durch Klemmungen des Korbes und sonstige unvorhergesehene Ereignisse Widerstände auftreten können, denen auch das beste und stärkste Seil nicht gewachsen ist.

Ferner weist die Statistik nach, daß durch Bruch des Zwischengeschirres oder durch Lösen des Seiles aus seiner Verbindung ebenso oft Schalen frei werden als durch Seilbruch. Drittens gibt es heute Fangvorrichtungen, die allen billigen Anforderungen genügen und berufen sind, den Fangvorrichtungen allgemeines Vertrauen zu erwerben.

II. Bewährung der Fangvorrichtungen.

Über die Bewährung der Fangvorrichtungen geben einige statistische Zusammenstellungen Auskunft, die beschränkte Bezirke und Zeiträume umfassen.

Bergassessor Harte berichtet über den Zeitraum 1890—1902 und den Bergamtsbezirk Dortmund. Danach waren 1900 etwa 140 Vorrichtungen eingebaut. Bei Seilfahrt fehlten sie nur in einigen Ausnahmefällen. Sie haben in diesem Zeitraume 89mal erfolgreich gewirkt, 54mal versagt und 37mal zur Unzeit eingegriffen. Durch ihr Eingreifen sind verschiedentlich mehrere Menschen gerettet worden; dagegen ist kein Fall bekannt geworden, wo eine Person infolge Fangens der Vorrichtung schweren Schaden erlitten hätte. Das Verhältnis des erfolgreichen Wirkens zum Versagen ist also etwa 2 : 1.

Die Ursachen des Versagens ließen sich zum Teil nicht ermitteln, zum Teil wurde festgestellt: Mehrere Male waren die Spurlatten so stark verschlissen, daß die Fangvorrichtung nicht zum Eingreifen kommen konnte; in anderen Fällen wurden die Leitungen und in ferneren Fällen die Fangvorrichtungen durch den auftretenden Stoß zerstört. Die Einzelheiten sind zu finden: Glückauf 1903, S. 729.

Für das Königreich Sachsen und den Zeitraum 1891—1901 berichtet das „Sächsische Jahrbuch" 1902, S. 94, über 73% erfolgreiche Eingriffe gegenüber 27% Versagern. Die Versager betrafen die alten Exzenterfangvorrichtungen, z. T. fehlerhafte Ausführungen, Zerstörung von Leitbäumen. Aber auch bei neueren bremsend wirkenden Vorrichtungen kamen einige Versager vor.

Bergassessor Ackermann, Zabrze, berichtet in der „Zeitschrift für das Berg-, Hütten- und Salinenwesen im preuß. Staate" 1905, S. 388, nach Benutzung aller erhältlichen zuverlässigen Nachrichten über die im Oberbergamtsbezirke Breslau gemachten Erfahrungen. Die Fangvorrichtungen haben sowohl an hölzernen wie an Profileisenleitungen öfters gewirkt wie versagt, und zwar an ersteren in $^{18}/_{31}$, an letzteren in $^{4}/_{7}$ aller Fälle. Bei diesem Ergebnis sind mehrfach Apparate beteiligt, die man jetzt als völlig unzuverlässig erkannt hat. Berücksichtigt man nur diejenigen Fangvorrichtungen, welche augenblicklich (1905) den höchsten Stand der Technik darstellen, also die neuen Systeme von Hoppe, das von Münzner und Kania & Kuntze, so ist das Ergebnis folgendes: Die Fangvorrichtungen haben in den 6 Fällen, in denen sie überhaupt Gelegenheit zum Eingriff hatten, jedesmal erfolgreich gewirkt und nur in einem siebenten Falle infolge Einfrierens, also durch die Schuld der Bedienung, versagt. Die Wirkung war an hölzernen sowie an zweiseitigen Profileisenleitungen stets eine gleich gute.

Über Vorrichtungen für Seilleitungen urteilt derselbe Verfasser: Es gibt zurzeit (1905) keine zuverlässige Fangvorrichtung für Seilleitungen. Diese Ansicht wird von verschiedenen anderen Seiten geteilt; vgl. P II.

In Österreich ist eine Statistik nicht vorhanden. Die Ansicht der Fachkreise ging 1908 dahin: daß durch die Vorrichtungen schon manches Menschenleben gerettet, aber in keinem Falle eine Person an der Gesundheit geschädigt worden sei.

Dasselbe Urteil spricht der Bericht der Transvaaler Regierungskommission 1907 aus. (Preuß. Zeitschr. 1907, S. 632 u. f.)

Ein ungünstiges Urteil liegt vor im zweiten Bericht der großbritannischen Grubensicherheitskommission, die die Anwendung von Fangvorrichtungen nicht glaubt empfehlen zu können. (Preuß. Zeitschrift 1910, S. 176.) Hierbei ist aber zu beachten, daß in England Seilleitungen verbreitet sind, über die auch aus anderen Bezirken ungünstige Erfahrungen vorliegen.

Dazwischen sind Verbesserungen gemacht worden (vgl. H V), die noch über die oben günstig erwähnte Hoppesche Bauart hinausgehen. Man vergleiche auch die auf Grund der folgenden Ausführungen in Abschnitt T gezogenen Schlußergebnisse.

III. Fangvorrichtung und Bergpolizeiverordnung.

Die Bergbehörden verhalten sich den Fangvorrichtungen gegenüber verschieden, obgleich eine ausgesprochene Wertschätzung der Vorrichtungen vorhanden ist.

Die preußischen Bergpolizeiverordnungen enthalten keine Bestimmungen, die Fangvorrichtungen vorschreiben; doch übten und üben die einzelnen Oberbergämter einen mittelbaren Zwang bei der Genehmigung der Seilfahrt aus, so daß die Vorrichtungen sehr verbreitet sind.

Die sächsischen Verordnungen schreiben für Seilfahrt eine bremsend wirkende Fangvorrichtung vor.

Im Ostrau-Karwiner Revier ist bestimmt: Die Körbe sind mit einer verläßlichen Fangvorrichtung auszustatten, deren Federn aus tadellosem Materiale hergestellt und so gespannt gehalten werden müssen, daß ein Streifen der Fänger am Leitsparren beim Niedergehen der Schale ausgeschlossen ist. Vorschriften für die Feder vgl. E II.

In Belgien und Frankreich sind Fangvorrichtungen nicht vorgeschrieben, aber meistens vorhanden.

Über die Behandlung der Fangvorrichtungen bei Seilfahrt schreiben die meisten Bergpolizeiverordnungen eine tägliche sorgfältige Prüfung vor. Die Vorschriften im Ostrau-Karwiner Revier verlangen weiter eine Prüfung, ob die Fänger an die Leitung streifen, und ob die Vorrichtung bei aufsitzender Schale und Hängeseil wirkt, ferner eine wöchentliche gründliche Nachsicht und alle 14 Tage Fallproben bei freiem Falle mit einer Belastung gleich dem Gewicht der fahrenden Mannschaft.

Maschineninspektor a. D. F. Baumann, Mitglied der im Jahre 1899 vom Minister für Handel und Gewerbe berufenen Seilfahrtkommission, gibt in „Kohle und Erz“ Nr. 11, 1911, folgenden Bericht über die in dieser Kommission herrschende Ansicht über Fangvorrichtungen:

Die verschiedenen Ansichten treffen nur in Nebenpunkten zusammen. Eine Abteilung der Kommission will überall Fangvorrichtungen mit der einzigen Ausnahme der Kübelförderung verlangen.

Eine zweite Abteilung will von Fangvorrichtungen nur beim Schachtabteufen und sonstigen Hilfsfahrungen absehen.

Eine dritte Abteilung verzichtet auch bei Seilführung und einseitiger eiserner Leitung auf Fangvorrichtungen und will sie, wo vorhanden, wieder beseitigt wissen.

Eine vierte Abteilung hält den Fortfall der Fangvorrichtungen unter bestimmten Bedingungen (erhöhte Seilsicherheit und Anwendung eines Sicherheitsapparates, der das Überschreiten der zugelassenen Höchstgeschwindigkeit verhindert und deren Verlangsamung vor Annäherung an die Hängebank erzwingt) allgemein für zulässig.

Die letzte Abteilung vertritt den Standpunkt, daß Fangvorrichtungen nicht verlangt werden sollen, und gibt der Ansicht Raum, daß sie da, wo sie vorteilhaft erscheinen, auch ohne behördliche Einwirkung eingebaut würden. Für Förderung mit leichten Körben und geringer Seilgeschwindigkeit, besonders bei dem Erzbergbau habe die Fangvorrichtung einen gewissen Wert. Bei vieletagigen schweren Förderkörben im Steinkohlenbergbau und den dort üblichen hohen Geschwindigkeiten sei nicht auf eine Wirkung der Fangvorrichtung im Notfalle zu rechnen.

Bezüglich der Bauart der Fangvorrichtungen befürworten zwei Abteilungen, die Anwendung bremsender Fangvorrichtungen vorzuschreiben. Zwei andere Abteilungen möchten bremsend wirkenden Fangvorrichtungen wegen der allmählichen Vernichtung der lebendigen Kraft im allgemeinen den Vorzug geben, im besonderen jedoch halten sie die plötzlich wirkenden für zuverlässiger und erfolgreicher. Eine Abteilung wünscht, daß die Fangvorrichtungen zu dauernder Erhaltung ihrer Betriebssicherheit bei der Produktenförderung ausgeschaltet und nur bei der Seilfahrt benutzt werden. (Dieses ist in Frankreich üblich. Anm. d. Verf.)

Für die Prüfung der Fangvorrichtungen durch regelmäßig wiederholte Fallproben tritt nur eine Abteilung ein. Die Fangversuche sollen aus der Ruhelage mit unbelasteter Förderschale ausgeführt werden. Zwei Abteilungen halten eine einmalige Fallprobe vor der ersten Inbetriebnahme neu eingebauter Förderkörbe für geboten und ausreichend. (Bezüglich der Ausführung von Fangproben vergl. man S I—IV).

Was die Tragkraft der Fangvorrichtungen anbetrifft, so wird die Verwendung bester Materialien, deren Festigkeitszahlen durch von Sachverständigen vorgenommene Prüfung ermittelt worden sind, und ein rechnerischer Nachweis zehnfacher Sicherheit der einzelnen Teile verlangt. Nur eine Abteilung, welche die Fangvorrichtungen bei der Produktenförderung ausgeschaltet wissen will, hält es für genügend, die zehnfache Sicherheit auf die Belastung bei der Seilfahrt zu beziehen.

Hinsichtlich der Federn wird darauf hingewiesen, daß zu stark gespannte Federn leicht ein unzeitiges Eingreifen der Fangvorrichtung herbeiführen können, und daß zu schwach gespannte Federn das rechtzeitige Eingreifen erschweren oder verhindern. Eine Abteilung hält es für richtig, die Anforderung zu stellen, daß die Belastung der Federn 75 v. H. des Gewichtes des leeren Förderkorbes betragen soll. (Vgl. B V).

Die vollständige Erneuerung der Fangvorrichtung wird von einer Abteilung nach zweijähriger Benutzung verlangt. Zwei Abteilungen wollen diese Frist für solche Teile verlängern, welche sich nach Ablauf dieser Frist noch unversehrt erweisen. Eine andere Abteilung hält eine Fristfestsetzung für die Benutzung der Fangvorrichtung für unnötig, verlangt aber, daß alle bei den Revisionen als schadhaft befundenen Teile rechtzeitig durch neue ersetzt werden.

Für die Erneuerung der Federn werden einerseits feste Termine vorgesehen, andererseits wird nur rechtzeitige Auswechselung verlangt.

Eine Erhöhung der Sicherheitsmaßnahmen bei der Anwendung von Unterseil wird nicht für nötig befunden.

Die Meinungen darüber, ob hölzerne oder eiserne Leitungen den Vorzug verdienen, sind geteilt, da beide ihre ihnen eigentümlichen Vorzüge und Nachteile haben. Eine Abteilung gibt mit Rücksicht auf die Wirksamkeit der Fangvorrichtungen den Eichenholzleitungen gegenüber denen aus Pitchpine den Vorzug. Nach übereinstimmender Ansicht sollen die Leitungen *so bemessen werden, daß sie den Beanspruchungen, welche das Fangen einer seillos gewordenen Förderschale an sie stellt, widerstehen können.* Die Leitungen sollen durch Laschen und Schrauben an den Einstrichen befestigt und die Köpfe der Leitungen unverrückbar zusammengehalten werden.

B. Die Auslösung der Fangvorrichtung.

I. Auslösung der Fangvorrichtung durch Gewichte unmöglich.

Bei einem im Seile hängenden Förderkorbe (Fig. 84) bewirkt das „Gewicht“ des Korbes K und sonstiger am Seile hängender Körper G eine elastische Spannung S des Seiles im Betrage $S = K + G$, infolgedessen sich die Kräfte eines hängenden oder mit gleichmäßiger Geschwindigkeit bewegenden Korbes im Gleichgewichte befinden. Das „Gewicht“ der Körper ist die Folge der Erdanziehung, die durch die Masse der Körper hindurch auf das Seil einwirkt. Es setzt sich also am Ende die Erdanziehung mit der Seilspannung ins Gleichgewicht, und das Wort „Gewicht“ der Körper ist nur ein kurzer Ausdruck für diese Erscheinung. Bricht nun das Förderseil, so verschwindet die Seilspannung S und mit ihr das „Gewicht“ der Körper. Die Erdanziehung macht sich jetzt auf die Massen der Körper K und G, sie beschleunigend, geltend, wobei diese Körper der beschleunigenden Kraft einen verhältnisgleichen Widerstand, den Massenwiderstand, entgegensetzen, so daß Erdanziehung und Massenwiderstand sich an freifallenden Körpern das Gleichgewicht halten. Nach allen Erfahrungen bewegen sich solche gleichzeitig fallengelassenen Körper K und G völlig gleichartig und sind **nicht imstande, Bewegungen gegeneinander vorzunehmen**, da keine Kräfte zwischen ihnen wirken.

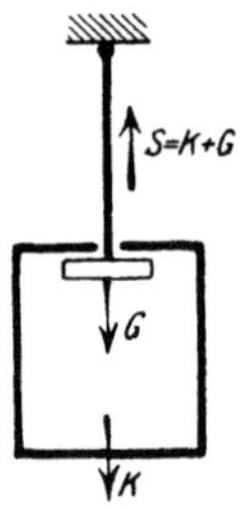

Fig. 84.
Unmögliche Auslösung einer Fangvorrichtung durch ein Gewicht.

Diese einfache Erscheinung wurde von manchen verkannt. Beim Aufkommen der Fangvorrichtungen wurden Vorschläge laut und Ausführungen getroffen, durch einen mit dem Seile verbundenen Körper G die Auslösung des Fangvorganges zu bewirken, indem bei Seilbruch das jetzt „frei“ werdende „Gewicht“ G herabfalle und durch geeignete Zwischentriebe imstande sei, die Fänger an die Leitungen heranzubringen.

Dieser **verfehlte** Gedanke spukt auch heute noch in den Köpfen der Erfinder, und die Patentämter erteilen Patente darauf. Das Österr. Pat. 27 970 vom Jahre 1907 ist nur eine besondere Form des Gedankens, desgleichen das Österr. Patent 35 910 vom Jahre 1909. Auch das DRP. 193 526 vom Jahre 1908 benutzt ein „fallendes Gewicht“. Im Jahre 1907 liest man in einer Veröffentlichung einer bekannten, Fangvorrichtungen als Sondererzeugnis bauenden Firma, daß die Fangteile unterstützt durch ihr „eigenes Gewicht“ bei Seilbruch im Förderkorb niedergehen!

In einem 1912 erschienenen Buche über Fördermittel wird die Auslösung einer Fangvorrichtung durch ein fallendes Gewicht ebenfalls als unmöglich zurückgewiesen, dabei aber gleich auf der folgenden Seite geschrieben: Durch Befestigung des Unterseiles an der Königstange mittelst Umführungsgestänges wird bei Seilbruch die Federkraft vom Gewicht des Unterseiles wesentlich unterstützt (!).

Man vermeide diese Täuschung und betrachte alle „federlosen“ Fangvorrichtungen mit Mißtrauen.

II. Auslösung der Fangvorrichtung durch gespannte Feder zwischen Seil und Korb. (Federanordnung I. Art.)

Schaltet man zwischen den unmittelbar am Seile festen Körper G und den Korb eine Feder F ein (Fig. 85), so wird die Feder beim Auflegen des Korbes zusammengedrückt, und der gegen das Seil sinkende

Korb speichert eine bestimmte Arbeitsleistung in der Federspannung auf, während die Seilspannung um den Betrag dieser mittelbaren Belastung erhöht wird. Die Kräfte am hängenden Korbe, die Seilspannung S und die „Gewichte“ K und G, haben sich ins Gleichgewicht gesetzt, $S = K + G$. Bei Seilbruch jedoch verschwindet wieder die Gewichtswirkung von K und G mit der Seilspannung S, und wir haben im Raume zwei freischwebende Massen (Fig. 86) K und G und zwischen ihnen die Energie der gespannten Feder. Diese Federspannung strebt eine gegenseitige Verschiebung der Massen an. Sie drückt, sich gegen den Korb K stemmend, die Masse G nieder und gleichzeitig, sich gegen die Masse G stemmend, die Masse K hoch. Die hierbei bewirkte Verschiebung des massigeren Körpers K ist wesentlich geringer als die von G. Darüber näheres in B IV.

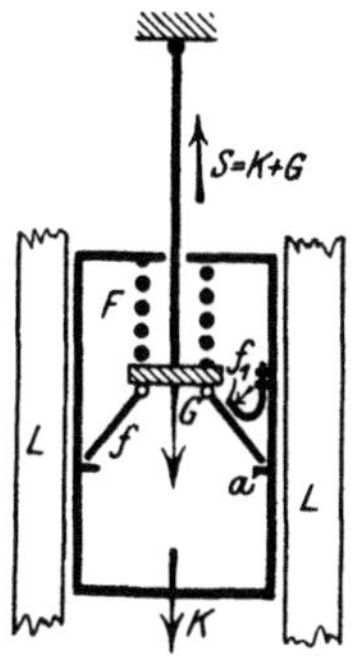

Fig. 85.
Auslösung einer Fangvorrichtung durch gespannte Feder zwischen Seil und Korb. (Federanordnung I. Art.) Vor dem Seilbruche.

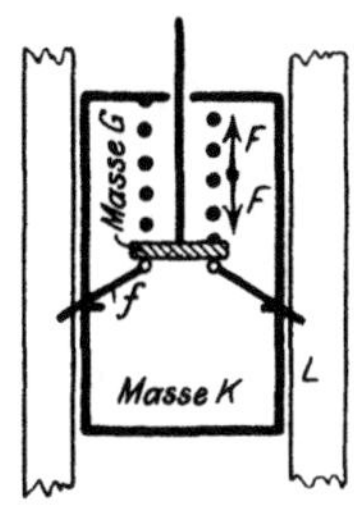

Fig. 86.
Wie Figur 85. Nach dem Seilbruche.

Diese bei Seilbruch eintretende gegenseitige Bewegung von K und G kann nun dazu benutzt werden, geeignet gelagerte Fänger f an die Leitung L anzupressen.

III. Auslösung der Fangvorrichtung durch gespannte Feder zwischen Korb und Fänger. (Federanordnung II. Art.)

In Fig. 87 hängt der Korb unmittelbar im Seile, während am Korbe eine Feder F verlagert ist. Legen wir auf diese einen Körper G_1, so drückt er niedersinkend die Feder zusammen und belastet mittelbar das Seil, dessen Spannung S wieder gleich den Gewichten $K + G_1$ ist. Nach Seilbruch wirkt auf die jetzt freischwebenden Massen G_1 und K die zwischengeschaltete Federspannung F_1, die Masse K nach abwärts, die Masse G_1 nach aufwärts drückend (Fig. 88). Auch diese gegenseitige Bewegung zwischen K und G_1 kann zum Anpressen der Fänger f verwandt werden.

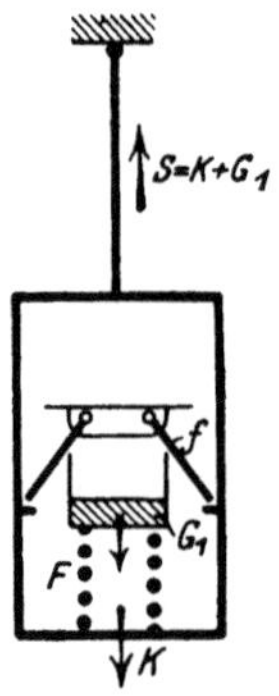

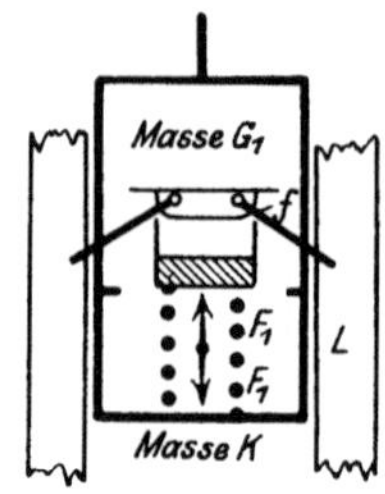

Fig. 87. Fig. 88.
Auslösungen einer Fangvorrichtung durch gespannte Feder zwischen Korb und besonderem Gewichte. (Federanordnung II. Art.)
Vor dem Seilbruche. Nach dem Seilbruche.

IV. Vergleich zwischen Federanordnung I. und II. Art.

Beide Anordnungen sind ausgeführt worden, die erste überwiegend, die zweite in wenigen Fällen. Die Herkunft der ersten Anordnung ist unbekannt; sie wurde wohl mit der ältesten Fangvorrichtung von Büttgenbach 1830 bekannt; die zweite ist als Calowsche seit 1863 und als Lohmannsche seit 1867 bekannt.

Es besteht kein grundsätzlicher Unterschied zwischen diesen Arten. In beiden Fällen wird durch das Niedersinken eines Gewichtes eine Feder gespannt und hierdurch das Gewicht am Seile abgestützt, so daß diese Federenergie bei Seilbruch eine gegenseitige Verschiebung der frei schwebenden Massen bewirkt. Im ersten Falle ist der Korb K, im zweiten ein besonderes Gewicht G_1 die die Feder spannende Kraft.

Dies bedingt den praktischen Unterschied, daß die Federspannungen wesentlich verschiedene Größen K und G_1 besitzen. Ein möglichst rascher Eingriff der Fänger ist erwünscht. Die größere Federspannung K der ersten Anordnung braucht nun nicht unbedingt einen schnelleren Eingriff zur Folge zu haben als die kleinere Spannung G_1 der zweiten Art. Die Raschheit der Wirkung hängt auch von der Größe der zu beschleunigenden Massen ab.

Bei der zweiten Federanordnung ist die Masse des Gewichtes G_1 durch die Federspannung G_1 zu beschleunigen. Das ergibt eine Anfangsbeschleunigung, die etwa gleich der Erdbeschleunigung, also rund = 10 m/sec² ist. Während der Ausdehnung nimmt die Federkraft ab. Es sei $c \cdot G_1$ die während der Einrückdauer herrschende mittlere Federkraft in kg, s der dabei zurückgelegte Federweg in m, dann ist die mittlere Beschleunigung

$$g_1 = g \cdot \frac{c \cdot G_1}{G_1} = c \cdot g \text{ m/sec}^2,$$

und wenn t sec die Zeitdauer des Einrückens ist, so besteht zwischen t, s und g_1 die Beziehung

$$s = \frac{1}{2} g_1 t^2 = \frac{1}{2} c\, g\, t^2 \text{ m.}$$

s und c sind durch die Verhältnisse der Fangvorrichtung als bekannt anzunehmen, so daß sich die gesuchte Zeitdauer des Einrückvorganges ergibt:

$$t = \sqrt{\frac{2 \cdot s}{c \cdot g}} = \sqrt{\frac{2 \cdot s}{c \cdot 10}} \text{ sec.}$$

Ein rascher Eingriff kann danach erzielt werden, wenn der Federweg s klein gemacht wird. Dies erfordert einen geringen Abstand der Fänger von der Leitung, was in anderen Beziehungen unerwünscht ist. Die Größe des zulässigen Fängerabstandes ist im wesentlichen von dem Zustande der Leitung abhängig und kann mit der Güte dieses Zustandes geringer werden. Bei eisernen Leitungen ist ein geringerer Abstand möglich als bei Holzleitungen. Eine Verkleinerung des Federweges durch Einschaltung einer Übersetzung zwischen Feder und Fänger führt zu keinem Ziele, da hierdurch die auf den Fänger einwirkende Federkraft vermindert wird. In unserer Formel drückt sich dies dadurch aus, daß wir für s eine kleinere Zahl, desgleichen aber auch für c eine im selben Verhältnisse kleinere Zahl einzusetzen hätten, wodurch am Ergebnis nichts geändert würde.

Die Raschheit des Eingriffes wächst mit wachsendem c, d. h. je größer die mittlere Federspannung ist. Diese ist also groß zu gestalten, so daß sie möglichst wenig von der Anfangsspannung abweicht. Dies kann durch Federn erreicht werden, deren Zusammendrückung groß ist im Verhältnis zur Dehnung s während des Einrückens. Dies ist auch aus einem ferneren Grunde erwünscht, weil hierdurch am Ende des Einrückvorganges eine möglichst kräftige Anpressung der Fänger an die Leitung erreicht wird. Dies ist für den weiteren Fangvorgang von Wichtigkeit.

Bei der ersten Federanordnung ist die Wirkung wegen der Masse des zu beschleunigenden, in wechselnder Größe möglichen Seilschwanzes weniger übersichtlich.

Es sei

S_1 das Gewicht des Seilschwanzes,
K das Korbgewicht,
$c \cdot K$ die mittlere Federspannung,
g_1 die mittlere Beschleunigung des Seiles,
g_2 die des Korbes,
s_1 der vom Seile während der Einrückdauer t_1 sec zurückgelegte Weg,
s_2 desgleichen der des Korbes,

also s der gesamte Federweg $= s_1 + s_2$, dann ergeben sich die Beziehungen analog wie in der obigen Rechnung unter Berücksichtigung der Erscheinung, daß beide Massen K und S_1 beschleunigt werden:

$$g_1 = g \cdot \frac{c \cdot K}{S_1} \qquad s_1 = \frac{1}{2} g_1 t_1^2 = \frac{1}{2} \cdot \frac{c \cdot g \cdot K}{S_1} \cdot t_1^2$$

$$g_2 = g \cdot \frac{c \cdot K}{K} \qquad s_2 = \frac{1}{2} g_2 t_1^2 = \frac{1}{2} \cdot c \cdot g \cdot t_1^2$$

$$s = s_1 + s_2 = \frac{1}{2} \cdot t_1^2 \cdot cg \cdot \left(\frac{K}{S_1} + 1\right)$$

und daraus

$$t_1 = \sqrt{\frac{2 \cdot s}{c \cdot g} \cdot \frac{S_1}{K + S_1}} = \sqrt{\frac{2 \cdot s}{c \cdot g}} \cdot \sqrt{\frac{S_1}{K + S_1}} \text{ sec.}$$

Nehmen wir nun an, das Gewicht S_1 des Seilschwanzes sei $n \cdot K$, so wird, wenn wir den Faktor $\sqrt{\frac{2 \cdot s}{c \cdot g}}$ nach dem Ergebnis der vorigen Rechnung mit t bezeichnen:

$$t_1 = t \cdot \sqrt{\frac{n \cdot K}{(n + 1) K}} = t \cdot \sqrt{\frac{n}{n + 1}}$$

Ist der Seilschwanz klein, also $n \sim$ null, dann ist $t_1 = 0$, d. h. die Beschleunigung der geringen Fängermassen geschieht in kürzester Zeit. Wird der Seilschwanz gleich dem Gewicht des Korbes, was bei 500 m Seilschwanz etwa zutrifft, so ist $n = 1$ und $t_1 = t \sqrt{0,5}$, also noch wesentlich geringer als im Falle der zweiten Federanordnung. Nehmen wir schließlich einen sehr großen Seilschwanz an, so daß wir n rund gleich unendlich setzen können, so wird $t_1 = t$, also wie bei der Anordnung zweiter Art. Tatsächlich müssen diese beiden Fälle übereinstimmen, da bei der zweiten Federanordnung ja derselbe Fall bezüglich der Kräfte und Massen vorliegt wie bei der ersten Anordnung mit sehr langem Seilschwanz. In beiden Fällen ist eine gegen die zweite Masse sehr kleine Masse durch eine dem Gewicht der kleinen Masse gleiche Kraft zu beschleunigen.

Die Federanordnung erster Art ist daher gegenüber der Anordnung zweiter Art in den meisten Fällen günstiger bezüglich der Raschheit der Wirkung und ihr nur im ungünstigsten Falle größten Seilschwanzes gleich.

Die größere Federspannung der ersten Art ist insofern günstiger, als sie am Ende des Einrückvorganges eine größere Anpressung der Fänger ergibt als die der zweiten Art. Dennoch ist deren Wirkung völlig ausreichend, ja ihr wird eine rasche Wirkung nachgesagt. Sie hat in manchen Fällen gewirkt. Es ist zu bedauern, daß sie so wenig zur Anwendung gekommen ist, so daß sich kein Urteil über ihre praktische Wirksamkeit aus den wenigen bekannt gewordenen Fällen bilden läßt. Die Übersichtlichkeit ihrer gleichbleibenden Wirkung ist ihr Vorzug. Diese gleichbleibende, von der Länge des Seilschwanzes unabhängige Wirkung gestattet, bei Fangversuchen diese Wirksamkeit richtig zu beurteilen und sie auch für den Ernstfall als eintreffend anzunehmen, während die meist ohne Seilschwanz im Versuchsgerüst durchgeführten Versuche mit der ersten Anordnung nicht gestatten, die unter günstigsten Verhältnissen gewonnenen Ergebnisse als im Ernstfalle sicher eintretend zu betrachten.

V. Begrenzung der Federspannung.

Das Förderseil zeigt merkliche Schwankungen der Seilspannung, die eine Bewegung von G bzw. G_1 und somit den Eingriff der Fänger bei regelrechtem Betriebe hervorrufen. Die Spannungsschwankungen werden durch die Geschwindigkeitsschwankungen des Seiles verursacht. Zieht die Maschine zwecks Beschleunigung der Korbmasse stärker an, so macht sich der Massenwiderstand des aufgehenden Korbes in einer stärkeren Zusammenpressung der Feder F geltend, während beim beschleunigten Senken des Korbes dessen Massenwiderstand eine Entlastung des Seiles und der Feder, also Ausdehnung derselben verursacht. Nehmen wir im regelmäßigen Betriebe Beschleunigungen und Verzögerungen bis zum Höchstbetrage von $2 \, m/sec^2$ an, so erfährt die Federspannung Änderungen im Betrage von 20 v. H. auf- und abwärts.

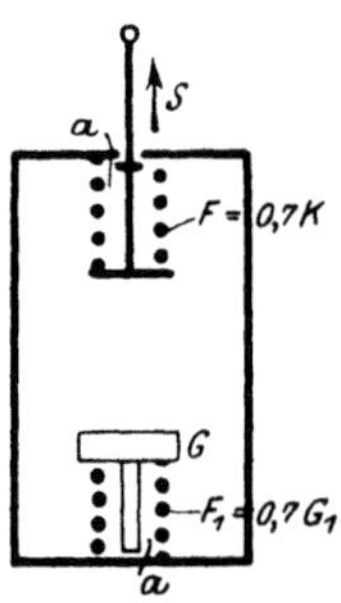

Fig. 89. Begrenzung der Federspannung.

Um unzeitigen Eingriff der Fänger zu verhüten, wird der Hub der Feder durch feste Anschläge a an der Königsstange (Fig. 89) begrenzt, so daß nach Anstoßen von a am Korbe die Spannung der Feder nur einen Bruchteil des Korbgewichtes beträgt. Hierfür wird ziemlich allgemein $^7/_{10}$ gewählt, so daß bei 20 v. H. Schwankung keine Bewegung der Feder eintreten kann. Ganz das gleiche gilt für die zweite Anordnung, deren Anschlag a am Förderkorbe ebenfalls den Hub und die Spannung der Feder begrenzt.

Diese Begrenzung der Federspannung ist auch noch dadurch vorteilhaft, daß durch die vermiedenen Schwankungen auch eine Schonung der Feder, dieses wichtigsten Teiles der Fangvorrichtung, erzielt wird.

VI. Eingriff beim Aufsetzen der Körbe.

Beim Aufsetzen der Körbe auf Aufsetzvorrichtungen tritt eine Entspannung des Seiles infolge Hängeseiles ein, so daß die Feder der Anordnung I die Fangteile zum Eingriff bringen würde. Daher werden die Leitungen an den Anschlagspunkten oft weggelassen, sobald Aufsetzvorrichtungen benutzt werden. Sie können dann durch Eckleitungen ersetzt werden.

Bei der Federanordnung II wirkt das Aufsetzen nicht entspannend auf die Feder ein, so daß hier die Leitungen an den Anschlagspunkten durchgeführt werden können, sofern nicht andere Gründe für die Fortlassung sprechen.

Bei Seilleitungen, die durch ein Belastungsgewicht gespannt gehalten werden müssen, kann eine Unterbrechung an den Anschlagspunkten nicht statthaben. Daher muß das Entspannen der Feder verhütet werden. Zu dem Zwecke ist unter der Feder eine lotrechte durch den Korb gehende Stange angebracht, die beim Annähern an die Aufsetzvorrichtung sich auf diese aufsetzt und so beim Aufsetzen des Korbes eine Entspannung der Feder verhütet (vgl. Preuß. Zeitschrift 1908, Tafel a).

VII. Willkürliche Einrückung durch Fahrende.

Neben der bei Seilbruch selbsttätigen Einrückung der Fänger wurde schon früher (1869) eine willkürliche durch die fahrenden Personen vorgeschlagen (von Borgsmüller und von Libotte). Fig. 90 zeigt im Korbe gelagerte Messer f. Durch Ziehen an den Handgriffen der zweiarmigen im Korbe gelagerten Hebel h werden die Fänger an die Leitung gebracht. Es sollen hierbei zwei der Fahrenden die Handgriffe während des Fahrens in der Hand halten. Diese Einrichtung scheint zunächst für Seilfahrt sehr empfehlenswert. Es ist aber zu bedenken,

daß die Mannschaft hierdurch in steter Erwartung eines Seilbruches gehalten und so unnötig beunruhigt wird;

daß die Gefahr unzeitigen Gebrauches aus Angst oder Spielerei sehr nahe liegt und

daß andererseits im Ernstfalle die Einrückung aus Verwirrung vergessen wird.

Es ist daher erklärlich, daß sich diese Einrichtung wenig eingeführt hat.

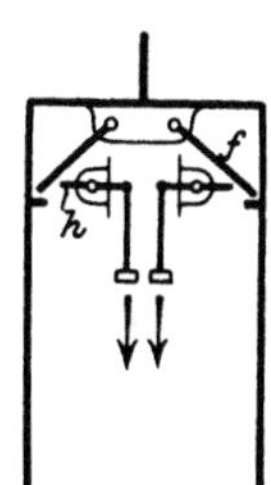

Fig. 90.
Willkürliche Einrücknug einer Fangvorrichtung durch Fahrende.

VIII. Federlose Einrückung. Hilfsseil. Luftwiderstand.

Die Feder der Fangvorrichtungen wird häufig als deren unzuverlässiger Teil erachtet und daher zu entbehren getrachtet. Der Gedanke, die Feder durch „Gewichte“ zu ersetzen, ist in B I genügend zurückgewiesen worden.

Der Fängereingriff geschieht durch entsprechende Bewegung der Fänger gegen den Korb. Durch ein mit dem Korbe bewegtes Hilfsseil h (Fig. 91), das die beiden Körbe verbindet, wird der Fänger f von der Leitung zurückgehalten. Bei Seilbruch fällt der Korb I gegen das Hilfsseil h, das durch den zweiten Korb gehalten wird. Dadurch kommt der Fänger f zum Eingriff an die Leitung.

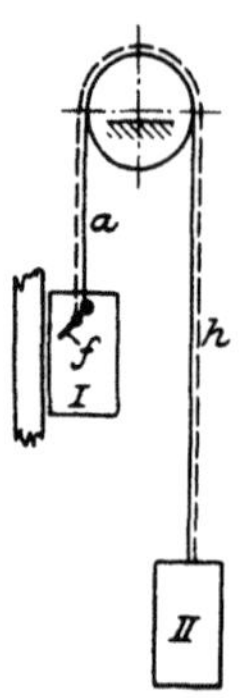

Fig. 91. Einrückung einer Fangvorrichtung durch Hilfsseil.

Diese Anordnung von Müller (1881) geht auf einen Gedanken von Busse (1879) zurück und geht andererseits vorwärts bis in die neueste Patentliteratur. Diese Vorrichtungen sind für Förderkörbe völlig unbrauchbar, da jede Störung des Laufes des Hilfsseiles die Fänger zum Eingriff bringt.

In R I werden Vorrichtungen mit Fangseilen erwähnt werden, in welche gewöhnliche Federfangvorrichtungen eingreifen, und im Anschluß daran die Koepesche Fangvorrichtung, die mit Fangseilen ohne Fangvorrichtung arbeitet (R II).

Rahmdor (1855) schlug vor, die Fangvorrichtung ohne Feder durch den Luftwiderstand des zu rasch fallenden Körpers einzurücken. Zu diesem Zwecke sollte unter dem Korbe eine Art Fallschirm aufgehängt werden, der sich gegen den Korb nach oben bewegen kann. Bei übermäßiger Geschwindigkeit bewegt sich der Schirm gegen den Korb nach oben und bringt die Fänger zum Eingriff.

Dieser untaugliche Gedanke beweist in neueren Patentschriften ein zähes Leben.

C. Bau und Fangwirkung der Grundformen.

I. Stoßend wirkende Riegelfangvorrichtung.

Die älteste Vorrichtung (Fig. 92) ist die Riegelfangvorrichtung, meist nach Büttgenbach bezeichnet. (1830.)

Bei Seilbruch drückt die Feder F durch Schubstangen s die im Korbe wagerecht verschiebbaren Riegel r nach außen in den Schacht.

Die Riegel setzen sich dann auf die nächsten in den Leitbäumen L eingebauten Stufen auf. Anfangs als die sichere Lösung der Aufgabe angesehen, ließen Erfahrung und genauere Betrachtung der Vorgänge bald ihre schweren Nachteile erkennen. Ein mit Fahrgeschwindigkeit aufsetzender Korb kann erhebliche Beschädigungen der Mannschaft verursachen. Der auftretende fast unelastische Stoß der Korbmasse bewirkt eine solche Beanspruchung der Fangstufen und der Riegel daß ein Bruch der Teile sehr wahrscheinlich ist. Die Vorrichtungen sind daher bald wieder verschwunden. Das D.R.P. 198 602, 1908 will die Riegelfangvorrichtung durch Einschaltung einer Feder zwischen Riegel und Korb brauchbar machen.

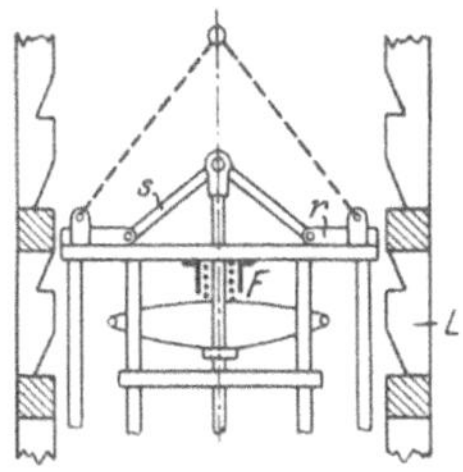

Fig. 92. Riegelfangvorrichtung von Büttgenbach. (Nach Preuß. Zeitschr. 1880 [Selbach]).

II. Messerfangvorrichtung von La Fontaine.

Die folgenden Bestrebungen, die Fangvorrichtungen zu verbessern, setzen fast alle an diesem Punkte ein, nicht immer mit dem gewünschten Erfolge.

Fig. 93 zeigt uns eine Messerfangvorrichtung, die unter dem Namen von La Fontaine (1851) oder Fontaine-Kley bekannt ist und früher sehr verbreitet war.

Messerartige Fänger f sind an den bei Seilbruch niedergehenden Königstangen G drehbar verlagert. Sie ruhen mit ihrem vorderen Ende auf einem Anschlage a am Korbe auf und sind bei gespannter Feder so weit zurückgezogen, daß sie im Betriebe mit den Leitbäumen L nicht in Berührung kommen. Durch Niedergehen der Hebeldrehpunkte 1 werden die Spitzen 2 der Messer in die Leitbäume eingetrieben. Die Messer werden alsdann mit ihren äußeren Enden an den Leitbäumen festgehalten. Der Korb sinkt weiter nieder, drückt die entspannten Federn F wieder zusammen, so daß die inneren Messerdrehpunkte durch das Korbgewicht belastet und die Messer vollends in die Leitbäume eingeschlagen werden. Gewicht und lebendige Kraft bewirken ein tiefes unbegrenztes Eindringen der stumpfen Messer, so daß ein plötzliches Fangen ähnlich wie bei den Riegelvorrichtungen stattfindet.

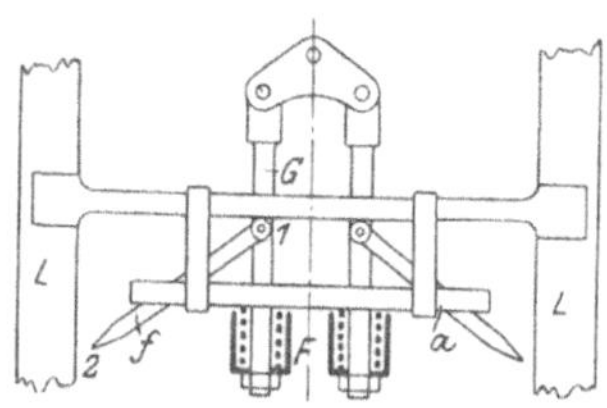

Fig. 93. Messerfangvorrichtung von La Fontaine. Stirnangriff der Fänger. (Nach Preuß. Zeitschr. 1880 [Selbach].)

Bei diesen älteren Anordnungen wirken die Messer auf die Stirnseiten der Leitung ein.

III. Exzenterfangvorrichtung von White & Grant.

Ähnlich wirkend, ist die Exzenterfangvorrichtung von White & Grant (1852) (Fig. 94) nur in der Form der Fänger verschieden; sie hat eine noch größere Verbreitung als die Vorrichtung von La Fontaine gefunden. Die sich dehnende Feder f dreht durch Querhaupt, Stangen und Hebel die im Korbe gelagerte Exzenterwelle, so daß die unteren Zähne der Exzenter F an den Leitbaum herangebracht werden. Das weitere Fangen erfolgt wie vorher geschildert. Die früheren Messer sind durch quer gezahnte Fänger ersetzt, die nicht mehr gegen die Stirn der Leitungen (Fig. 93), sondern je doppelt angeordnet von zwei entgegengesetzten Seiten gegen deren Flanken drücken.

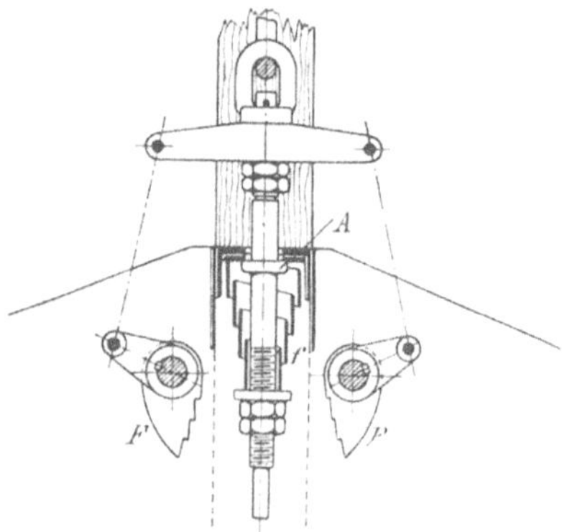

Fig. 94.
Exzenterfangvorrichtung von White & Grant. Flankenangriff der Fänger. (Nach Volk, Geräte und Maschinen, S. 23.)

IV. Keilfangvorrichtung von Pinno.

Ein Versuch, Stöße beim Fangen zu vermeiden, liegt in der Vorrichtung von Pinno (etwa 1869) vor. Sie zeichnet sich durch die Verwendung von bremsend wirkenden Backen und durch Einschiebung eines Keilgetriebes aus. Die Feder F (Fig. 95) hebt bei Seilbruch durch einen im Korbe gelagerten ungleicharmigen Hebel den Keil f in die Höhe, so daß er in den Keilspalt zwischen Korb K und Leitbaum L gerät. Bei genügend kleinem Keilwinkel hält die durch den Federdruck erzeugte Reibung den Keil am Leitbaume fest, der Korb fährt fester auf den Keil auf, und die Festklemmung des Keiles, somit auch die den Korb aufhaltende Reibung wird immer größer. Eine eigentlich bremsende Wirkung kann aber nicht stattfinden, trotz des fehlenden Messereingriffes; denn der selbsthemmende Keil f gibt nicht nach, sondern bietet dem Korbe einen festen Widerstand. Nur in dem Maße, als etwa der Querbalken K des Korbes durch den beim Fangen entstehenden wagerechten Druck elastisch zusammengepreßt, also verkürzt wird, kann ein geringes Nachrutschen des Korbes auf dem am Leitbaume festen Keile erfolgen.

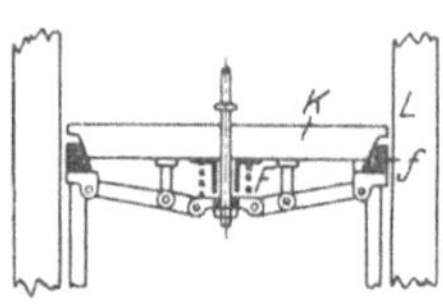

Fig. 95.
Keilfangvorrichtung von Pinno. (Nach Preuß. Zeitschr. 1880 [Selbach].)

Die Keilfangvorrichtungen sind in anderen Formen häufig ausgeführt worden, vgl. N I—III.

Die Kraft- und Reibungsverhältnisse am Keile werden in Nr. F IV eingehender behandelt werden.

V. Bremsende Fangvorrichtung von Hoppe I.

Eine wirklich bremsende Fangvorrichtung wurde 1869 von Hoppe, Berlin, gebaut, aus der sich die heute gebauten neueren Formen mit guter Wirkungsweise entwickelt haben (vgl. H III u. IV).

Dieselbe ist für eiserne Leitungen bestimmt im Gegensatz zu den bisher besprochenen Vorrichtungen, von denen allerdings die von Pinno ebenfalls für eiserne Leitungen gebraucht werden könnte. Je zwei im Korbe drehbar gelagerte Lenker f (Fig. 96) werden bei Seilbruch durch Zugstangen z angehoben, wodurch zwei Bremsbacken b an den Steg der eisernen Leitung L angepreßt werden. Erfolgt dies bei genügend flacher Lage der Hebel f, so hält die durch den Federdruck erzeugte Reibung die Bremsbacken b an der Leitung fest, und der niedergehende, auf die äußeren Drehpunkte der Hebel f wirkende Korb K dreht diese Hebel in eine noch flachere Lage, wodurch der Anpressungsdruck der Backen steigt. Damit dieser Anpressungsdruck nun nicht zu groß werde, wodurch ein stoßendes Fangen bedingt würde, befindet sich am Förderkorb ein Anschlag a, der nach bestimmter Drehung der Hebel f eine weitere Drehung in flachere Lage verhindert. Der Korb ruht alsdann bei a und l auf dem Kniehebel f und geht, wenn der angestrebte Zweck erreicht wurde, sich an der Leitung bremsend nieder, bis seine lebendige Kraft durch die Bremsung aufgezehrt ist und er nun durch die Reibung an der Leitung gehalten wird. Damit der Anpressungsdruck nicht übermäßig steige, sind die Kniehebel f bei l im Korbe an elastischen Stützen gelagert, so daß sie in wagerechter Richtung etwas zur Seite ausweichen können.

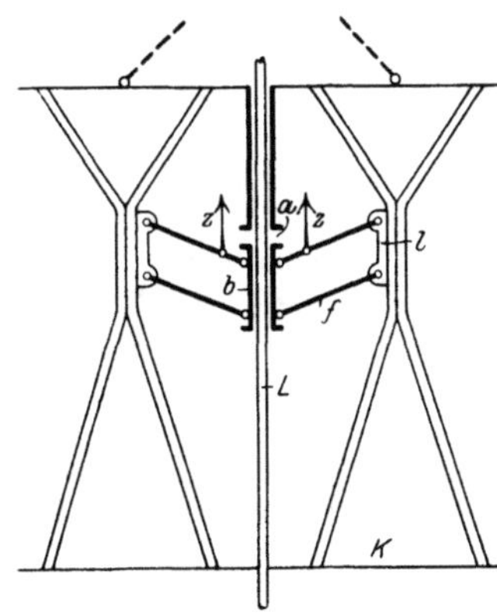

Fig. 96.
Kniehebelfangvorrichtung mit Bremsbacken von Hoppe, Berlin (Hoppe I).

VI. Vorrichtungen mit Federanordnung zweiter Art. Calow und Lohmann.

Die Fig. 97 und 98 zeigen Fangvorrichtungen mit Federanordnung nach der zweiten Art. (Vergl. B III).

Die Lohmannsche Vorrichtung, Fig. 97 (1867), zeigt im Korbe R gelagerte Fänger f, die am Korbe feste Federn F belasten. Bei Seilbruch heben die Federn

die Fänger an die Leitung. Man sieht die außerordentliche Einfachheit der Anordnung. Die schwachen Federn sind nur durch das geringe Gewicht der Messer belastet. Jedes Messer erhält eine besondere Feder, so daß sich das Zwischengetriebe auf die einfache Verbindung zwischen Feder und Messer beschränkt. Da diese alten Vorrichtungen keine Begrenzung des Federhubes aufweisen, machten sich die Spannungsschwankungen des Seiles störend bemerkbar, indem sie ein Fangen zur Unzeit veranlaßten. Man ist daher von dieser Vorrichtung wieder abgegangen, obgleich sich die Fehler leicht hätten beseitigen lassen und keine Fehler des Systems sind (vgl. B V).
Die Vorrichtung wirkt stoßend.

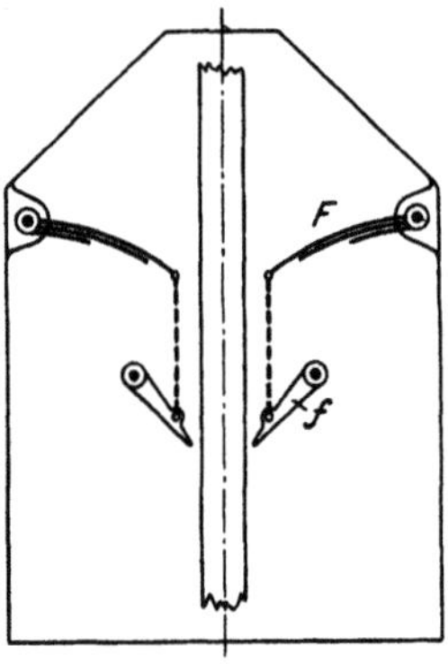

Fig. 97.
Lohmannsche Fangvorrichtung.
(Federanordnung, II. Art.)
(Nach Preuß. Zeitschr. 1880 [Selbach].)

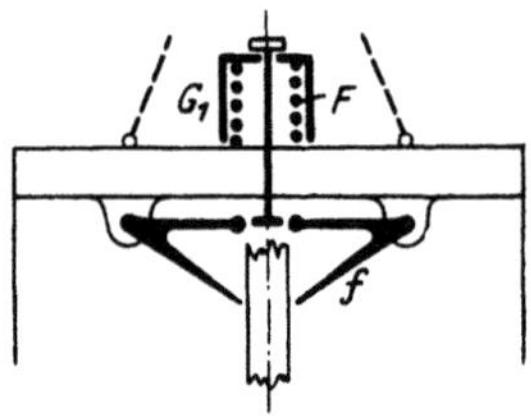

Fig. 98.
Calowsche Fangvorrichtung.
(Federanordnung zweiter Art.)

Die Vorrichtung von Calow (1863), Fig. 98, beabsichtigt, die Spannungsschwankungen unschädlich zu machen. Die Fänger f belasten die Feder F; außerdem wirkt das Gewicht G_1 noch auf die Feder ein; doch ist die Höhe dieses topfartigen Gewichtes so bemessen, daß sein Gewicht nur zum Teil auf die Feder kommt, zum anderen Teil unmittelbar auf den Korb. Dies wirkt wie eine Hubbegrenzung (vgl. B V) der Feder, die nur durch einen Teil der bei Seilbruch zu beschleunigenden Massen belastet ist. Derselbe Erfolg hätte sich einfacher durch unmittelbare Hubbegrenzung ohne das zusätzliche Gewicht G_1 erreichen lassen.

Im übrigen ist die Wirkung die gleiche wie bei Lohmann.

D. Vergleich der Grundformen.

I. Allgemeiner Vergleich.

Die meisten Fangvorrichtungen lassen vier Grundbestandteile erkennen: den Kraftspeicher (E I), meist eine Feder, das Zwischengetriebe (E II), das die Federkraft zur Einleitung des Fangvorganges auf die Fänger (E III) überträgt, und besondere Getriebe (F I—IV), die nach Eingriff der Fänger das gegen die an der Leitung zurückgehaltenen Fänger fallende Korbgewicht zur Erzeugung eines unbegrenzt oder begrenzt wachsenden Anpressungsdruckes ausnutzen. Diese Getriebe sind häufig mit den Fängern formlich verschmolzen, in anderen Fällen erkennbar von denselben getrennt. Ihre verschiedenen Anordnungen und Formen werden in den Abschnitten E I—VII besonders behandelt werden.

Bezüglich der verschiedenen Federanordnungen sei auf die Abschnitte B II und III verwiesen.

II. Stoßend und bremsend wirkende Fangvorrichtungen.

Der Fangvorgang setzt sich aus drei mehr oder weniger deutlich getrennten Vorgängen zusammen:

der Fängerannäherung an die Leitung,

der wachsenden Anpressung der Fänger an die Leitung durch das Korbgewicht und

dem Abwärtsgleiten des Korbes unter Überwindung des erzeugten Bremswiderstandes.

Bei den Vorrichtungen von La Fontaine und White & Grant fehlt der dritte Teil des Vorganges, indem die durch das Korbgewicht fest in die Leitung eingepreßten stumpfen Messer oder quergezahnten Exzenter den Korb durch die große Eindringarbeit auf sehr kurzem Wege plötzlich mit heftigem Stoße festhalten. Ein Musterbeispiel einer stoßend wirkenden Vorrichtung ist die Riegelfangvorrichtung (C I). Aber auch die von La Fontaine und White & Grant sind nach den mitgeteilten Erfahrungen (A II) schlimm genug.

Die schweren Nachteile der stoßenden Vorrichtungen haben schon frühzeitig (1869) Versuche veranlaßt, ein bremsendes Fangen zu erzielen. Für eiserne Leitungen wurde diese durch die Vorrichtung von Hoppe I erreicht (C V). Die ganze Entwicklung der Fangvorrichtungen wird durch diese Bemühungen beherrscht. Für Holzleitungen wurde die erste bremsend wirkende Fangvorrichtung von F. A. Münzer, Obergruna i. S., angegeben (1892); durch welche Mittel, soll später berichtet werden (vgl. F I, G II, L I). Es handelt sich um eine mit schlanken Messern an den Leitbäumen herabschneidende Vorrichtung, die im dritten Abschnitte des Fangvorganges die Energie des fahrenden Korbes auf längerem Bremswege stoßfrei vernichtet.

Im Jahre 1892 von der Firma vorgenommene Parallelversuche mit ihrer bremsend wirkenden und einer stoßend wirkenden Exzenterfangvorrichtung ergaben das in Fig. 99 erkenntliche Bild. Es wurden sieben Fallversuche ausgeführt, indem der Korb aus den Höhen 0; 0,1; 0,2; 0,3; 0,4; 0,5; 1,0 m frei fallen gelassen wurde. Die ersten vier Leitbäume zeigen den Fangvorgang der bremsend wirkenden Münznerschen Vorrichtung. Man erkennt die mit wachsender Freifallhöhe des Korbes — also mit bis zum Zeitpunkt des Bremseingriffes wachsender Korbgeschwindigkeit — wachsenden Bremswege, so daß trotz wachsender Korbenergie eine gleichbleibende geringe Stoßbeanspruchung des Korbes vorhanden war. Die Leitungen 5 und 6 zeigen die Wirkungen

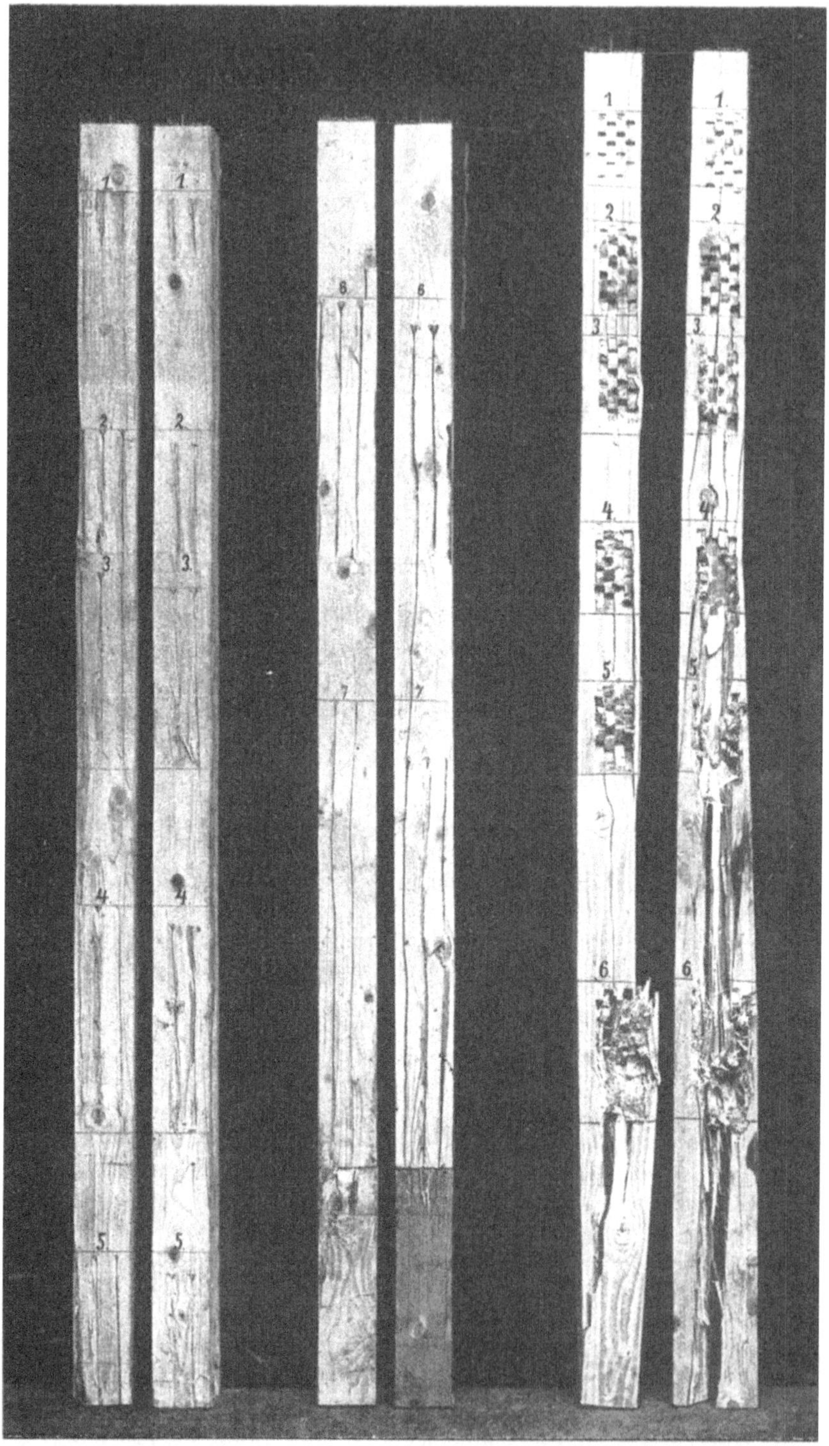

Fig. 99.
Fangversuche mit einer bremsend und einer stoßend wirkenden Fangvorrichtung.

der gleichen Versuche bei einer Exzenterfangvorrichtung von White & Grant. Man erkennt die plötzliche Hemmung an dem fehlenden Bremswege der fest einschlagenden quergezahnten Exzenter und die wachsende Heftigkeit dieses Eindringens mit wachsender Korbgeschwindigkeit. Bei dem Versuche 6 wurden die Leitbäume zertrümmert. Die schon hieraus erkenntliche Heftigkeit des Stoßes wurde noch durch einen besonderen Apparat (vgl. S II) gemessen, wonach dieselbe Größen erreichte, die nach allen Erfahrungen für die fahrende Mannschaft unbedingt schädlich sind. Die Heftigkeit zeigte sich auch durch Verbiegung der starken Exzenterwellen, wonach die Vorrichtung nach Wirkung vollständig unbrauchbar wurde.

Soll die Fangvorrichtung der Sicherheit der Seilfahrt dienen, und das ist ihre Hauptaufgabe, so ist unbedingt eine bremsend wirkende Vorrichtung zu wählen. Wenn im folgenden die eine oder andere Vorrichtung als nicht bremsend wirkend angesprochen wird, so sollen dieselben dadurch nicht als unbedingt untauglich bezeichnet sein. Wie die weiteren Ausführungen zeigen werden, haftet den älteren bremsend wirkenden Vorrichtungen eine gewisse Unsicherheit an, während die plötzliche Wirkung mit größerer Sicherheit eingestellt werden kann. Bei nur der Förderung dienenden Körben kann daher eine mehr plötzlich wirkende Vorrichtung angewandt werden, obgleich auch hier die bremsend wirkenden Vorrichtungen vorzuziehen sind, da sie die Aufgabe der Fangvorrichtung bei Förderbetrieb, Materialschäden zu verhüten und nach Seilbruch eine baldige Wiederaufnahme des Betriebes zu ermöglichen, besser erfüllen.

III. Verschiedene Verlagerung der Fängerachsen.

In Fig. 86 und 93 sind die Fängerachsen mit der Königsstange, also mit den Teilen verbunden, die bei Seilbruch durch die Feder bewegt werden. Nachdem die sich dehnende Feder die Fänger mit der Leitung zum Eingriff gebracht hat, werden die Fängerspitzen am Leitbaume festgehalten, während der niederfahrende Korb auf die Feder auffährt, sie wieder zusammendrückt und so, mittelbar auf die Fängerachsen einwirkend, die kniehebelartig wirkenden Messer weiter in die Leitung eintreibt. Diese Anordnung könnte günstig erscheinen, da der Korb sich elastisch auf die plötzlich anhaltenden Fänger aufsetzt, und es begründet dies wohl einen geringen Vorzug der La Fontaineschen vor der White & Grantschen Anordnung, bei welcher die Fängerachsen (Fig. 94) im Korbe verlagert sind, so daß nach erfolgtem Eingriffe der bewegte Korb unmittelbar auf diese Fängerachsen treibend einwirkt. Bei Fallversuchen gemachte Beobachtungen und genauere Betrachtung des Fangvorganges lassen aber erkennen, daß beide Anordnungen Nachteile besitzen, die bei der ersten Anordnung nicht, bei der zweiten leicht beseitigt werden können. Dies ist in dem späteren Abschnitte K II eingehend erörtert. Hier sei nur auf den baulichen Unterschied der Anordnungen hingewiesen.

IV. Stirnangriff und Flankenangriff der Fänger.

Die Fig. 93 und 94 lassen verschiedene Angriffsweisen der Messer auf die Leitung erkennen, die als Stirn- und Flankenangriff unterschieden werden sollen. Bei Stirnangriff, Fig. 93, erscheinen die beiden Leitbäume in dem das Wesentliche der Fangvorrichtung zeigenden Risse zu beiden Seiten des Korbes, bei Flankenangriff, Fig. 94, zeigt sich nur der eine der beiden Leitbäume und geht durch das Mittellot des Korbes.

Die Messer des Stirnangriffes üben beim Eindringen in die Leitung einen starken seitlichen Druck auf sie aus, der, da er ein-

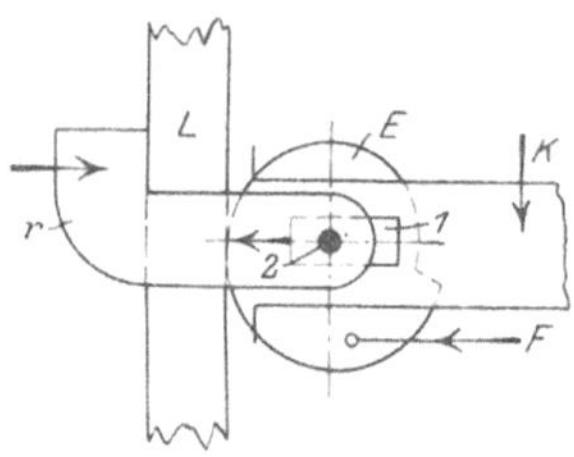

Fig. 100.
Benninghaussche Fangvorrichtung. Flankenangriff der Fänger mit gleichem Anpressungsdrucke.

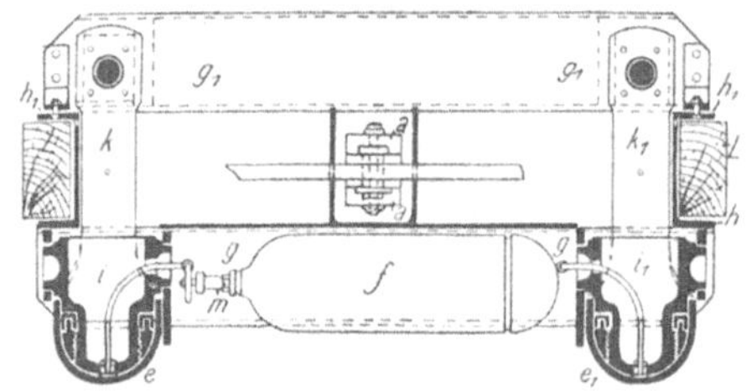

Fig. 101.
Preßgasfangvorrichtung von K. Schweder, Johannesburg. Flankenangriff der Bremsbacken mit gleichem Anpressungsdrucke.
(Nach Glückauf 1907, S. 1100, Fig. 4.)

seitig wirkt, einen Bruch der Leitung durch Ausbiegen befürchten läßt. Bei Flankenangriff sind für jeden Leitbaum zwei Fänger vorgesehen, die ihn, von zwei Seiten mit gleichem Drucke fassend, nur auf reinen Druck in Anspruch nehmen.

Wegen seiner Vorzüge hat der Flankenangriff den Stirnangriff völlig verdrängt, obgleich er umständlichere Getriebe erfordert (vgl. E III).

Soll der Flankenangriff jede Biegungsgefahr von der Leitung fernhalten, so müßten freilich die auf die entgegengesetzten Seiten der Leitung einwirkenden Drücke völlig gleich sein, was aber bei gewöhnlichen Anordnungen nicht zutrifft. Die Vorrichtung von Benninghaus (1879), Fig. 100, erreicht einen völlig gleichmäßigen Druck auf beide Leitungsseiten. Auf dem Korbe K ist im Schlitze 1 eine exzentrische Scheibe E gelagert, die durch die Feder F an die Leitung angepreßt wird. Mit ihr ist durch die Welle 2 der Riegel r verbunden. Durch die Anpressung von E an L und den fallenden Korb wird das Exzenter weiter nach dem Leitbaume herangedreht, wobei infolge des wachsenden Halbmessers der Riegel r von links, die Scheibe E von rechts her an den Leitbaum mit gleichem Drucke angepreßt wird. Kann dieser Druck dabei durch nach Hoppeschem Vorgange (C V) elastische Gestaltung der Verbindung von r und E auf eine dem Korbgewichte angepaßte Größe eingestellt werden, so kann ein bremsender Niedergang des Korbes an der Leitung erfolgen.

Ein völlig gleicher Anpressungsdruck wird auch bei der Preßgasfangvorrichtung von K. Schweder (vgl. F V) erreicht, Fig. 101. Durch ein Rohr tritt Preßgas unter den Kolben i des Zylinders e. Der Zylinder e ist durch eine Zugstange k mit dem auf der entgegengesetzten Seite des Leitbaumes L liegenden Rahmen g_1 und dessen Bremsbacke h_1 verbunden, der Kolben i mit dem Rahmen g und dessen Bremsbacke h_1. Tritt Preßgas ein, so treibt es Kolben und Zylinder mit gleichem Drucke auseinander und drückt dadurch die Bremsbacken h und h_1 mit gleichem Drucke an den Leitbaum L heran. Der Anpressungsdruck ist dabei nur von der Größe des Gasdruckes, aber nicht von dem Wege der Preßteile abhängig, wird also auch nicht von einer Leitungsabnutzung beeinflußt.

Ein gleicher Anpressungsdruck kann bei Fangvorrichtungen jeder Art erzielt werden.

E. Einzelheiten der Fangvorrichtungen.

I. Die Federn.

Die Feder ist der wichtigste Teil einer Fangvorrichtung, da von ihrer richtigen Wirkung alle ferneren Wirkungen des Fangvorganges abhängen. Sie soll daher aus zuverlässigem Stoffe, wohl immer Gußstahl, hergestellt, geprüft, dauernd überwacht und beizeiten durch eine neue ersetzt werden. Eine durch Rostbildung im Querschnitt verminderte und durch die stetigen Bewegungen in ihrem inneren Gefüge veränderte Feder wird im Bedarfsfalle versagen. In Österreich besteht die Vorschrift, daß Spiralfedern alle sechs Monate, Blattfedern alle Jahre zu erneuern sind. Um über das Verhalten der Federn der Fangvorrichtungen ein Urteil zu erlangen, würde es sich empfehlen, die in regelmäßigen Zeiträumen ausgebauten Federn einer genauen Prüfung ihrer Eigenschaften unterziehen zu lassen, um die Betriebsveränderungen kennen zu lernen und Klarheit über die mögliche Länge der ungefährlichen Betriebsdauer zu gewinnen.

Die Federn werden in den Formen der Blattfeder, der Stufenblattfeder, der zylindrischen Schraubenfeder, der kegelförmigen Schraubenfeder, Fig. 94 und der Spiralfeder verwandt. Die Aufgabe der Feder ist, Energie durch Formänderung aufzuspeichern unter Erleidung entsprechender elastischer Spannungen. Um Gewicht und Kosten zu sparen, sollen die Federn so geformt sein, daß an allen Stellen gleiche Spannungen entstehen, so daß das gesamte Gewicht gleichmäßig zur Energieaufspeicherung herangezogen wird.

Im folgenden sei nach Kirsch, Z. Ver. deutsch. Ing. 1898, S. 429, zum Vergleich der einzelnen Federformen das Arbeitsvermögen a derselben in cmkg je 1 ccm Federmaterial mitgeteilt, unter der Annahme, daß die höchst auftretende Materialspannung 6000 kg/qcm betrage.

Einfache Blattfeder (Fig. 102) a = 0,90 cmkg/ccm.

Stufenblattfeder (Fig. 103) a = 2,75 cmkg/ccm.

Zylindrische Schraubenfeder mit Kreisquerschnitt (Fig. 104) a = 6,0 cmkg/ccm.

Die bessere Wirkungsweise der Stufenblattfeder ergibt sich aus der gleichmäßigeren Spannungsverteilung, die äußerst günstige der Schraubfeder aus dem gleichen Grunde sowie aus der hier günstigen Schub-

Fig. 102.
Doppelte Blattfeder.

Fig. 103.
Stufenblattfeder.

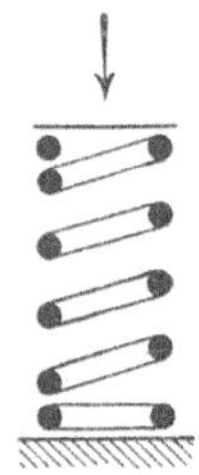

Fig. 104.
Zylindrische Schraubenfeder.

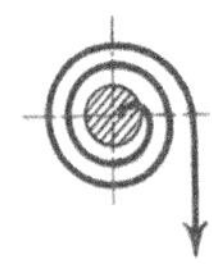

Fig. 105.
Spiralfeder.

beanspruchung des Materiales, bei welcher mit der zulässigen Höchstbeanspruchung größere Dehnungen als bei den gleichen Zug- oder Druckspannungen verbunden sind.

Die Spiralfeder (Fig. 105) verhält sich wie die Stufenblattfeder.

Die Stufenblattfedern haben die größte Verwendung gefunden. Sie sind in den länglichen Körben leicht unterzubringen und beanspruchen eine geringe Höhe bei geforderter Arbeitsfähigkeit. Sie leiden aber durch Rostbildung stärker als Schraubenfedern. Letztere sind wegen ihrer besseren Wirkungsweise vorzuziehen, da sie durch ihr geringeres Gewicht den Korb weniger belasten, erfordern aber eine merklich größere Höhe bei geforderter Energie. Sie werden neuerdings öfters verwendet.

Die Spiralfedern zeichnen sich durch geringen Raumbedarf nach Breite und Höhe aus. Sie werden daher trotz ihres höheren Gewichtes da am Platze sein, wo die Fängerbewegung von drehenden Wellen abgeleitet wird, auf denen die Federn angeordnet werden können. Dem Rosten sind sie wegen ihres flachen Querschnittes ähnlich wie Blattfedern unterworfen. Die Spiralfedern sind der Untersuchung am schlechtesten zugänglich, da die äußeren die inneren Windungen überdecken. Die Blätter der Stufenblattfeder sind teilweise der Untersuchung ebenfalls nicht zugänglich. Am besten verhält sich hier wohl die Schraubenfeder.

Die Federn werden im Dache des Korbes verlagert. Sie sollen so angeordnet werden, daß sie der Untersuchung leicht zugänglich sind.

Die Federn der zweiten Anordnung können wesentlich schwächer sein als die der ersten und erleiden im Betriebe wesentlich weniger Dehnungen, werden also haltbarer bzw. zuverlässiger sein.

Von Hohendahl (1867) wurde Luft als Feder zur Anwendung gebracht, indem der Luftzylinder mit dem Korbe, der Kolben mit dem Seile verbunden war. Man rechnete auf die vorzügliche Elastizität der Luft, die keiner Veränderung ihrer Eigenschaften unterliegt. Es liegt aber klar, daß diese Anordnung schwer und unzuverlässig ist. Sie wurde auch bald verlassen. Eine Zeichnung ist zu finden: Preuß. Zeitschrift 1880, Tafel I, Fig. 30.

II. Die Fänger.

Als Fangteile haben wir bereits schneidende Messer, gezahnte Exzenter und glatte bremsende Backen kennen gelernt.

Die Fänger sind je nach dem Leitungsmateriale, Holz oder Eisen, verschieden zu formen.

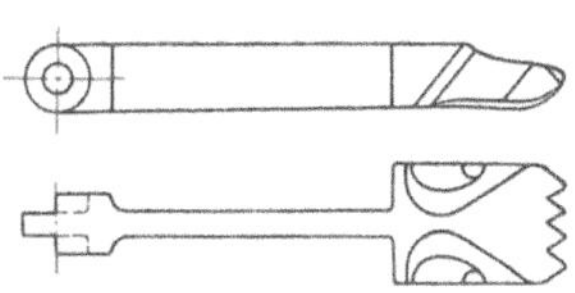

Fig. 106.
La Fontainesche Fangklaue.

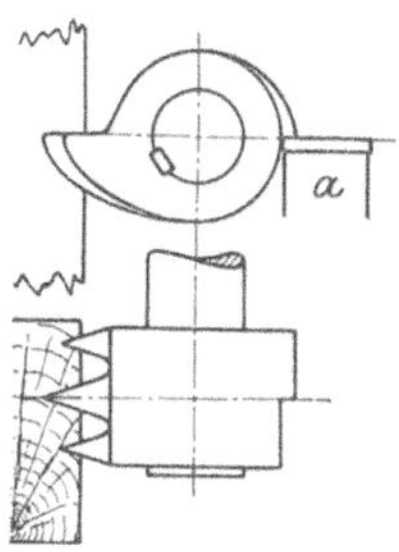

Fig. 107.
Fangklaue von Oberegger.

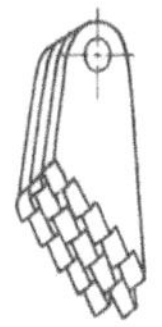

Fig. 108.
Quergezahntes Fangexzenter.

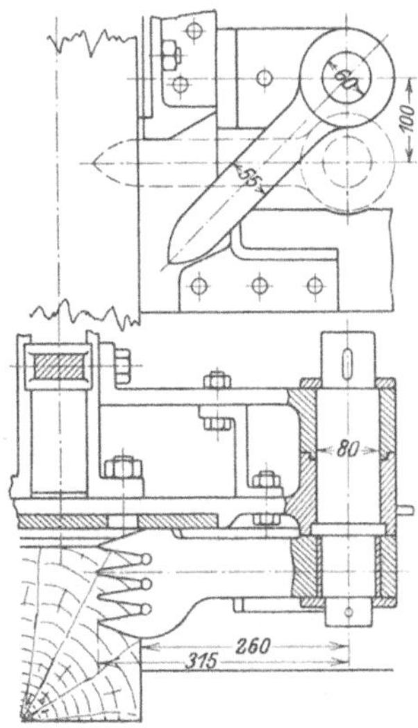

Fig. 109.
Fangmesser von F. A. Münzner nach Undeutsch.

Fig. 106 zeigt eine La Fontainesche Fangklaue für hölzerne Leitung. Die Spitzen sind so geformt, daß sie sich in das Holz der Leitung einwühlen können. Im Grundriß sind die Messer gleich breiten Keilen.

Fig. 107 stellt eine gedrungene Messerform von Oberegger (1898) dar, deren Längszähne ebenfalls stumpfe Keile bilden. Durch einen Anschlag a am Förderkorbe wird die Drehung, also die Eindringtiefe begrenzt, wodurch ein bremsendes Fangen erreicht werden soll, aber kaum erreicht werden wird. Ausführungen finden sich im Ostrau-Karwiner Revier. Fig. 108 läßt die stoßende Wirkungsweise eines quergezahnten Exzenters deutlich erkennen.

Soll eine bremsende Wirkung erzielt werden, so müssen neben der Begrenzung der Eindringtiefe Messer von schlanker Form verwendet werden, so daß, wenn sich der Korb auf die begrenzt eingedrungenen Messer aufgesetzt hat, ein Abwärtsschneiden der Messer im hölzernen Leitbaume stattfinden kann. Der hierbei auftretende Stoß hängt dann von dem Widerstande ab, den die schneidenden Messer im Holze finden. Damit dieser und der Stoß nicht zu groß sei, müssen die Messer schlank geformt sein. Fig. 109 zeigt die Messer der nach vielen Erfahrungen bremsend wirkenden Münznerschen Fangvorrichtung. Die für be-

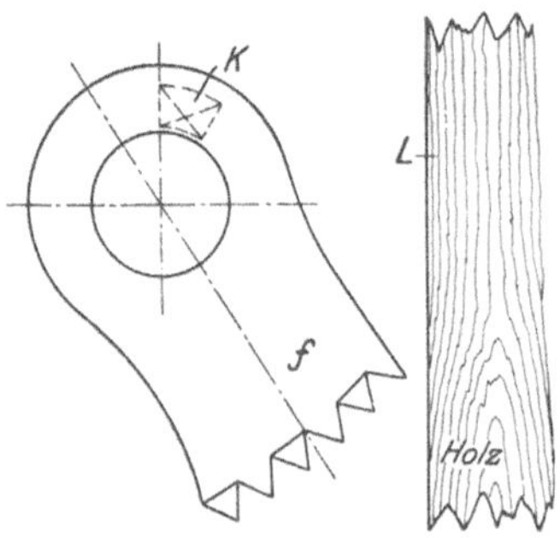

Fig. 110.
Gezahnte sägende Exzenter von Schenk.

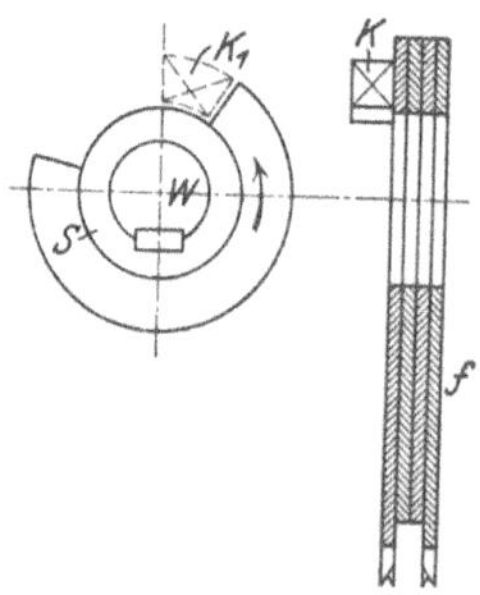

Fig. 111.
Befestigung der Exzenter von Schenk.

stimmte Bremswirkungen bei gegebenem Leitungsmateriale erforderliche Messergestaltung kann nur durch messende Versuche festgestellt werden, F. A. Münzner, Obergruna Sa., benutzte hierzu eine Vorrichtung. durch welche mittels Wasserdruckes auf einen Kolben die nötige Kraft zum Einpressen der Messer in Holz erzeugt und gleichzeitig gemessen wurde.

Diese Messungen ergaben bei verschiedenen Eindringtiefen t mm die Eindringwiderstände T kg. (Das Holzmaterial ist in der Quelle nicht angegeben.)

Z. B. für Fänger mit 3 Zähnen

t =	10	16	20	26	30	35
T =	630	940	1260	1800	2200	2733

Während des Eindringens sinkt der Korb nieder und ein Teil seiner Energie wird durch die Eindringarbeit, der übrigbleibende Teil durch die folgende Schneidearbeit der niedergehenden Messer vernichtet. Diese Eindringwiderstände wirken auf die Fängergetriebe zurück und geben ein Bild ihrer Beanspruchung.

Fig. 110 zeigt die exzentrischen Sägeblätter der bremsenden Fangvorrichtung von Schenk (1898) (Burgk in Sa.). Sie sind aus zwei durch eine Zwischenlage getrennten dünnen Blättern zusammengesetzt. Die Zähne sind abwechselnd nach der einen und der anderen Richtung abgeschrägt. Die Schärfung soll ähnlich wie die Schränkung einer Säge wirken. Damit die Exzenter f (Fig. 111) nicht zu tief eindringen, wird ihre Drehung durch einen Anschlag a, der fest am Förderkorb ist (Fig. 136), beschränkt. Das Exzenter f sitzt lose auf der Welle W. Die Einrückung geschieht durch die Welle W, die den Anschlag K des Fängers mitnimmt. Dreht sich die Welle W aber nach Eindringen der Fänger in die Leitung aus irgend welchen Ursachen wieder zurück, so wirkt diese Bewegung nicht rückdrehend auf die Fänger ein, da in diesen Antrieb ein toter Gang eingeschaltet ist.

Durch Kniehebel bewegte dünne Sägeblätter werden bei der Vorrichtung von Kania & Kuntze (Fig. 134 und 135) verwendet.

Messer schneiden im Holze abwärts. Sie folgen dabei der Faserrichtung des Holzes, und es besteht die Gefahr, daß sie sich hierbei „verlaufen" und aus dem Leitbaume seitlich heraustreten. Äste im Holze bieten den Messern größere Widerstände, erhöhen also die Stoßwirkung. Daher verwerfen einige die Messer und erhoffen bessere Wirkung von Sägeblättern, die nicht das Holz keilartig spalten, sondern Späne abnehmen und gerade, von der Faserrichtung unabhängige Rillen in das Holz arbeiten, auch Äste glatt durchschneiden.

Die Formung der Zähne muß so geschehen, daß die entstehenden Späne aus der Rille austreten können, auch daß sie sich nicht zwischen Fänger und Leitbaum festsetzen und die Zähne aus dem Holze herausdrängen.

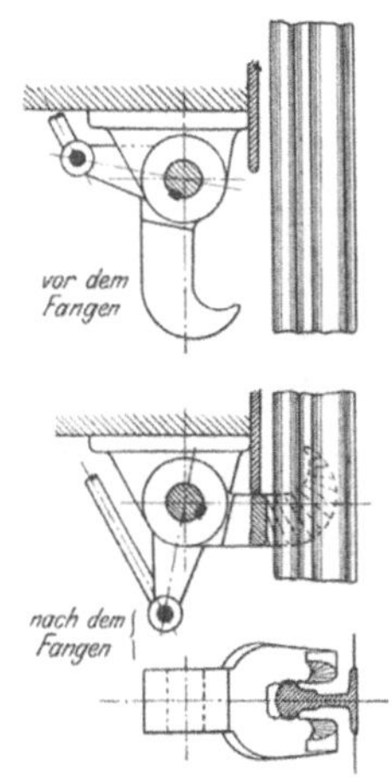

Fig. 112. Fangklaue von Hpyersiel für einseitige eiserne Leitung. (Nach Volk, Geräte und Maschinen, S. 27.)

Die Zähne der Sägeblätter von Kania & Kuntze (Fig. 134) bilden eine schräge Linie, so daß die unteren Zähne wenig, die oberen tief eindringen. Dadurch wird es allen Zähnen möglich, sich am Schneiden zu beteiligen. Die Wirkung wird verteilt, und von den einzelnen Zähnen werden nur schwache Späne genommen. Die Eindringtiefe wird so begrenzt, daß die Zahnlücken nicht ganz in das Holz eindringen (25 mm). Dadurch wird das Austreten der Späne ermöglicht.

Die dünnen Sägeblätter (5 mm) beschädigen die Leitungen nur wenig, während die Beschädigungen durch Messer in manchen Fällen eine Erneuerung der Leitung nötig machten. Starke Zerstörungen werden durch die stoßend wirkenden Vorrichtungen bewirkt.

Für eiserne Leitungen werden schwachgerauhte Klauen verwendet. Fig. 112 zeigt die zur Fangvorrichtung von Hypersiel gehörige

Klaue. Sie ist für einseitige eiserne Leitung (Briartsche Leitung) bestimmt und paßt sich dem Profil derselben an. Eine bremsende Wirkung kann wohl kaum erreicht werden. Die Klauen werden nach dem Fangen durch das einseitig wirkende Gewicht des Korbes stark beansprucht (vgl. O II).

Die geringste „stoßende" Wirkung scheint durch „Bremsbacken" zu erzielen möglich, die nicht in die Leitung eindringen, sondern nur durch „Reibung" an den Leitungen gehalten werden. Die Betrachtung der Keilfangvorrichtung von Pinno (C IV) lehrt uns aber, daß ein stoßfreies Fangen durch Verwendung der Reibung allein nicht erzielt werden kann.

Die Fig. 100 und 101 in D IV zeigen glatte Bremsbacken. Fig. 142 stellt eine Bremsbacke von Undeutsch (O I) dar, die in einer besonderen, an die Leitung angenieteten Keilnut läuft. In Fig. 123 ist eine Bremsbacke von Undeutsch zu sehen, die mit feinen Längsschneiden in eiserne Leitung einschneiden soll.

III. Die Zwischentriebe.

Die Übertragung der Federenergie auf die Fänger erfordert Zwischentriebe, die so einfach wie möglich zu gestalten sind. Sie werden durch die Art der Korbführung wesentlich beeinflußt.

Die meist Querschnitte von schmaler Rechteckform besitzenden Körbe können Langseiten- oder Schmalseitenführung haben. Bei Langseitenführung werden die Zwischentriebe kürzer, bei Stirnangriff einfacher als bei Flankenangriff.

Die einfachste Anordnung ergibt sich bei Stirnangriff auf Langseitenführung, da die zentrale Feder unmittelbar auf die beiden Fänger einwirken kann. Fig. 113 zeigt eine von Macka vorgeschlagene Anordnung für leichte Schalen. Die Königsstange s drückt mit einem Anschlage a auf die inneren Hebelarme der Fänger f. Dieser Anschlag befindet sich unterhalb der Feder F und ist mit den Fängern nicht fest verbunden.

Flankenangriff bei Langseitenführung zeigt Fig. 114, ebenfalls von Macka vorgeschlagen. Die Bewegungsrichtung der Fänger liegt hier parallel, nicht wie vorher senkrecht zur Längsseite. Die Bewegung der Feder wird durch ein kleines Querhaupt und kurze Zugstangen in die drehende Bewegung der im Korbe gelagerten Wellen 2 umgewandelt, indem die Zugstangen die inneren Hebelarme m niederziehen. Dadurch werden die an den Außenenden der Wellen 2 befestigten Nasen n nach oben gedrückt und durch diese die Fänger eingerückt. Im Ruhezustande lagern die Fängerspitzen etwa über dem Mittelpunkt der Wellen 2. Dieser Nasenteil ist etwa konzentrisch zum Mittelpunkt gestaltet, so daß im Betriebe auftretende kleine Federdehnungen keine unzeitige Annäherung der Fänger an die Leitung bewirken. Hierin wird ein Vorzug erblickt, da bei solcher Anordnung die Federspannung einen größeren Teil des Korbgewichtes erhalten dürfe als bei Anwendung anderer Getriebe, die alle Federbewegungen proportional auf die Fänger übertragen. Dabei wird übersehen, daß die größere Federspannung hier nutzlos ist, da bei Seilbruch die erzielte Mehrspannung nutzlos auf Überwindung des toten Ganges des Getriebes

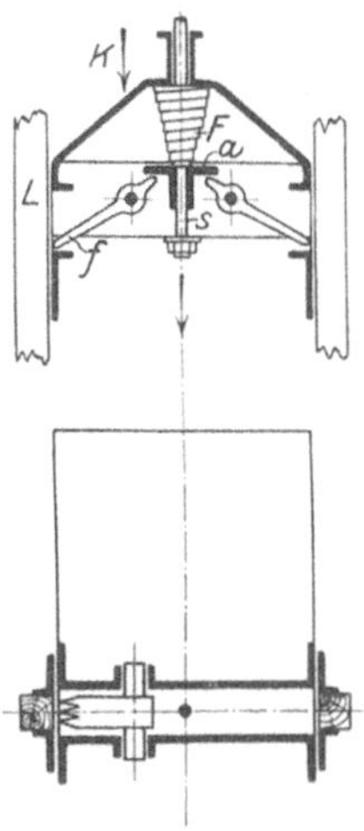

Fig. 113.
Getriebeanordnung nach Macka.
Stirnangriff bei Langseitenführung.
(Aus Österr. Zeitschr. f. Berg- und Hüttenwesen 1911.)

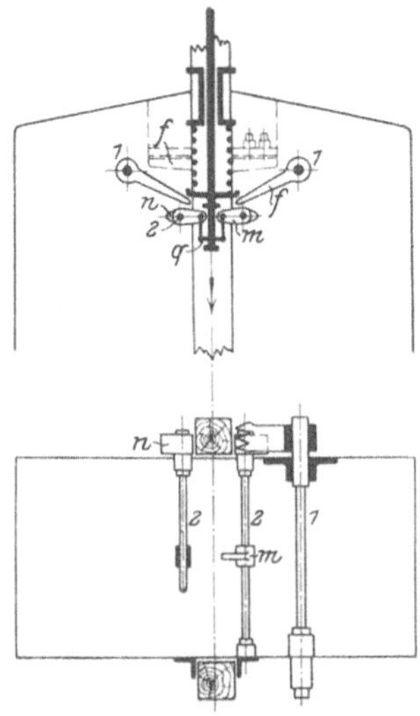

Fig. 114.
Getriebeanordnung nach Macka.
Flankenangriff bei Langseitenführung.
(Aus Österr. Zeitschr. f. Berg- und Hüttenwesen 1911.)

verbraucht wird, indem eine wirksame Bewegung der Fänger erst nach Entspannung der Feder um jenen Mehrbetrag eintritt. Es ist daher ratsam, einfache Hebel ohne toten Gang zu verwenden und die Feder weniger zu spannen, wodurch die den Bestand der Feder schädigenden Betriebsschwankungen vermieden werden.

Flankenangriff bei Führung an den Schmalseiten wird durch die gleichen Getriebe bewirkt, indem die Wellen 1 und 2 um 90° gedreht in der Längsrichtung des Korbes eingebaut werden. Die Wellen werden dann entsprechend länger.

Ein besonderes Getriebe verwendet Undeutsch (Fig. 115) bei seinen Vorrichtungen. Die Feder F drückt die winkelhebelartig geformten Ergreiferhebel h nieder. Diese gleiten mit ihrem Knickpunkt auf einer Führung g des Korbes nach außen, und die äußeren Enden derselben gehen dabei in die Höhe. Diese äußeren Enden greifen, wie aus dem Kreuzriß ersichtlich, unter die Fänger f und nähern sie der Leitung, Im Grundriß ist ersichtlich, wie sich die Ergreiferhebel h in 2 Teile gabeln, um die doppelt angeordneten Messer zu fassen. Die Ergreifer treten an die Stelle der Drehwellen 2 der vorigen Figur. Bei Schmalseitenführung gehen sie durch die ganze Länge des Korbes. (Fig. 133). Undeutsch hält die Drehwellen 2 für leichter störbar und erblickt in der Verwendung seiner Ergreifer besondere Vorteile. Es ist aber zu beachten, daß die ganze Masse der Ergreifer von der Feder geradlinig zu beschleunigen ist, während die Massen von Drehwellen, in der Nähe der Mittellinie angeordnet, geringe Geschwindigkeit zeigen und ihre daher geringen Massenwiderstände an kleinen Hebelarmen wirken, also der Federbewegung wenig Widerstand entgegensetzen.

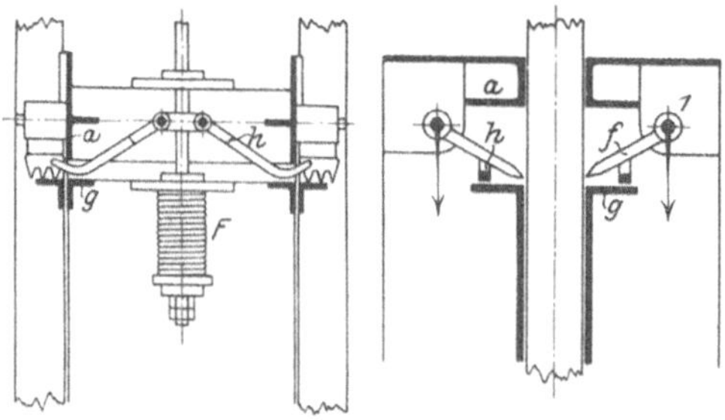

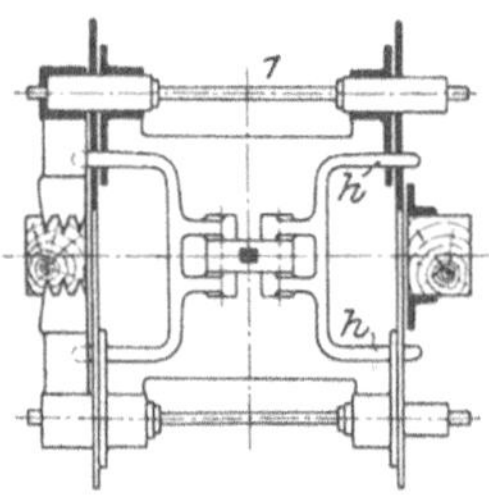

Fig. 115.
Getriebeanordnung von Undeutsch.

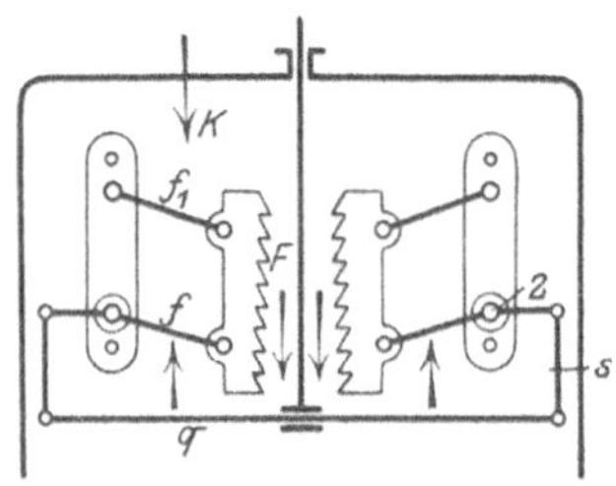

Fig. 116.
Getriebe der Fangvorrichtung von Kania & Kuntze.

Bei Verwendung von parallel geführten Sägeblättern (Fig. 116, Kania & Kuntze) wird das Getriebe annähernd wie Fig. 114. Die Feder dreht durch den Niedergang des Querhauptes q und die Zugstangen s den Fängerhebel f, wodurch das Sägeblatt der Leitung genähert wird. Das Blatt ist durch einen Lenker f_1 so geführt, daß es sich parallel der Leitungskante bewegt. Die Wellen 2 gehen durch den Korb hindurch, um die Bewegung auf beide Schalenseiten zu übertragen.

F. Die Getriebe zur Erzeugung des Anpressungsdruckes.

I. Erzeugung durch kniehebelartige Messer.

Wird der Fänger f (Fig. 117) durch die Feder F über die Höhe h_h bis an den Leitbaum L herangehoben, so greift seine Spitze ein, der niedergehende Korb K bringt das Messer in eine flachere Lage und treibt es dadurch in den Baum ein, etwa bis zur wagerechten Lage des

Messers, worauf sich der Korb mit seinem Anschlage a auf den vorderen Teil des Messers aufsetzt; alsdann beginnt das Abwärtsschneiden im Leitbaume.

Der Weg der Feder muß so groß bemessen werden, daß die entspannte Feder mit Sicherheit den Fänger über die Höhe h_h heben und hiernach noch eine genügende Anpressung erzeugen kann.

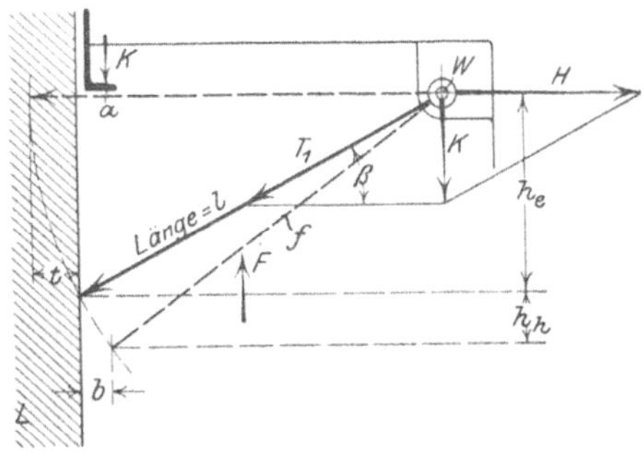

Fig. 117.
Kniehebelartig wirkende Messerfänger.

Dem Eindringen des Messers stellt sich der Eindringwiderstand entgegen, der für bestimmte Messerformen und Eindringtiefen durch vorherige Versuche bekannt sein muß (E II). Danach wird für eine bestimmte Höchstlast des Korbes, die einen bestimmt bemessenen Bremswiderstand S erfordert, eine bestimmte Eindringtiefe t erforderlich. Diese soll daher für das Folgende als gegeben betrachtet werden. Es fragt sich nun, ob der niedergehende Korb K imstande ist, das Messer entgegen dem Eindringwiderstand T einzutreiben. Da der gewünschte Eingriff auch für die Geringstlast eintreten soll, so ist für diese Frage das Mindestkorbgewicht K_{min} zugrunde zu legen, bzw. der Teil desselben, der auf 1 Messer zu rechnen ist. Nach Fig. 117 kann das Korbgewicht auf den Fänger einen Druck ausüben

$$T_1 = \frac{K_{min}}{\sin \beta}.$$

Damit dieser möglichst groß sei, ist β möglichst klein zu wählen. Immer ist aber zu prüfen, ob T_1 den gemessenen Eindringungswiderstand T überwiegt. Des weiteren ist zu prüfen, ob auch in den folgenden flacheren Lagen des Messers der wachsende Druck T_1 den wachsenden Eindringungswiderstand T überwiegt. Alsdann wird das Korbgewicht über die Höhe h_e fallend die Eindringungsarbeit mit Sicherheit leisten können.

Bei kleinerem Winkel β ergibt sich für ein gefordertes t eine größere Länge l des Messers. Es ist

$$t = l - l \cdot \sin \beta = l(1 - \sin \beta)$$

und danach erforderlich

$$l = \frac{t}{\sin \beta}.$$

Mit wachsendem l wächst auch die Hubhöhe h_h, um bei gegebenem Fängerabstand b den Fänger an die Leitung heranzuführen. Eine große Messerlänge ist auch wegen der Knickbeanspruchung derselben ungünstig.

Wie ersichtlich kann das Korbgewicht durch das gewählte Getriebe einen Horizontalschub bis zur Höhe $H = \frac{K}{\operatorname{tang} \beta}$ erzeugen, der bei doppelseitigem Flankenangriff innerhalb des Korbes durch den gleichen Schub der anderen Seite ausgeglichen wird. Dieser Schub wirkt auch auf die Leitung und biegt sie bei Stirnangriff zur Seite, das Fangen verhindernd; bei dem hier gewählten Flankenangriff heben sich die beiderseitiger Drücke im Materiale der Leitung auf. Die Kräfte T_1 sind der Festigkeitsberechnung der Fänger und Wellen W zugrunde zu legen.

Die vom Korbgewichte erzeugbaren Drücke T_1 werden nur bis zur Höhe der Eindringwiderstände T entwickelt. Ein überschüssiges Korbgewicht beschleunigt den fallenden Korb.

Diese Betrachtungen sahen von den Reibungswiderständen im Fängergetriebe ab. Eine genauere Rechnung würde sie zu berücksichtigen haben. Die Schwierigkeit der Sache liegt in der Unzuverlässigkeit der der Rechnung zugrunde zu legenden, in Wirklichkeit eintretenden Werte T.

II. Erzeugung durch flachliegende Kniehebel bei Bremsbacken.

Ähnliche Betrachtungen lassen sich für die Kniehebel anstellen, die zum Andrücken von Bremsbacken an die Leitbäume benutzt werden.

Nach Anhub der Kniehebel durch die Feder F (Fig. 118) wird eine entsprechende Reibung zwischen Backe und Leitung erzeugt, die die Backe gegenüber dem Korbe zurückzuhalten strebt. Damit der niedersinkende Korb eine weitere Anpressung durch Flacherstrecken der Kniehebel herbeiführen kann, muß die Backe an der Leitung zunächst festgehalten werden. Da die erzeugte Reibung nur ein Bruchteil des Druckes T_1 ist, kann die nötige Reibung nur durch einen großen Druck T_1 erreicht werden.

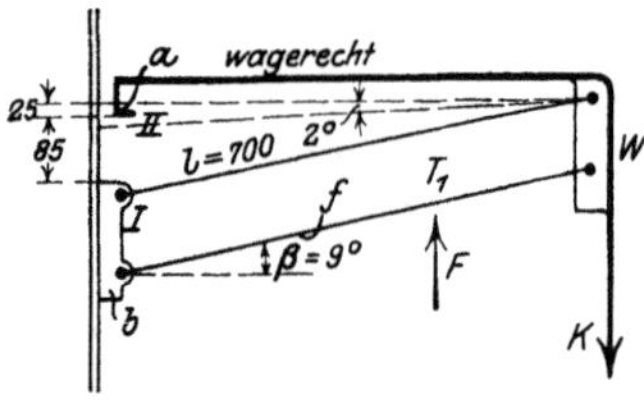

Fig. 118.
Flachliegender Kniehebel.

Das bedingt nach obigen Betrachtungen einen kleinen Winkel β, der kleiner als der der Reibungsziffer entsprechende Reibungswinkel sein muß, damit die erzeugte Reibung größer als das durch den Kniehebel auf die Backe übertragene Korbgewicht ist. Die bei flacher Lage des Kniehebels durch das Korbgewicht erzeugbaren Drücke T_1 sind außerordentlich groß. In welcher Größe sie sich einstellen, hängt von den Widerständen ab, die sich dem angestrebten Horizontalschube der Backen b oder der Widerlager W entgegenstellen. Die Verhältnisse sind hier analog denen beim Eindringen der Messer in die Leitung, wo der erzeugte Druck von diesen Widerständen abhing. Bei sehr unnachgiebigen Widerlagern oder Leitbäumen werden sich ein sehr großer Druck T_1, eine große Reibung und stoßendes Fangen einstellen. Die „bremsende" Reibung gewährt also auch hier zunächst kein stoßfreies Fangen. Dies letztere erfordert die Einstellung des Druckes T_1 und der dadurch erzeugten Reibung auf eine bestimmte Größe, die durch die elastischen Eigenschaften des Widerlagers W gegeben ist.

In der gegebenen Skizze können sich die Backen von der Stellung I, bei der sie die Leitung erreichen, bis zur Stellung II, die durch einen Anschlag a am Korbe gegeben ist, durchgedrückt werden. Die Horizontalstreckung beträgt dabei etwa 8 mm. Der hierbei erreichte Druck T_1 in der Stange f ist gleich dem Widerstande, den die elastische Lagerung bei einem Schube von 8 mm erfährt. Durch die Art des Lagers kann ein im voraus bestimmter Druck hierbei erreicht werden, der ein entsprechend sanftes Fangen gewährleistet. Es sei an die Beschreibung der Hoppeschen Bremse in C V und an Fig. 96 erinnert.

Die richtige Bemessung der bremsenden Wirkung scheint demnach keine Schwierigkeit zu bieten. Die Versuche mit der Fangvorrichtung zeigen ein günstiges Verhalten. Doch beschleicht uns das Gefühl, daß die Wirkung gegenüber Abnutzung der Leitung sehr empfindlich sei. Darüber später in H II—IV mehr.

III. Erzeugung durch Exzenter.

Betrachten wir die Wirkung von messerartigen oder gezahnten „Exzentern" (Fig. 94), so erkennen wir eine gewisse Ähnlichkeit der Wirkung mit den Kniehebeln. Sobald das Exzenter mit einem Zahne in die Leitung eingedrungen ist, dreht das Korbgewicht weiter, worauf die ferneren Zähne eindringen. Diese haben aber eine größere Entfernung vom Drehpunkte als die ersten, die mit der Drehung wachsende Eindringtiefe wächst also hier rascher als bei Kniehebelmessern, daher auch bei den Exzentervorrichtungen in Verbindung mit mangelnder Begrenzung der Eindringtiefe die erwiesene stoßende Wirkung. Exzenter eignen sich zunächst nicht für bremsende Fangvorrichtungen. Später M I—III sollen einige Ausführungen mitgeteilt werden. Die Exzenter sind meist gezahnt, so daß sie nach Anpressung an die Leitung eine große Hemmkraft erfahren. Dadurch wird es möglich, die Steigung des Exzenters, d. h. den Anstieg des Halbmesserwachstums steiler zu nehmen als bei ungezahnten Exzentern, die nur durch Reibung an der Leitung gehalten werden.

Eine besonders wirkungsvolle Ausgestaltung hat das Exzenter in der Vorrichtung von Gräfe (H V) gefunden.

IV. Erzeugung durch Keile.

Auch durch Einschaltung eines Keiles in das Anpressungsgetriebe glaubt man den sinkenden Korb zur Erzeugung eines wachsenden Anpressungsdruckes zwingen zu können (vgl. Pinno, Fig. 95).

Nach Einklemmung in den Keilspalt (Fig. 119) zwischen Leitung L und Korb K durch die Federkraft F_1 unterliegt der Keil der Einwirkung verschiedener Kräfte. Zwischen Keil und Leitung entsteht eine der Federeinwirkung F_1 und der betreffenden Reibungsziffer entsprechende Reibung R, zwischen Keil und Korb eine der dortigen Reibungsziffer entsprechende Reibung R_1. Auf die schräge Fläche wirkt das Korbgewicht K ein. Die durch den auffahrenden Korb eintretende Wirkung ist nun ganz verschieden, je nachdem die Reibung R oder die in die Vertikale fallende Komponente von R_1 die größere ist. Ist R größer, so bleibt der Keil an der Leitung haften, und der Korb gleitet unter elastischer Zusammendrückung des Balkens B oder entgegengesetzter Ausbiegung der Leitung L am festen Keil abwärts, eine mit wachsendem Falle wachsende Ausbiegung und somit einen wachsenden Anpressungsdruck erzeugend, bis der Korb je nach der kleineren oder größeren Elastizität der Keillager mit Stoß oder sanft zur Ruhe kommt. Der Anpressungsdruck wächst, solange der Korb gegen den Keil gleiten kann. Ist die Elastizität der Keillager gering, so wächst der Anpressungsdruck sehr rasch, und der Korb wird stoßend durch den an der Leitung festen Keil gefangen. Soll bremsend gefangen werden, so muß das Lager B besonders elastisch gestaltet werden. Ausführungen hierzu sind nicht bekannt. Unter der gemachten Voraussetzung, daß R $>$ als die vertikale Komponente von R_1 ist, kann der Korb nie den Keil, etwa nach Erreichung eines genügenden Anpressungsdruckes, bremsend an der Leitung entlangschieben, welche Wirkung offenbar von den „bremsend" wirkenden Keilvorrichtungen erwartet wird, da mit wachsendem Anpressungsdrucke auch die Reibung R wächst, also immer größer bleibt als die Reibung R_1.

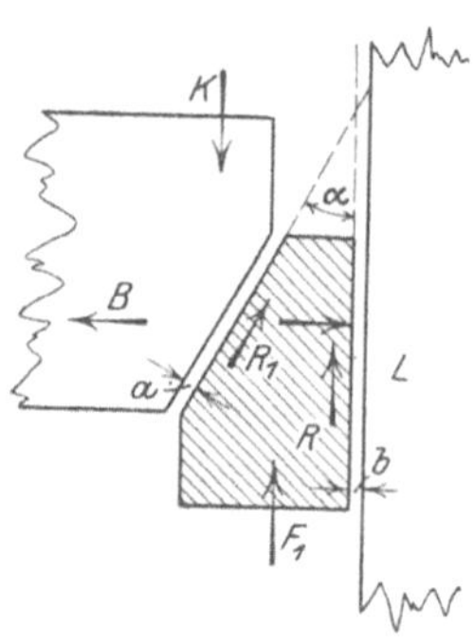

Fig. 119.
Keilartiger Fänger.

Ist hingegen von vornherein die Reibung R $<$ R_1, so haftet der Keil nicht an der Leitung sondern am Korbe und wird durch diesen an der Leitung abwärtsgeschoben. Es findet durch den abwärtsgehenden Korb keine Vermehrung des Anpressungsdruckes statt, sondern dieser wird nur bedingt durch die im Augenblick der vollendeten Berührung auf den Keil einwirkende Federkraft F_1 und den Keilwinkel α. Nun erscheint ein Keil mit kleinem Keilwinkel α wohl geeignet, einen großen Anpressungsdruck mit gegebener Kraft F_1 zu erzeugen. Bei gegebenem Leitungsabstande b und Spaltabstande a braucht aber der flache Keil eine große Hubhöhe h, bis er in den Keilspalt eingepreßt ist. Die gegebene Federkraft F und der gegebene Federweg s müssen daher durch Hebel so umgesetzt werden, daß die große Keilhubhöhe h geleistet werden kann, d. h. auf den Keil wirkt alsdann eine stark verkleinerte oder stark entspannte Federkraft F_1 ein. Was scheinbar durch die große Übersetzung des Keilgetriebes erreicht wird, muß durch das übrige Getriebe wieder rückgängig gemacht werden.

Jeder Versuch, auf diese oder andere Weise den Druck auf die Fänger durch starke Übersetzungen von der Feder zum Fänger zu vergrößern, muß mißlingen, da es bei der Bewegung der Fänger nicht auf eine Kraftwirkung, sondern auf eine Arbeitsleistung, gemessen durch Kraft mal Weg, ankommt. Diese Arbeitsleistung muß in der Federenergie F · s enthalten sein und kann durch keinerlei Übersetzung vergrößert, sondern nur in ihren Faktoren verändert werden. Es kommt nur darauf an, die vorhandene Federenergie auf einfachste Weise auf die Fänger zu leiten.

Die Federkraft F beträgt nur etwa 0,7 des Korbgewichtes; sie ist erheblich entspannt, wenn der Fänger zum Anliegen kommt, kann also keinen Anpressungsdruck erzeugen, dessen Reibung R das Korbgewicht aufhalten könnte. Unter der gemachten Voraussetzung $R_1 > R$ muß dabei die Keilvorrichtung versagen. Daher suchen die meisten Keilfangvorrichtungen die Annahme $R > R_1$ durch besondere Maßnahmen zu erzwingen. Dies kann auf zweierlei Weise erreicht werden, nämlich indem man

entweder R möglichst groß oder

R_1 möglichst klein macht.

Das erstere wird durch gerauhte Berührungsfläche zwischen Keil und Leitung, das letztere durch Zwischenschaltung eines Rollenlagers zwischen Keil und Korb erreicht. Eine bremsende Wirkung läßt sich durch Verwendung des Keiles als solchen nicht erzielen.

Später sollen einige Ausführungsformen gezeigt werden.

V. Erzeugung des Anpressungsdruckes durch Korbgewicht oder aufgespeicherte Fremdkraft?

(Preßgas, Elektromagnete.)

Die meisten Fangvorrichtungen benutzen nach Einleitung des Fangvorganges das Gewicht des gegen den bereits an der Leitung festgehaltenen Fänger auffahrenden Korbes zum vollen Eintreiben desselben oder zur Erreichung des vollen Anpressungsdruckes.

Diese kostenlose, stets bereite, nie versagende Kraft der Schwere genügt jedoch Einigen nicht. Sie glauben eine größere Sicherheit durch eine auf dem Korbe mitgeführte Fremdenergie oder durch von außen zugeführte Energie erreichen zu können.

K. Schweder, Johannesburg, benutzt hierzu (1906) in einem Behälter mitgeführte flüssige Kohlensäure. Die durch den Seilbruch wirkende Federkraft öffnet ein Ventil, durch welches das sich bildende Gas nach Bremszylindern strömt, deren Kolben Bremsbacken an die Leitung pressen (vgl. Fig. 101 u. D IV). Die Verwendung des Preßgases soll den Vorteil ergeben, daß die Abnutzung der Leitung ohne Einfluß auf die Größe des Bremsdruckes bleibt, der nur von dem Gasdrucke bestimmt wird. In Anbetracht der unvermeidlichen Undichtheit des durch ein Ventil abgeschlossenen Gasbehälters f und dadurch bedingter Druckschwankungen in demselben bzw. veränderter Flüssigkeitsmenge kann eine Gleichheit des Bremsdruckes hier weniger gewährleistet werden als bei den später (H I—IV) zu beschreibenden mechanischen Regelungen auf gleichbleibenden Bremsdruck.

Bei Versuchen (1907) in Transvaal ergab sich, daß die gefangenen Schalen nach etwa ½ Stunde von der Vorrichtung wieder freigegeben wurden, da durch Undichtheiten der Bremszylinder das Gas entwich. Deshalb wird jetzt eine Hilfsvorrichtung angebracht, die, sobald der Gasdruck unter eine bestimmte Größe sinkt, eine kleine keilartig wirkende Rolle in Tätigkeit setzt, die die Schale nach Loslassen durch die Bremsschuhe festhält.

Verschlingt sich ein beim Seilbruch bleibender Seilschwanz an der Schachtleitung, so fällt ein noch nicht gefangener Korb wieder gegen die festgehaltene Feder, und das besagte Druckgaseinlaßventil wird wieder geschlossen und dafür die Auslaßventile der Bremszylinder geöffnet, die Fangwirkung also wieder aufgehoben. Zur Vermeidung dieser möglichen Störung der Fangwirkung ist nun folgende, das Wesen des DRP. 193 848 (1906) ausmachende Einrichtung getroffen. Die Königsstange S, Fig. 120, trägt einen kolbenartigen Ansatz a, mit dem sie auf die Feder F drückt. Zwischen F und den Korb K ist ein Kolben i eingeschaltet, dessen hohle Kolbenstange gegen den Zylinderhals c abdichtet, während die Königsstange S durch die Höhlung des Kolbens hindurchgeht. Bei Seilbruch geht die Königsstange nach unten. Bei Hängenbleiben des Seilschwanzes würde sie wieder nach oben gehen. Um sie durch Kraftwirkung in der unteren Lage festzuhalten, ist der Kolben i vorgesehen. Über diesen tritt bei Seilbruch Druckgas durch den Stutzen s, so daß er nach abwärts auf die Feder F und durch diese auf die Königsstange drückt.

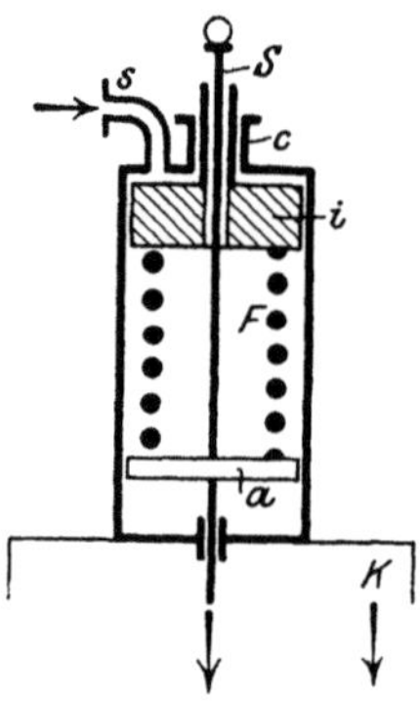

Fig. 120.
Vorrichtung zur Sicherung gegen Störung durch Seilschwanz zur Fangvorrichtung von K. Schweder.

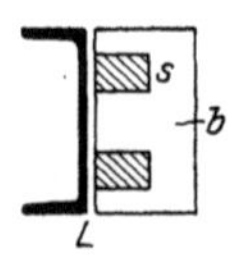

Fig. 121.
Elektromagnetische Anpressung von Bremsbacken.

Mechanische Einrichtungen bei Benutzung des Korbgewichtes erreichen die Sicherung gegen Seilschwanz viel einfacher (H I—IV).

Berücksichtigen wir noch die Notwendigkeit, den Druck im Vorratsbehälter durch Druckmesser zu beobachten und die richtige Höhe des Druckes durch Nachfüllung aufrecht zu erhalten und die dagegen große Einfachheit der gewöhnlichen Anordnungen, deren große Sicherheit sich bei den erwähnten Transvaaler Versuchen (1907) (vgl. L II) erwies, so wird unser Urteil über die Fangvorrichtung von Schweder nicht mehr schwankend sein (Glückauf 1907, S. 1099).

Auf eine unmögliche Form der Preßluftfangvorrichtungen (DRP. 193 526, Glückauf 1908, Nr. 2) sei kurz hingewiesen.

Eine elektromagnetische Anpressung von Bremsbacken sieht das erloschene DRP. 198 255 (1909) vor, Fig. 121. Am Förderkorbe sind Bremsbacken b wagerecht verschiebbar angeordnet. Sie enthalten Spulen s, die bei Stromschluß die Backen zu Elektromagneten machen, die von der eisernen Leitung mit bestimmter Kraft angezogen werden und die Korbenergie durch Reibung abbremsen. Der Erregerstrom soll von einer kleinen auf dem Korbe mitgeführten Batterie geliefert werden. Die sich bei Seilbruch dehnende Feder schließt diesen Erregerstromkreis. Als Vorteil wird erwartet: von der Leitungsabnutzung völlig unabhängiger, auf bestimmte Größe einstellbarer Anpressungsdruck.

G. Bemessung und Einstellung der Bremskraft.

I. Größe der Stoßwirkung nur abhängig von der Größe der Bremskraft.

Sollen nun Stöße durch „bremsend“ wirkende Fangvorrichtungen vermieden werden, so muß der durch das Korbgewicht erzeugte Anpressungsdruck auf eine solche Größe bemessen werden, daß der daraus folgende Bewegungswiderstand eine bestimmte Größe nicht überschreitet, andererseits aber ausreichend ist, das Korbgewicht zu halten und die lebendige Kraft des Korbes auf einem entsprechenden Hemmwege aufzuzehren. Es sei K das Gewicht der abzufangenden Last, also Schale, Ladung, gegebenenfalls Seilschwanz und Unterseil. Dann muß die hemmende Kraft R, Reibung oder Schneidwiderstand, größer als K sein, damit die ruhende Last mit Sicherheit gehalten wird. Bei niedergehendem Korbe wirkt der Überschuß R — K der hemmenden Kraft über das Lastgewicht verzögernd auf die Korbbewegung ein. Je kleiner diese verzögernde Kraft R — K ist, desto geringer ist der Stoß, der durch diese Hemmung am Korbe merkbar wird, ein desto größeres Stück fährt der Korb nieder, bis seine Energie durch die Bremsarbeit aufgezehrt ist.

Mit der Größe der Geschwindigkeit des niederfahrenden Korbes wächst der Bremsweg, aber nicht der Stoß. Es ist die Energie des Korbes

$\frac{1}{2} \cdot \frac{K}{g} \cdot v^2$ mkg, wenn g die Erdbeschleunigung in m/sec² und v die Korbgeschwindigkeit in m/sec ist. Die gleiche Bremsarbeit ist bei s m Bremsweg (R — K) s mkg.

Daher

$$\frac{1}{2} \cdot \frac{K}{g} \cdot v^2 = (R - K)\, s.$$

Sind in einem bestimmten Falle K und R gegeben, so ist der Bremsweg s proportional v^2. Bei doppelter Geschwindigkeit ergibt sich der vierfache Bremsweg. Der „Stoß“ aber ist immer nur von der Größe der hemmenden Kraft R — K abhängig, einerlei wie groß die Korbgeschwindigkeit ist, bei der die hemmende Kraft einsetzt. Wird bei gleichen Massen mit der gleichen Kraft gebremst, so sind die eintretende Verzögerung und der Stoß immer gleich, ob die Geschwindigkeit beim Bremseingriff 10 m oder ob sie $^1/_{10}$ m betrug. Der eintretende „Stoß“ hängt nicht ab von der in der Masse aufgespeicherten Energie, sondern von dem Tempo der Energieentziehung oder -vernichtung, das durch den Begriff der „Verzögerung“ gemessen wird und nur vom Verhältnis der Massen zur verzögernden Kraft abhängt.

Die Verzögerung g_1 eines Gewichtes K durch die Bremskraft R — K beträgt

$$g_1 = g \cdot \frac{K}{R - K}\ \text{m/sec}^2.$$

Es entspricht einem natürlichen Gefühle, von einem Bremseingriffe bei größerer Geschwindigkeit einen größeren „Stoß“ zu erwarten. Dies trifft auch zu bei plötzlicher Vernichtung der Energie durch feste, der Bewegung entgegengestellte Hindernisse, wobei durch die geringe Elastizität des Widerstandes der Hemmweg s auf eine sehr kleine Größe beschränkt wird und infolgedessen die hemmende Kraft und die Verzögerung sehr groß werden, im Gegensatz zu unserer Annahme, daß die Größe der hemmenden Kraft unveränderlich gegeben ist, wonach sich dann je nach Geschwindigkeit und Masse ein verschiedener Bremsweg einstellt.

Gelingt also die sichere Begrenzung der Bremskraft, so brauchen wir auch eine größere Korbgeschwindigkeit nicht zu fürchten. (Vgl. auch Abschnitt S I—IV.)

II. Einstellung des Schneidwiderstandes durch Begrenzung der Eindringtiefe der Messer.

Die Größe der Bremskraft ist von verschiedenen Einflüssen abhängig; bei den Messerfängern von der Größe der Eindringtiefe, dem Material der Leitung und der Form der Messer. Diese Abhängigkeit kann und muß durch Versuche so geklärt werden, daß in vorliegenden Fällen eine bestimmte Bremskraft gewährleistet werden kann. Nur muß dafür gesorgt werden, daß die Eindringtiefe beim Fangvorgang einen vorgeschriebenen Wert erhält. Dies wird durch Begrenzung der Eindringtiefe erreicht, indem sich das Messer f nach bestimmter Drehung gegen einen Anschlag a am Korbe legt. Fig. 107, 123, 126, 136 u. andere.

Die Erkenntnis der Notwendigkeit und der Möglichkeit der Begrenzung der Fängerbewegung wurde bald nach Einführung der stoßend wirkenden Fangvorrichtungen erkannt. Fig. 122 läßt einen ersten Versuch erkennen (von Libotte). Der Messerfänger f enthält einen Ansatz a, mit dem er sich gegen die Führung L legt, nachdem die Spitze bis zur bestimmten Tiefe eingedrungen ist. Der Punkt a bildet bei weiteren Drehungsversuchen des Korbgewichtes den Drehpunkt für diese Bewegung, und da er dem Angriffspunkt des Leitungswiderstandes sehr nahe liegt, erhält er einen sehr starken Rückdruck, so daß das Leitungsmaterial unter ihm zertrümmert wird. Auch erscheint der Fänger durch ein großes Biegungsmoment ungünstig beansprucht.

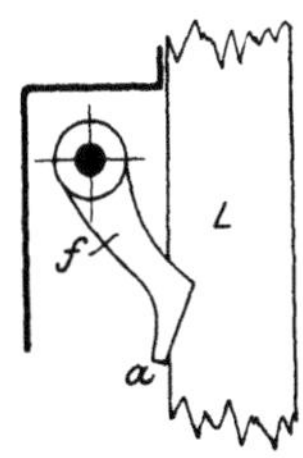

Fig. 122. Fangklaue von Libotte mit Begrenzung der Eindringtiefe.

Ein Vergleich mit dieser Art läßt die günstige Wirkung der ersten erkennen.

III. Einstellung des Bremsbackendruckes durch begrenzte Kniehebeldrehung und elastische Lagerung der Hebelachsen.

Bei Verwendung von glatten Bremsbacken muß der Anpressungsdruck ebenfalls durch Begrenzung des Anschlages des Anpressungsgetriebes erreicht werden. Es kommen hier große Anpressungsdrücke in Frage, da zur Erzeugung einer bestimmten Reibung ein mehrfacher Anpreßungsdruck je nach der Größe der Reibungsziffer erforderlich ist. Die Größe der Reibungsziffer ist durch Versuche an im Betriebe befindlichen Leitungen festzustellen. Die Reibungsziffer ist ebenso veränderlich wie der Schneidewiderstand von Messern in Holz. Für hölzerne nasse Leitung und eiserne Führungsschuhe wird man die Ziffer mit 0,3 annehmen können, für eiserne Leitung vielleicht mit 0,1. Die Veränderlichkeit ist von großem Übel, da sie jede Einstellung einer bestimmten Bremskraft hinfällig macht. Wir schwanken immer zwischen einer zu großen und einer zu kleinen im Ernstfalle vorhandenen Kraft.

Die Hoppesche Fangvorrichtung (Fig. 96) zeigte diese Begrenzung der Kniehebelbewegung. Sie zeigte ferner den merklichen Unterschied gegenüber den Messerfängern, daß ein Eindringen der angepreßten Teile nicht stattfindet, daß daher die Kniehebelbewegung unter raschem Anstieg des Anpressungsdruckes ein baldiges Ende findet, wenn nicht ein einer größeren Drehung entsprechender Seitenschub durch elastische Lagerung des Kniehebels ermöglicht wird. Der geringe Durchschlag des Kniehebel erschwert nun die Einstellung eines bestimmten Anpressungsdruckes durch den Anschlag a, da schon kleine Fehler der Einstellung einen merklichen Teil des Gesamtausschlages ausmachen, also große Veränderung des Druckes bewirken. Immerhin ließe sich eine Einstellung durch Versuche erreichen.

Die hier angestellten Betrachtungen erweisen, daß für die Frage: stoßende oder bremsende Wirkung nicht die Form des den Anpressungsdruck erzeugenden Getriebes ausschlaggebend ist, sondern die Gestaltung der Fänger und die Begrenzung des Anpressungsdruckes.

Nun verschleißen aber die Leitungen im Betriebe, wodurch Eindringtiefe und Anpressungsdruck vermindert werden. Der Verschleiß hölzerner Leitungen ist beträchtlicher als der eiserner; dafür ist aber die Eindringtiefe der Messer so wesentlich größer (40—50 mm) gegenüber dem kleinen Seitenschube flachliegender Kniehebel (8 mm) für Bremsbacken, daß Abnutzungen der Holzleitungen weniger empfindlich wirken als solche von Eisenleitungen.

Die Bemühungen, die Bremswirkung gegenüber der Leitungsabnutzung unempfindlich zu machen, werden in den folgenden Abschnitten im Zusammenhange erörtert werden. (H I—IV.)

H. Verhinderung des Versagens durch Unschädlichmachung der Leitungsabnutzung.

I. Verstellbare Anschläge.

Durch Verstellung der Lage der die Größe des Bremseingriffes begrenzenden Anschläge nach erfolgter Abnutzung in dem Sinne, daß sie alsdann eine größere Drehung der betreffenden Getriebe bis zur Erreichung der früheren Wirkung gestatten, könnte die Abnutzung unschädlich gemacht werden, wenn die Größe der Abnutzung in allen Höhen gleich wäre. Sie ist aber in der Tiefe wegen des Schleuderns der Körbe wesentlich größer als in der Nähe der Hängebank. Hiermit läßt sich demnach nicht viel erreichen. Das Mittel wird von Undeutsch bei seiner Fangvorrichtung mit Messerfängern verwandt. Fig. 123

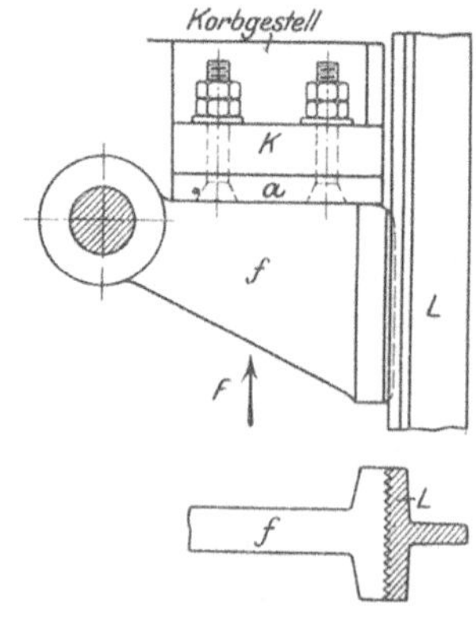

Fig. 123.
Nachstellbare Fängerlagerung nach Undeutsch. (Nach Glückauf 1907 [Undeutsch].)

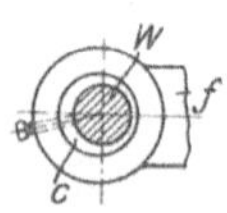

Fig. 124.
Exzentrische Fängerlagerung nach Undeutsch.

zeigt dasselbe für eiserne Leitung und längsgeriefte Fangbacken. Zwischen den Korb K und den Fänger f ist ein auswechselbarer Anschlag a geschaltet, der nach Leitungsabnutzung durch eine schwächere Platte ersetzt wird. Man vergleiche auch die spätere Fig. 133.

Eine zweite Art der Regelung ist möglich durch Verstellung der Fängerachse. In Fig. 124 (nach Undeutsch) ist der Fänger f auf eine Scheibe e drehbar aufgesteckt, die exzentrisch auf der im Korbe festen Welle W befestigt ist. e kann auf der Welle W versteckt werden, so daß die Lage des Messerdrehpunktes zur Leitung eine Änderung erfährt. Nach Leitungsabnutzung wird durch Umstecken des Exzenters die Fängerachse der Leitung genähert und dadurch die Abnutzung ausgeglichen.

II. Empfindlichkeit der Kniehebelwirkung gegen Leitungsabnutzung.

Die große Empfindlichkeit seiner ersten Kniehebelfängervorrichtung, die bei abgenutzter Leitung wiederholt versagt hat, während sie bei neuer Leitung vorzüglich wirkte, führte Hoppe zum weiteren erfolgreichen Ausbau seines Gedankens, der selbst in der ersten Form als tiefer Einblick in das Wesen der Wirkungen zu werten ist.

Wir knüpfen an die Betrachtungen des Kniehebels in F II und Fig. 118 an.

Der wagerechte Schub, die Kniehebelstreckung, beträgt im gewählten Beispiele bei einer Drehung von 9^0 bis 2^0 8 mm für jede Seite. Die Vorrichtung versagte im Ernstfalle (1898). An der vermutlichen Stelle des Seilloswerdens war die Leitung um 4 mm, in der Mitte des Schachtes um 8 mm abgenutzt. Es ging daher von der ganzen Kniehebelbewegung $\frac{1}{4}$ bis $\frac{1}{2}$ völlig nutzlos auf Überwindung des entstandenen toten Ganges verloren, so daß durch den verringerten Seitenschub auf das elastische Lager nur ein entsprechend geringerer Anpressungsdruck von $\frac{3}{4}$ bis $\frac{1}{2}$ erzeugt werden konnte. Rechnen wir noch mit Abnutzung in den Gelenken der jahrelang im Betriebe gewesenen Vorrichtung, so ist das Versagen wohl erklärlich.

III. Vergrößerung der Kniehebelstreckung durch Exzenter (Hoppe II) und elastische Verlagerung der Fängerachsen.

Die Pressungen können den Kniehebelstreckungen proportional gesetzt werden. Bei $2 \times 8 = 16$ mm Gesamtstreckung machen sich daher die Leitungsabnutzungen bei eisernen Leitungen recht empfindlich bemerkbar. Da die Leitungsabnutzung als das Unabänderliche gegeben ist, können sie nur dadurch unschädlich gemacht werden, daß die den Druck erzeugende Kniehebelstreckung größer gemacht wird. Dies ließe sich durch größere Länge der Kniehebel erreichen; die alsdann hohe Beanspruchung auf Knickung und Biegung erforderte kaum auszuführende Stärke der Kniehebel.

Deshalb ersetzt Hoppe (Fig. 125) in einer zweiten Anordnung (1899) den Kniehebel durch einen an der Berührungsstelle mit der Leitung exzentrisch geformten Körper f, der bei seiner Drehung aus der Einrückstellung I bis zur begrenzten Endstellung II über das Maß der eigentlichen kleinen Kniehebelstreckung i hinaus eine Vermehrung der Streckung um den größeren Betrag seiner Exzentrizität ergibt.

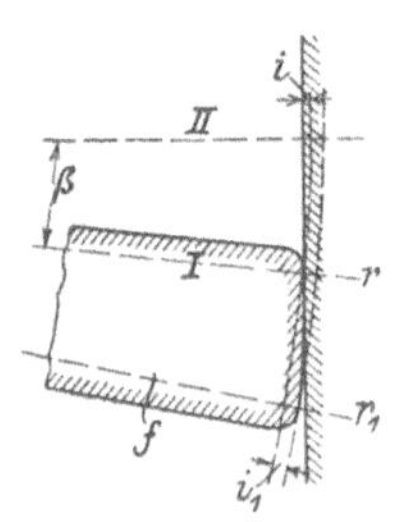

Fig. 125.
Exzenterform von Hoppe (Hoppe II).

An Stelle der elastischen Formung des Fördergestelles der älteren Anordnung tritt dabei eine Abstützung des Exzenterwiderlagers durch besondere im festgebauten Gestelle verlagerte Federn.

IV. Vergrößerung der Kniehebelstreckung durch veränderliche Übersetzung (Hoppe III).

Ein neuer Gedanke tritt in der dritten Form der Hoppeschen Fangvorrichtung zutage (DRP. 124590, 1902). Die Exzenter i, Fig. 126 a und b sind nicht unmittelbar im Widerlager l gelagert, sondern mittelbar durch Winkelhebel 213, an deren Ende 3 der elastische Federwiderstand m angreift. In der Einrückstellung wirkt daher der Anpressungsdruck unter dem Hebelsarme n, der Federdruck unter q auf den bei 1 drehbar gelagerten Winkelhebel ein. In der durch die Anschläge a begrenzten Endstellung ist der erste Hebelsarm auf p gewachsen, der zweite auf o gesunken (Fig. b), so daß der Federdruck m durch diese Verhältnisse bedingt ist. Hat eine Leitungsabnutzung stattgefunden, so wirkt dies so, als würde in Fig. 126 b die Leitung L nach rechts gedrückt, wobei das nachrückende Getriebe den Arm k des Winkelhebels mehr senkrecht stellt, den Arm r mehr wagerecht. Die durch die eingetretene Federdehnung an sich zwar geschwächte Federkraft m wirkt dann an einem größeren Hebelsarme, der Anpressungsdruck an einem kleineren, sodaß letzterer trotz der durch die Leitungsabnutzung bedingten Federentspannung die nötige Größe behalten kann. Wir können den Vorgang auch folgendermaßen fassen: Der letzte Teil der Kniehebelstreckung führt durch das veränderliche Übersetzungsverhältnis des Getriebes zu keiner merklichen Erhöhung des Anpressungsdruckes, ist gewissermaßen toter Gang, so daß,

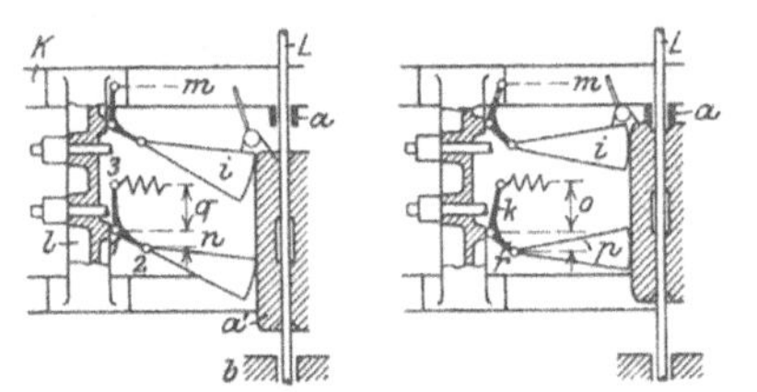

Fig. 126.
Schema der neueren Hoppeschen Fangvorrichtung (Hoppe III).
(Nach Preuß. Zeitschr. 1905 [Ackermann].)

wenn durch Leitungsabnutzung dieser Teil der Kniehebelbewegung ausfällt, hierdurch keine Beeinträchtigung des Anpressungsdruckes erfolgt.

Diese Anordnung kann als genügend unempfindlich gegen weitgehende Leitungsabnutzung angesehen werden. Es läßt sich aber nicht

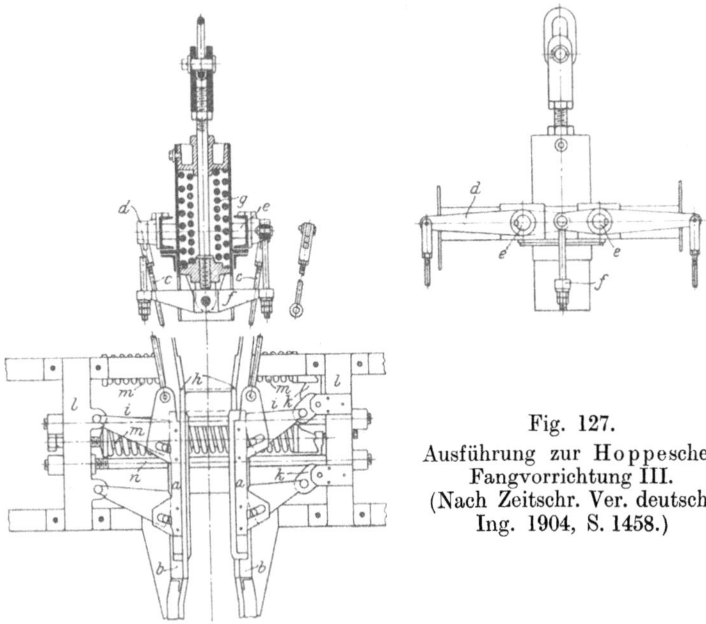

Fig. 127.
Ausführung zur Hoppeschen Fangvorrichtung III.
(Nach Zeitschr. Ver. deutsch. Ing. 1904, S. 1458.)

leugnen, daß sie andererseits sehr gliederreich ist. Fig. 127 zeigt eine Ausführung (1904) der Maschinenfabrik Fr. Gebauer, Berlin. Die Lagerung des Punktes 1 der Winkelhebel sowie der Angriffspunkt 3 der Feder sind als Schneidenlager ausgebildet, die übrigen Bolzenlagerungen mit Spiel ausgeführt. Die Federn m werden vor der Verwendung Druckproben unterworfen, zur Prüfung ihrer Zuverlässigkeit und Feststellung ihrer Federung, darauf die Vorrichtung auf nicht abgenutzte Leitungen eingestellt und dann Fallversuchen auf übermäßig abgenutzten Leitungen unterworfen. Die Ergebnisse waren bei Gesamtlast 4800 kg:

Freie Fallhöhe	Entsprechende Endgeschwindigkeit	Bremsweg	$\frac{\text{Bremskraft}}{\text{Last}}$
0,23 m	2,13 m/sec	0,26 m	1,89
0,58 m	3,38 m/sec	0,61 m	1,95
0,97 m	4,36 m/sec	0,97 m	2,00
1,19 m	4,83 m/sec	1,06 m	2,13

Die Bremsbacken sind in dieser Ausführung je 15 mm von der Leitung entfernt.

Die Sicherheit der Wirkung hängt hier auch von der zweiten, die Anpressung erzeugenden Feder ab.

V. Elastische, bremsend wirkende Exzenterfangvorrichtung (System Gräfe).

Gebaut von der Deutschen Maschinenfabrik A.-G., Duisburg.

Den gleichen Grundgedanken wie die Hoppeschen Fangvorrichtungen zeigt die Vorrichtung von Gräfe, bei Verwendung von Fangexzentern an Stelle der Hoppeschen Kniehebel.

Bei Seilbruch zieht die Blattfeder B (Fig. 128) die Teile e, f, g nach unten. Der hierbei aufwärts gehende linke Hebelsarm von g greift unter

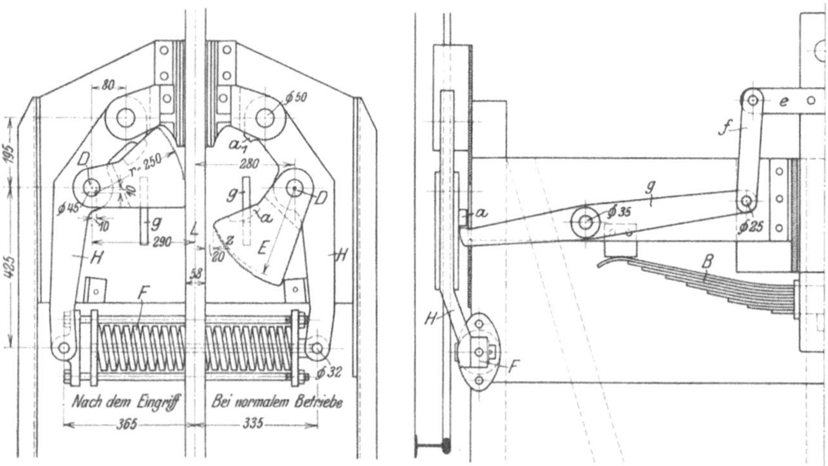

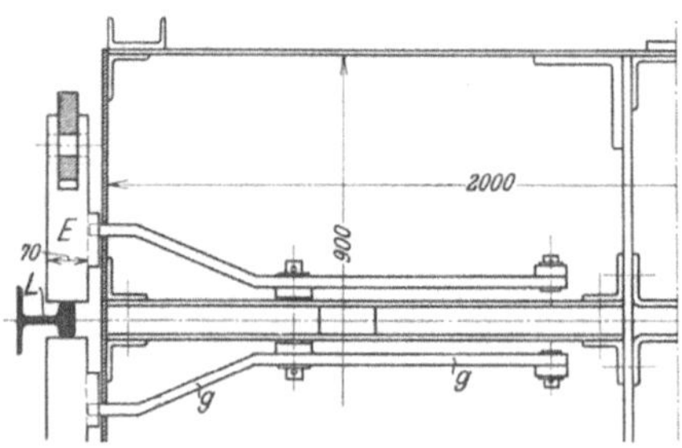

Fig. 128.
Elastische bremsend wirkende Fangvorrichtung nach Gräfe der Deutschen Maschinenfabrik A.-G., Duisburg.

den Anschlag a der Fangexzenter E und führt diese an die Leitung L heran. Die Fangexzenter sind auf ihrer oberen Berührungsfläche mit feinen Querzähnen versehen. Der abwärtsgehende Korb dreht die an die Leitung herangebrachten Exzenter vollends nach oben, bis ihr Anschlag a an den festen Anschlag a_1 anschlägt und so den Exzenterhub begrenzt. Durch die Exzenterdrehung wird ein Seitenschub auf die Exzenterdrehpunkte D ausgeübt. Diese Drehpunkte sind nicht fest am

Korbe, sondern an Hebeln H, die sich um obere am Korb feste Punkte drehen und deren untere Enden durch eine starke Spiralfeder F verbunden sind. Der Exzenterschub dreht die Hebel H nach außen und spannt die Spiralfeder F mit einer der Größe des Schubes proportionalen Kraft. So wird auch die Anpressung der Exzenter an die Leitung proportional dem Exzenterschube.

In der Endlage der Exzenter liegt die untere ungezahnte Exzenterfläche an der Leitung an, und es erfolgt ein bremsender Korbniedergang.

Die Exzenter weisen in der gewählten Ausführung eine Exzentrizität von 10 mm auf; die gesamte Federdehnung beträgt demnach unter der Hebelübersetzung von 1 : 3 60 mm. Anpressungsdruck und Bremsreibung ergeben sich danach und nach der Stärke der Feder. Er wirkt auf beide Backen in gleicher Größe.

Der Vorteil der Gräfeschen Vorrichtung liegt in der Verwendung von Exzentern zur Anpressungserzeugung. Solche Exzenter erlauben durch die einen großen Gleitwiderstand ergebende Zahnung, eine starke Exzentersteigung, also große Exzentrizität auszuführen, ohne ein Versagen der Spannungserzeugung durch Nichtdrehung der Exzenter befürchten zu müssen. Je größer aber der Lagerschub der spannungserzeugenden Getriebe ist, desto unabhängiger wird die erzeugte elastische Spannung von einer etwaigen Leitungsabnutzung. Bei 20 mm gesamter Exzentrizität beträgt der Verlust an Anpressung für jedes mm Leitungsabnutzung 5 v. H. der ursprünglichen Spannung. Durch Verlängerung des Exzenterbogens könnte der Exzenterschub noch wesentlich vergrößert werden. Die Vorrichtung eignet sich für Eisen- und für Holzleitung. Für Holzleitung könnte der untere bremsend wirkende zahnfreie Exzenterteil mit schlanken Längsschneiden versehen werden.

Die von der bauenden Firma angestellten Fangversuche haben eine sichere, bremsende Fangwirkung ergeben. Mit einem Förderkorb von 6000 kg Belastung wurden Bremswege bis 4,5 m erzielt.

Die Vorrichtung weist die an anderer Stelle K III als nötig erwiesene lose Verbindung zwischen der den Fangvorgang einleitenden Feder und dem Fanggetriebe auf.

Zwecks Lösung des gefangenen Korbes muß derselbe angehoben werden.

Die beschriebene Fangvorrichtung kann wohl als die zurzeit beste Anordnung einer Förderkorbfangvorrichtung bezeichnet werden. Die Vorteile gegenüber Hoppe werden durch die Verwendung von Exzentern erreicht, die es ermöglichen, nach Benutzung des gezahnten, starke Schübe ermöglichenden Teiles, selbsttätig den ungezahnten bremsend wirkenden Teil einzurücken, der den erzeugten Anpressungsdruck zum bremsenden Korbniedergang ausnutzt. Der ungezahnte Teil ist konzentrisch um den Drehpunkt angeordnet, so daß er nach Abrollen des letzten Zahnes sicher abrollt und den bremsenden Niedergang erzeugt.

Doch ist zu beachten, daß bei allen mit elastischer Spannungserzeugung arbeitenden Vorrichtungen die Sicherheit der Wirkung von der Beschaffenheit zweier Federn abhängig ist, die jede für sich die Wirkung in Frage stellen kann.

Daher ist den den Anpressungsdruck erzeugenden Federn genau die gleiche Aufmerksamkeit zu widmen wie der den Fangvorgang einleitenden Feder am Seile.

J. Schädliche Wirkungen der Fangvorrichtungen.

I. Belastung des Korbes. Vernachlässigung des Seiles.

Den Fangvorrichtungen wird der Vorwurf gemacht, daß sie den Korb beschweren und Geld kosten, ohne die Sicherheit zu erhöhen. Über die günstige Wirkungsweise insbesondere neuerer Fangvorrichtungen ist das Nötige unter: Bewährung, A II u. H IV u. V, mitgeteilt. Bei einer Fangvorrichtung sollte man in erster Linie weder nach dem Gewichte noch nach dem Preise fragen, sondern nach ihrer Güte.

Ferner vermindere die Fangvorrichtung die Sicherheit des Betriebes, indem sie zur nachlässigen Behandlung der Seile verleite. Dieser Vorwurf erscheint wenigstens für deutsche und wohl auch für andere Bergbaubetriebe völlig ungerechtfertigt angesichts der großen Sorgfalt, die den Seilen zugewendet wird und nach den behördlichen Vorschriften zugewendet werden muß.

Das DRP. 224602 (1909) will die Belastung des Seiles durch das Gewicht der Fangvorrichtung wenigstens für die Materialförderung ausschalten, indem hierbei die ganze Vorrichtung am Korbe gelöst und im Schachtgerüste aufgehängt wird. Lösung und Verbindung soll selbsttätig geschehen, beim Hochziehen des Korbes über die Hängebank. Das Zutrauen zur Wirksamkeit einer selbsttätig eingerückten Fangvorrichtung dürfte nicht sehr groß sein. Man vergl. die Patentbeschreibung in „Erzbergbau“ 1911, S. 246 (ohne Figur).

II. Unzeitiges Eingreifen.

Der Betrieb der Fangvorrichtungen zeitigt auch Nachteile.

Der Hauptvorwurf richtet sich gegen das Eingreifen zur Unzeit im regelmäßigen Betriebe, wodurch mindestens lästige Störungen, bei stoßenden Vorrichtungen auch Unfälle der fahrenden Mannschaft hervorgerufen werden können.

Das Wirken zur Unzeit ist auf die im Betriebe durch die Beschleunigungen und Verzögerungen auftretenden Schwankungen der Seil- und Federspannung und somit Federbewegung zurückzuführen. Die Mittel dagegen sind zum Teil bereits erörtert.

Erstens muß durch Hubbegrenzung der Federzusammendrückung erreicht werden, daß nur ein Teil des Korbgewichtes als Höchstspannung der Feder auftritt. Der übrige Teil wird unmittelbar durch das Seil aufgenommen. Spannungsschwankungen im Betrage dieser unmittelbaren Seilbelastung bewirken alsdann keine Bewegung der Feder und der Fänger. Da die Beschleunigungen den Höchstbetrag von 2 m/sec^2 nicht überschreiten werden, was Spannungsschwankungen im Betrage von 0,2 des Korbgewichtes bedingt, so dürfte es zur Sicherung völlig genügen, die Federspannung auf 0,7 des Korbgewichtes zu begrenzen, und zwar des leeren Korbgewichtes, da auch bei Bewegung leerer Schalen der unzeitige Eingriff verhütet werden muß.

Der zulässige Höchstbetrag der Federspannung wird verschieden angegeben. Undeutsch schlug (1907) nur 0,5 des Gewichtes vor. Andere (Menzel-Freiberg Sa.) glauben bei vorsichtigem Förderbetriebe bis zu 0,9 gehen zu können. Eine solche vorsichtige, d. h. hier mit Vermeidung größerer Beschleunigungen und Verzögerungen arbeitende Betriebsweise dürfte aber dem Förderbetriebe zu große Einschränkungen auferlegen. Die Beibehaltung der älteren Übung (0,7) dürfte zu empfehlen sein. Beim Einfallen starker Bremsen können Verzögerungen von 5 m/sec^2 auftreten. Ein Eingriff der Fangvorrichtung ist dann sehr zu befürchten. Deshalb soll das Aufwerfen von Volldruckbremsen vermieden werden.

Ein anderes versuchtes Mittel, bei hoher Federspannung unzeitiges Eingreifen zu verhüten, ist, die Entfernung der Fänger von der Leitung groß zu wählen, so daß die Spannungsschwankungen im Betriebe die Fänger nicht bis zum Eingriff vorschieben können. Dann hat aber die hohe Federspannung wenig Wert, da sie beim Durchlaufen dieses toten Ganges entspannt wird, so daß sie keinen größeren Anpressungsdruck ausüben kann als eine begrenzte Federspannung bei geringerem Fängerabstand. Es ist daher zu empfehlen, die Federspannung so zu begrenzen, daß keine Federbewegung im Betriebe auftritt, und den Fängerabstand so weit zu verringern, als es der Zustand der Leitung, der hierfür maßgebend ist, erlaubt.

Zweitens könnten seitliche Schwankungen der Körbe die Messer, die meist lose drehbar auf ihren Achsen sitzen, an die Leitung schleudern und einen Eingriff verursachen. Dies kann durch leichte Federn f_1 (Fig. 86 und 133) verhütet werden, die die Fänger mit geringer Kraft von der Leitung zurückhalten. Das Mittel wird von Münzner und Undeutsch verwendet.

Beide Mittel, unerwünschte Federbewegungen zu vermeiden, führen zugleich zu einer Schonung der Feder.

K. Störungen der Fangwirkung und ihre Verhütung.

I. Brüche bei stoßenden Vorrichtungen.

Störungen der Fangwirkung sind häufig beobachtet worden. Die stoßenden Vorrichtungen haben häufig versagt wegen Zerstörung der Leitung durch Bruch oder Spaltung oder durch Bruch der Fänger und Verbiegung der Fängerwellen. Durch Ersatz des Stirnangriffes der Fänger durch den Flankenangriff und Begrenzung der hemmenden Kraft bei bremsend wirkenden Vorrichtungen wird diesem Übelstande mit Erfolg begegnet. (Man vgl. D II und Fig. 99.)

Man beachte aber immer die hervorragende Wichtigkeit der Leitung, die im Zusammenhange mit der auf der Schale befindlichen Vorrichtung die Fangvorrichtung ausmacht.

II. Störung des Eindringvorgangs durch Seilschwanz.

Undeutsch berichtet über folgenden Vorfall bei seinen Fangversuchen mit einer nach der Art von La Fontaine (Fig. 93) wirkenden Fangvorrichtung (1888): Bei den Fangversuchen wurde ein altes Hanfseil benutzt, welches bei einem der Versuche unter Belassung eines Seilschwanzes riß. Hierbei begannen die Fänger zu fangen. Darauf schlug das Seil gegen die Einstriche, und das Gestell kam wieder zum Fallen. Das Seil prallte zurück nach dem Schachtlichter und die Fangvorrichtung begann wieder zu fangen. Hierauf schlug das Seilende gegen Einstriche der anderen Seite, so daß die Fänger sofort wieder gestört wurden und der Korb wieder abwärts fiel.

Die Fänger sind bei dieser Vorrichtung (vgl. Fig. 86 und 93) mit ihren Drehachsen am Seile fest. Der entstandene Seilschwanz hinderte die Ausdehnung der Feder nicht. Die beobachtete Störung fand nicht nach erfolgtem Eindringen, sondern während des Eindringens statt. Ein Wiederausgreifen der Fänger nach vollendetem Eindringen ist wenig wahrscheinlich.

Es ist nach Undeutsch ein Fehler dieser Anordnung, daß nach erfolgtem ersten geringen Eindringen der Messer die Korblast nicht gleich in voller Größe auf die Fängerachsen einwirkt. Beobachtungen bei Fangversuchen lassen es wahrscheinlich erscheinen, daß die gering eingedrungenen Messer, durch die Feder nur mit einem Teile des Korbgewichtes belastet, nicht imstande waren, weiter in die Leitung einzudringen, sondern unter geringem Schneidewiderstand abwärtsschnitten. Es mußte dabei der Schneidewiderstand geringer gewesen sein als der Eindringwiderstand, so daß die Leitung nicht imstande war, die gering eingedrungene Fängerspitze zurückzuhalten, was aber die Vorbedingung für die Eintreibwirkung des auf die Fängerachsen auffahrenden Korbes ist. Nach Undeutsch soll die nicht unmittelbare Fängerachsenbelastung die geschilderte Erscheinung verschulden. Das ist aber nicht einzusehen, da auch bei unmittelbarer Belastung der Fängerachsen für den Fall des geschilderten Verhältnisses von Schneide- und Eindringwiderstand ein eindringungsloses Abwärtsschneiden stattfinden muß. Über die beobachtete Störung des Eindringvorganges durch festgehaltenen Seilschwanz urteilt Undeutsch, daß bei Festhaltung des Seilschwanzes eine relative Aufwärtsbewegung der Königstange gegen den Korb stattfinde, womit eine Rückdrehung der Fänger und hierdurch Ausgreifen derselben aus der Leitung verbunden sei. Diese Folgerungen sind aber nicht zutreffend. Zwar findet eine relative Aufwärtsbewegung der Fängerachse 1 (Fig. 93) mit der Königstange, aber gleichzeitig eine gleiche relative Aufwärtsbewegung des Eindringpunktes 2 der Fängerspitze am Leitbaume statt, da der Korb auch relativ gegen den Leitbaum fällt, also der Leitbaum mit der Fängerspitze relativ gegen den Korb steigt, so daß die Schrägstellung des Fängers zum Leitbaume unverändert bleibt; oder einfacher: Bei Festhaltung des Seilschwanzes bleibt Punkt 1 stehen, und da Punkt 2 ebenfalls an der Leitung feststeht, so bleibt Lage und Stellung des Fängers unverändert, obgleich der Korb gegenüber diesen festen Punkten weiter fällt und durch Zusammendrückung der Feder sein Gewicht auf das festgehaltene Seil abstützt.

Die geschilderten Störungen sind unzweifelhaft beobachtet, aber bisher nicht erklärt. Sie bilden einen Nachteil solcher Anordnungen.

Eine nach dieser Art gebaute Fangvorrichtung versagte im Notfalle, indem nach Seilbruch die Schale bis zum Fangen 160 m tief fiel. Davon waren nach den Spuren an den Leitungen die letzten 40 m Bremsweg. Da in diesem Falle die bei voller Eindringtiefe zu erwartende Bremskraft gleich dem 4 fachen der zu fangenden Gewichte war, und nach anderen Erfahrungen eine 3—4 fache Bremskraft als völlig sicher zu betrachten ist, so läßt sich dies merkwürdige Ergebnis nur durch eine Störung des Fängereingriffes während der ersten 120 m Fallhöhe erklären, etwa in der Weise wie bei dem Fallgerüstversuch tatsächlich beobachtet wurde.

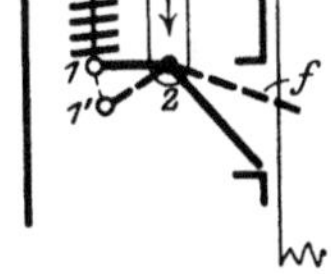

Fig. 129. Seilschwanzgefahr bei Verlagerung der Fänger im Korbe.

Auf Grund dieser Erscheinungen lehnt Undeutsch die Fängeranordnung an der Königstange durchaus ab. Dieser Fehler der Anordnung verhinderte in vielen Fällen die beschriebene Vorrichtung nicht sanft bremsend zu wirken. (Vgl. Undeutsch in Österr. Zeitschr. für Berg- und Hüttenwesen 1906, S. 105 u. 122.)

In Fig. 129 ist der Fänger f in einem am Korbe festen Punkte 2 gelagert, während an seinem Ende 1 Feder und Königstange angreifen. Bei Seilbruch kommt der Fänger in die Lage 1′ und zum Eingriff in die Leitung L. Der fallende Korb wirkt durch Punkt 2 weiter eintreibend auf den Fänger. Wird aber das Seil und somit 1′ festgehalten, so drückt der weiterfallende Korb den Punkt 2 des Fängers nieder, so daß dieser eine Rückdrehung erfährt, infolgederen der Fänger wieder aus der Leitung austritt. Der Fangvorgang ist sonach gestört und erneuten Zufälligkeiten ausgesetzt.

Die Anordnungen der Figuren 94, 95 und 96 sind nach dieser Art. Die einfache Abhilfe ist im folgenden Abschnitte geschildert.

Bei Koepeförderung ist bei Seilbruch durch die eine Fangfeder ein besonders langer Seilschwanz unter Überwindung von Hindernissen nachzuschleppen. Über die dadurch mögliche Störung und einen Versuch ihrer Abhilfe vergleiche man R II.

III. Trennung der Fänger von der Feder.

Abhilfe kann geschaffen werden durch einfache Trennung der Feder vom Fänger, Fig. 130, so daß sich diese Teile ohne feste Verbindung durch Anschläge berühren. Die sich dehnende Feder rückt den Fänger ein, während ein Festhalten der Königstange den Fängerendpunkt 1′ nicht am weiteren Abwärtsgange hindert, so daß der mit dem Korbe fallende Punkt 2 keine Rückdrehung des Fängers veranlaßt, sondern denselben noch so lange weiter eintreibt, als er selbst niedergeht. Die Störung durch Seilschwanz beschränkt sich also hier auf eine Unterbrechung des Eindringvorganges, der sich vollendet, sobald der durch den gefangenen Seilschwanz zurückgehaltene Korb wieder weiter niedergeht. Eine Trennung von Feder und Fänger findet sich bereits bei der Vorrichtung von Taza-Villain (1868). Die Mitteilungen hierüber lassen erkennen, daß diese Trennung vorgenommen wurde, um zwischen Fänger und gespannter Feder einen passenden Spielraum lassen zu können, damit unzeitiges Eingreifen bei Spannungsschwankungen im Seile vermieden werde; eine Absicht, die in einfacherer Weise durch größeren Abstand der Fänger von der Leitung bzw. Spannungsbeschränkung der Feder hätte erreicht werden können. Der oben beschriebene große Vorteil der Trennung war nicht erkannt und nicht beabsichtigt.

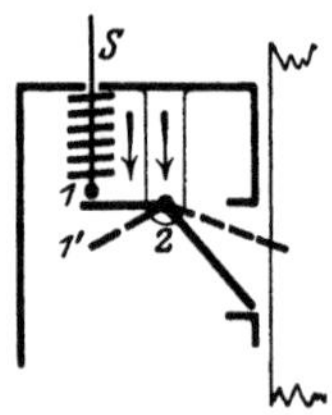

Fig. 130. Trennung der Feder vom Fänger.

Die Fangvorrichtung von Schenk (Burgk i. Sa., 1898) zeigt ebenfalls diese Trennung. Man vergleiche die Beschreibung der Einrichtung in E II und K II sowie die Figuren 111 und 136. Hier ist die Trennung in Rücksicht auf die Seilschwanzgefahr vorgenommen.

Es ist das Verdienst von Undeutsch-Freiberg i. Sa., die schädliche Wirkung des Seilschwanzes zuerst erkannt und nachgewiesen (1888) sowie unermüdlich auf diesen Gefahrpunkt hingewiesen zu haben.

Die Trennung der Getriebe ist auch der Kernpunkt des DRP. 178313 (1905) von Undeutsch. Man vergleiche hierzu die bereits gelieferte Beschreibung des Getriebes von Undeutsch in Abschnitt E III und Fig. 115.

Bei der ersten Messeranordnung ist eine Trennung von Feder und Messer nicht möglich.

In B III ist neben der eben besprochenen Federanordnung 1. Art eine Federanordnung 2. Art erwähnt, die von der Seilspannung völlig unabhängig durch das Gewicht der Fangteile gespannt ist. Bei dieser Anordnung sind jedoch die erwähnten Störungen durch Hängenbleiben des Seilschwanzes nicht völlig ausgeschlossen, wie meist angenommen wird. Bleibt der Seilschwanz hängen und hält den Korb zurück, so gewinnt die Masse G_1 (Fig. 88) wieder ihre Gewichtswirkung und geht gegen den Druck der entspannten Feder nieder und könnte wohl noch wenig eingedrungene Fänger wieder zum Ausgriff aus der Leitung bringen. Daher ist auch hier eine Trennung der Feder vom Fänger vorzunehmen, wie dies in Fig. 88 angedeutet ist.

IV. Ableitung der Fängerbewegung außerhalb der Feder.

Die Anordnung der Feder bzw. des Einrückgetriebes ist in den Fig. 114 und 115 verschieden. In ersterer (Fig. 114) ist das Getriebe auf der Königstange oberhalb der Feder F angeordnet, in letzterer (Fig. 115) unterhalb. Abgesehen davon, daß die Anordnung der Feder im Dache des Korbes räumlich günstiger erscheint, hat die Ableitung der Fängerbewegung unterhalb der Feder den Vorzug, daß bei einem etwaigen Bruche der Königstange und nachherigem des Seiles die Fangvorrichtung zur Wirksamkeit kommen kann, während bei unterhalb angeordneter Feder (Fig. 115) ein Bruch der Königstange zwischen Feder und Getriebe eine Wirkung der Vorrichtung unmöglich macht. Die später zu bringende Ausführung der Undeutschschen Vorrichtung (Fig. 133) zeigt daher auch die Anordnung der Feder nach Fig. 114.

L. Ausführung von Kniehebelfangvorrichtungen.

I. Alte Münzner.

Fig. 131 und 132 zeigen die ältere Münznersche Fangvorrichtung (F. A. Münzner, Obergruna i. S.) (1892). Die Messerfänger R sind um Achsen O eines Querhauptes a drehbar, das an der Königstange Z fest ist und bei Seilbruch durch die sich dehnende Feder e nach abwärts gezogen wird. Dadurch werden die Fänger R, die mit ihren freien Enden auf Ansätzen A des Förderkorbes aufruhen, flachgestreckt und zum Eingriff mit der Leitung gebracht. Der fallende Korb A wirkt vermöge seines Gewichtes durch Vermittelung der Feder e auf die Fängerachsen O ein, die Fänger weiter eintreibend, bis ihre Bewegung durch den Anschlag K des auffahrenden Korbes begrenzt wird. Die Vorrichtung ist eine Übertragung der La Fontaineschen Vorrichtung von Stirnangriff auf Flankenangriff. Die Form der Messer ist in Fig. 109 dargestellt. Über die Eigenart der Messerbefestigung an der Königsstange ist in K. II das Nötige mitgeteilt. Durch Anheben des gefangenen Korbes kommen die Messer wieder zum Ausgriff.

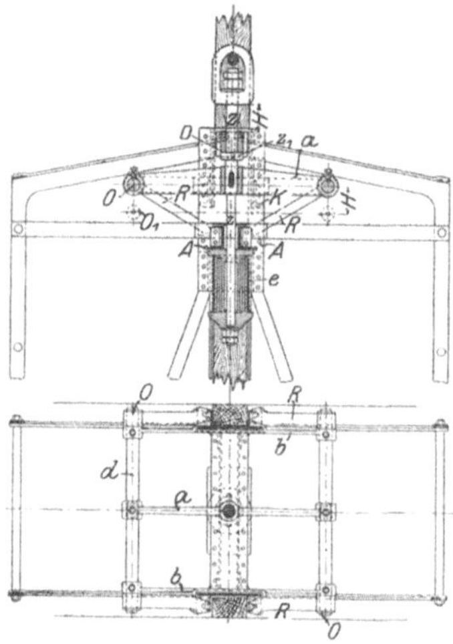

Fig. 131.

Alte Münznersche Fangvorrichtung. (F. A. Münzner, Obergruna i. S.) (Nach Zeitschr. Ver. deutsch. Ing. 1892 [Hahn].)

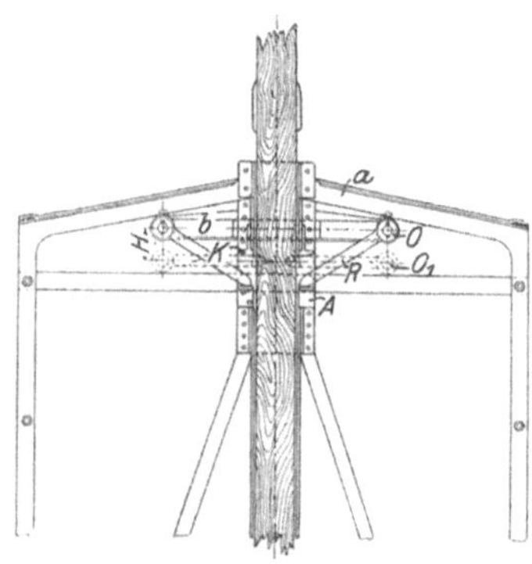

Fig. 132.

Münznersche Fangvorrichtung. Endlage der Fänger punktiert.

Fangversuche (1892 veröffentlicht) ergaben:

Freifallhöhe m	Endgeschwindigkeit m/sec	Bremsweg m	Bremskraft / Last	Gefährliche Fallhöhe h_g in mm
0,5	3,1 Schacht I	0,48	2,53	90
0,5	3,1 „ II	0,23	4,00	246
1,0	4,6 „ I	0,79	2,57	90
1,0	4,6 „ II	0,265	5,77	153

Der in dieser und folgenden Tabellen enthaltene Ausdruck: „Gefährliche Fallhöhe" wird erst später (S III) erörtert werden. Sie ist ein durch einen Apparat festgestelltes Maß der Stoßwirkung und soll auf keinen Fall 300 mm überschreiten.

Die Münznersche Vorrichtung hat eine sehr große Verbreitung gefunden. Sie war neben der Hoppeschen Vorrichtung für eiserne Leitung die erste bremsend wirkende Fangvorrichtung für Holzleitung. Sie erfuhr eine fast durchweg günstige Beurteilung und hat in vielen Fällen erfolgreich gewirkt. Undeutsch verwirft sie wegen der Möglichkeit der Störung der Fangwirkung durch den Seilschwanz vollständig.

II. Undeutsch.

Die Fangvorrichtung von Undeutsch, Freiberg i. Sa. (1905), ist in Fig. 115 bereits schematisch dargestellt. Fig. 133 ist eine Ausführung der Akt.-Ges. Eisenhütte Westfalia, Bochum i. W., die i. J. 1909 den Bau übernommen hat. Die Fänger f sind am Korbe be-

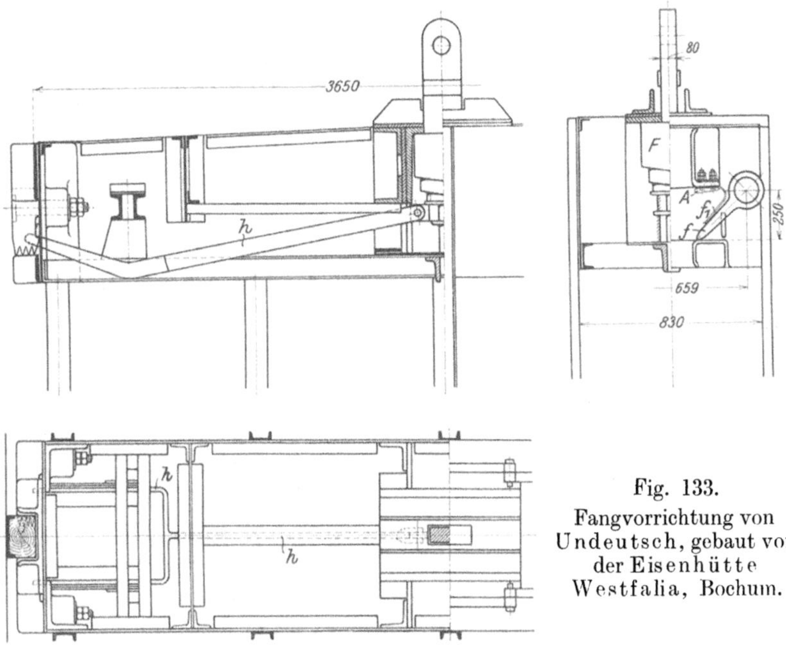

Fig. 133. Fangvorrichtung von Undeutsch, gebaut von der Eisenhütte Westfalia, Bochum.

festigt und werden durch die Feder F in der unter E III beschriebenen Weise bewegt. Die Fänger stehen mit der Feder nicht in fester Verbindung, wodurch während der Eintreibdauer Störungen des Eintreibens durch den Seilschwanz ausgeschlossen erscheinen. Die Eindringtiefe der Fänger ist durch einen Anschlag A am Korbe begrenzt. Dieser Anschlag ist durch Stellschrauben am Korbe verstellbar, indem nach Leitungsabnützung der Körper A durch einen dünneren ersetzt wird, der eine größere Drehung der Messer gestattet. Die Fänger werden durch eine schwache Feder f_1 von der Leitung zurückgehalten.

Im Jahre 1907 wurden durch die Transvaaler Seilfahrtkommission eingehende Versuche mit dieser Vorrichtung angestellt, wobei besonders die Seilschwanzgefahr berücksichtigt wurde. Die Versuche wurden in einem Schachte vorgenommen mit leeren und beladenen Förderwagen, 160 m Seilschwanz und Geschwindigkeiten bis 13 m/sec. Bei allen Versuchen trat die Fallbremse sofort in Wirkung bei Bremswegen bis zu 10 m Länge. Der größte vom Stoßmesser aufgezeichnete Stoß entsprach dem freien Fall eines starren Körpers aus 90 mm Höhe. Das von der Kommission veröffentlichte Urteil lautete: „Die Undeutschsche Bauart war vollkommen erfolgreich. Sie hat den Vorzug, einfach zu sein, selbsttätig zu wirken und mit geringen Kosten herstellbar zu sein.“

Durch Versuche unter Benutzung des Stoßmessers wurde die Form der Messer und ihre nötige Eindringtiefe bestimmt. Jeder

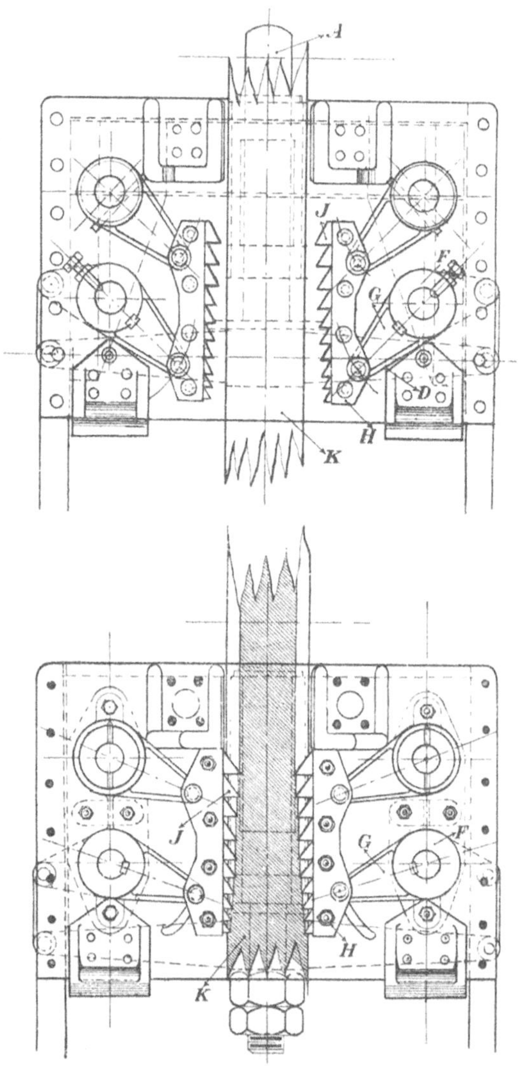

Fig. 134.
Fangvorrichtung der Firma Kania & Kuntze, Zawodzie bei Kattowitz.

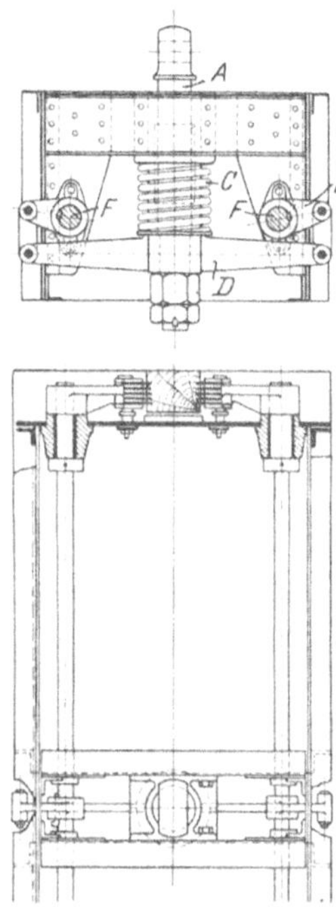

Fig. 135.
Getriebe zur Fangvorrichtung von Kania & Kuntze.

Förderkorb wird vor der Ablieferung durch die bauende Firma in einem Versuchsgerüst Fallversuchen unterworfen (vgl. S IV).

Die Firma macht darauf aufmerksam, daß die Stärke der Leitbäume meist zu schwach sei, um die Messerfänger richtig eingreifen zu lassen und empfiehlt, stärkere Leitbäume einzubauen. Ergebnis eines Versuches (1910):

Freifallhöhe	Endgeschwindigkeit	Bremsweg	Bremskraft/Last	hg
2,6 m	7 m/sec.	2,2 m	2,6	130 mm

Auf einer Schachtanlage in Westfalen gingen (1911) zwei Schalen mit je 8 Wagen, welche teilweise mit schweren Steinen beladen waren, durch Lösung des Seiles aus der Kausche ab. Bei beiden Körben traten die Fangvorrichtungen sofort in Tätigkeit und die Körbe wurden nach einem Bremswege von 7 m gefangen.

III. Kania & Kuntze.

Die Vorrichtung von Kania & Kuntze, (Fig. 134 und 135), Zawodzie bei Kattowitz, verwendet durch Kniehebel angepreßte Sägeblätter. Über die Sägeblätter ist in E II, über das Zwischengetriebe in E III berichtet worden. Die Eindringtiefe der Blätter (25 mm) wird durch Anschlag an den Führungsschuh des Korbes begrenzt. Die Kniehebel sind im Korbe gelagert, so daß durch Trennung der Feder von den Fängern die Störungen durch Seilschwanz ausgeschlossen werden können.

Die Vorrichtung ist vielfach eingebaut, besonders in Oberschlesien, wo nach dem in A II erwähnten Berichten die besten Erfahrungen mit der Vorrichtung gemacht worden sind.

IV. Die Hoppeschen Fangvorrichtungen.

Diese sind in C V u. H II—IV genügend erläutert worden.

M. Ausführungen von Exzenterfangvorrichtungen.

I. Schenk.

Fig. 136 zeigt die Exzenterfangvorrichtung von Schenk (Burgk i. Sa.) (1898), die eine bremsende Wirkung durch Verwendung schneidender Zähne (vgl. E II und Fig. 111), Begrenzung der Eindringtiefe durch den Anschlag a und Ausschaltung der Störungen durch Seilschwanz infolge Trennung der Feder vom Fänger erreicht (vgl. K II).

Die Erfolge dieser und der unter M IV (bzw. H V) erläuterten Exzenterfangvorrichtung von Gräfe zeigen im Vergleich mit der alten White & Grantschen Exzenterfangvorrichtung (Fig. 94), daß auch das Exzenter mit Nutzen zu einer bremsend wirkenden Vorrichtung ausgestaltet werden kann (vgl. G III).

Ergebnisse (1898) waren:

Freifallhöhe	Endgeschwindigkeit	Bremsweg	hg
0,46 m	3 m/sec	0,45 m	60 mm
0,82 m	4 m/sec	0,62 m	50 mm
1,30 m	5 m/sec	1,30 m	46 mm

(vgl. Glückauf 1898, S. 233).

Die Versuche lassen die Vorrichtung recht günstig erscheinen.

Die Versuche wurden mit einer Belastung gleich dem Gewichte der fahrenden Mannschaft vorgenommen. Bei einigen Versuchen stellte sich der Erfinder auf das Gestell, allein oder mit geringer Zusatzbelastung. Dies läßt ein großes Vertrauen desselben zur Vorrichtung erkennen; denn die beim Fangen auftretenden Stöße wachsen bei unveränderter Hemmkraft mit abnehmender Belastung, da die die Verzögerung bewirkende Kraft: Hemmkraft — Last hierbei größer wird. Die gefährliche Fallhöhe war im erwähnten Falle hg = 127 mm.

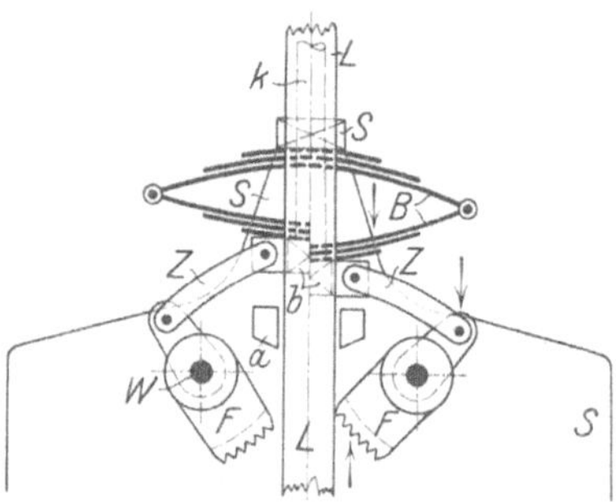

Fig. 136.
Fangvorrichtung von Schenk (Burgk i. S.).
(Nach Glückauf 1898, Tafel 6 [Schenk].)

II. Eigemann, Essen.

Die Eigemannsche Vorrichtung (Fig. 137) der Firma Siegener Eisenbedarf Akt.-Ges. vorm. Karl Weiß-Siegen i. W. (1901) lagert in einem gezahnten Exzenter b eine gezahnte Rolle c. Nach dem Einrücken werden die am Leiterbaume zurückgehaltenen Rollen durch den abwärtsfahrenden, auf ihre Drehachse wirkenden Korb im Sinne der Pfeile gedreht. Hierbei erfahren sie und somit auch der Korb eine Bremsung durch Reibung in ihren mit großem Durchmesser ausgeführten Zapfen, entsprechend dem durch die Kniehebelwirkung erzielten Anpressungsdrucke. Das durch die Reibung und Drehung auf die Exzenter ausgeübte Drehmoment wirkt im Sinne der Pfeile b die Eindringtiefe der Räder vergrößernd und die Exzenter der Leitung nähernd, bis diese selbst in die Leitung einschlagen und nach Art der alten Exzenterfangvorrichtungen plötzlich wirken, wobei ein der noch vorhandenen Korbgeschwindigkeit entsprechender Stoß auftreten wird.

Die Vorrichtung ist in vielen Ausführungen zu finden. Meßergebnisse von Versuchen sind nicht bekannt geworden.

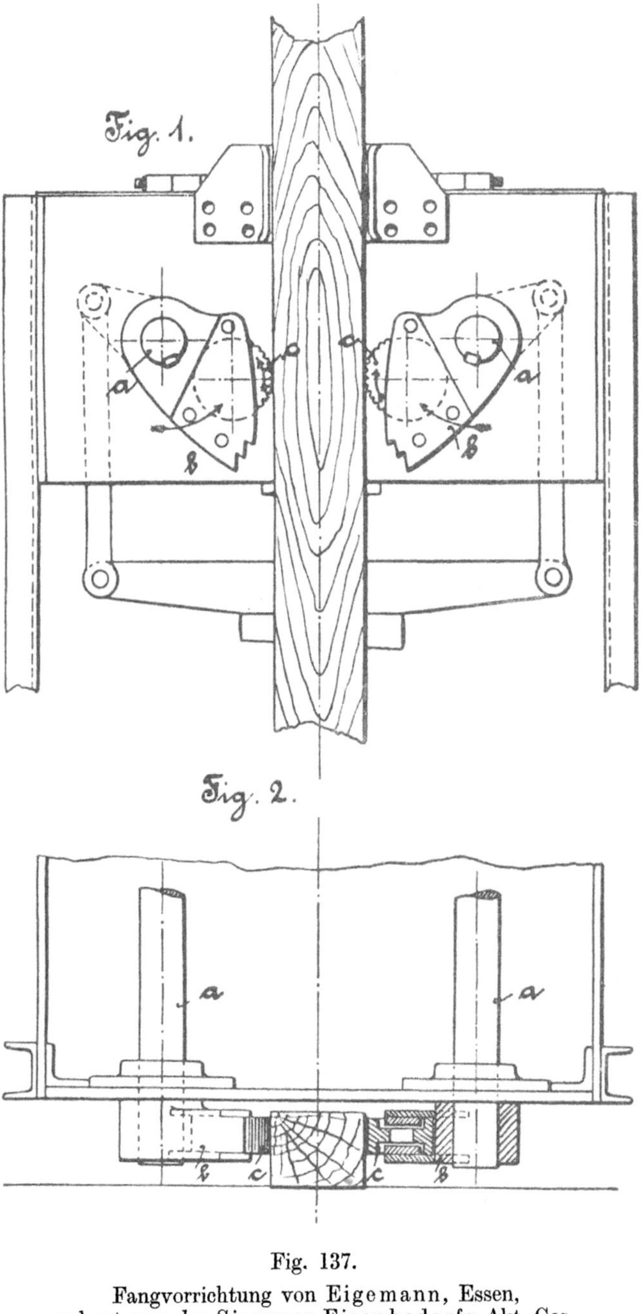

Fig. 137.
Fangvorrichtung von Eigemann, Essen,
gebaut von der Siegener Eisenbedarfs Akt.-Ges.

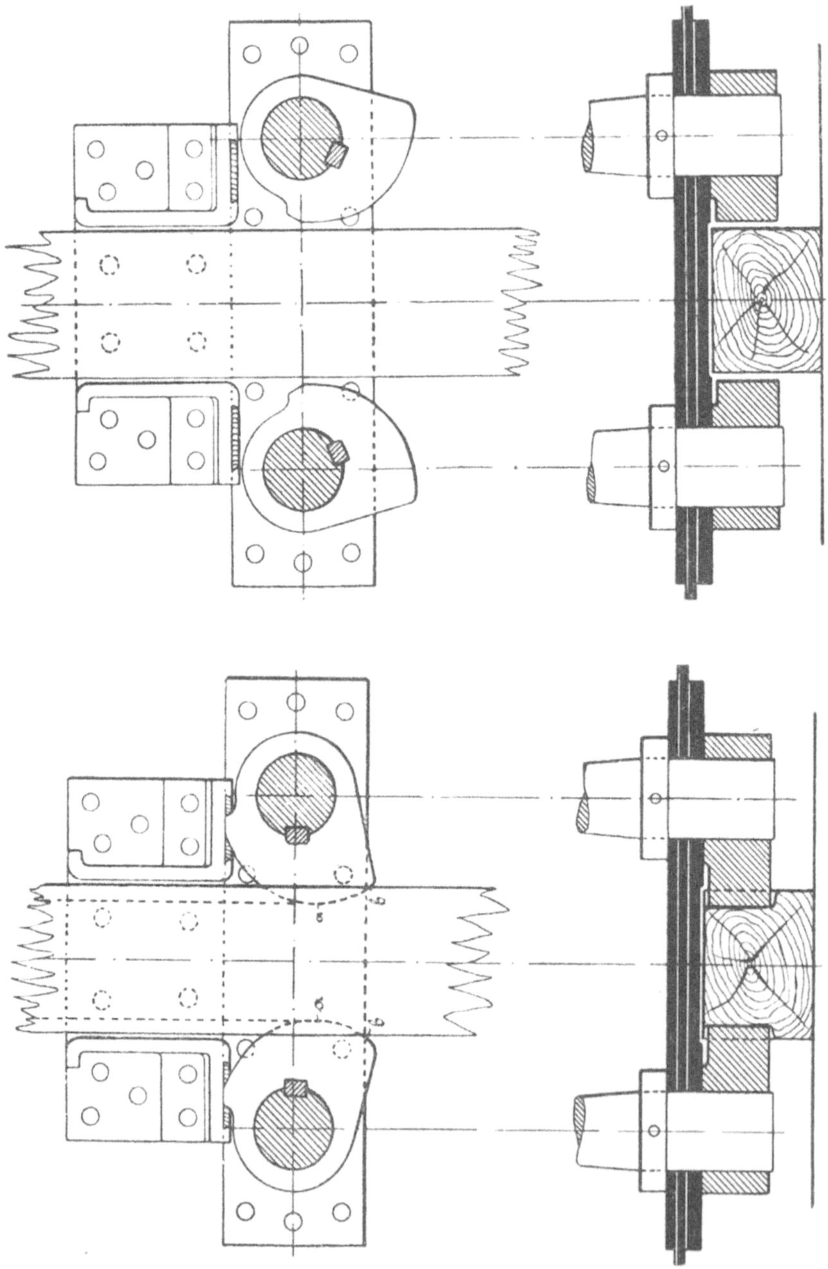

Fig. 138. Fangvorrichtung der Firma A. Beien, Maschinenfabrik, Herne i. W.

Die Eigemannsche Vorrichtung entsteht aus der älteren von Gerlach & Bömcke, Dortmund, wenn der Rollenträger b dieser Vorrichtung noch mit quergeschnittenen Fangzähnen versehen wird. Über die veraltete Vorrichtung von Gerlach & Bömcke kann in dem verbreiteten Handbuche der Bergbaukunde von Köhler und in dem von Heise-Herbst II. Teil nachgelesen werden.

III. A. Beien, Herne.

Eine Vorrichtung von A. Beien, Maschinenfabrik, Herne i. W. (1905) verwendet gedrungene Exzenter (Fig. 138) mit glatten, breiten Bremsflächen zur Ermöglichung einer bremsenden Wirkung und Begrenzung der Exzenterdrehung durch Anschlag am Korbe. Damit beim Auftreffen der Exzenter auf den Anschlag kein Stoß entstehe, ist der Anschlag mit einem Gummibelag versehen. Die Vorrichtung ist sowohl für Holz- wie für Eisenleitung bestimmt. Bei Verwendung von Holzleitung wird die Fangarbeit in Form von Formänderungsarbeit der Leitung geleistet, bei Eisenleitung ist letztere ausgeschlossen und es dürfte ein stoßendes Fangen zu erwarten sein. Die Hubbegrenzung der Exzenter wird bei eisernen Leitungen kaum in Wirksamkeit treten, da die große Exzentrizität der Exzenter bei der Unnachgiebigkeit der Lagerung schon vorher eine Festklemmung der Exzenter herbeiführen wird; daher ist auch eine Einstellung der Bremskraft ausgeschlossen.

Die eine Figur stellt die ausgerückten, die andere die angepreßten Exzenter dar.

IV. Gräfe (Deutsche Maschinenfabrik A.-G., Duisburg).

Diese ist bereits in H V behandelt worden (Fig. 128).

N. Ausführungen von Keilfangvorrichtungen.

I. Libotte.

Zum Vergleich mit der Pinnoschen Keilfangvorrichtung (Fig. 95) sei eine ältere Ausführung (1852) von Libotte erwähnt. Der Keil ist an der Berührungsfläche mit der Leitung gezahnt, zur Erzielung einer sicheren Haftung nach Eingriff (F IV). Die im übrigen einfache Anordnung mit plötzlicher Wirkung zeigt Fig. 139.

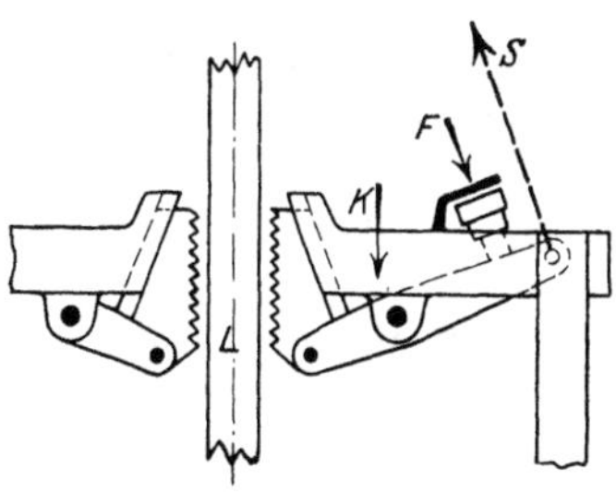

Fig. 139.
Fangvorrichtung von Libotte.
(Nach Preuß. Zeitschr. 1880. [Selbach].)

II. Hohmann.

Fig. 140 zeigt eine andere ältere Ausführung von Hohmann. Gezahnte Rollen h_1 und h_2 sind in schräg nach der Leitung steigenden Schlitzen i_1 und i_2 am Korbe gelagert. Nach Berührung mit der Leitung drehen sich die Rollen, die linke links-, die rechte rechtssinnig. Das Korbgewicht wirkt durch die schiefe

Ebene der Schlitze auf die Achsen der Rollen ein, die, da sie an der Berührungsstelle mit der Leitung eine Hemmung erfahren, eine Bewegung gegen den Korb machen, als würden sie in den Schlitzen aufwärts geführt. Sie erleiden dadurch die angestrebte Anpressung an die Leitung. Mit wachsender Anpressung wächst die Reibung der Rollenachsen in den Schlitzen, wodurch eine wachsende Bremsung der Korbbewegung erzielt wird. Die Eindringtiefe wird durch die Länge der Schlitze begrenzt. Vgl. hierzu N III.

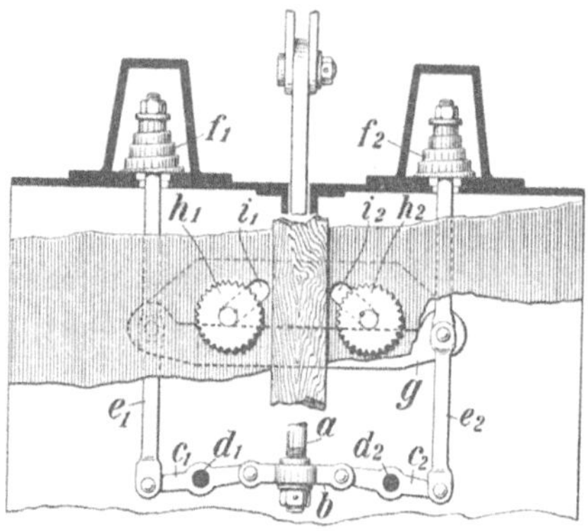

Fig. 140.
Fangvorrichtung von Hohmann.
(Nach Heise-Herbst, Bergbaukunde, II, 1. Aufl., S. 462.)

III. Tigler, Duisburg.

Eine neuere Gestaltung des Hohmannschen Gedankens erkennen wir in der Vorrichtung von Maschf. Tigler, Duisburg, Fig. 141. Die Zahnrolle ist in einem schwach steigenden Schlitz geführt und greift am äußeren Umfange in eine am Korb feste, zum Schlitze parallele Zahnstange ein. Nach Eingriff am Leitbaume erfährt die Rolle hier eine Hemmung der durch den Zahneingriff des fallenden Korbes erzwungenen Drehung der Rolle. Sie läuft daher an der Zahnstange aufwärts und wird in die Leitung eingepreßt.

Die Wirkung der Anpressung ist genau die gleiche wie bei Hohmann.

Es liegt diesen Vorrichtungen der Gedanke zugrunde, die Energie des Korbes während der Eindringdauer durch die Reibung über den Weg der Schlitzlänge aufzuzehren. Gelangt bei Hohmann die Rolle in ihre Endstellung, während sich der Korb noch bewegt, so werden die Rollen sich weiter drehen und durch ihre Zapfenreibung, im Falle sie ausreichend ist, den Korb allmählich zum Stillstand bringen. Bei Tigler verhindert der Zahneingriff der Zahnstange ein Weiterdrehen der Rolle, so daß infolge der quergezahnten Rollen ein plötzliches Aufhalten der Restbewegung erfolgt. Die Vorrichtung von Gerlach & Bömcke ist eine bauliche Abänderung der Hohmannschen, die von Tigler eine solche der Eigemannschen Vorrichtung. Die beiden letzteren suchen eine gewisse Unsicherheit, die den ersteren anhaftet, durch schließlichen Eingriff einer plötzlich wirkenden Vorrichtung zu beseitigen.

IV. Neue Münzner.

Hierüber vergleiche man Q H III u. Fig. 147.

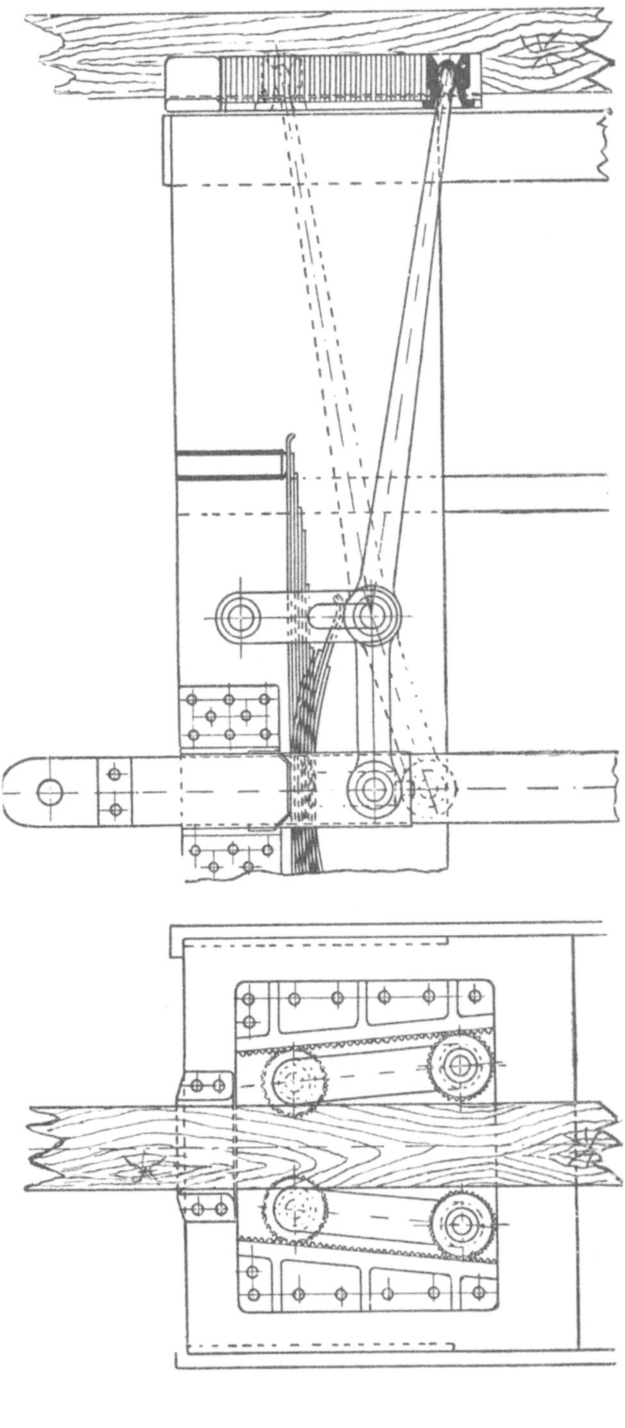

Fig. 141. Fangvorrichtung der Firma Tigler, Duisburg.

O. Ausführungen für eiserne Leitungen.

I. Zweiseitige Führung.

Für eiserne Leitungen können alle mit glatten Bremsbacken arbeitenden Vorrichtungen Verwendung finden. Es sei an die Ausführungen von Pinno (C IV), von Hoppe I (C V), Hoppe II (H III), Hoppe III (H IV), v. Gräfe (H V) erinnert, sowie auf die später zu schildernde neue Münzner (Q III) verwiesen.

An Stelle der glatten Bremsbacken wollen Einige Backen mit feiner Längsriefelung verwenden, so Kania & Kuntze an einer Keilfangvorrichtung, wobei diese Längsschneiden ähnlich gestaltet sind wie die Sägeblätter der Firma, also mit schräger Stellung gegen die Leitung, so daß erst die oberen Teile der Messer zum Eingriff kommen und beim weiteren Vordringen auch die unteren.

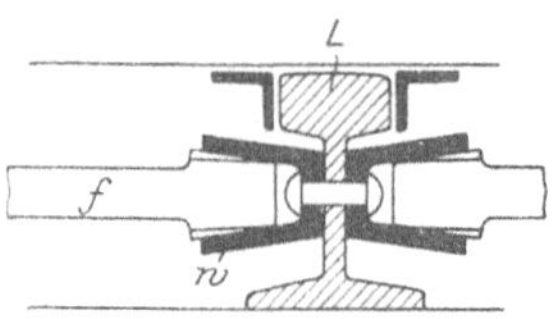

Fig. 142.
Fänger von Undeutsch für eiserne Leitung. (Nach Glückauf 1907, S. 1100 [Undeutsch].)

Die Schwierigkeiten, bei der geringen Zusammendrückbarkeit eiserner Leitungen eine genaue Bremseinstellung zu erreichen und ihre Überwindung durch die Hoppeschen Bauarten, sind bereits eingehend geschildert (vgl. H IV). Die gleichen Schwierigkeiten sind bei schneidenden Vorrichtungen zu erwarten, da auch hier ein nur ganz geringer Eingriff erfolgen kann, also Leitungsabnützung und Fehler der Einstellung unverhältnismäßige Veränderungen hervorbringen. Alle Besonderheit der Formung der Fänger kann hier nichts nützen, sondern nur die Verwendung oder der Weiterbau der Hoppeschen Gedanken.

Fig. 123 zeigte eine Fangvorrichtung von Undeutsch für eiserne Leitung. Das Messer f ist mit feinen Längsschneiden versehen. Bei der Empfindlichkeit der Getriebe gegen Leitungsabnützung wird die gezeigte Nachstellbarkeit der Fängerbegrenzung wenig nützen.

In Fig. 142 ist eine andere Vorrichtung von Undeutsch dargestellt. Die Fänger f werden wie bei den übrigen Undeutschschen Bauarten bei Seilbruch in zur Bildebene senkrechter Richtung angehoben. Sie sind auch in dieser Richtung keilförmig gestaltet. An die Leitung L sind U-förmige Walzeisen angenietet, in deren keilförmige Nute der keilförmige Fänger eindringt. Die Hemmarbeit soll dabei als Reibungs- und Formänderungsarbeit geleistet werden. Nach Durchgang der Messer nehmen die Walznuten wieder ihre ursprüngliche Form an. Das Anbringen besonderer Fangnuten an der Führung ist umständlich und bei etwaiger Auswechslung lästig, da diese Sonderformeisen im allgemeinen Handel nicht zu haben sein werden. Eine Einstellung der Bremswirkung die von den elastischen Eigenschaften der Walznut abhängt, dürfte kaum möglich sein. Abnützungen wirken wie bei allen eisernen Leitungen sehr nachteilig.

II. Einseitige Führung. Hypersiel und Lessing.

Die in Fig. 143 dargestellte Vorrichtung von Hypersiel ist für einseitige eiserne Führung, Briartleitung genannt, bestimmt. Die Fangklauen sind in E II Fig. 112 schon beschrieben. Fig. 143 zeigt die Anordnung im Korbe. Durch eine Spiralfeder wird die Klauenwelle bis zum Klaueneingriff gedreht. Die Zähne schneiden sich im Eisen fest. Die Vorrichtung ist in Belgien und Frankreich verbreitet.

Auf einer oberschlesischen Grube sind eingehende Versuche mit der Lessingschen Fangvorrichtung (Fig. 144) bei einseitiger Korbführung gemacht worden. Die Lessingsche Vorrichtung entsteht aus der alten Hoppeschen, wenn deren elastische Lagerung der Kniehebel durch

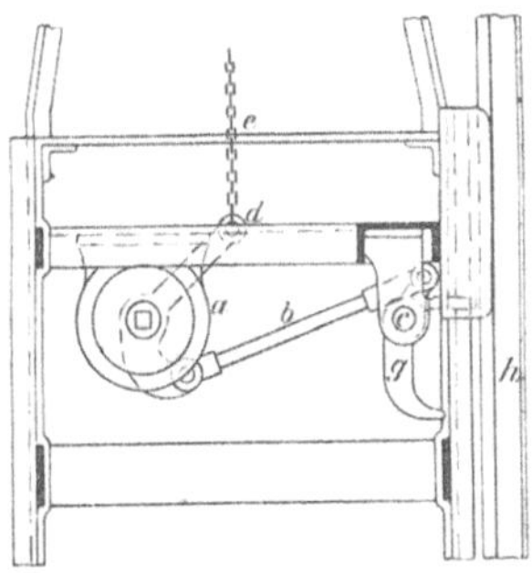

Fig. 143.
Fangvorrichtung von Hypersiel.
(Nach Westfälisches Sammelwerk, V, S. 343.)

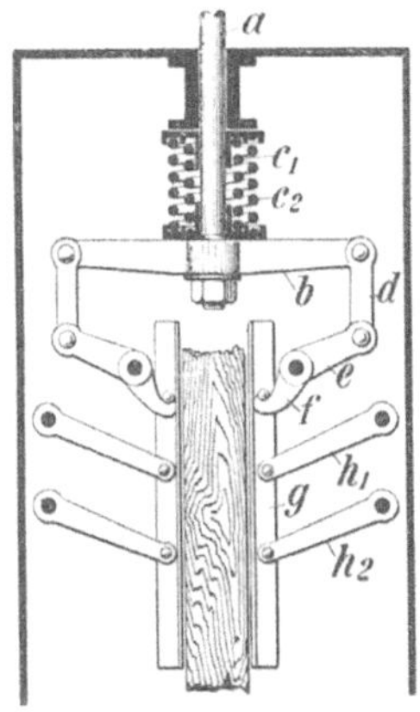

Fig. 144.
Fangvorrichtung von Lessing. (Nach Heise-Herbst, II, 1. Aufl., S. 463.)

eine starre ersetzt wird. Die Bremsbacken sind glatt. Es ist von ihr keine bremsende Wirkung zu erwarten. Die Versuche ergaben bei 4 m Korbgeschwindigkeit sehr kleine Korbwege von 30—50 mm, so daß ein mehr stoßweises Fangen vorlag. Dabei zeigte sich, daß der Korb sich auf der nicht geführten Seite gesenkt und verbogen hatte. Die Lessingsche Vorrichtung ist übrigens keine Sonderform für einseitige Führung wie die von Hypersiel. Die Fig. 144 zeigt Holzleitung. Die erwähnten Versuche beziehen sich auf einseitige eiserne Führung.

Über Erfahrungen mit der Vorrichtung von Hypersiel ist in der deutschen Literatur nichts genaueres bekannt geworden; es wird nur ihre „vorzügliche" Fangkraft gelobt. Nach den Erfahrungen mit der Lessingschen Fangvorrichtung müssen wir schätzen, daß die Hypersielsche Fangvorrichtung sehr plötzlich wirkt.

Die Aussichten auf eine bremsend wirkende, die Leitung und den Korb beim Fangvorgang nicht beschädigende Fangvorrichtung für einseitige Korbführung sind äußerst gering.

P. Ausführungen für Seilleitungen.

I. Solfrian.

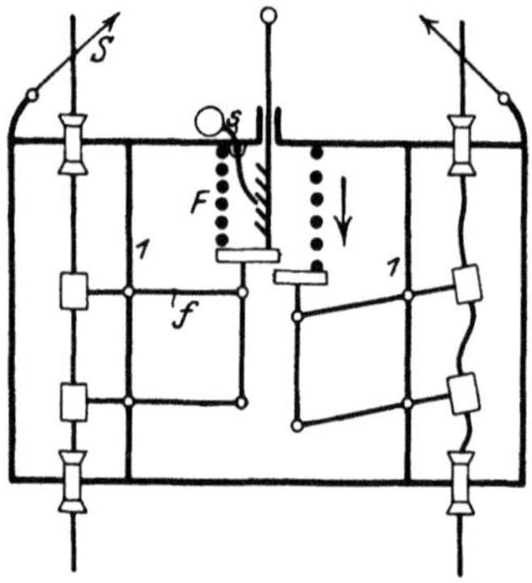

Fig. 145.
Fangvorrichtung von Solfrian für Seilleitung. (Nach Preuß. Zeitschr. 1880 [Selbach].)

Seilleitungen erfordern besondere Vorrichtungen. Fig. 145 zeigt eine ältere Anordnung von Solfrian. Von der sich dehnenden Feder werden Hebel f, die bei 1 im Korbe gelagert sind, gedreht. Ihre durchbohrten Enden führen sich am Seile S und knicken bei der Drehung das Seil aus, wie auf der rechten Seite der Figur dargestellt ist. Dadurch entsteht ein Bremswiderstand, der aber in seiner Wirkung durchaus unübersichtlich ist. Versuche in Oberschlesien haben ergeben, daß schwere Schalen nicht gefangen werden konnten, so daß die Vorrichtungen wieder entfernt werden mußten.

II. Unfälle bei Vorrichtungen für Seilleitungen.

Seilleitungen finden im Mansfelder Bergbau in einigermaßen ausgedehntem Umfange Verwendung. Seit 1886 wurde die Seilfahrtsgenehmigung von dem Vorhandensein einer Fangvorrichtung abhängig gemacht. Es kamen hierauf nach vorgenommenen Versuchen Keilfangvorrichtungen zur Anwendung nach der Grundanordnung von Pinno (vgl. Zeitschr. für Berg-, Hütten- u. Salinenwesen i. preuß. St. 1908, Tafel a). Diese Vorrichtungen ergaben ein häufiges Wirken zur Unzeit. Eine Untersuchung zweier Fälle konnte die Ursache dieser Erscheinung nicht ergründen. Man vermutete, daß die Spannung der Feder mit 0,7 des leeren Korbgewichtes zu groß sei, gegenüber den Geschwindigkeitsschwankungen des Betriebes. Diese Spannung hat sich aber in anderen Betrieben bewährt. Es dürfte das unzeitige Eingreifen vielleicht auf zu kleine Spielräume, zwischen Fänger und Leitung zurückzuführen sein. Im Jahre 1907 führte ein unzeitiger Eingriff der Fangvorrichtung zu einem schweren Unglücksfall (4 Tote, 8 schwere Stauchungen). Der Hergang war: Die Fangvorrichtung griff, vermutlich durch Schwankungen der Geschwindigkeit verursacht, ein. Die Fänger der 4 Führungsseile griffen aber nicht gleichzeitig ein, so daß der plötzlich gefangene Korb sich schräg stellte. Dabei sprangen die Türen auf und 4 Mann stürzten in die Tiefe. Bei festen Leitungen würde solches gefährliches Schrägstellen des Korbes auch bei zunächst einseitigem Angriffe nicht eintreten. Man vergleiche den eingehenden amtlichen Bericht in Preuß. Zeitschr. 1908, S. 1 u. f. Der Berichterstatter kommt zu dem Ergebnis, daß für Seilleitungen Fangvorrichtungen nicht gefordert, sondern verboten werden sollen.

Q. Nachgiebige Verbindung des Korbes mit einer plötzlich wirkenden Fangvorrichtung.

I. Zwischenschaltung elastischer Körper.

Die vorhergehenden Betrachtungen (G I—III u. H I—IV) zeigten die Wege, mit einiger Sicherheit einstellbare und durch Leitungsabnutzung wenig störbare Bremswirkungen zu erzielen. Auf ganz anderem Wege zum gleichen Ziele begegnen sich alte und neue Gedanken.

v. Sparre schlug (1872) vor, (Fig. 146) den Förderkorb K durch eine elastische Verbindung mit einer plötzlich wirkenden Fangvorrichtung F zu verbinden, die bei Seilbruch rasch und sicher eingreift, während der Korb noch niedersinkend durch den elastischen Widerstand sich allmählich stoßfrei auf den festgehaltenen Teil aufsetzt. Als plötzlich wirkende Vorrichtung wurde die Lohmannsche Anordnung vorgeschlagen, als elastischer Widerstand ein mit zusammenpreßbaren Stoffen gefüllter Zylinder. Der Zylinder ist mit der Fangvorrichtung F fest verbunden, der Kolben mit Seil und Förderkorb. Bei Seilbruch wird F plötzlich gefangen, der Korb zieht den Kolben nieder und verdichtet die Luft und die zusammendrückbaren Stoffe. Die Vorrichtung scheint keine Ausführung erfahren zu haben.

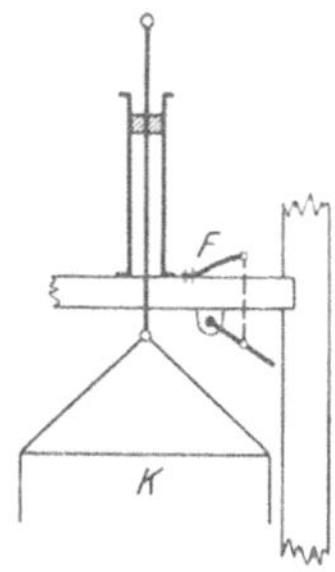

Fig. 146. Fangvorrichtung von v. Sparre.

II. Reibungsbremsung durch von der Korbbewegung erzeugten Wasserdruck.

Eine ähnliche Grundanordnung wählt Henry (1901), nur hält er den Kolben fest und bewegt den Zylinder mit dem Korbe abwärts. Der Zylinder ist mit Wasser gefüllt, dessen Wasserinhalt beim Fallen des Korbes durch Löcher im Kolben von der einen nach der anderen Kolbenseite treten muß. Hierbei zeigt sich eine entsprechende Wasserpressung auf der Seite des verdrängten Wassers. Dieser Wasserdruck wird nach kleinen, doppelseitig angeordneten am Korbe festen Bremszylindern geleitet, deren Kolben eiserne Bremsbacken an die eisernen Leitungen anpressen. Hierdurch soll die Energie des Korbes stoßfrei abgebremst werden. Da nun der Verdrängungswiderstand des Wassers im Zylinder und somit der Bremsdruck bei rasch abfahrendem Korbe zunächst sehr groß sein und somit zu stoßendem Bremsen führen würde, während nach erfolgter Geschwindigkeitsverminderung diese Kräfte klein werden und den Korb nicht halten könnten, ist eine Veränderlichkeit der Wasserüberströmquerschnitte im Kolben angeordnet, so daß anfangs große, später kleine Überströmquerschnitte vorhanden sind. Hierdurch soll ein gleichmäßiger Bremsdruck während des ganzen Niedergehens des Korbes erreicht werden. Das Nähere über die umständliche, teuere und schwere Vorrichtung ist zu finden: Glückauf 1901, S. 663, 685.

III. Zahnfänger mit Reibungsbremsung. (Neue Münzner).

Fig. 147 zeigt eine neuere Vorrichtung (1905) von F. A. Münzner, Obergruna i. S., die eine Verbindung von einer plötzlich wirkenden Zahnfängervorrichtung mit einer Keilvorrichtung ist. Die schraffierten Teile, die die Drehpunkte 1,2 der Kniehebel f tragen, gehen bei Seilbruch gegen den Korb nieder, wodurch die auf am Korbe festen Stützen 5 ruhenden Kniehebel 1,3 und 2,4 flach gestreckt und die Körper 6,7 der Leitung genähert werden. Der Körper 7 ist an der Berührungsfläche mit der Leitung quer gezahnt, so daß er sicher an der Leitung L gehalten wird. Im Augenblicke der Berührung mit der Leitung bleiben die Körper 7,6, 31,42 still stehen. Die mit dem Korbe festen Stützen 5 und 8 gehen mit diesem nieder. Der niedergehende Korb drückt durch die Feder F auf den schraffierten Rahmen und die Fängerachsen, einen starken Anpressungsdruck erzeugend, bis nach entsprechender Zusammendrückung der Feder der Anschlag 8 des Korbes auf den bis dahin ruhenden Kniehebel 1,3 auffährt. Die Körper 6 und 7 sind in einer Keilfläche gegeneinander verschiebbar. Das Korbgewicht wirkt nach dem Auffahren durch 8 und 1 auf den Kniehebel und sucht den Keil 6 gegen den an der Leitung festen Keil 7 zu verschieben. Bei einer Abwärtsbewegung des Keiles 6 müssen die mit ihm verbundenen Teile eine seitliche Verschiebung erleiden, die aber bei der beschriebenen Bauart gar nicht möglich ist. Das beabsichtigte bremsende Abwärtsfahren auf merklichem Wege ist also nicht gegeben. Um den Stoß des auffahrenden Korbes zu mildern, wird zwischen die Keile 6 und 7 eine Gummiplatte von 20 mm Dicke eingelegt. Deren elastische Zusammendrückung erlaubt einen kurzen Bremsweg der Keile aufeinander. Der erste Teil der Bewegung erreichte eine Anpressung der Fänger durch Kniehebelstreckung, der zweite Teil (nach dem Auffahren von 8 auf 13) erreicht im wesentlichen eine weitere Anpressung der Fänger durch die gegenseitige Bewegung der Keile, wobei die Zusammendrückung der Gummiplatte eine ähnliche Rolle spielt, wie die federnde Lagerung der Fängerachsen bei Hoppe (H IV) und Gräfe (H V). Nur fehlt hier die notwendige Hub- und Spannungsbegrenzung.

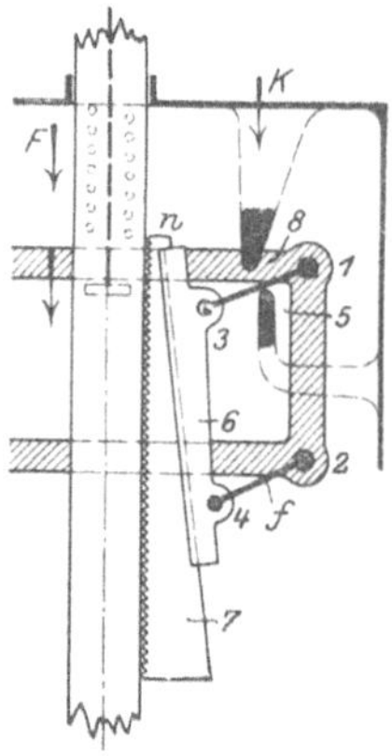

Fig. 147.
Neue Münznersche Fangvorrichtung (F. A. Münzner, Obergruna i. S.)

Die beabsichtigte Hintereinanderschaltung einer plötzlich und einer bremsend wirkenden Vorrichtung weist auf den Sparreschen Grundgedanken zurück, die Verwendung des elastischen Gliedes verbindet beide mit den Hoppeschen Bestrebungen.

Der Gräfeschen Vorrichtung (H V) ist es gelungen, alle diese Bestrebungen zu einem schönen Erfolge zu vereinigen.

Mit der Münznerschen Vorrichtung sind Fangversuche auf einer Waldenburger Grube mit folgenden Ergebnissen gemacht worden.

Freie Fallhöhe	Endgeschwindigkeit	Bremsweg	$\frac{\text{Bremskraft}}{\text{Last}}$	h_g
0,50 m	3,1 m/sec.	0,135 m	7,0	200 mm
0,81 „	4,0 „	0,25 „	5,5	222 „

Man vergleiche hiermit die Ergebnisse mit der Hoppeschen Fangvorrichtung (H IV).

Auf Grund dieser Ergebnisse wurde die Seilfahrtsgenehmigung erteilt.

Die Vorrichtungen dieser Gruppe beruhen auf dem Gedanken, daß die zur Erreichung eines geringen Fangstoßes auf geringe Bremswirkung eingeregelten Vorrichtungen leicht Störungen ausgesetzt sind, die die Fangsicherheit beeinträchtigen, während die stoßend wirkenden Vorrichtungen mit ihrer überschüssigen Fangkraft einen sicheren Eingriff erwarten lassen; daher die Verbindung einer plötzlich wirkenden Vorrichtung und davon getrennter Abbremsung der Korbenergie.

R. Ausführungen von Sonderbauarten.

I. v. Sparre und Henry.

Diese Vorrichtungen, die eine Verbindung einer plötzlich mit einer bremsend wirkenden Vorrichtung darstellen, sind in Q I und II bereits beschrieben. Ein Vergleich mit der im folgenden Abschnitte erwähnten Einrichtung zeigt, daß letztere auch Berührungspunkte mit diesen Vorrichtungen hat.

II. Einwirkung auf ein gebremstes Fangseil.

Im Anschluß an die bereits erwähnten verbreiteteren Ausführungen seien einige Sonderausführungen mit besonderem Fangseile erwähnt.

Die Vorrichtungen von Cousin (1879) und Trüpel (1889) lassen plötzlich wirkende Federfangvorrichtungen auf ein besonders Fangseil einwirken. Zur Vermeidung des Stoßes ist dieses Fangseil aber nicht fest verlagert, sondern geht als endloses Seil über Seilscheiben und wird durch Gewichte in Spannung gehalten. Die Seilscheiben dieser Fangseile sind durch Bremsen belastet. Erfaßt bei Seilbruch die Fangvorrichtung das Fangseil, so sucht dieses die gebremsten Seilscheiben zu drehen. Die Korbenergie wird dadurch abgebremst.

III. Fangseil ohne besondere Fangvorrichtung. (Koepe).

Eine Fangvorrichtung, die ganz aus dem Bereich aller übrigen herausfällt, ist die von Koepe für Förderungen mit Koepescheibe angewandte, Fig. 148 (vor 1880).

Die Körbe sind durch ein Fangseil F, das über eine Scheibe S geht, miteinander verbunden; dasselbe ist so stark wie das Oberseil O. Bricht das Oberseil, so drücken die Gewichte der Körbe und des Unterseiles, die bisher von den Leitscheiben L aufgenommen wurden, die Scheibe S nach unten. Da dieselbe elastisch auf Federn E gelagert ist, folgt sie dem Drucke und setzt sich auf eine unter ihr angeordnete Bremsbacke B auf. Die bewegten Körbe drehen durch das Fangseil die Scheibe S entgegen der Reibung durch die Backe B, wodurch die Energie der Körbe stoßfrei aufgezehrt wird.

Auch hier wird der Lauf des Fangseiles Umständlichkeiten bereiten. Das Unterseil muß doppelt so stark wie gewöhnlich genommen werden, da es noch das Gewicht des Fangseiles auszugleichen hat. — Die Vorrichtung war auf einigen Zechen in Westfalen ausgeführt.

Bei Koepeföderungen ist das endlose Förderseil nur durch Reibung mit einer Treibscheibe verbunden. Bricht ein Seil, so verlieren beide Körbe den Halt und suchen in den Schacht zu stürzen. Der Korb des gebrochenen Seilstranges wird sich bezüglich der Möglichkeit des Fangens wie jeder andere Korb verhalten, während der Nachbarkorb sich unter ungünstigeren Verhältnissen befindet, da er auf alle Fälle einen langen Seilschwanz nachzuziehen hat, welcher wie geschildert starke Störungen der Fangwirkung herbeiführen kann. Das von der Feder des Nachbarkorbes zu ziehende Seil geht über die Seilscheibe nach der Treibscheibe und unter Umständen über die zweite Seilscheibe wieder zum Schachte zurück. Es ist hierbei kaum darauf zu rechnen, daß die Feder einer gewöhnlichen Fangvorrichtung imstande ist, entgegen diesen Hindernissen die Fänger mit der Leitung genügend in Eingriff zu bringen. Der fallende Korb zieht durch die Feder das Seil nach, so daß diese Feder nicht genügend entspannt wird, um die Fänger bewegen zu können. Aus diesen Erwägungen heraus erscheint das Bestreben Koepes, von allen üblichen Fangvorrichtungen abzusehen, erklärlich.

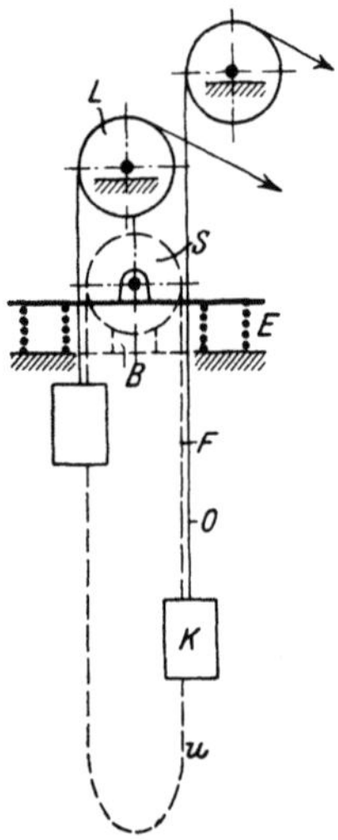

Fig. 148.
Fangvorrichtung von Koepe. Ohne Fänger. Mit gebremstem Hilfsseil.

S. Fangversuche und Messungen.

I. Notwendigkeit unmittelbar messender Versuche.

Durch die in E II beschriebene hydraulische Presse läßt sich der Eindringwiderstand bestimmter Fänger bei bestimmter Leitung, desgleichen der Fortschneidewiderstand S nach Erreichung einer begrenzten Eindringtiefe feststellen. Wird nun solcher Fänger für eine bestimmte Korbbelastung K verwandt, so ließe sich schon aus dem Verhältnis der Last K zu R = S — K, also zu der die lebendige Korbenergie aufzehrenden Kraft, ein Schluß auf die zu erwartende Stoßwirkung ziehen und nach praktischen Erfahrungen festsetzen, welches Verhältnis K : R ein genügend sanftes Fangen verbürgt.

Mehr aber als bei allen anderen Erscheinungen bedarf es hier einer Nachprüfung durch den Versuch. Man läßt den Korb in einem Versuchsgerüst um eine genügende Höhe h frei fallen, ehe die bis dahin gesperrte Fangvorrichtung der Wirkung der Feder überlassen wird. Der eintretende Bremsweg s kann an der Leitung nachgemessen werden. Die im Korbe während des Freifallens aufgespeicherte Energie K · h ist dann gleich der Bremsarbeit R · s. Daraus ergibt sich

$R = \frac{K \cdot h}{s}$ und es läßt sich das Verhältnis K : R danach bestimmen

$$K : R = h : s$$

und hiernach auf den aufgetretenen Stoß schließen unter der stillschweigenden Voraussetzung, daß die Bremskraft während des ganzen Fangvorganges gleichbleibend gewesen sei. Dies ist aber keineswegs der Fall, da der Widerstand des Leitungsholzes nicht an allen Stellen gleich ist; z. B. ist der Widerstand an knorrigen Stellen wesentlich größer, der beim Auftreffen auf solche erscheinende Stoß daher größer als der mittlere aus dem gemessenen Bremswege berechnete. Auch an die veränderliche Eindringtiefe bei abgenutzter Leitung ist zu denken. Dann ist zu beachten, daß der Fangvorgang sich aus zwei deutlich getrennten Vorgängen zusammensetzt aus

1. dem Eintreiben der Fänger bis zur begrenzten Tiefe und aus

2. dem Abwärtsschneiden im Leitbaume, nachdem sich der Korb mit dem die Eindringtiefe begrenzenden Anschlage auf die Fänger gesetzt hat. Während der ersten Zeit fällt der Korb unter der Gegenwirkung des Eindringwiderstandes um ein bestimmtes Stück, und es wäre denkbar, daß der während dieser Zeit auftretende Stoß größer ist, als der während des Abwärtsschneidens. Der Fall des Korbes während der ersten Zeit kennzeichnet sich nicht am Leitbaume als Bremsweg, während hierbei doch bereits eine gegebenenfalls starke Hemmung eintritt. Dann entsteht offenbar nach Beendigung des ersten Abschnittes beim Auftreffen des Korbes auf die Fänger ein größerer Stoß als nachher während des folgenden Abwärtsschneidens, wegen des plötzlichen Überganges von der Eindringarbeit zur eigentlichen Schneidearbeit, die während der ersten Zeit nicht genügend durch Formänderung am Leitbaume vorbereitet wird. Diese Erscheinung wird besonders bei Messern mit breitem Rücken auftreten.

Wir schließen demnach: der gemessene Bremsweg s, bzw. sein Verhältnis zur Freifallhöhe h, oder das Verhältnis K : R gibt nur einen *ungefähren* Anhalt zur Beurteilung des aufgetretenen Stoßes. Der größte während des Fangvorganges vorhanden gewesene Stoß muß durch unmittelbare Messung bestimmt werden. Hierzu dient ein von Geh. Bergrat Prof. *Undeutsch*-Freiberg erfundener, Energie-Indikator genannter, Apparat (1887) DRP. 180 803; gebaut von Mechaniker *Paul Kühne*, Chemnitz.

II. Stoßmesser (Indikator) von Undeutsch.

Fig. 149 zeigt das Schema des Apparates. Die Feder F ist durch ein Gewicht G belastet. Läßt man die Vorrichtung aus einer Höhe h_g in ein kurzes, als genügend unelastisch zu betrachtendes Seil fallen, so dehnt bei dem nach dem Falle auftretenden Stoß das Gewicht G die Feder F um ein durch Messung festzustellendes Stück aus. Jeder Fallhöhe h_g entspricht bei gegebenem Gewicht und gegebener Feder ein bestimmter Ausschlag λ, so daß, wenn der Apparat mit dem Förderkorb verbunden wird, aus der während der Fangdauer aufgezeichneten größten Verlängerung λ geschlossen werden kann, daß der größte vorhanden gewesene Stoß gleich sei dem durch einen freien Fall des Korbes aus der entsprechenden Höhe h_g auf nahezu unelastische Unterlage erzeugten.

Man erkennt hieraus, daß der hierdurch möglichen Begriffsbestimmung eine arge Unbestimmtheit anhaftet.

Der Begriff einer bestimmten Stoßstärke ist untrennbar von den elastischen Verhältnissen der Unterlage. Ein Fall aus kleinster Höhe eines unelastischen Körpers auf eine unelastische Unterlage würde einen unendlich großen Stoß, eine Zersplitterung von Körper und Unterlage hervorrufen. Die Aufstellung einer Einheit der Stoßstärke ist praktisch unmöglich, daher kann auch von einer eigentlichen Stoßmessung durch den Indikator nicht gesprochen werden. Ist der Indikator auf dem untersten Boden eines Förderkorbes aufgestellt, so mißt er keineswegs den Stoß, den die Fänger erleiden, sondern einen durch die elastischen Eigenschaften des Korbes gemilderten. Es wäre denkbar, daß die auf den oberen Böden Stehenden bei demselben Fangvorgang einen stärkeren Stoß erlitten als die auf dem unteren Boden.

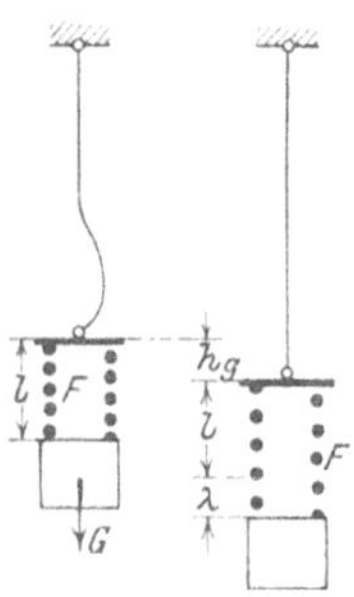

Fig. 149.
Schema der Stoßmessung von Undeutsch.

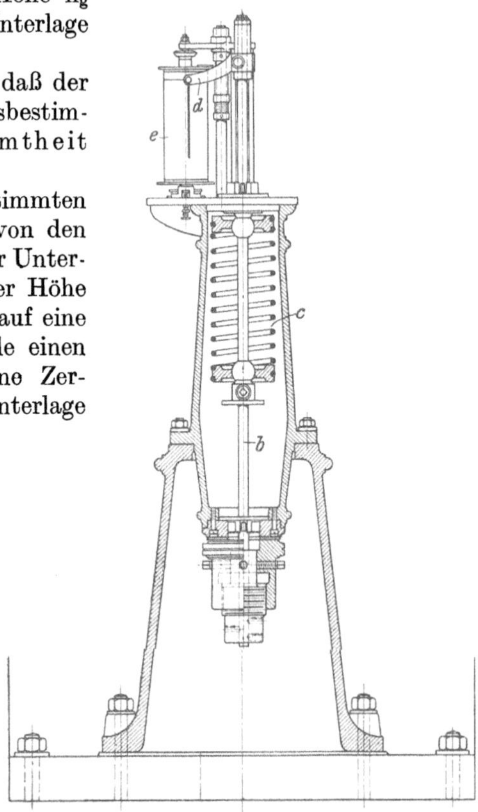

Fig. 150.
Ausführung des Stoßmessers von Undeutsch.
(Nach Undeutsch, Fallbremsen, S. 192.)

Durch diese Bemerkungen sollen nur die Schwierigkeiten des Begriffes „Stoß“ dargetan, nicht aber die hervorragende Brauchbarkeit des Energie-Indikators zu vergleichenden Versuchen bestritten werden.

Fig. 150 zeigt die Ausführung des Indikators. Über die Theorie und die hierdurch bedingte Gestaltung des Apparates muß auf die ausführliche Schrift von Undeutsch: „Fallbremsen und Energie-Indikatoren“ Leipzig und Wien 1905 bei Franz Deuticke verwiesen werden. Das an der Stange b hängende Gewicht beträgt 4 kg, die Feder c erhält eine Vorspannung von 8 kg. Die Stange b trägt oben den Schreibstift d, der die Federdehnungen λ auf die Trommel e aufzeichnet. Die Trommel wird durch eine besondere Vorrichtung während des Fangversuches gedreht, so daß nicht nur die größte Federdehnung, sondern auch die Veränderungen der Dehnungen erkannt werden können.

Ein jedem Apparat eigener Maßstab läßt aus der Dehnung λ die Freifallhöhe h_g, die die gleiche Dehnung hervorrufen würde, erkennen.

III. Gefährliche Fallhöhe.

Diese durch den Apparat bestimmte Höhe h_g nennt Undeutsch die „gefährliche Fallhöhe“ des Fangvorganges. Nach ihr können verschiedene Fangvorgänge miteinander verglichen werden. Es ist aber von besonderer Wichtigkeit, Übereinkunft zu treffen über die zulässige Größe der gefährlichen Fallhöhe, d. h. also derjenigen Höhe, aus der der Mensch nahe unelastisch (in möglichst gestreckter Körperhaltung) fallend, noch keinen Schaden erleidet. Undeutsch hat eingehende Studien über diese Frage gemacht. Sie durch Versuche festzustellen, scheiterte wie begreiflich an der mangelnden Bereitwilligkeit der etwaigen Versuchspersonen. Undeutsch kommt zu dem Ergebnis, daß eine Fallhöhe von 300 mm das äußerst zulässige sei, und daß auch kleinere Fallhöhen bei unelastischer Körperhaltung oder unelastischer Körperverfassung schädlich wirken können. Es dürfte wohl ausgesprochen werden können, daß auch die kleinsten Fallhöhen bei mangelnder Elastizität der betreffenden Person sehr schädlich wirken können.

IV. Ausführung der Versuche in der Fabrik.

Die Vornahme von Fangversuchen geschieht in der Weise, daß der Förderkorb in einem Versuchsturme zunächst mit Hilfe einer Winde hochgezogen wird. Fig. 151 zeigt den 26 m hohen Versuchsturm der Eisenhütte Westfalia, Bochum. Der hochgezogene Korb wird nach Fig. 152 durch Ziehen am Hebel H vom Seile gelöst. Damit nicht sofort die Fangvorrichtung eingreift, ist sie festgestellt, indem ein Körper k zwischen Korb K und Königsstange s eingeklemmt ist, so daß die Feder sich nicht dehnen kann. Der Körper k ist mit einer Kette c verbunden, die mit ihrem anderen Ende im Schachte fest ist. Nach Durchfallen einer gewünschten Freifallhöhe h_r reißt die in diesem Punkte gespannte Kette den Körper k heraus und die Fangvorrichtung beginnt ihre Tätigkeit. Nach Verlauf einer weiteren Fallhöhe h_0 sind die Fänger ganz eingedrungen und es beginnt der Bremsweg s, an dessen Ende der Korb zur Ruhe kommt. Der auftretende größte Stoß wird durch den Indikator gemessen. Erweist er sich als zu groß, so muß die Eindringtiefe oder die Gestalt der Messerschneiden geändert werden. Bei zu großen Bremswegen muß der Bremswiderstand vergrößert werden.

Bei Verwendung von Reibungsbremsen wird in analoger Weise Bremsweg und Stoß gemessen und auf eine bestimmte Größe eingeregelt.

Fig. 151.
Versuchsturm der Eisenhütte Westfalia, Bochum, zum Prüfen der Fangvorrichtungen.

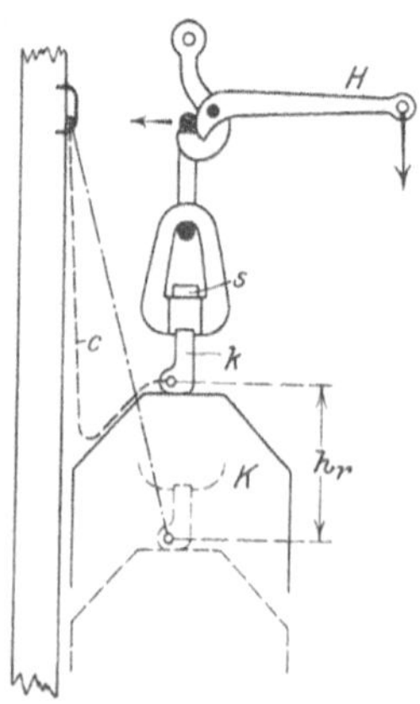

Fig. 152.
Teufelsklammer; Vorrichtung zum Lösen des Korbes vom Seile bei Fangversuchen. (Nach Undeutsch, Fallbremsen.)

V. Beurteilung der Versuche.

Man beachte aber, daß solche Versuche im Versuchsgerüste ohne Seilschwanz und bei gut eingestellten Leitungen kein Urteil über die Bewährung im Ernstfalle, der unter ungünstigeren Umständen stattfindet, gestattet.

Bei Fangversuchen ist die Größe der Korbbelastung von Wichtigkeit. Bei bremsend wirkenden Fangvorrichtungen zeigt sich die zunächst auffallende weil unvermutete Erscheinung, daß der auftretende Stoß mit abnehmender Korbbelastung wächst. Dies erklärt sich aber leicht aus der mit abnehmender Korbbelastung K wachsenden Kraft S—K (S = Schneide- oder Bremswiderstand), welche die Größe der Verzögerung der bewegten Massen bedingt. Würde man nun den unbelasteten Korb Fangversuchen unterwerfen und die Fänger auf geringen Stoß hierbei einregeln, so könnte die Vorrichtung im Betrieb versagen, wenn bei Seilbruch große Lasten (Ladung und Seilschwanz oder Unterseilgewicht) aufzuhalten sind. Wird ein stoßschwaches Fangen für große Last eingeregelt, so könnte bei Seilfahrt ein gefährlicher Fangstoß auftreten. Da die Fangvorrichtung im wesentlichen der Sicherheit der Seilfahrt dienen soll, so ist am besten auf die normale Belastung bei Seilfahrt einzuregeln. Damit beim Fahren von weniger Personen als normal im Bedarfsfalle kein zu großer Fangstoß auftrete, wird von einer Seite vorgeschlagen, in solchem Falle der Schale Zusatzbelastung zu geben, die den Gewichtsunterschied gegen die normale Belastung ausgleicht. Solche Vorschrift würde aber wohl unnütz sein, da sie von den Fahrenden nicht beachtet würde. Zum Schutze vor Verletzung bei Seilfahrt ist anzuraten, auf dem Korbe eine ungezwungene, etwas geknickte Haltung anzunehmen, was freilich bei stark besetzter Schale unbequem ist.

Den Beschreibungen einzelner Vorrichtungen sind die Ergebnisse von Fangversuchen beigefügt worden. Es sind dabei solche mit annähernd gleichen Freifallhöhen zusammengestellt worden, um einen leichteren Vergleich der Ergebnisse verschiedener Vorrichtungen zu ermöglichen. Die einzelnen Ergebnisse weisen dabei zum Teil Zahlen auf, die schlecht miteinander übereinstimmen, z. B. bei größerer verzögernder Kraft $\frac{\text{Bremskraft}}{\text{Last}}$ eine kleinere gefährliche Fallhöhe hg als bei kleinerer Bremskraft. Ferner zeigen mehrere (nicht mitgeteilte) Versuche beim Fangen aus der Ruhe eine größere gefährliche Fallhöhe als beim Fangen nach Durchfallen einer Freifallhöhe.

Im allgemeinen ist zu erkennen, daß es bremsend wirkende Fangvorrichtungen gibt, die eine mäßige und von der Freifallhöhe unabhängige gefährliche Fallhöhe aufweisen.

VI. Versuche auf der Grube.

Die im Versuchsgerüst vorgenommenen Versuche und Einstellungen sind nicht maßgebend für das Verhalten der Vorrichtungen im Schachte, da weder Leitungsmaterial noch -zustand für beide Orte übereinstimmen werden.

Es wird sich daher eine Wiederholung der Versuche nach Einbau im Schachte empfehlen und eine Einstellung für diese Verhältnisse. Hierbei können die gleichen Einrichtungen verwendet werden.

Auch nach größeren Änderungen und Ausbesserung an der Vorrichtung und an der Schachtleitung wird sich die erneute Vornahme dieser Versuche empfehlen.

Im laufenden Betriebe können einfachere Fangversuche aus der Ruhelage der Körbe heraus gemacht werden, wenn man den Korb auf die Aufsetzvorrichtung im Füllort aufsetzt und nach der geschilderten Sperrung der Feder das Seil löst und den Korb durch Zurückziehen der Stützen unter Auslösung der Sperrung fallen läßt. Das Fangen aus der Ruhelage kann hierdurch erprobt werden.

Auch diese Art ist für die in vielen Bezirken vorgeschriebene tägliche Prüfung der Fangvorrichtung zu umständlich. Man setzt alsdann den Korb einfach auf feste Stützen auf, gibt Hängeseil und beobachtet dabei die Bewegung der Fänger. Eine hierbei festgestellte richtige Fängerbewegung gibt freilich keine Gewähr für ein Fangen im Ernstfalle. —

T. Zusammenfassung der Ergebnisse und Anforderungen an die Förderkorbfangeinrichtungen.

I. Ergebnisse.

Viele unvollkommenen Fangvorrichtungen sind im Laufe einer 80jährigen Geschichte entstanden und verschwunden. Das Bedürfnis und der Wunsch nach einer vollkommenen Vorrichtung ist geblieben und zeitigt stetig neue Formen.

Von den einen geschmäht ob ihres Versagens, von den anderen gelobt bei glücklicher Wirkung, schwankt ihr Wert in der Beurteilung.

Der Lauf der Entwicklung und Untersuchungen hat Erfahrungen und wertvolle Erkenntnisse gebracht, die in einigen neueren Formen erfolgreiche Verwirklichung fanden.

Es ist daher nicht mehr angängig, das geschichtlich überkommene Mißtrauen auf neuere Vorrichtungen zu übertragen.

II. Die Grundlagen der Bewertung.

Es soll nicht Aufgabe dieser Erörterung sein, einzelne Erzeugnisse zu empfehlen. Der Leser bilde sein Urteil auf Grund des vorgelegten Stoffes und seiner eigenen Erfahrung. Hier waren nur die Grundlagen aufzuzeigen, die in einigen neueren Formen erfolgreich verwendet wurden und in Zukunft in anderen Gestaltungen auftauchen werden.

Zur Erleichterung der Beurteilung seien die Anforderungen zusammengestellt, die im allgemeinen an eine gute Fangeinrichtung zu stellen sind. Die Begründungen sind in den geschehenen Ausführungen enthalten.

Es sind dabei die Teile einer Fangeinrichtung und ihre gegenseitige Abhängigkeit gesondert zu betrachten, und zwar:

1. die Fangleitungen,
2. die Gegenseitigkeit von Fangleitung und Fangvorrichtung,
3. die Fangvorrichtung,
4. die Pflege der Fangeinrichtungen.

III. Die Anforderungen an die Fangleitungen.

Keine Fangvorrichtung darf als Einrichtung für sich allein bewertet werden. Ihre Form und Wirksamkeit ist an die Eigenschaften und den zeitigen Zustand der Fangleitung gebunden.

Die dauernd zu stellenden Anforderungen an die Leitung sind: nötige Festigkeit, gleichmäßige Spurweite, Material- und Oberflächenbeschaffenheit.

Die Gleichmäßigkeit des Zustandes ist besonders an den Stoßstellen nicht vorhanden, wenn diese nicht genügend sorgfältig hergestellt und unterhalten sind. Die Verbindungsschrauben müssen so angeordnet sein, daß sie mit den Fängern der wirkenden Vorrichtung in keinem Teile in Berührung kommen können.

Bei Holzleitungen wird die Gleichmäßigkeit des Gefüges durch Äste stark gestört und durch verschiedene Beschaffenheit der einzelnen Bäume.

Bei Eisenleitungen bewirken chemische Vorgänge eine Veränderung der Oberflächenbeschaffenheit.

Bei beiden Arten tritt im Laufe des Betriebes durch Abnutzung eine Erweiterung der Spur ein, die aber in der Tiefe größer ist als im oberen Schachte.

IV. Fangleitung und Fangvorrichtung.

Mit diesen praktisch unvermeidbaren Fehlern der Fangleitung ist bei der Beschaffung und Beurteilung einer Fangvorrichtung zu rechnen, indem solche zu wählen sind, bei denen die nach sonstigen Betriebsrücksichten zulässige Spuränderung keinen stark nachteiligen Einfluß auf die Wirkungsweise der Fangvorrichtung ausübt. Nachstellbare Vorrichtungen sind von diesem Standpunkte aus nicht völlig genügend, da die Nacheinstellung auf bestimmte Spurweite und Beschaffenheit geschehen muß, diese Dinge aber in verschiedenen Schachthöhen verschieden sind.

Eisenleitungen dürften sich in dieser Hinsicht günstiger verhalten als Holzleitungen. Letztere sind überwiegend eingebaut, entsprechend der technischen Entwicklung und der Rücksichtnahme auf die Fangvorrichtungen, die, ursprünglich für hölzerne Leitungen entworfen, für diese zuerst brauchbare Gestaltung gewannen. Diese Tatsache und die anschaulichere Wirkungsweise der Vorrichtungen für Holzleitungen gaben diesen bis heute das Übergewicht.

Für eiserne Leitungen ward mit der Hoppeschen Vorrichtung schon früh ein gangbarer Weg angetreten, aber erst später gelang ihre den Vorrichtungen für Holzleitungen gleichwertige Ausgestaltung, so daß heute in Rücksicht auf die in anderer Beziehung günstigere Eisenleitung diesen Vorrichtungen ein Übergewicht zugesprochen werden könnte.

Von seiten der Fangvorrichtung ist jedenfalls heute der Weg zur Eisenleitung frei.

Eiserne Leitungen sind insbesondere für die sonst manche Vorteile bietende einseitige Korbführung in Verwendung. Hier muß freilich geurteilt werden: Für einseitige Korbführung, sei sie aus Holz oder Eisen, gibt es zurzeit keine Erfolg versprechende Fangvorrichtung, und es ist auch wenig wahrscheinlich, daß eine solche gefunden werden wird.

V. Die Anforderungen an die Fangvorrichtung.

Die Wahl der Leitung bestimmt die Form der Fänger. Nimmt die Fangleitung in ihrer Stärke Rücksicht auf die Fangvorrichtung, so hat diese ihrerseits die gleiche Rücksicht zu nehmen: man wähle bremsend wirkende Vorrichtungen mit zweiseitigem gleichstarken Flankenangriff, so daß eine günstige Druckbeanspruchung der Leitung und an sich nicht übermäßige Größe der Drücke sich einstellen.

Bremsende Vorrichtungen sind für Förderung zu empfehlen, für Seilfahrt zu fordern.

Die Fangvorrichtung dient vor allem der Sicherheit der Seilfahrt. Daher ist von ihr das technisch Mögliche an sicherer Wirkung zu verlangen.

Diese Sicherheit der Wirkung erstreckt sich auf verschiedene von der Vorrichtung zu leistende Vorgänge:

Erstens auf die Einleitung des Fangvorganges. Diese wird gewährleistet durch gute Beschaffenheit der Fangfeder, der Zwischengetriebe nach den Fängern, der Fänger und durch gute Beweglichkeit dieser Getriebe. Diese Zustandsbeschaffenheit der Vorrichtung, ebenso wie die der Fangleitung, steht an Bedeutung über jedem „System“ der Vorrichtung und muß bei allen d a u e r n d vorhanden sein.

Das System der eigentlichen Fangvorrichtung verliert durch diese Feststellung nichts von seiner grundlegenden Bedeutung; denn es bedingt die durchaus nötige Unabhängigkeit von der nicht vermeidbaren

Leitungsabnutzung hinsichtlich der sicheren Einleitung des Fangvorganges sowie des sicheren Fortganges desselben, der nach Erzeugung des nötigen Anpressungsdruckes in einen bis zum Korbstillstande bremsenden Korbniedergang ausmünden soll.

Die Form der die Anpressung erzeugenden Getriebe ist dabei verhältnismäßig gleichgültig, sehr wichtig dagegen die Formung der Fänger sowie die durch verschiedene Mittel mögliche genaue Bemessung des hemmenden Widerstandes, von dessen Verhältnis zur Größe der abzubremsenden Massen der Fangstoß abhängig ist.

Hiermit wären die wesentlichen Anforderungen an eine brauchbare Vorrichtung gegeben.

Darüber hinausgehend stellt man noch die Forderung, daß die Fangvorrichtung leicht sei, so daß sie den Korb und das Seil nicht unnötig belaste. Diese wünschenswerte Forderung hat aber hinter den wesentlichen Forderungen zurückzustehen.

Ferner wird verlangt: Die Fangvorrichtung sei wenig gliederreich. Von zwei sonst in Erfüllung der eigentlichen Aufgabe das gleiche leistenden Einrichtungen wird die einfachere immer vozuziehen sein, da sie auf die Dauer größere Gewähr bietet.

Doch darf auch hier die Einfachheit nicht auf Kosten wesentlicher Wirkungseinbuße erreicht werden.

VI. Die Fangvorrichtung im Betriebe.

Die Fangversuche begnügen sich meist mit der Feststellung, daß die Vorrichtung beim Loslassen eines ruhenden Korbes wirke. Vorwiegend wird wohl auch die Vorrichtung bei aufwärts gehendem Korbe in Tätigkeit zu treten haben, wobei eine dem erwähnten Versuche entsprechende Wirkung eintritt, indem der Korb nach Seilbruch wenig hochgehend zum Stillstand kommt und aus dieser Lage heraus gefangen wird.

Es muß aber darüber hinausgehend gefordert werden, daß die Vorrichtung auch in dem möglichen und auch wiederholt vorgekommenem Falle wirke, wo der in voller Abwärtsfahrt begriffene Korb seillos wird. Wir kommen so von den verschiedensten Seiten her immer wieder auf die grundlegende Forderung einer sicher bremsenden Wirkung zurück.

Die Vorrichtungen sind für den Ernstfall gebaut. Nach erfolgreicher Wirkung muß daher die Vorrichtung die gefangene Schale so lange sicher halten, bis sie nach Ausbesserung der etwa beschädigten Leitung oder des etwa verbogenen Korbes und nach Auflegung und Anknüpfung eines neuen Seiles im Schachte hochgezogen werden kann. Bei diesen Arbeiten werden Erschütterungen der Schale nicht zu vermeiden sein. Diese dürfen nicht zu einer Lösung der gefangenen Schale führen. Die Lösung der gefangenen Schale darf daher nur durch Hochziehen der Königsstange und Anheben des Korbes geschehen können.

VII. Die Pflege der Fangeinrichtungen.

Die beste Fangvorrichtung versagt, wenn sie und die mit ihr zusammenarbeitenden Einrichtungen nicht sorglich gepflegt werden.

Diejenigen Vorrichtungen sind vorzuziehen, die bei gleicher Fangwirkung weniger störbare Teile besitzen oder weniger gliederreich sind.

Je bequemer die Pflege ist, desto mehr Aussicht ist vorhanden, daß sie auch wirklich geübt wird. Die bergpolizeilich vorgeschriebenen Prüfungen wollen ihre Durchführung sicherstellen. Damit die täglichen Prüfungen mit Erfolg vorgenommen werden können, ist die Vorrichtung möglichst zugänglich einzubauen und sind solche Gestaltungen zu vermeiden, die sich einer allseitigen Besichtigung entziehen. Auch muß für eine ausreichende Beleuchtung gesorgt werden.

Daß die vorgeschriebenen täglichen Prüfungen nicht für alle Fälle ausreichend sind, beweist das Beispiel einer sonst als zuverlässig erwiesenen Vorrichtung, die versagte, da ihre Getriebe vereist waren. Eine häufigere Beobachtung der Vorrichtung im laufenden Betriebe hätte die Entdeckung dieses Übelstandes ergeben müssen.

Eine täglich mehrfache Beobachtung der Fangvorrichtung ist wohl wünschenswert, aber von den überlasteten Betriebsbeamten nicht zu leisten.

Sechster Teil.

Die Skip-Förderung.

Von Diplom-Bergingenieur **Hans Bansen.**

Bei der Bearbeitung benutzte Literatur.

Baum, Kohle und Eisen in Nord-Amerika. Glückauf 1908, Nr. 10.

Braun, Die Bergwerksmaschinen auf der Weltausstellung in St. Louis und maschinelle Einrichtungen amerikanischer Bergwerke. Preußische Zeitschrift 1908, Bd. 53.

Spackeler, Schwedens Eisenstein-Bergbau. Glückauf 1909, Nr. 14.

Dellmann und Aschke, Ein neues Fördersystem, welches bei geringen Förderkosten die Leistungsfähigkeit tiefer Schächte erhöhen soll. Bergbau XXI 1908), Heft 22.

1. Allgemeines.

Im amerikanischen Bergbau werden auf Lagerstätten, die bis zu Tage ausgehen, tonnlägige Schächte, Slopes, abgeteuft. Ihre Seigerteufe beträgt im Steinkohlenbergbau 200—300 m, im Kupferbergbau jedoch bis 1400 m. Da das Gebirge gut ist, sind die Unterhaltungskosten dieser Schächte gering, und man kann große Fördermengen bewältigen. In den Slopes der Kohlengruben wird häufig mit Wagenzügen gefördert, welche bis in das Rätterwerk gezogen werden. Da die

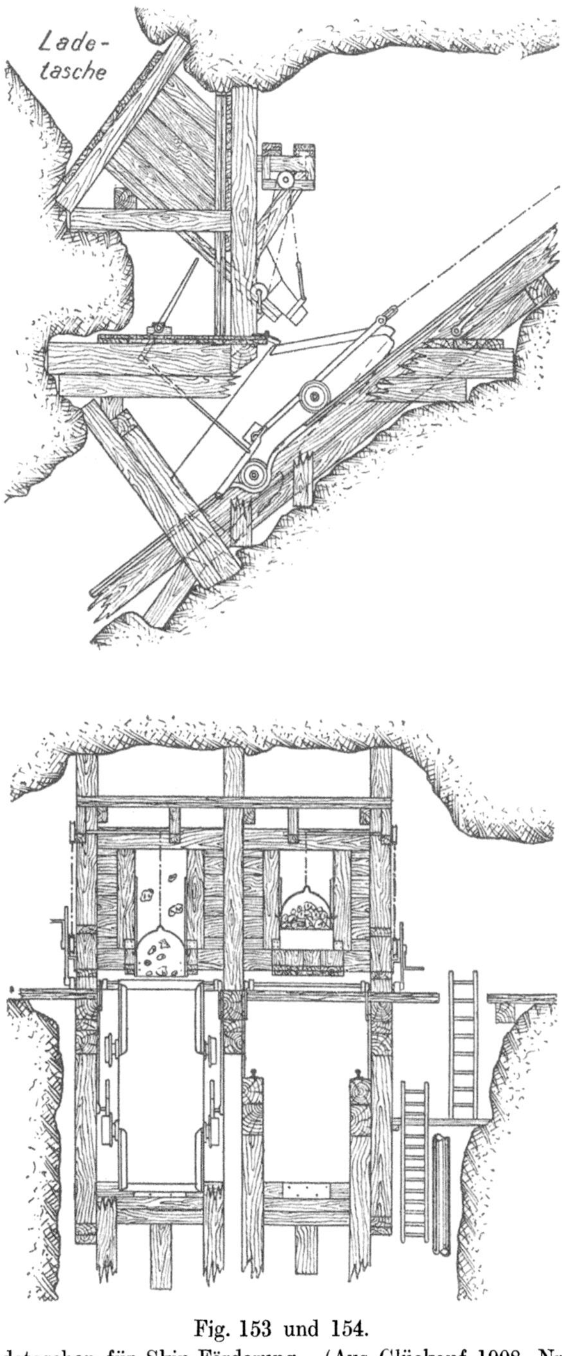

Fig. 153 und 154.
Verladetaschen für Skip-Förderung. (Aus Glückauf 1908, Nr. 10.)

Fördergeschwindigkeit 2—4 m/sek. beträgt, ist eine sehr haltbare und gut gelegte Förderbahn erforderlich. — Bei stärkerem Einfallen benutzt man Fördergestelle, die unten Räder, oben Führungsschuhe und Fangvorrichtungen haben.

In den Erzgruben ist die Neigung der Slopes steiler; deshalb ist die Wagenförderung oft nicht mehr möglich; außerdem ist eine durch das Umladen herbeigeführte Wertverminderung des Fördergutes nicht so sehr zu befürchten wie bei Steinkohle. Deshalb wendet man hier die Skipförderung an. Auf den einzelnen Sohlen sind am Schachte Verladetaschen angebracht, in welche das aus der Grube kommende Haufwerk gestürzt wird; aus diesen Verladetaschen werden nun die Skips gefüllt (Fig. 153, 154, 160, 161).

2. Die Skips.

Die Figuren 153—159 zeigen eine Anzahl von amerikanischen und schwedischen Skips. Man ersieht aus diesen Abbildungen, daß

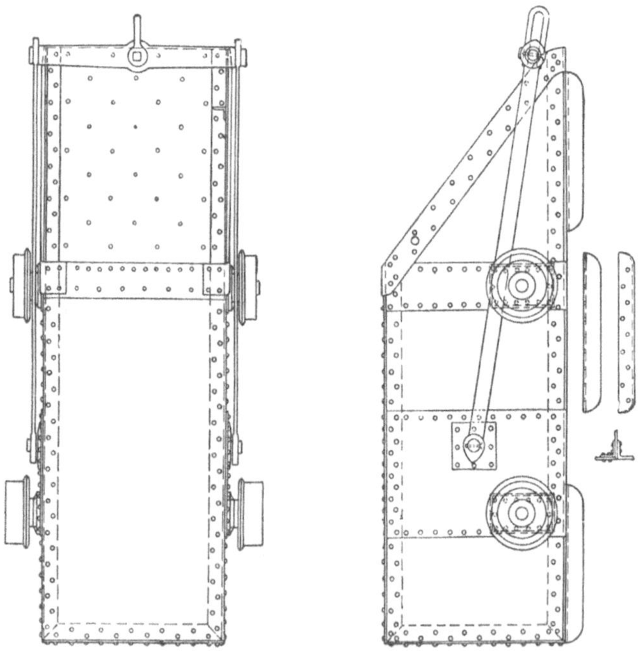

Fig. 155 und 156.
Skip von Quincy-Grube. (Aus Glückauf 1908, Nr. 10.)

man im Bergbau mit den Skips wieder zur alten Kübelförderung zurückgekehrt ist, jedoch mit dem Unterschiede, daß diese modernen Schachtfördergefäße wesentlich größer sind. Nunmehr hat auch das Füll-

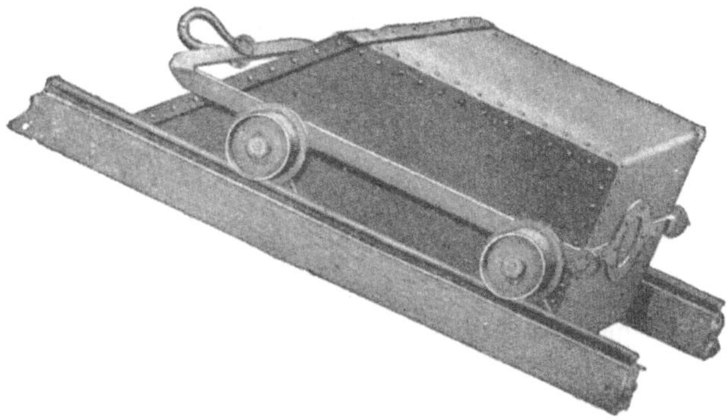

Fig. 157. Skip von Fraser & Chalmers. (Aus Glückauf 1908, Nr. 10.)

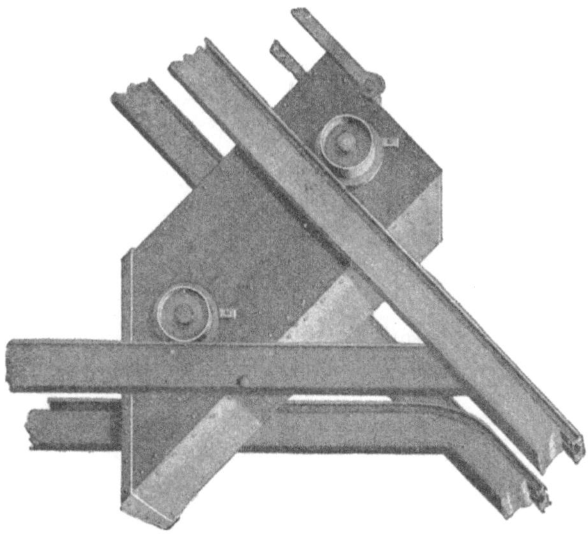

Fig. 158. Skip von Fraser & Chalmers in Kippstellung. (Aus Glückauf 1908, Nr. 10.)

ort seinen Namen wieder mit vollem Recht; denn es ist die Stelle, wo die Schachtfördergefäße gefüllt werden.

Auf der St. Lawrence-Mine in Butte, Montana, haben die älteren Skips 2 t Fassungsvermögen und bewegen sich mit einer Geschwindigkeit von 2,5 m/sek.; die neueren Skips haben 8 t Fassungsvermögen und 5 t Eigengewicht bei 17 m/sek. Geschwindigkeit.

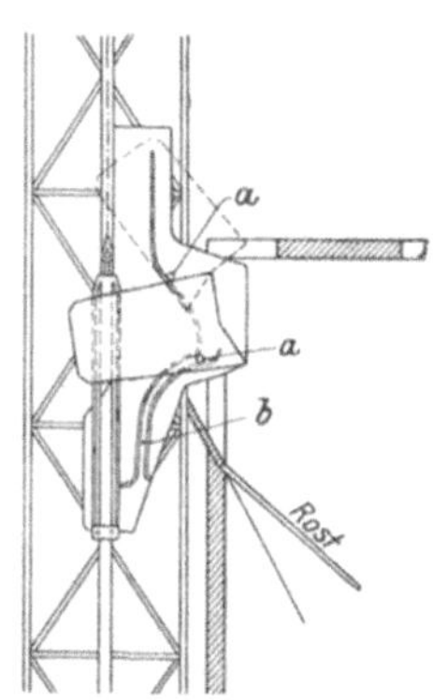

Fig. 159. Skip und Hängebank von Grängesberg. (Aus Glückauf 1909, Nr. 14.)

Im Müller-Schacht zu Grängesberg haben die Skips ein Fassungsvermögen von zwei Förderwagen = 7 t.

In einem Schachte der Quinzy-Kupfergrube von 1610 m tonnlägiger Teufe und 57 Grad Einfallen wurde eine Förderleistung von 90 t in der Stunde erzielt.

3. Die Füllung der Skips unter Tage.

Die Figuren 160, 161 zeigen eine Füllortsanlage von Grängesberg. Die mit Lokomotiven im Füllort ankommenden Förderwagen von $2\frac{1}{2}$—3 t Fassungsvermögen werden um eine Drehachse gekippt, welche unter der einen Seitenwand liegt; diese Längswand kann hochgeklappt werden. Der Inhalt der Wagen stürzt in eine Füllrutsche, aus welcher das Fördergut in die Schachttonne e gelangt. Das Kippen der Wagen erfolgt mit Hilfe des Druckwasserzylinders a; ebenso wird die Falltür d hydraulisch bewegt. Beide Apparate werden vom Stande des Anschlägers aus mit Hilfe der Hebel b bedient.

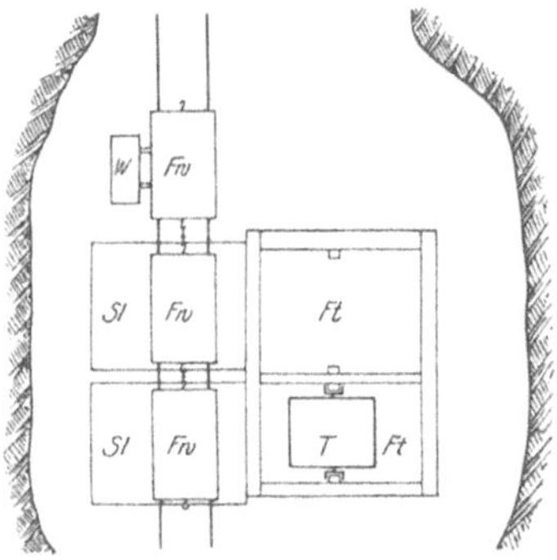

Fig. 160.
Füllortsanlage von Grängesberg.
(Aus Glückauf 1909, Nr. 14.)

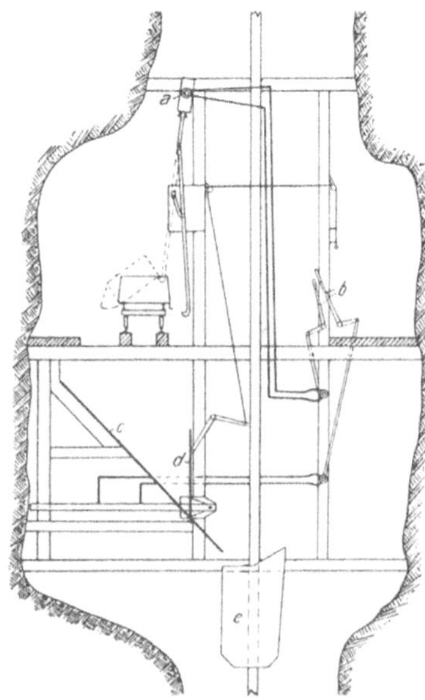

Fig. 161.
Füllortsanlage von Grängesberg.
(Aus Glückauf 1909, Nr. 14.)

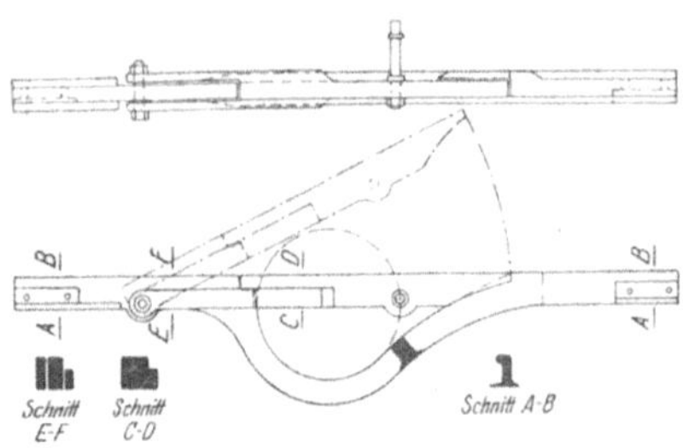

Fig. 162.
Skip-Gestänge im Füllorte.
(Aus Glückauf 1908, Nr. 10.)

Auf den amerikanischen Erzgruben braucht man zur Beladung der Skips auch nur einen einzigen Mann. Die Schachtschienen sind an den Füllörtern halbkreisförmig gebogen, um die Hinterräder der Skips aufzunehmen (Fig. 153, 162). Sollen die Skips an dem betreffenden Füllort vorbeigeführt werden, so wird vom Füllorte aus mit Hilfe eines Handhebels eine Schienenbrücke über diese Einbiegung gelegt.

4. Entladen der Skips über Tage.

Der in Fig 159 abgebildete Skip von Grängesberg hat rechteckigen Querschnitt und hängt mit zwei Zapfen im stabilen Gleichgewicht, sonst aber frei beweglich in einem eisernen Rahmen. Dieser Rahmen wird im Schachte an hölzernen

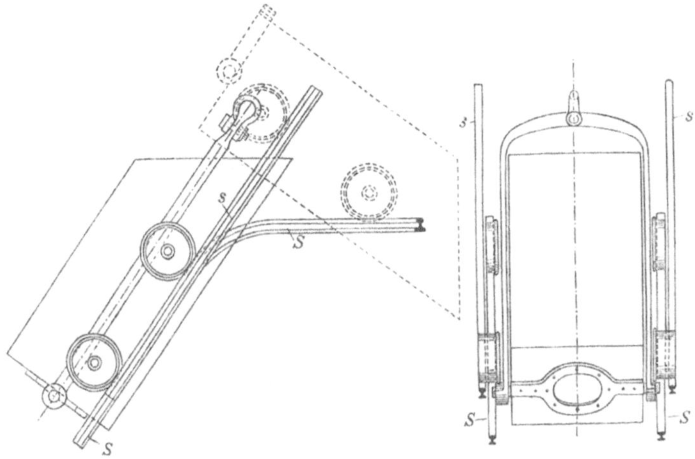

Fig. 163.
Skip und Skip-Gestänge an der Hängebank. (Aus Preuß. Zeitschrift 1905, Bd. 53.)

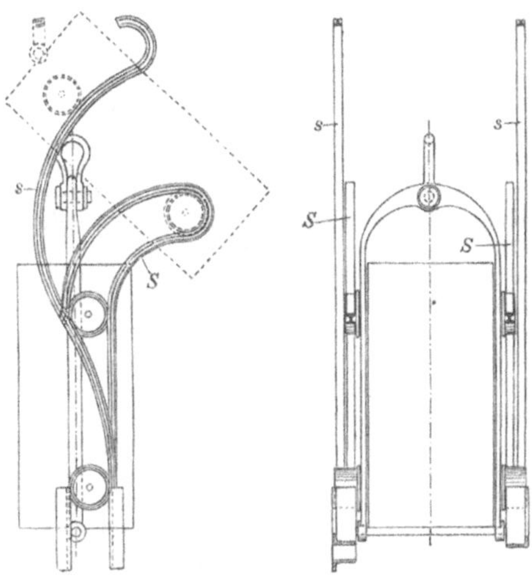

Fig. 164.
Skip und Skip-Gestänge an der Hängebank. (Aus Preuß. Zeitschrift 1905, Bd. 53.)

Leitbäumen geführt. Außer den beiden Tragzapfen hat die Tonne am Oberrand noch je einen zweiten Zapfen a, der beim Treiben nicht gebraucht wird, wohl aber das Kippen bewirkt. Diese beiden Zapfen laufen nämlich an der Hängebank in eine U-Eisenschiene b ein, welche nach außen gebogen ist; weil der Rahmen senkrecht weiter gehoben wird, muß also der Kübel kippen. Die Erze stürzen unmittelbar auf einen Rost, so daß eine besondere Bedienung der Hängebank überflüssig ist.

In den tonnlägigen Schächten der Roteisensteingruben im Staate Alabama laufen die Tonnen mit vier Rädern auf Schienen. Die Spur der beiden Räderpaare ist gleich, doch haben die Hinterräder einen doppelt so breiten Laufkranz als die vorderen. Im Schachte laufen alle vier Räder auf denselben Schienen S (Fig. 163). An der Entladungsstelle über Tage sind diese Schachtschienen nach vorn umgebogen. Außerhalb derselben sind noch zwei Schienen s mit größerer Spur angebracht; auf ihnen laufen die Hinterräder weiter, während die Vorderräder zwischen den Schienen s hindurch gehen. Dadurch wird die Tonne gekippt.

Eine ähnliche Einrichtung ist in Fig. 164 abgebildet, nur mit dem Unterschiede, daß die Hauptschienen S hier eine Schleife bilden. In beiden Fällen hängt die Tonne an einem Bügel, dessen Drehachse an ihrer unteren Stirnwand liegt.

Ein ähnliches Förderverfahren beschreiben Dellmann und Aschke in der Zeitschrift „Der Bergbau", Jahrgang XXI, Nr. 22. Die Bodenplatte des Fördergestelles liegt schräg, damit das Fördergut abrutschen kann. Mit Rücksicht hierauf ist die eine Seitenwand vor der tiefsten Stelle der Bodenplatte mit einer Entladeöffnung versehen, die durch einen senkrechten Schieber verschlossen wird. Die Seiten- und Stirnwände bestehen aus Stahlblechplatten; mit Rücksicht auf die Seilfahrt und auf die Materialförderung ist die eine Stirnwand als Tür gebaut; von hier aus können dann Zwischenböden eingesetzt werden.

5. Vorteile der Skipförderung.

1. Man braucht unter Tage nur 2—3 Mann zur Bedienung der Wipper, einen Rangierer und einen Anschläger, über Tage überhaupt nur einen Mann.

2. Die Bedienung des Schachtes erfolgt im Füllort und an der Hängebank nur einseitig.

3. Man braucht auf der Hängebank keine Wechselwagen.

4. Die Förderwagen werden geschont, weil das Aufschieben und Abstoßen auf den Förderschalen wegfällt.

5. Die zu hebende tote Last wird verringert, weil die Förderwagen in der Grube bleiben und weil die Zwischenböden fortfallen. Es kann also mit demselben Seil eine entsprechend größere Nutzlast gehoben werden. Will man dieselbe Fördermenge bewältigen wie bei Schalenförderung, so können die Schachtfördergestelle kleiner sein. Will man ihnen aber dieselben Abmessungen geben wie den Schalen, so wird eine wesentlich größere Nutzlast gehoben, weil hier alle auf einer Schale verbleibenden Hohlräume durch das Fördergut ausgefüllt werden.

6. Infolge der Verringerung der toten Last kann man eventuell mit leichteren, also billigeren Förderseilen auskommen.

7. Das Vorhandensein der Ladetaschen gestattet volle Ausnutzung der Fördereinrichtung; denn Störungen in der Grubenförderung oder in der Schachtförderung haben dann keinen so großen Einfluß auf den Gang der Aufbereitung und auf die Verladung. Ebenso haben Störungen in der Aufbereitung und Verladung keine so bedeutende Rückwirkung auf den Förderbetrieb.

6. Nachteile der Skipförderung.

1. Die Anlage der Ladetaschen verursacht beträchtliche Kosten, namentlich da die Füllrümpfe über Tage mit Rücksicht auf die Separation und auf die Verladung in die Eisenbahnwagen sehr hoch liegen müssen. Man würde beispielsweise Schachtgerüste von 30—40 m Höhe brauchen oder aber, wenn man dies

nicht will, mehr Becherwerke und eine kräftige Antriebsmaschine anschaffen müssen.

2. Die Skipförderung eignet sich nicht besonders für den Steinkohlenbergbau, weil die Kohle durch das wiederholte Umladen Wertverluste erleidet.

3. Im Füllorte einer Steinkohlengrube kann die Kohlenstaubentwicklung leicht bedeutend werden.

Siebenter Teil.

Das Zwischengeschirr.

Von Diplom-Bergingenieur **Hans Bansen.**

Bei der Bearbeitung benutzte Literatur.

Dannenberg, Der Bergbau in Skizzen.

Busse, Die Auswechselung der Zwischengeschirre an Förderkörben. Glückauf 1910, Nr. 20.

Jüngst, Seileinband für Förderkörbe. Glückauf 1910, Nr. 27.

Zur Vermeidung der Unfälle in Bremsschächten. Glückauf 1907, Nr. 43.

Bericht über den Stand der Arbeiten der ministeriellen Seilfahrtkommission. Kohle und Erz 1909, Nr. 1.

Baumann, Das Zwischengeschirr der Förderschalen und dessen Berechnung. Kohle und Erz 1907, Nr. 2.

Baumann, Seilfahrt in Förderschächten. Kohle und Erz 1904, Nr. 6.

Laske, Bericht über eine nach dem Ostrau-Karwiner Steinkohlenrevier ausgeführte Belehrungsreise. Preuß. Zeitschrift 1908 (Bd. 56).

Bericht der Seilfahrtskommission für den Oberbergamtsbezirk Dortmund. Preußische Zeitschrift 1905 (Band 53).

Versuche und Verbesserungen i. J. 1888.
„ „ „ „ 1893.
„ „ „ „ 1898.
„ „ „ „ 1906.

Wirtz, Winke zur systematischen Ausführung der bergbehördlichen Bestimmungen für die Sicherheit der Seilfahrt; dahinzielende Einrichtungen auf dem Seilfahrtschachte „Franz“ des Eschweiler Bergwerks-Vereins. Der Bergbau XXI (1908), Nr. 34/35.

A. Allgemeines.

1. Zweck; Einzelteile.

Das Zwischengeschirr hat den Zweck, die Förderschale mit dem Seile zu verbinden. Wenn es vollständig ist, so besteht es aus dem Seileinbande, dem Seilauslöser, der Versteckvorrichtung, dem Drehwirbel, der Königstange oder zwei bis vier Schurzketten und den Notketten.

Das Seileinband soll einen Angriffspunkt für das Zwischengeschirr bieten.

Der Seilauslöser hat den Zweck, die Verbindung zwischen Schale und Seil zu lösen, falls die erstere über die Hängebank getrieben werden sollte.

Mit Hilfe der Versteckvorrichtung werden Seillängungen ausgeglichen.

Im Drehwirbel soll sich der Seildrall auslaufen, sobald die Schale auf die Aufsatzvorrichtung aufgesetzt wird, das Seil also entlastet ist.

Die Königstange bzw. die Schurzketten bilden den Angriffspunkt des Zwischengeschirrs an der Schale.

Wenn man eine Königstange benutzt, so ist die Schale immer im Mittelpunkte ihres Kopfrahmens aufgehängt. Die Königsstangen können fest oder in ihrer Längsrichtung verschiebbar sein. Das letztere wird vorgezogen; man schaltet dann zwischen Schale und Königstange eine starke Feder ein, die entweder nur als Pufferfeder dient, um das Seil und die Schale zu schonen, oder die auch die Fangvorrichtung in Gang setzen soll.

Bei Benutzung von Schurzketten (= Zwieselketten) kann ebenfalls mit Rücksicht auf die Fangvorrichtung eine Königstange vorhanden sein; sie wird häufig ganz oder teilweise durch eine senkrechte Mittelkette ersetzt, welche sich mit den Schurzketten in einem Knotengliede (Fig. 47) vereinigt. Man hätte in diesem Fall nach Baumann 6 Arten der Aufhängung zu unterscheiden, nämlich

1. die Mittelkette trägt einen Teil der Belastung unter Zusammendrückung der Pufferfedern; die Außenketten tragen den Rest;
2. die Pufferfedern sind an den Außenketten angebracht und tragen einen Teil der Belastung; die Mittelkette trägt den Rest;
3. die Mittelkette trägt die ganze Last; die Außenketten dienen als Notketten, kommen also nur zur Wirkung, wenn die Mittelkette reißt;
4. die Außenketten tragen die ganze Last; die Mittelkette dient als Notkette;
5. es sind nur die Außenketten vorhanden;
6. es ist nur die Mittelkette vorhanden.

Wenn die Schale an zwei Schurzketten aufgehängt wird, so greifen diese an den Mitten der Schalenlangseiten an (Fig. 55).

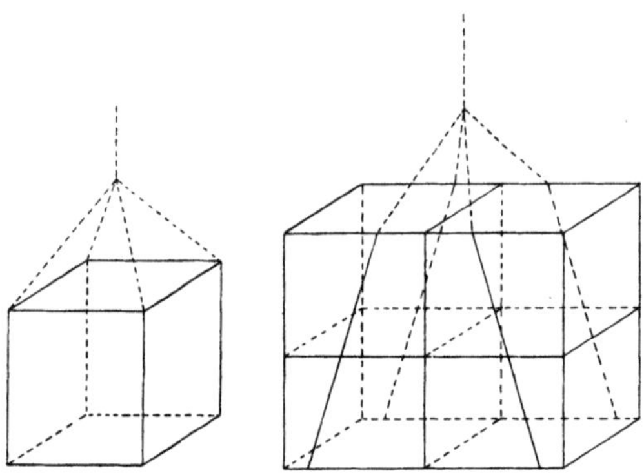

Fig. 165. Fig. 166.
Aufhängung der Schalen an 4 Schurzketten.

Weit häufiger ist dagegen die Verwendung von vier Schurzketten. Bei kurzen Schalen läßt man diese an den vier Ecken des Kopfrahmens angreifen (Fig. 165). Bei sehr langen, schmalen Schalen ist dies nicht möglich, weil dann die Ketten unter einem zu flachen Winkel geneigt sein würden oder aber sehr lang gemacht werden müßten, um diesen zu vermeiden. Deshalb läßt man sie in diesem letzteren Falle mehr in der Mitte der Längsseiten angreifen, und zwar entweder an Ösen, die an geeigneter Stelle des Kopfrahmens angebracht sind (Fig. 54), oder besser an den oberen Enden der diagonalen Seitenversteifungen (Fig. 166). Dieses letztere Verfahren hat den Vorteil, daß die Last eines jeden Stockwerkrahmens unmittelbar durch die Verstrebungen und durch die Schurzketten auf das Zwischengeschirr und auf das Seil übertragen wird. Die Schurzketten müssen möglichst in der Verlängerung dieser Streben liegen.

2. Das Material des Zwischengeschirrs.

Für die einzelnen Verbindungsstücke des Zwischengeschirrs soll man allerbestes Material verwenden. Stellt man sie in der eigenen Grubenschmiede her, so soll man Schweißeisen mit einer Zugfestigkeit von 36 kg und einer Dehnung von 12—20 %, sowie Stahl mit einer solchen von 50 kg wählen. Für diese Materialien muß man sich von der liefernden Hütte eine Qualitätsbescheinigung geben lassen und diese bei den Seilfahrtsakten aufheben. Bezieht man die Gehängeteile fertig von auswärts, so muß man sie mit dem Stempelzeichen des Verfertigers versehen lassen, welcher dadurch auch die Gewähr für vorschriftsmäßiges Material und gute Ausführung übernimmt.

Vor der Verwendung des Materials muß man es Zerreiß- und Biegungsversuchen unterwerfen. Es herrschen noch Zweifel darüber, ob man diese an Probestücken oder an dem zu verwendenden Material vornehmen soll. Das erstere dürfte wohl vorzuziehen sein. Als Ersatz genügt wohl auch eine vom Lieferanten ausgestellte Bescheinigung der Prüfungsergebnisse; denn eine Vornahme der Untersuchung am Förderkorbgehänge selbst kann dessen Sicherheit möglicherweise beeinträchtigen.

In Österreich wird, wie Laske berichtet, die Sicherheit der Königstangen, Laschen, Bolzen usw. auf Grund normaler mittlerer Festigkeitsziffern des Rohmaterials, nicht aber an Probestücken festgestellt.

Die Zwischengeschirre sollen nach zweijährigem Betriebe oder aber, wenn sie nicht mehr die zehnfache Sicherheit besitzen, ausgewechselt werden; diese Sicherheit wird im Verhältnis zur größten Belastung bei der Förderung berechnet. Für die Ermittlung des Sicherheitsgrades dient die größte im Ruhezustande anhängende Last; jedoch ist hierbei zu berücksichtigen, daß das Zwischengeschirr im Betriebe weit stärker beansprucht wird; diese Beanspruchung kann sich namentlich in der Beschleunigungsperiode verdoppeln. Es sind auch dynamische Einflüsse zu berücksichtigen, durch welche Biegungsspannungen in den einzelnen Teilen des Zwischengeschirrs hervorgerufen werden; solche Einflüsse sind im besonderen durch das Peitschen des Seiles gegeben.

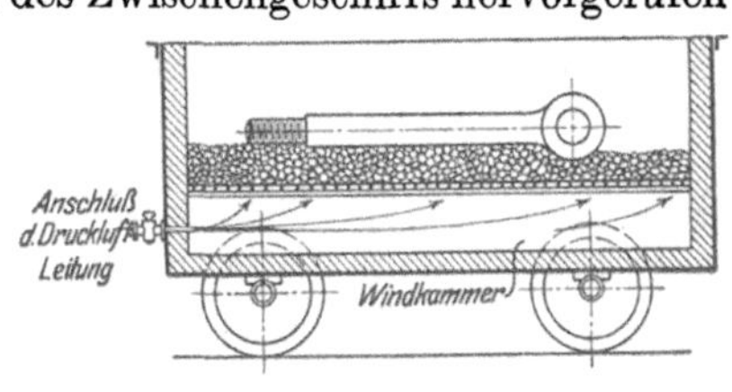

Fig. 167. Glühkasten. (Aus Bergbau XXI, Nr. 35.)

Die einzelnen Teile des Gehänges müssen alle drei Monate genau geprüft und untersucht werden. Man achtet dabei auf Abnutzung und klopft die Schweißstellen ab. Jährlich einmal, in Österreich alle drei Monate, werden die Königstange, Bolzen, Kettenschaken bei schwacher Rotgluthitze in Kohlenfeuer oder besser in Holz- oder Holzkohlenfeuer ausgeglüht. Ersteres gibt bei unvorsichtigem Anfachen eine zu starke Hitze; es können dann Teile mit geringem Querschnitt oder vorstehende Kanten schon glühen, während stärkere Teile noch nicht die nötige Rotglut haben. Außerdem verbrennt dann das Eisen leicht an der Oberfläche, so daß die Bolzen geschwächt, die Löcher der Eisenstücke aber erweitert werden. Bei schwachem Holzkohlenfeuer ist dagegen diese Gefahr nicht vorhanden; es brennen vielmehr nur Schmutz und Rost weg, so daß dann etwaige schlechte Schweißstellen, Fehler und Brüche besser aufgefunden werden können. Die Abkühlung erfolgt langsam an der Luft oder besser, mit Rücksicht auf schädlichen Wind, unter einer Aschenbedeckung; durch ungleichmäßiges oder zu schnelles Abkühlen entstehen im Metall schädliche Spannungen. Auf keinen Fall dürfen die glühenden Teile auf den kalten oder gar nassen Erdboden gelegt werden. Nach dem Ausglühen wird jeder einzelne Teil mit Drahtbürsten gereinigt und gründlich nachgesehen. Vor dem Wiedereinbau soll man alle beweglichen Teile gut mit einem mineralischen Fette schmieren.

Wirtz empfiehlt für das Ausglühen einen besonderen fahrbaren Glühkasten (Fig. 167), der an die Druckluftleitung des Kompressors angeschlossen werden kann und ständig auf der Hängebank steht.

B. Der Seileinband.

Baumann unterscheidet drei Gruppen von Seileinbänden nämlich

1. Seilschleifen,
2. Büchsen mit einem Seilwulst und
3. Büchsen mit beweglichen Teilen.

1. Die Seilschleifen.

Die Seilschleifen sind die sich am häufigsten findende Art des Einbandes. Für geringe Lasten genügt die in Fig. 168 abgebildete Schleife, bei welcher das Seil in ein der Schleifenform entsprechend gebogenes, rillenförmiges Stahlblech eingelegt wird.

In ähnlicher Weise wird die Seilschleife, Fig. 169, hergestellt. Man hat auch hier eine in Herzform gebogene Stahlblechrille; oberhalb derselben wird der aufsteigende Seilstrang in die einzelnen Drähte aufgelöst. Vorher ist über diese beiden Seilstränge ein Ring geschoben worden; zwischen diesem Ring und dem Seil werden die Drähte mehrmals nach oben durchgezogen und auf seiner Außenseite immer wieder nach unten gebogen. Die Drahtenden werden dann in verschiedenen Längen abgehauen und die verbleibenden Drähte zur Hälfte rechts herum, zur Hälfte links herum so um das Seil gewickelt, daß die Schlinge nach unten hin allmählich dicker wird. Schließlich wird noch das Ganze mit einer doppelten Lage von feinem Draht umwunden.

Für schwerere Lasten soll man immer Herzstücke verwenden. Es sind dies birnenförmige Scheiben aus Schmiedeeisen (Fig. 171, 172, 177, 178), welche an ihrem Rande mit einer Rille versehen sind, in die das Seil eingelegt wird. Die Tiefe dieser Nut soll gleich der Seildicke sein; das Seil kann dann nirgends vorstehen, ist also vor Beschädigungen geschützt.

Der Radius des unteren Bogens soll nicht unter 200 mm betragen; jedoch finden sich auch Herzstücke, deren größte Breite 500 mm beträgt.

Manchmal besteht das Herzstück aus drei übereinander liegenden Scheiben, von denen nur die mittlere eine Nut besitzt; die beiden äußeren Scheiben werden mit ihr durch Schraubenbolzen verbunden und quetschen das Seil noch zwischen sich fest, wodurch angeblich die Sicherheit des Einbandes erhöht wird.

Der Seileinband von Eigen, DRP. 240 986 (Fig. 170), vermeidet jegliche Klemmung des absteigenden Seilstranges, also des tragenden Hauptseiles, dadurch, daß das Seilende nicht an ihm, sondern mit Hilfe von Klemmen 6 an der

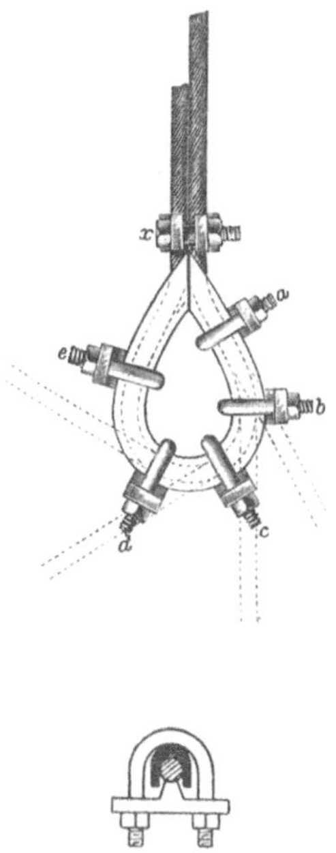

Fig. 168.
Seilschleife. (Aus dem Rheinisch-Westf. Sammelwerk, Bd. V.)

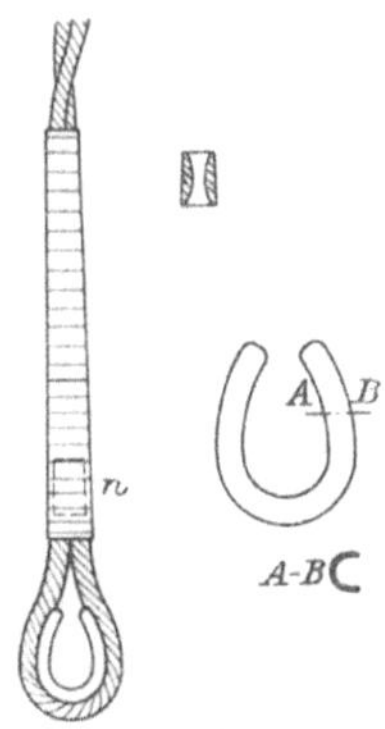

Fig. 169.
Seilschleife.

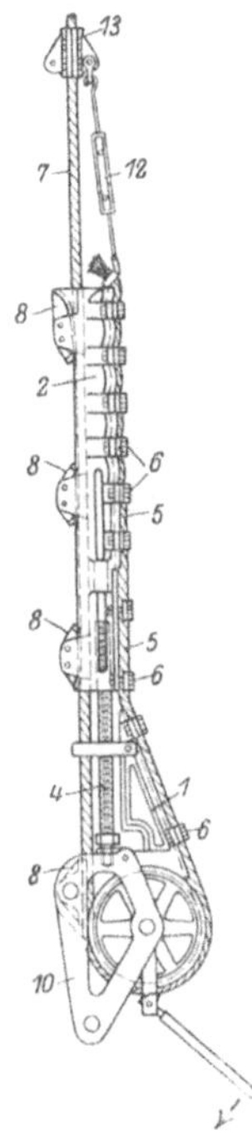

Fig. 170.
Seileinband von Eigen, DRP. 240 986.

Seilkausche 1 befestigt wird. Das Hauptseil 7 ruht ferner in Führungen 8 des Verlängerungsstückes 2, an dem der Seilschwanz 5 auch noch durch Klemmen 6 befestigt ist. Die Last wird von der Aufhängevorrichtung 10 getragen, die einseitig so an der Kausche befestigt ist, daß der Aufhängepunkt der Schale genau mit der Achse des Hauptseiles zusammenfällt. — Sollen Seillängungen oder -kürzungen ausgeglichen werden, so wird der Seilschwanz 5 durch das Spannschloß 12 mit der Klemme 13 verbunden; die Klemmen 6 werden gelöst, worauf man die Kausche mittels der Schraubenspindel 4 dem Verlängerungsstücke 2 nähert oder von ihr entfernt. Darauf wird auch der Seilschwanz mit Hilfe der Spannvorrichtung 12 entsprechend angezogen, um nun wieder mit den Klemmen 6 festgelegt zu werden.

2. Die Herstellung des Einbandes.

Es ist schwierig, das steife Seil um den geringen Halbmesser des Herzstückes zu biegen. Man verfährt dabei in folgender Weise.

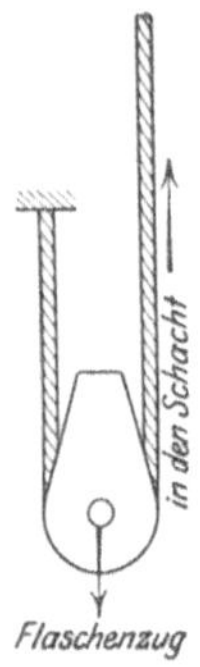

Fig. 171.

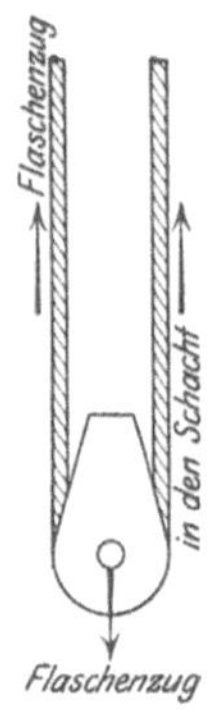

Fig. 172.

Herstellung des Seileinbandes.

Das freie Seilende wird auf die Hängebank gezogen und dort so festgelegt, daß es eine Schleife bildet (Fig. 171). In diese Schleife setzt man das Herzstück ein und zieht es mit Hilfe eines Flaschenzuges so lange in der Pfeilrichtung, bis das Seil vollständig im Herzstück liegt. Auch kann man das freie Seilende, anstatt es festzulegen, mit Hilfe eines zweiten Flaschenzuges nach der entgegengesetzten Richtung ziehen (Fig 172).

Wenn man ein durchbrochenes Herzstück benutzt (Fig. 168 und 72), so kann man das Seil auch in den verschiedenen Lagen nacheinander mit Hilfe der einzelnen Zwingen a bis e festlegen, um es dann oberhalb der Kausche mit Hilfe der Schelle x zu verbinden.

Um das Einlegen des Seils zu erleichtern, namentlich aber um Zeit und Leute zu sparen, empfehlen Salau & Birkholz in Essen (Ruhr) den Seileinbindungsapparat DRP. 216 106 von Hohl (Fig. 173, 174a—c). Er besteht aus zwei in einem Gestell befestigten Handhebeln, mit deren Hilfe das Seil um die Kausche gebogen wird. Das einzubindende Seil wird zwischen den beiden Blechplatten

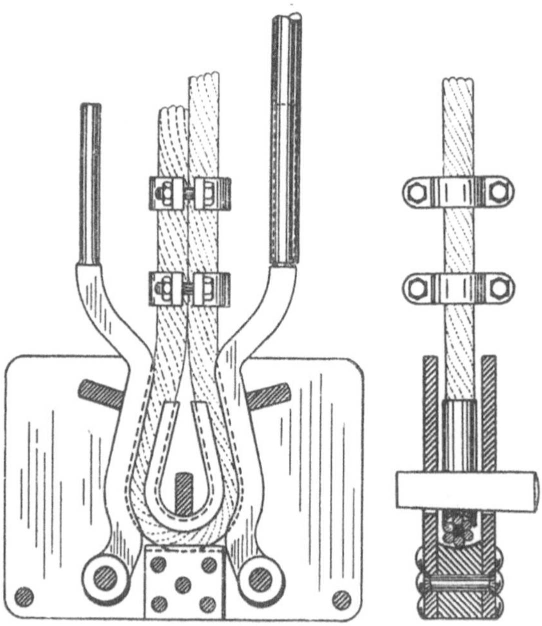

Fig. 173.
Seileinbinder von Hohl.

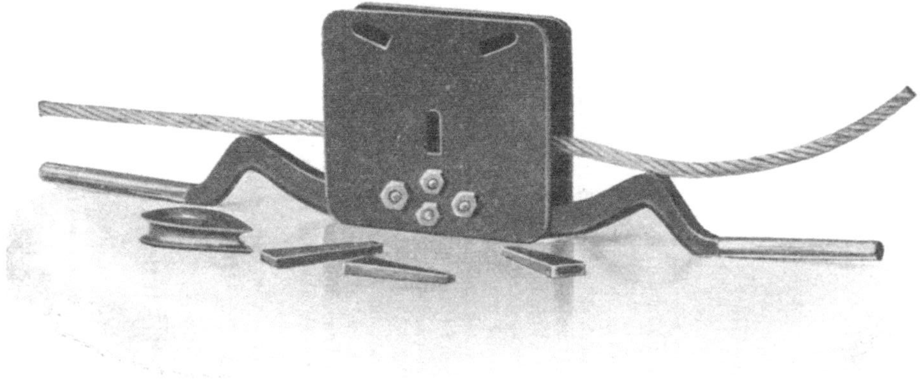

Fig. 174 a.

Fig. 174 b.

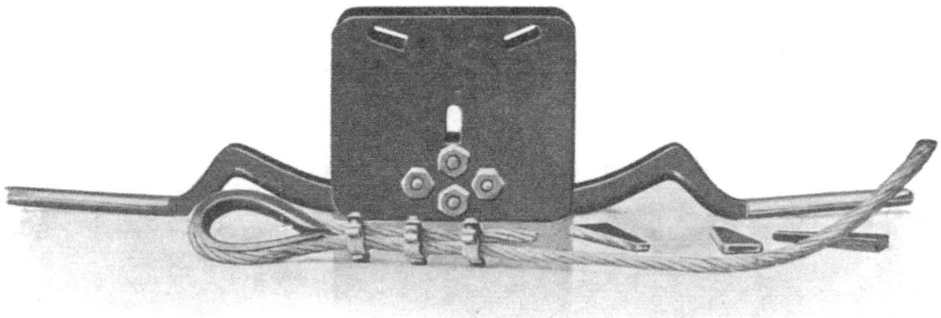

Fig. 174 c.

Fig. 174 a—c.
Seileinbinder von Hohl.

des Apparates auf das unten befindliche Futterstück gelegt und die Kausche durch den Mittelkeil angepreßt. Die Handhebel, welche bisher wagerecht nach außen umgelegt waren, werden angehoben, zusammengedrückt und durch Seitenkeile gegen die Kausche getrieben. Darauf wird das Seil mit Zwingen festgebunden, worauf der Apparat wieder gelöst werden kann.

Von den Schellen (Fig. 175, 176), die zum Einbinden des absteigenden und aufsteigenden Seilstranges benutzt werden, muß die unterste unmittelbar auf dem Oberrande des Herzstückes aufsitzen (Fig, 168), damit das Seil nicht aus diesem herausspringt. Die übrigen Schellen werden in gleichmäßigen Abständen aufgezogen, und zwar ist es am besten, wenn sie stets um 90 Grad gegeneinander versetzt werden.

Um ein etwaiges Schlüpfen des Seiles zu erkennen, wird das letzte Ende des aufsteigenden Seilstranges nach dem Muster von Fig. 177 zu einer Schleife umgebogen und zwischen den beiden obersten Schellen durchgezogen. Auf das freie Ende wird noch eine Schelle aufgeklemmt. Auch kann man die Seilschleife, wie Fig. 178 zeigt, dadurch herstellen, daß man das Ende des aufsteigenden Seilstranges wieder nach unten biegt und in der obersten Schelle festklemmt.

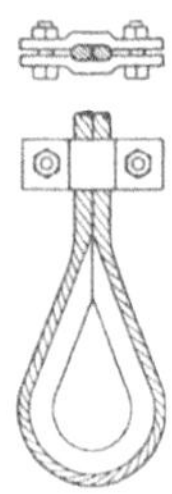

Fig. 175.
Seilschelle.

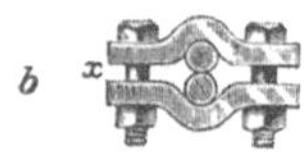

Fig. 176.
Seilschelle. (Aus dem Rhein.-Westf. Sammelwerk, Bd. V.)

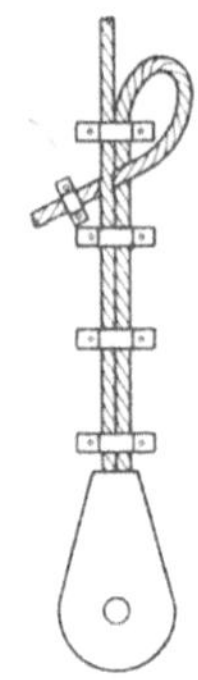

Fig. 177.
Seileinband

Auf Aspen-Schacht der Grube Gerhard bei Saarbrücken ist zwischen Schale und Seileinband eine Federbüchse eingeschaltet, mit deren Hilfe das Seil ständig gespannt gehalten wird. Durch das Herzstück a (Fig. 178) ist der Bolzen b gesteckt, an dem die beiden schmiedeeisernen Rundstangen c angreifen. Diese sind unten wiederum durch einen Bolzen d miteinander verbunden, welcher einen kräftigen Stahlgußteller e nebst Spiralfeder f trägt. Diese Spiralfeder stemmt sich mit ihrem oberen Ende gegen die schmiedeeiserne Platte g, über welche quer zu ihr die beiden Bügel h geschraubt sind. Die Enden dieser Bügel sind mit der Schale vermittelst der Bolzen i gelenkig verbunden. Von der schmiedeeisernen Platte g gehen die Rundstangen k durch Augen des schmiedeeisernen Tellers e, um diesen zu führen. Legt sich die Schale ins Seil, so stemmt sich die Spiralfeder gegen die Bügelplatte g und bewirkt ein sanftes Anheben. Bildet sich aber Hängeseil, so entfernt sich der Teller e von der Bügelplatte g; das Seil bleibt also gespannt.

Alle Herzstücke können auch zum Einbinden von Bandseilen benutzt werden, müssen dann aber wesentlich dicker sein, als wie bei Rundseilen.

3. Die Seilbüchsen und Seilklemmen.

Die Seilbüchsen und Seilklemmen haben gegenüber den Herzstücken den Vorteil, daß zur Herstellung des Einbandes nicht soviel Seil verbraucht wird. Dies zeigt sich namentlich beim vierteljährlichen Seilabhauen; mit Rücksicht hierauf braucht man auch gleich von Anfang an nicht ein so langes Seil anzuschaffen.

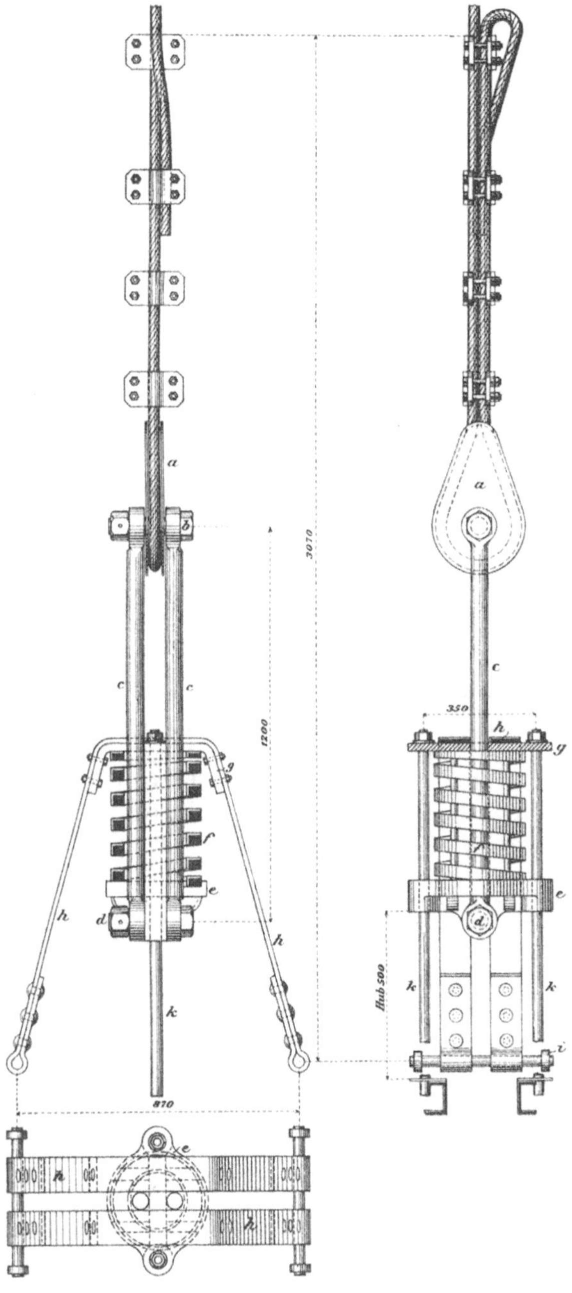

Fig. 178.
Seileinband von Aspen-Schacht. (Aus Vers. u. Verb. i. Jahre 1898.)

Bei der einfachsten Art des Einbandes wird in die Seilseele ein konischer Dorn von etwa $\frac{1}{2}$ m Länge eingetrieben; dadurch wird das Seilende verdickt. Man setzt nun den Seilschwanz senkrecht auf eine Unterlagsscheibe auf (Fig. 179) und umgibt ihn genau zentrisch mit einer Blechschablone, so daß zwischen dieser und dem Seil noch ein freier Raum verbleibt. Diesen freien Raum vergießt man mit Blei (Hartblei) und ersetzt dann die Schablone durch eine zweiteilige Stahlgußbüchse, welche man auf den konischen Bleiverguß aufsetzt. An dieser Stahlgußbüchse wird dann die Schale angehängt.

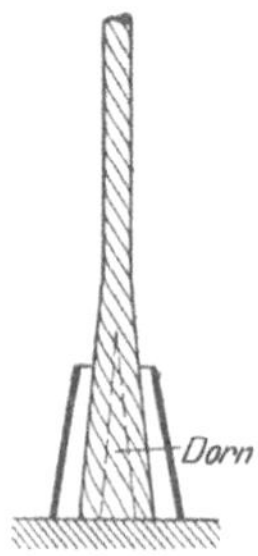

Fig. 179.
Seilende
mit Schablone
zum Vergießen.

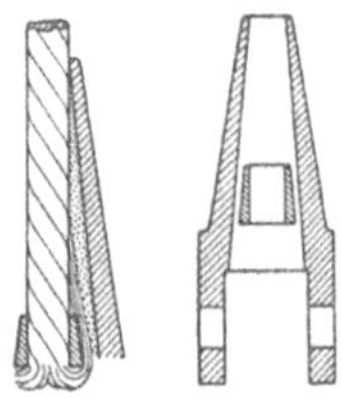

Fig. 180.
Ringbüchse.

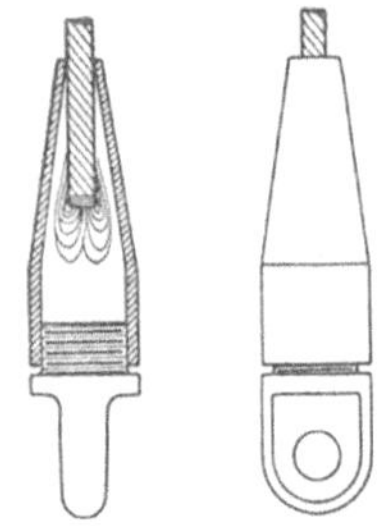

Fig. 181.
Eingußbüchse.

(Aus Kohle und Erz, 1904, Nr. 6.)

Eine andere Art von Einbänden wären die Ringbüchsen (Fig. 180, 181). Hier wird um das Seil ein konischer Ring gelegt und ersteres dann bis an den Ring heran besenartig in seine Drähte aufgelöst. Die Drähte werden um den Ring herum nach oben gebogen und mit feinem Draht an dem Seil festgebunden. Man legt um diesen Seilschwanz eine konische Büchse (Eingußbüchse) und vergießt deren Inneres mit Weißmetall.

Auf Grube Göttelborn bei Saarbrücken stellte man im Jahre 1893 folgenden Seileinband her. Das Seilende A (Fig. 182) wird etwas aufgekräuselt und in einer schmiedeeisernen Büchse B mit Hartblei vergossen. Diese zweiteilige Büchse ist innen und außen rund abgedreht; ihr oberes Ende läuft innen und außen nach oben konisch zu. In ihren Boden wird die Schraube C so gesteckt, daß der Kopf darin versenkt ist. Die Büchse D ist aus einem Stück geschmiedet und außen zylindrisch abgedreht, während sie mit ihrem konischen Innern auf die äußere Form von B paßt. Sie trägt an ihrem Unterende einen Flansch zur Aufnahme der Spiralfeder E; an diesen Flansch ist die Brille F angeschraubt, in deren Augen die Führungsstangen G gleiten. An ihren oberen Enden haben diese Stangen Schraubengewinde; sie hängen an der Platte K, an welcher die Bügel M des Förderkorbes angenietet sind. Unterhalb des Schraubengewindes sind sie mit konischen Bunden versehen, von denen die Eisenblechplatte H getragen wird. Der Zwischenraum zwischen H und K wird durch Aufwärts- bzw. Abwärtsschrauben der Führungsstange G vergrößert bzw. verringert; in diesen Zwischenraum werden Holzplatten eingeschoben und dann mit Hilfe der Schraubenspindel fest aufeinander geschraubt. — Will man die Förderschale vom Seile lösen, so wird die Innenbüchse B mit Hilfe der in ihrem Boden steckenden Schraube C herausgezogen und, da sie zweiteilig ist, vom Seile abgenommen. Alsdann kann man den Seilknoten durch die Büchse D und durch die darüber liegenden Platten herausziehen. — Der Ausgleich von Hängeseil erfolgt mit Hilfe der Holzplatten, welche zwischen H und K eingeschoben werden.

Um eine Büchse mit Blei ausgießen zu können, wird nach dem Verfahren von Felten & Guilleaume in das freie Ende der Muffe a (Fig. 183) ein Stöpsel b eingeschraubt, der mit einem gebogenen Eingußrohre c versehen ist. Damit die Luft aus der Muffe entweichen kann, hat deren Wandung eine Öffnung, in welche das Steigerohr d eingesetzt wird.

Den eben beschriebenen Büchsen mit Metalleinguß wird nachgesagt, daß die Seildrähte durch die Hitzewirkung des flüssigen Metalls leiden, insbesondere daß sie spröde werden. Deshalb hat man andere Verfahren des Seileinbandes angewendet, bei denen dieser Übelstand vermieden wird. So hat man beispielsweise bei der in Fig. 180 abgebildeten Ringbüchse den Metallverguß auch fortgelassen, ohne daß eine Verminderung der Haltbarkeit eingetreten wäre. Mit derartigen Seilbüchsen fördert man u. a. auf den Schächten der Ostfeldes der Königsgrube bei Königshütte O.-S.

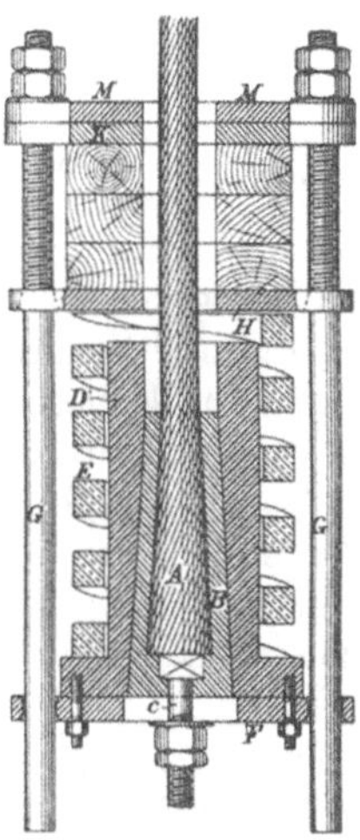

Fig. 182.
Federnde Seilbüchse.
(Aus Vers. u. Verb. i. J. 1893.)

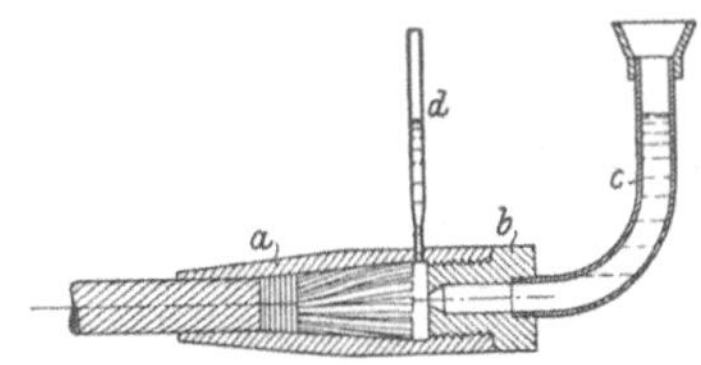

Fig. 183.
Vergießen der Seilmuffe.
(Nach Felten & Guilleaume, DRP. 200 897.)

Fig. 184.
Seilklemme von Baumann. (Aus dem Rhein.-Westf. Sammelwerk, Band V.)

Einen Fortschritt auf diesem Gebiete bedeuten aber die Seilklemmen. Die bekannteste Seilklemme dieser Art ist die von Baumann (Fig. 184). Bei ihr werden an das Seil drei Keilstücke aus Gelbmetall oder aus Hartblei gesetzt, welche sich gegenseitig zu einem Kegel ergänzen. Auf diesen Kegel wird eine Stahlgußbüchse aufgeschoben, an welcher die Förderschale hängt. Bei zu großer Belastung würden die drei keilförmigen Backenstücke zu stark auf das Seil aufgepreßt werden. Um die damit verbundenen übermäßigen Quetschungen zu verhüten, haben die Backenstücke an ihrem unteren Ende einen wagerechten Flansch, durch welchen Stellschrauben hindurchgehen. Durch diese Stellschrauben wird die Stahlgußbüchse aufgehalten, falls sie bei zu schwerer Belastung der Schale übermäßig weit nach unten gehen sollte.

Fig. 185 zeigt eine Verbesserung der Baumannschen Seilklemme. Bei ihr sitzt auf dem wagerechten Flansch der Stahlgußbüchse eine starke Spiralfeder, welche sich gegen die darüber befindliche Traverse stemmt. An dieser Traverse ist die Förderschale angehängt. Zum Zwecke der Hubbegrenzung kann auf die Stahlgußbüchse noch ein Hohlzylinder aufgesetzt werden. Die Spiralfeder bewirkt ein stoßfreies Anheben der Förderschale und verhütet die Bildung von Hängeseil; denn in diesem letzteren Falle könnte ein Auseinandergehen der Seilklemme erfolgen. — Um ein Schlüpfen des Seiles rechtzeitig erkennen zu können, zum Teil auch um dieses zu verhindern, läßt man den Seilschwanz unten aus der Seilklemme heraustreten und klemmt an ihm eine Schelle fest (Fig. 187). Diese Schelle kann auch durch eine Eingußbüchse ersetzt werden.

Bei der dreiteiligen Seilklemme von Baumann (Fig. 186) sind die Keile ebenfalls beweglich, liegen aber nicht in einer starren Büchse, sondern in einer dreiteiligen, deren Einzelteile in Scharnieren gegeneinander beweglich sind. Diese Seilklemme hat gegenüber der geschlossenen Baumannschen Klemme den Vorteil, daß die Scharnierbüchse sich nur schließen läßt, wenn das Seil richtig in den Keilstücken liegt. Diese besitzen nämlich bei beiden Seilklemmen auf ihrer Innenseite den genauen Abdruck der Seiloberfläche. Ist das Seil nicht richtig eingelegt, so findet ein gegenseitiges Abfeilen statt.

Die Deutsche Maschinenfabrik A.-G. in Duisburg liefert vollständige Förderkorbzwischengeschirre, die eine vollkommen unstarre Verbindung zwischen Schale und Seil herstellen.

Wegen des eigenartigen Baues dieser Zwischengeschirre sei hier zunächst auf die Gründe eingegangen, welche zu deren Konstruktion führten. Die Fabrikanten gingen von der Erfahrung aus, daß Seilbrüche fast immer entweder dicht über den Seileinbänden oder unmittelbar unter den Seilscheiben auftreten, wenn in diesem letzteren Falle die Schale auf der Hängebank oder in deren Nähe steht.

Als Ursache für diese Seilbrüche wird angegeben, daß die bisher üblichen Zwischengeschirre zu starr sind und sich bei Hängeseil oder bei Seilstauchungen nicht genügend zusammenlegen; das Seil schwingt nämlich nach allen Richtungen, während ein Zwischengeschirr, namentlich ein solches mit Laschenketten, sich nur in einer Ebene zusammenklappen kann.

Seilstauchungen dicht unter den Seilscheiben entstehen namentlich, wenn die aufgehende Schale in der Nähe der Hängebank angekommen ist; denn die Beschleunigung der Schale ist dann größer als die des leichteren Seiles, wobei auch noch die Seilsteifigkeit eine Rolle spielt. Ein Beweis hierfür sind die starken Seilschwankungen, die man dann immer beobachten kann. Bei diesen Seilstauchungen, die täglich unzählige Male vorkommen, wird das Seil stets etwas aus der Seilscheibenrille abgehoben. Das Duisburger Zwischengeschirr will diese Stauchungen dadurch vermeiden, daß es aus allseitig beweglichen Kettengliedern besteht.

Brüche unmittelbar über dem Einbande werden dadurch hervorgerufen, daß innerhalb der meisten Einbände die Zugrichtung nicht in der Seilachse liegt, sondern durch die Berührungslinie der beiden mit Schellen verbundenen Seilstränge geht. Der belastete Seilstrang liegt also einseitig in der Zugrichtung und muß um die halbe Seilstärke gebogen werden.

Eine andere Gefahrenquelle liegt bei dem Herzstücke darin, daß die Schrauben nur zu leicht überdreht werden und dann reißen, oder daß das Seil schlüpft, wenn sie zu schwach angezogen sind.

Bei den konischen Büchsen, in denen das Seilende mit Blei vergossen wird, stellen sich an der Austrittsstelle des Seiles Biegungsspannungen ein. Diese verlangen, daß das Seil sich in dem Konus der Kausche dehnen kann, was aber wegen des Bleieingusses unmöglich ist; deshalb ist die Haltbarkeit hier sehr in Frage gestellt.

Auf Grund dieser Überlegungen wurde die Seilklemme von Altena-Eigen (Fig. 187—189) ausgeführt. Die beiden dem Seildurch-

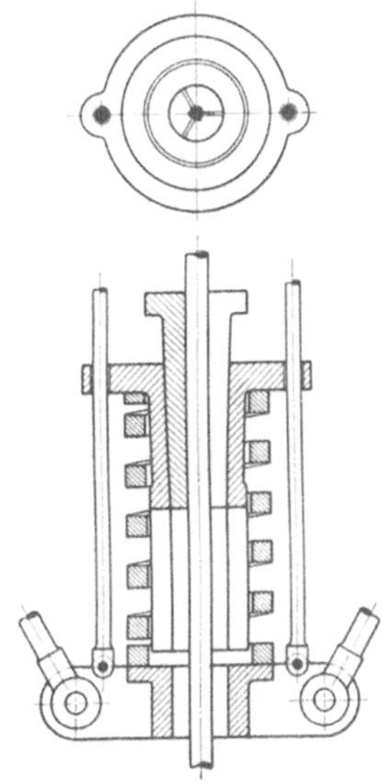

Fig. 185.
Federnde Seilklemme.

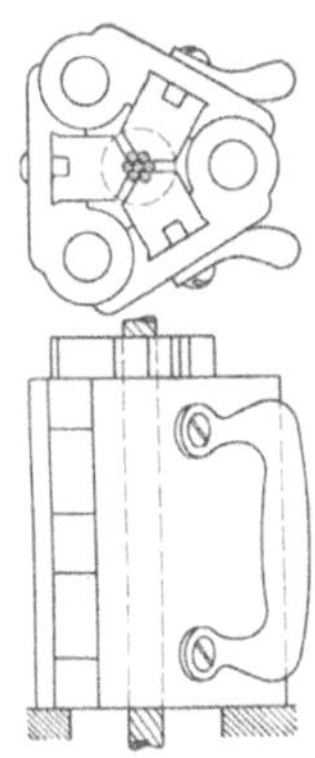

Fig. 186.
Dreiteilige Seilklemme von Baumann. (Aus Kohle und Erz 1904, Nr. 6.)

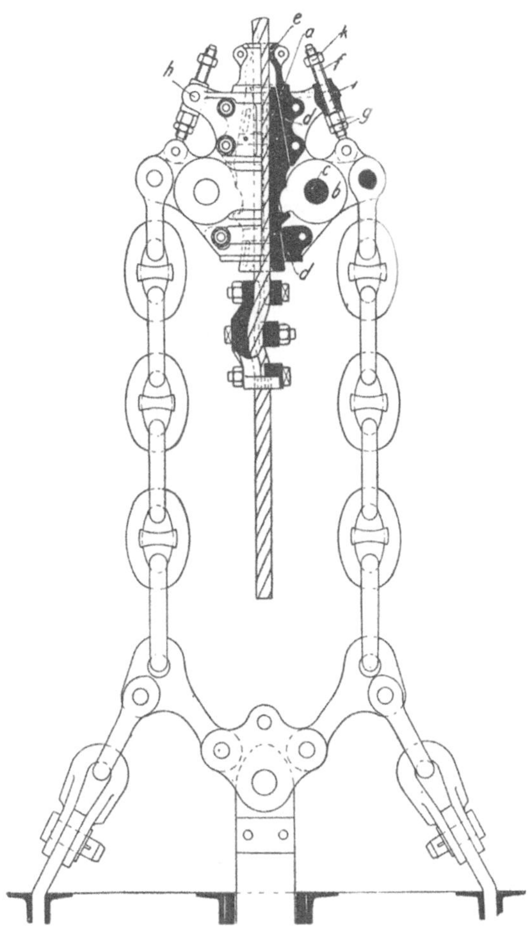

Fig. 187.
Duisburger Zwischengeschirr.

messer entsprechend glatt ausgearbeiteten Backen a aus Siemens-Martin-Stahl liegen in der zweiteiligen Stahlgußbüchse d. Die zweiarmigen Hebel b sind mittels der Stahlbolzen c in diesem Gehäuse drehbar gelagert und drücken mit ihren inneren kürzeren Hebelarmen gegen die Backen a. An den äußeren Hebelarmen greift vermittels der Gehängeketten (Fig. 187) die Schalenlast an. Hierdurch werden, je nach der Größe der Belastung, die Backen a mehr oder

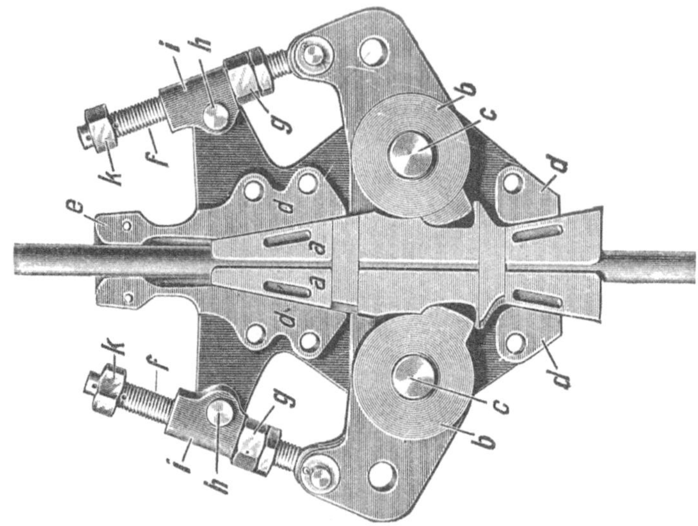

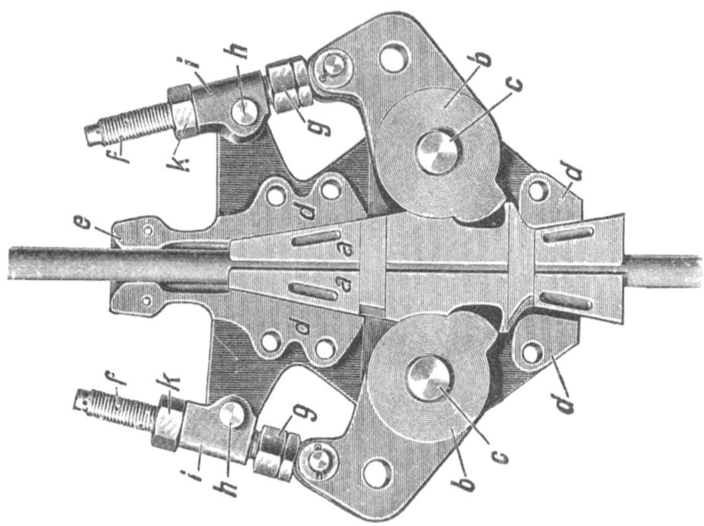

Fig. 188. Seilklemme von Altena-Eigen.

Fig. 189. (Deutsche Maschinenfabrik A.-G., Duisburg.)

weniger in den Konus d hineingezwängt; dieselbe Bewegung macht aber auch das Seil beim Anheben der Schale. Die zwischen dem Seil und den Backen a auftretende Reibung trägt dazu bei, die letzteren noch fester nach oben in den Konus hineinzuziehen. Das Seil wird also auf der ganzen Länge der Klemmbacken gleichmäßig durch Reibung gehalten. Am oberen Ende der äußeren Hebelarme von b greifen gelenkig die Schrauben f an; sie gehen durch die Kreuzköpfe i, welche mit Hilfe der Schwenkzapfen h gelenkig in der Stahlgußbüchse verlagert sind. Durch Verstellen der Muttern g und k wird der Ausschlag der Hebel b

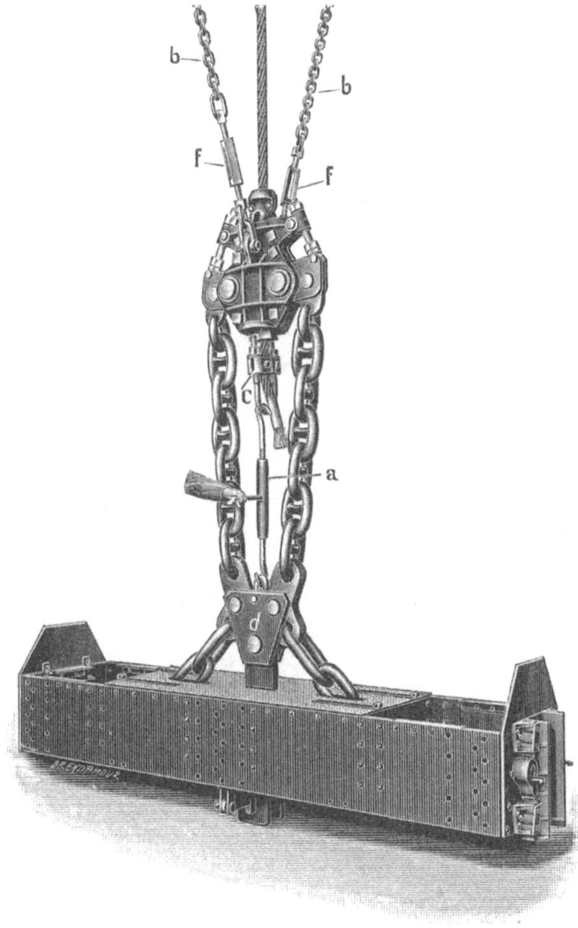

Fig. 190.
Verstecken des Seiles bei der Duisburger Klemme.

und dadurch die Verschiebbarkeit der Klemmbacken a geregelt. Würden nämlich die Hebel b einen zu großen Ausschlag haben, so würden die Backen a zu weit nach oben bewegt und das Seil würde zu stark gequetscht werden. Sind aber die Muttern k auf den Stellschrauben f zu weit nach unten geschraubt, so ist die Reibung zwischen dem Seil und den Klemmbacken zu gering, und das Seil kann herausschlüpfen.

Man kann auch hier, ebenso wie bei der Baumannschen Klemme, unterhalb dieses Seileinbandes noch an dem freien Seilschwanze eine Schelle befestigen (Fig. 187), um ein Schlüpfen des Seiles rechtzeitig zu bemerken.

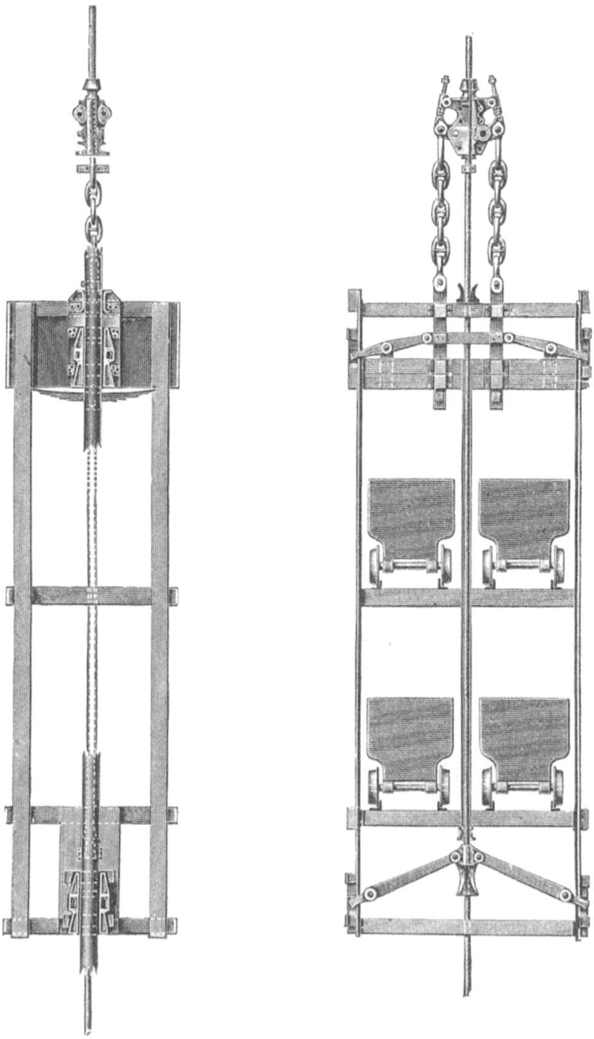

Fig. 191.
Schale mit zwei Königstangen und endlosem Seil.

Hat sich das Seil im Betriebe gelängt, so gleicht man dies dadurch aus, daß man die Muttern g vollständig nach unten dreht und die Hebel b alsdann durch Abwärtsschrauben der Muttern k nach oben zieht. Dadurch werden die Keile a zwangläufig nach unten bewegt, und das Seil wird freigegeben, so daß es versteckt werden kann.

Ein Verstecken des Seiles kann nach dem Beispiele von Fig. 190 auch mit Hilfe einer besonderen Vorrichtung durchgeführt werden. Zu diesem Zweck wird die Hauptklemme mit Hilfe von Ketten (Seilen oder Stangen) b an geeigneter Stelle im Luftschachte aufgehängt. Zwischen der Notklemme c und dem Knotengliede d wird ein Spannschloß (Schraubenwinde) a angebracht, mit dessen Hilfe man das Seil kürzen kann, nachdem man vorher die Hauptklemme in der oben beschriebenen Weise gelöst hat.

Fig. 191 zeigt dieselbe Seilklemme mit zwei Königstangen. Diese Einrichtung gewährt doppelte Sicherheit und ruhigen Gang der Schale. Ferner kann man in diesem Falle, wenn die Wagen auf der Schale nebeneinander stehen, das Förderseil durch letztere hindurchführen und zugleich als Unterseil benutzen.

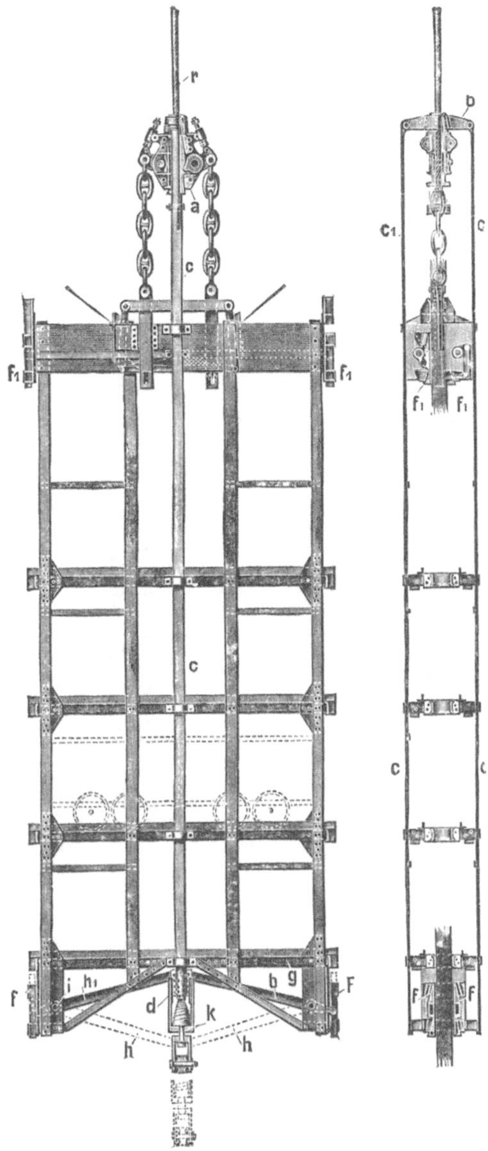

Fig. 192.
Schale mit zwei Königstangen und Umführungsgestänge.

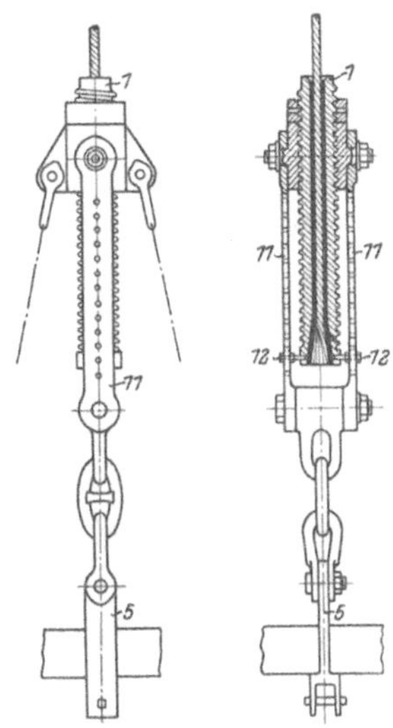

Fig. 193.
Zwischengeschirr von Eigen.

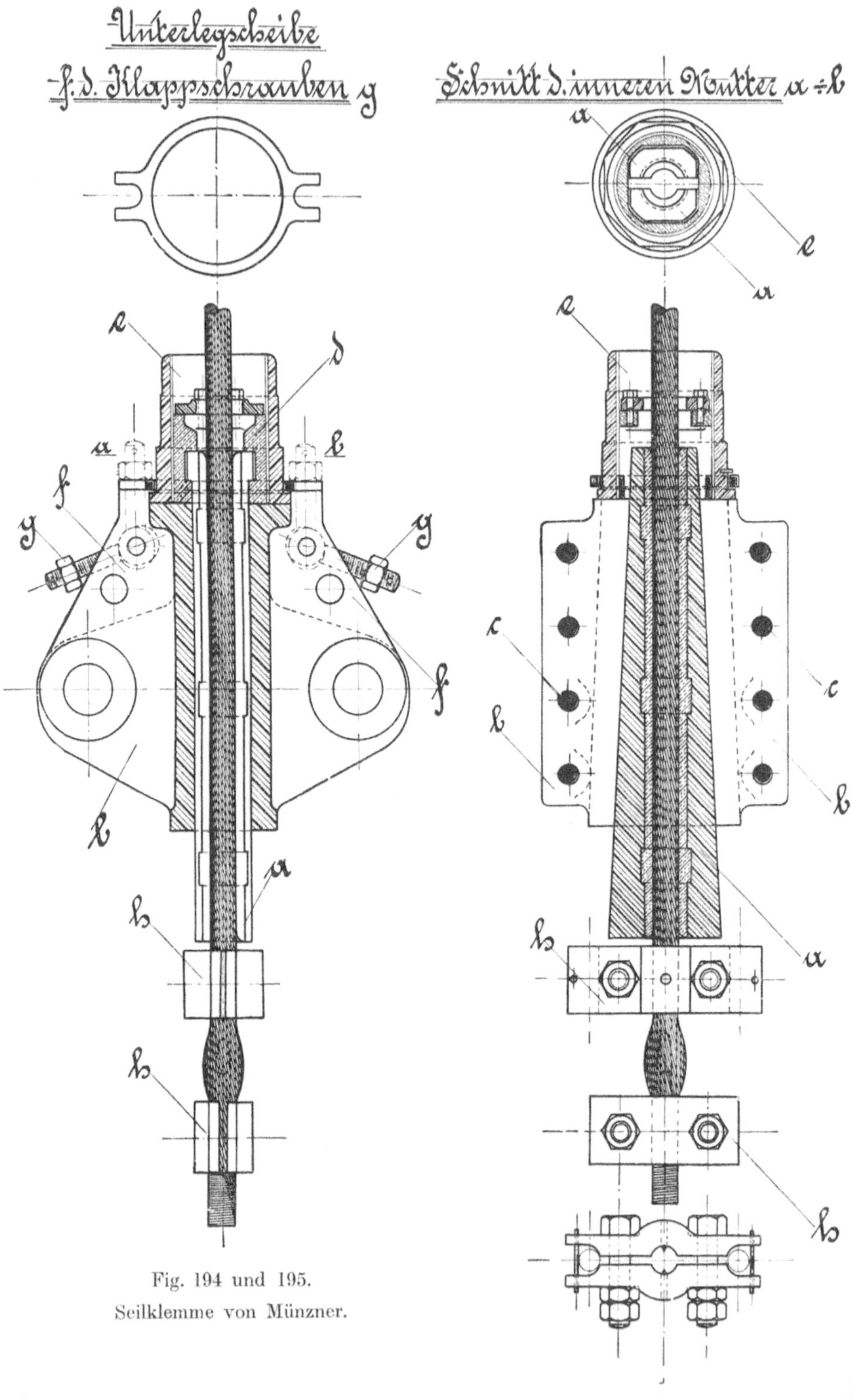

Fig. 194 und 195.
Seilklemme von Münzner.

Wenn die Wagen auf der Schale hintereinander stehen, kann das Seil nicht durch diese hindurchgeführt werden. Man versieht deshalb die Schale mit einem Umführungsgestänge c c_1 (Fig. 192), welches mit der Hauptklemme a durch die Traverse b verbunden ist. An seinem unteren Ende trägt dieses Gestänge die Unterseilanhängung k.

Das Förderkorbzwischengeschirr von Eigen, D. R. P. 207 779, besitzt eine hohle Schraubenspindel 1 (Fig. 193), durch welche Seillängungen ausgeglichen werden sollen; in ihr ist das Förderseil befestigt. Zur Verbindung mit der Schale bzw. mit der Königstange 5 dienen die Laschen 11 und einige Kettenglieder. Die Laschen sind mit übereinander liegenden Bohrungen versehen, durch welche Stifte oder Schraubenbolzen 12 hindurchgesteckt werden; diese greifen in Bohrungen ein, die am unteren Ende der Schraubenspindel 1 angebracht sind.

Die Keilseilklemme von F. A. Münzner G. m. b. H. in Obergruna (Sachsen) besteht in der Hauptsache aus der keilförmigen, zweiteiligen Seilhülse a (Fig. 194, 195) und der ebenfalls zweiteiligen Stahlgußbüchse b, die durch die Schrauben c zusammengehalten wird. Die Teilungsrichtungen von a und b stehen aufeinander senkrecht. b besitzt in ihrem keilförmig gestalteten Innern Schmiernuten, die vor dem Zusammenbau der Klemme mit zähem Fett gefüllt werden müssen, um eine leichte Verschiebbarkeit der beiden Teile gegeneinander zu gewährleisten. — Auf dem Kopfende von a sitzt, dieses umfassend, die zweiteilige Rotgußhülse d, die mit Vatergewinde versehen ist, so daß sie, und mit ihr die Seilhülse a, durch Drehen der Mutter e nach oben und unten verschoben werden kann, wenn man Seillängungen ausgleichen will. Zu diesem Zwecke wird die Seilklemme mittels der ihr angegossenen Lappen f irgendwie im Luftschachte aufgehängt. Nun klappt man die beiden Schraubenbolzen g nach oben, so daß sie in die beiden Außennuten der Unterlegscheibe (Fig. 194) zu sitzen kommen, wodurch die Mutter e zwar an der Aufwärtsbewegung, nicht aber an der Drehung gehindert wird. Durch Linksdrehen derselben werden d und a nach unten verschoben, so daß das Seil aus der Seilhülse gelöst werden kann. Ist die Kürzung durchgeführt, so werden die Klappschrauben g wieder nach unten geklappt, und die Seilhülse wird mit Hilfe der Mutter e nach oben gezogen, wodurch das Seil in ihr fest eingespannt wird. — Die beiden Notklemmen h verhindern ein Durchrutschen des Seiles durch die Klemme; um die Sicherheit zu erhöhen, wird zwischen ihnen noch ein runder, konischer Stahlstift in die Seilseele eingetrieben.

C. Die Seilauslöser.

Mit Hilfe des Seilauslösers soll die Verbindung zwischen Schale und Seil gelöst werden, wenn die erstere aus irgendwelchem unglücklichen Zufall über die Hängebank getrieben wird. Ist nämlich ein Seilauslöser nicht vorhanden und kommt die Schale in die Seilscheiben, so werden diese zerstört, die Schale wird seillos, stürzt in den Schacht zurück und richtet Material- und Personenschaden an.

Auch wenn ein Seilauslöser vorhanden ist, muß ein Abstürzen der Schale verhütet werden. Man darf sich dabei nicht auf die an der Schale angebrachte

Fangvorrichtung, auch nicht auf Fangstützen usw. verlassen, vielmehr soll ein guter Seilauslöser selbst die Schale aufhalten. Diesen Anforderungen entspricht zum Beispiel der Seilauslöser von Haniel & Lueg in Düsseldorf. Er besteht aus drei übereinander liegenden Scheiben, und zwar den beiden Aufhängeplatten a (Fig. 196 und 197) und der Mittelplatte f. Die letztere ist mittels des Schäkels mit dem Seile verbunden, während die beiden ersteren durch den unteren Schäkel mit dem Zwischengeschirr vereinigt werden. Die Mittelplatte hat an ihren Längsseiten die beiden Aussparungen h, in welche die Stifte b der Aufhängeplatten

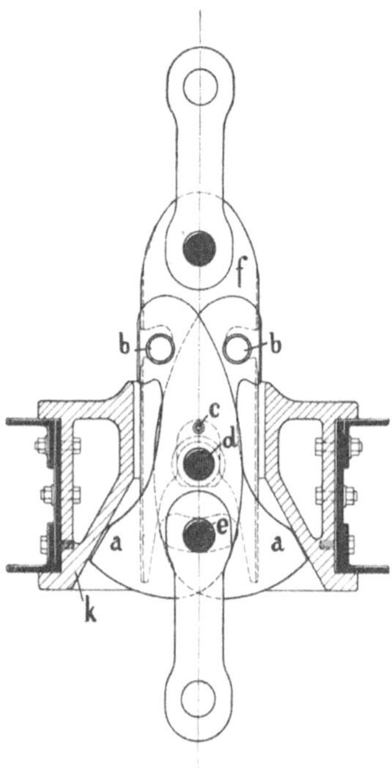

Fig. 196.

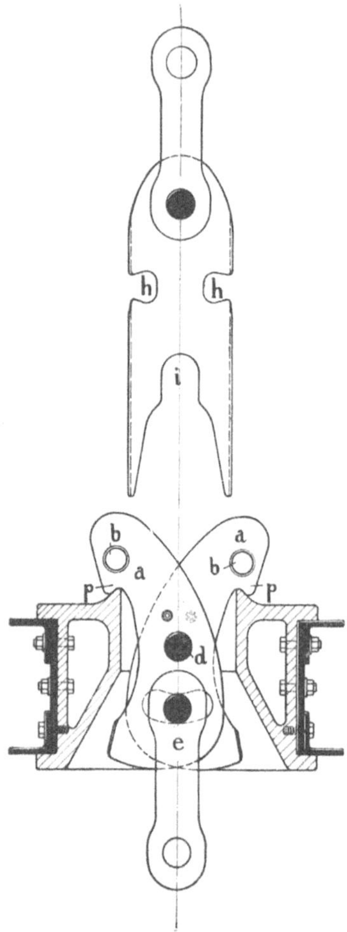

Fig. 197.

Seilauslöser von Haniel & Lueg.

eingreifen; infolge des Schalengewichtes sitzen diese Bolzen fest in den genannten Aussparungen. Eine weitere Sicherung ist durch das Kupferröhrchen c gegeben, welches durch alle drei Platten hindurchgesteckt wird. Wird die Schale über die Hängebank getrieben, so kommt der Seilauslöser in den Auslösetrichter k. Dieser ist in seinem unteren Teile trichterförmig, in seinem oberen zylindrisch gestaltet. Der Seilauslöser geht zunächst ungehindert durch, bis die unteren Verbreiterungen der Aufhängeplatten a in den Trichter einlaufen; da der Seilauslöser an dieser Stelle breiter ist, als wie die lichte Weite des Auslösetrichters, so werden die beiden Aufhängeplatten scherenartig um den Drehbolzen d gedreht; sie durchschneiden dabei das Kupferröhrchen c; ihre oberen Enden gehen auseinander, wobei die Bolzen b aus ihren Sitzen h in der Mittelplatte austreten, und diese letztere wird jetzt zwischen den Aufhängeplatten a herausgezogen (Fig. 197). Die Aufhängeplatten a setzen sich mit ihren nasenähnlichen Kopfstücken p auf den Oberrand des Auslösetrichters und halten so die Schale fest. Damit sie nicht zufällig wieder in die alte Lage zurückkehren, sind die Schlitze e, in denen der untere Schäkel läuft, nach oben gerichtet. Hat der Seilauslöser gefangen, so ruht der Schäkel in den unteren Schlitzenden; die Aufhängeplatten werden also durch die Schalenlast sicher in der auseinandergespreizten Stellung erhalten.

Andere bekannte Seilauslöser sind die von Ormerod, Fritz, Holtfort, Westermann und Meinerzhausen. Eine Beschreibung dieser Seilauslöser dürfte überflüssig sein, da einige von ihnen veraltet sind und den Ansprüchen nicht mehr genügen, die heutzutage an einen Seilauslöser gestellt werden, ferner aber auch aus dem Grunde, weil die Seilauslöser nicht allzu häufig benutzt werden. Ihnen haften nämlich im allgemeinen folgende Nachteile an:

1. Im Schachte herabfallende Gegenstände können den Seilauslöser treffen und ein selbsttätiges Auslösen während der Förderung herbeiführen.

2. Bei Hängeseil kann der Seilauslöser sich umlegen und sich öffnen; deshalb ist seine Benutzung nur empfehlenswert, wenn ohne Aufsatzvorrichtung gefördert wird.

3. Manche von ihnen sind statt mit Kupferröhrchen mit Stiften versehen; diese können aber im Laufe des Betriebes dünner werden, ohne daß man es bemerkt; ebenso können sich die Stiftlöcher erweitern. Deshalb sind die Kupferröhrchen vorzuziehen, weil man durch diese hindurchsehen und sich so von ihrer Unversehrtheit überzeugen kann.

Am besten ist es, die Seilauslöser spätestens alle zwei Jahre, die Kupferstifte bzw. -röhrchen alle drei Monate auszuwechseln.

Seilauslöser soll man nur dort verwenden, wo andere, einfachere Mittel, z. B. konvergierende Spurlatten, nicht anwendbar sind.

D. Die Versteckvorrichtungen.

Durch die ständig auftretenden Seillängungen wird der Förderbetrieb sehr gestört; denn wenn die niedergehende Schale bereits auf der Aufsatzvorrichtung im Füllorte angekommen ist, steht die aufwärtsgehende Schale dann noch nicht in gleicher Höhe mit der Hängebank.

Seillängungen treten ganz besonders bei neu aufgelegten Seilen auf. Deshalb soll man die Seile immer vor einem Feiertage auswechseln und das neue Seil sofort in Betrieb nehmen. Man belastet die Schale mit Bergewagen, also mit der größten überhaupt im Betriebe vorkommenden Last und läßt nun die Maschine ständig laufen. Die stetigen Biegungen und Streckungen des Seiles im Verein mit der größten Belastung bewirken, daß die Seildrähte die ihnen zukommende endgültige Lage im Seile annehmen. Ein einfaches Belasten des ruhenden Seiles genügt nicht.

So erreicht man, daß die größte Dehnung noch vor der ersten Förderschicht auftritt und bequem durch Verstecken der Seiltrommeln an der Fördermaschine ausgeglichen werden kann. Geringere Seilstreckungen, die sich auch weiterhin noch im Betriebe einstellen, beseitigt man mit Hilfe der im Zwischengeschirr angebrachten Versteckvorrichtungen. Diese können sein

1. Spindel-Versteckvorrichtungen,
2. Laschenketten-Versteckvorrichtungen,
3. Scheren-Versteckvorrichtungen.

1. Die Spindel-Versteckvorrichtungen

sind solche mit einer oder mit zwei Schraubenspindeln. Die letzteren werden häufiger verwendet, haben aber den Nachteil, daß beide Spindeln gleichmäßig angezogen sein müssen, weil sie sonst verschieden belastet sind; es liegt dann die Gefahr vor, daß die schwerer belastete Spindel, namentlich da sie dann auch schief hängt, zuerst bricht und dann natürlich auch die andere.

Eine einfache zweispindelige Versteckvorrichtung zeigt die Fig. 198. Sie hängt mittels zweier Laschen an dem Herzstücke des Seileinbandes; an dem unteren Querstücke ist die Königstange befestigt.

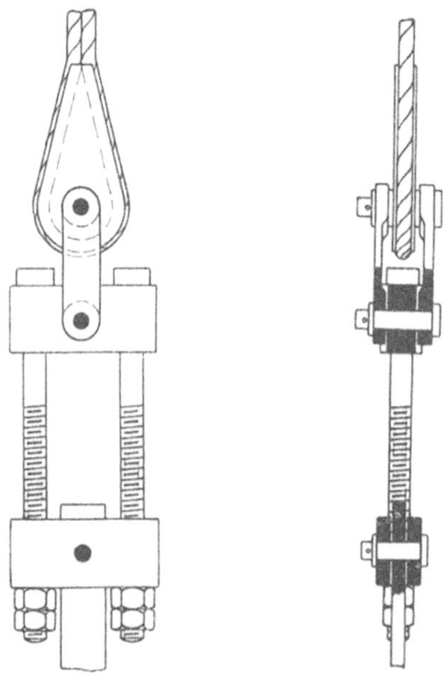

Fig. 198.
Zweispindlige Versteckvorrichtung.
(Aus dem Rhein.-Westf. Sammelwerk, Band V.)

Fig. 199.
Zwischengeschirr und Versteckvorrichtung der Deutschen Maschinenfabrik A.-G., Duisburg.

Um das Ecken bei ungleichem Anziehen der Spindel zu verhüten, wird wohl auch die Verbindung zwischen den Spindeln und den unteren Querstücken gelenkig hergestellt (Fig. 72). Die Schraubenmuttern nebst Gegenmuttern sitzen dann über und unter dem oberen Querstücke.

Eine andere zweispindelige Versteckvorrichtung zeigt die Fig. 199.

Die einspindeligen Versteckvorrichtungen werden meistens bei Gesenkschalen verwendet. Doch können sie auch, wie verschiedene der nachstehenden Abbildungen ergeben, an Hauptförderschalen angebracht werden.

Die einspindeligen Versteckvorrichtungen haben den Vorteil, daß die Schraubenspindel in der Verlängerung des Seiles liegt, daß also die Schale zentrisch aufgehängt ist. Die Art und Weise, wie hier die Schraubenspindel mit dem Seileinbande bzw. mit der Königstange verbunden wird, zeigen die Fig. 200—202.

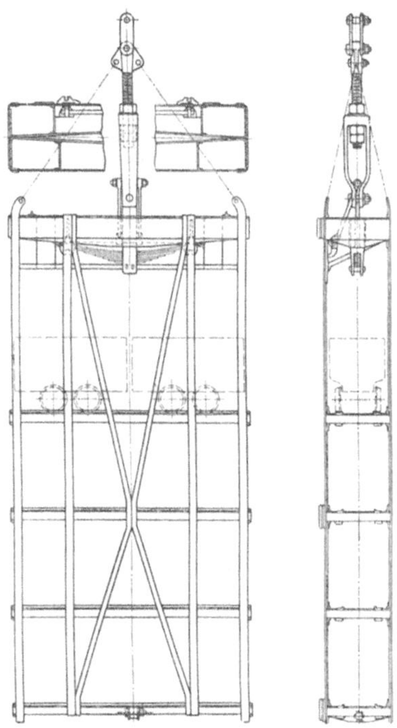

Fig. 200.
Einspindlige Versteckvorrichtung.

Fig. 201. Fig. 202.
Zwischengeschirr mit einspindliger Versteckvorrichtung der Deutschen Maschinenfabrik A.-G., Duisburg.

Eine einfache Spindel-Versteckvorrichtung für Gesenkschalen ist in Fig. 45 dargestellt. Sie hängt gelenkig an dem Schäkel, welcher die Verbindung mit dem Herzstücke herstellt. Die Spindel geht lose durch eine Schelle, an deren beiden Seiten die Schurzketten angreifen. Die Schelle selbst wird von einer Mutter nebst Gegenmutter getragen, durch deren Verstellen die Seillängungen ausgeglichen werden.

Eine andere Versteckvorrichtung dieser Art, welche an die Spannschlösser erinnert, ist in Fig. 203 dargestellt. Sie hat zwei Schraubenspindeln, eine obere und eine untere, welche durch die Spannmutter zusammengehalten werden. Das Kettengehänge verbindet die Schale unmittelbar mit dem Einbande; diese Ketten dienen als Notketten.

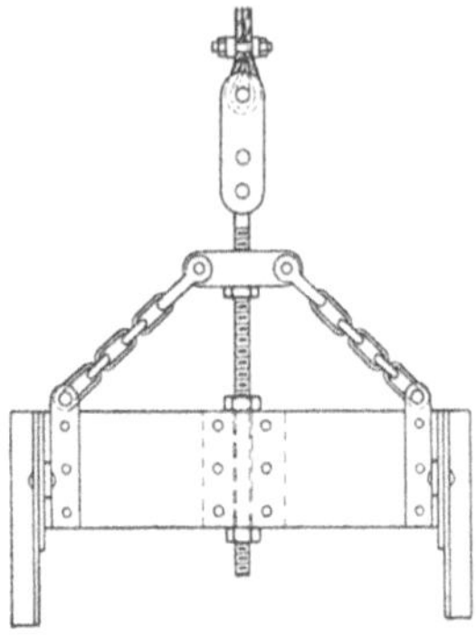

Fig. 204.
Zwischengeschirr für Gesenkschalen. (Aus Glückauf 1907, Nr. 43.)

Es sind wiederholt dadurch Unglücksfälle eingetreten, daß sich bei Vornahme einer Seilkürzung der Anschläger des oberen Anschlagsortes eines Gesenkes auf die Schale stellte und mit Hilfe eines langen Schraubenschlüssels die Schrauben-

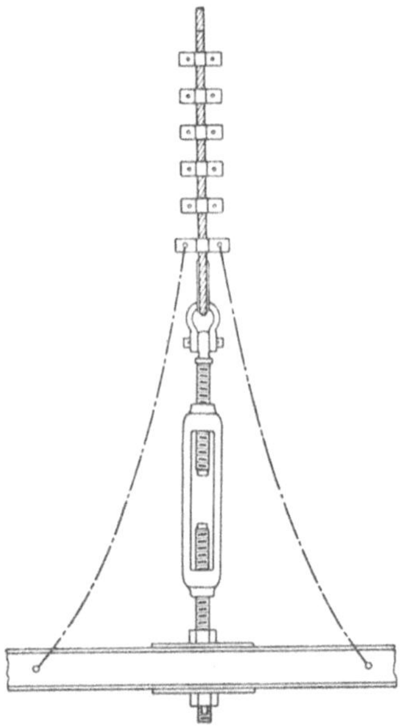

Fig. 203.
Versteckvorrichtung.

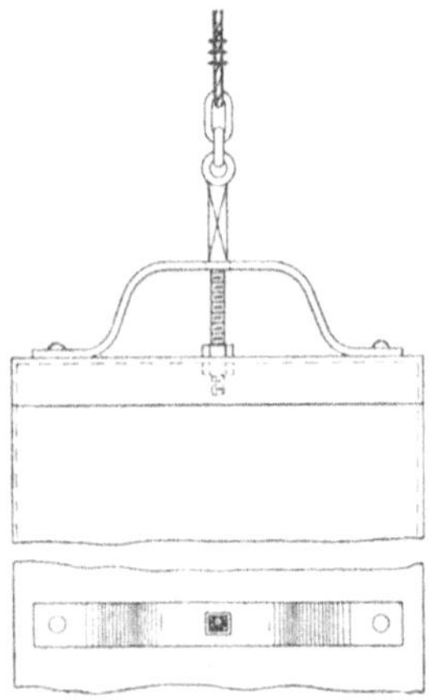

Fig. 205.
Zwischengeschirr von Tölle. (Aus Glückauf 1907, Nr. 43.)

mutter der Versteckvorrichtung (Fig. 204) so lange drehte, bis die gewünschte Kürzung erreicht war. Bei der Dunkelheit, in der gearbeitet wird, kann aber, wenn die Mutter auf der Königstange festgerostet ist, leicht übersehen werden, daß sich dann in Wirklichkeit Mutter, Königstange und das zwischen Schale und Seiltrommel befindliche Seilstück so lange drehen, bis letzteres abgedreht ist und die Schale mit dem Manne abstürzt. — Solche Unfälle sollen durch das Zwischengeschirr von Tölle (Fig. 205) vermieden werden. Der obere gewindefreie Teil der Königstange ist hier vierkantig geformt und geht durch einen Bügel mit entsprechend vierkantiger Öffnung, der auf dem oberen Schalenrahmen befestigt ist. Hierdurch wird eine unbeabsichtigte Drehung der Königstange sicher vermieden.

Erklärung zu Fig. 206.

Zwischengeschirr mit Laschenketten-Versteckvorrichtung der Deutschen Maschinenfabrik A.-G., Duisburg.

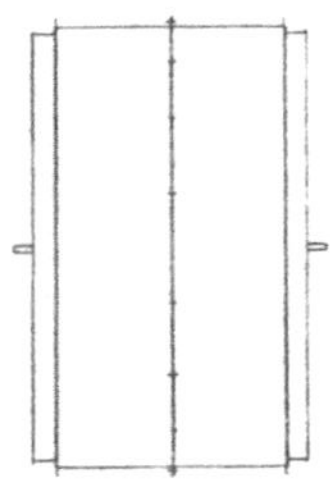

Fig. 208.
Umsteckbare Seiltrommeln.

Fig. 206.

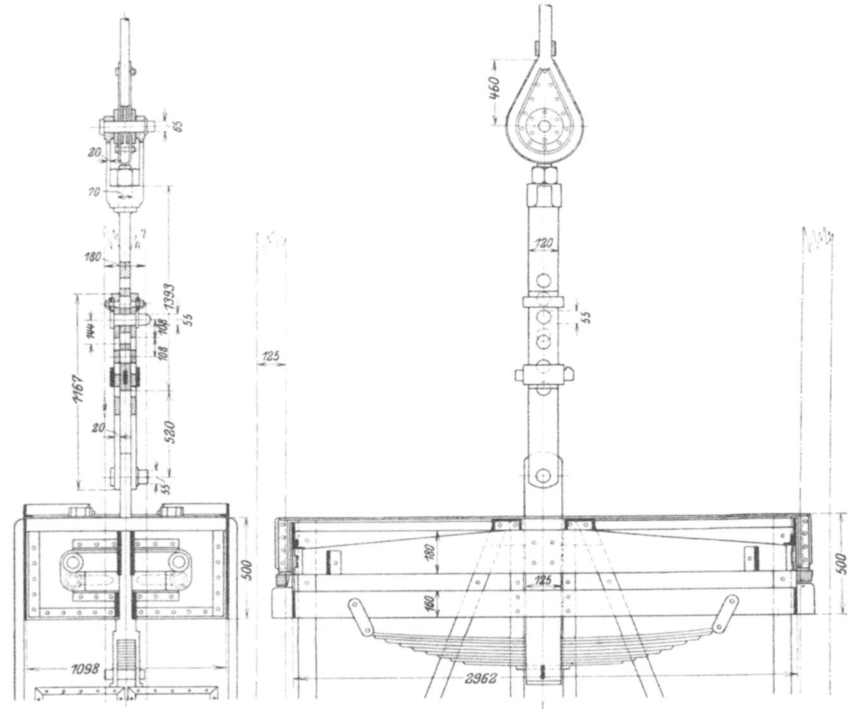

Fig. 207.
Scheren-Versteckvorrichtung.

2. Die Laschenketten-Versteckvorrichtungen

(Fig. 52 und 206) bestehen aus Laschenketten, von denen zwecks Seilkürzung einzelne Glieder fortgenommen oder durch Laschenstücke von anderer Länge ersetzt werden.

3. Die Scheren-Versteckvorrichtung

(Fig. 207) kann als eine Laschenkette aufgefaßt werden, die nur aus zwei Gliedern von ziemlicher Länge besteht. Diese Glieder sind mit einer größeren Zahl von Durchbohrungen versehen, von denen je drei einander gegenüberstehen müssen, damit der Verbindungsbolzen durchgesteckt werden kann. Es ist gut, wenn die Bohrungen nonienartig gegeneinander versetzt sind, so daß selbst ganz geringe Seilkürzungen bewirkt werden können.

Auf Max-Grube bei Michalkowitz O.-S. enthält das Zwischengeschirr keinerlei Versteckvorrichtung. Seilkürzungen werden dort von den Trommeln der Fördermaschine aus vorgenommen. Dies ist möglich, weil die Bremsscheibe nicht zwischen den beiden Seiltrommeln, sondern außerhalb derselben liegt. Die inneren Flanschen der Seiltrommeln sind mit Durchbohrungen versehen (Fig. 208), durch welche eine Anzahl von Bolzen gesteckt wird; auf diese Weise wird die Lostrommel mit dem Festkorbe verbunden. Die Bohrungen sind nonienartig gegeneinander versetzt; die eine Trommel besitzt nämlich 10 Durchbohrungen auf je 1 m Umfang, während die andere Trommel auf je 1 m 11 Löcher aufweist.

E. Der Drehwirbel.

Er ist nötig, damit sich in ihm der Seildrall auslaufen kann. Dieser macht sich besonders unangenehm bemerkbar, wenn die Schale an der Hängebank auf der Aufsatzvorrichtung sitzt, indem sich die Schurzketten umeinander wickeln. Man hat den Drehwirbel auch fortgelassen, angeblich ohne irgendwelche Nachteile zu empfinden. Doch wird dies nur empfehlenswert sein, wenn man ohne Aufsatzvorrichtung fördert, weil dann das Zwischengeschirr straff gespannt bleibt.

F. Das Knotenglied

ist meistens eine starke, dreieckige Stahlplatte (Fig. 47, 52, 72, 199, 200) und kann auch durch einen Bügel ersetzt werden. Von ihm aus gehen die Schurzketten nach der Schale hin.

G. Die Schurzketten.

Über die Anzahl der Schurzketten und die Art ihres Angriffs an der Förderschale ist schon weiter oben alles erforderliche gesagt worden. Kreisrunde Ringe und weite Kettenglieder sind zu vermeiden, weil sie nicht einfach und zuverlässig berechnet werden können und leicht Formveränderungen oder Brüche erleiden. Die Glieder sollen kurz sein, damit sie nicht klinken. Bei längeren Gliedern wird das Klinken durch einen Steg (Stegketten) oder einen übergeschobenen Ring (Ringglieder) verhütet. — Mit der Zeit dehnen sich die Kettenglieder; zum Ausgleich dieser Dehnung müssen in den Schurzketten Spannschlösser vorhanden sein.

Die Ketten bekommen bei der Materialförderung eine 10 fache, bei der Seilfahrt eine 15 fache Sicherheit. Die zulässige Belastung einer Kette wird nach Baumann mit Hilfe der Formel

$$P = 3\,d^2$$

(P = Belastung, d = Dicke des Ketteneisens in mm) berechnet.

Im Ostrau-Karwiner Steinkohlenrevier wird nach Laske zur Berechnung der Eisenstärke die Formel

$$d = 0{,}45 \cdot \sqrt{P}$$

angewendet.

Das Material für die Ketten soll zähes, weiches Schweißeisen mit einer Zugfestigkeit von 35—36 kg/qmm und einer Dehnung φ = 12—20 % sein.

Bei den Ketten liegt die Gefahr vor, daß die Schweißstellen der einzelnen Glieder nicht gleichmäßig tragen. Reißt man solche absichtlich auf, so findet man häufig, daß die Schweißung nur an den äußeren Rändern gelungen ist. Deshalb soll man bei Berechnung der Ketten nie den doppelten Querschnitt des Ketteneisens als tragend annehmen, sondern nur den einfachen.

H. Die Notketten

sollen die Verbindung zwischen Schale und Seil aufrecht erhalten, wenn irgend ein Bruch im Zwischengeschirr erfolgt; sie müssen deshalb vom Schalendache bis zum Seileinbande reichen. Es genügen im allgemeinen zwei Stück. Sie greifen am Kopfrahmen der Schale in gleicher Weise an wie die Schurzketten. Das Herzstück bekommt zu ihrer Aufnahme an beiden Seiten Bügel, oder es wird ein Bolzen durchgesteckt, der an beiden Enden mit Ringen versehen ist.

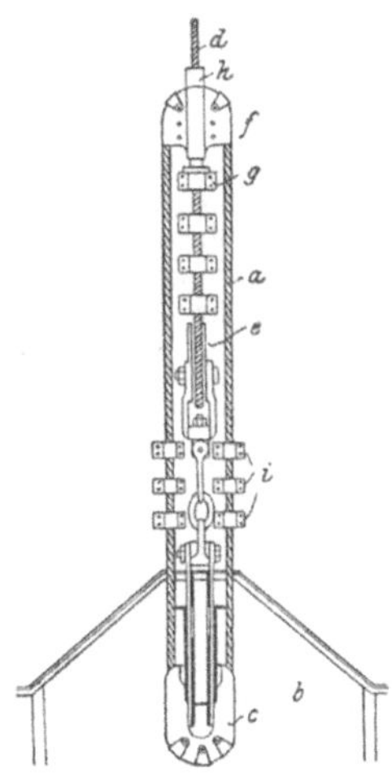

Fig. 209. Sicherheits-Seileinband von Schweinitz. (Aus Berg- und Hüttenm. Rundsch., I. Jahrg., Nr. 16.)

Ist ein Seilauslöser vorhanden, dann dürfen die Schurzketten nur bis an sein unteres Ende reichen. Aus diesem Grunde bringt man den Seilauslöser immer unmittelbar unter dem Seileinbande an.

Die Notketten dürfen nicht lose durchhängen; denn bei einem Bruche des Zwischengeschirrs würde sich sonst die Schale mit einem scharfen Ruck in die Ketten legen und sie sprengen. Es ist besser, sie ständig schwach angespannt zu lassen, indem man auch sie einen Teil der Last, z. B. $^1/_6$ derselben, tragen läßt. Auch die Notketten müssen mit Spannschlössern versehen sein.

Der Sicherheitsseileinband von Schweinitz dient als Ersatz für die Notketten. Das Seil a (Fig. 209) geht um zwei Kloben c und f, von denen sich ersterer in der Schale b, letzterer oberhalb des Seileinbandes befindet und unmittelbar auf der obersten Seilschelle g aufsitzt. Um ein Schiefhängen der Schale, bzw. um ein Scheuern des Förderseiles d an den Klobenwandungen zu verhüten, ist es durch eine Büchse h geführt, welche sich frei in dem Kloben f bewegen kann. Das Notseil a ist ferner doppelt um den Kloben f geschlungen, so daß die Büchse h zwischen den beiden Seilstücken hindurchgeht. Die beiden Enden des Notseiles sind durch die Schellen i festgelegt.

Achter Teil.

Die Schachtleitungen.

Von Diplom-Bergingenieur **Hans Bansen.**

Bei der Bearbeitung benutzte Literatur.

Dannenberg: Der Bergbau in Skizzen.
Demanet: Der Betrieb der Steinkohlenbergwerke. 2. Auflage. Braunschweig, Vieweg & Sohn.
Demanet: Traité d'exploitation des mines de houille. Tome III, 1899. Bruxelles, Société belge d'éditions.
Beschreibung einer Seil- bzw. Spurlatten-Schmiervorrichtung. Bergbau XXII (1909), Nr. 28.
Umbau eines Förderschachtes während des Betriebes. Glückauf 1907, Nr. 10.
Kohlenbergbau in großer Tiefe. Österreichische Zeitschrift 1900, Nr. 1.
Ackermann: Über die mit den verschiedenen Schachtleitungen im Oberbergamtsbezirk Breslau gemachten Erfahrungen. Preußische Zeitschrift 1905, (Band 53.)
Dobbelstein: Neuerungen bei der Förderseil- und Spurlattenschmierung. Glückauf 1909, Nr. 1.
Wirtz: Das Schmieren der Spurlatten und dessen Einwirkung auf die Funktion der Fangvorrichtung. Der Bergbau XX (1907), Nr. 65.
Weiß: Der Umbau des Schachtes II der Gewerkschaft Ver. Constantin der Große. Glückauf 1908, Nr. 38.
F. Schulte: Eiserner Schachtausbau mit einseitiger Korbführung. Glückauf 1903, Nr. 50.
Dr. Steingroever: Über die Entwicklung der autogenen Metallbearbeitung und ihre Bedeutung für den Bergbaubetrieb. Kohle und Erz 1910, Nr. 38.
F. Schulte: Eiserne Schachtführungen. Glückauf 1907, Nr. 15.
Der Unfall bei der Seilfahrt auf dem „Zirkelschachte" bei Volkstedt am 8. August 1907. Preußische Zeitschrift 1908 (Band 56).
Ergebnisse der Untersuchungen der Großbritannischen Grubensicherheitskommission über Unfälle in Schächten. Preußische Zeitschrift 1910 (Band 58).
Morsbach: Das Abteufen der Westfalenschächte bei Ahlen. Glückauf 1911. Nr. 21.
Versuche und Verbesserungen i. J. 1882.
„ „ „ „ 1884.
„ „ „ „ 1887.
„ „ „ „ 1898.
„ „ „ „ 1900.
„ „ „ „ 1907.
„ „ „ „ 1908.

Schulze-Höing: Über Schachtförderung aus großer Teufe beim Steinkohlenbergbau im Oberbergamtsbezirke Dortmund. Preußische Zeitschrift 1912 (Band 60), 1. Heft.

A. Allgemeines.

Die Schachtleitungen haben den Zweck, die Förderschalen bzw. die Förderkübel vom Füllorte oder von der Schachtsohle sicher bis zur Hängebank zu leiten.

Bei den Förderschalen spricht man von Stirnleitungen und von Seitenleitungen und versteht hierbei immer unter der Stirnseite der Schale die schmale Seite, weil auf dieser in den meisten Fällen, nämlich bei hintereinander stehenden Wagen, die Fördergefäße aufgeschoben werden. Die Bezeichnung als Stirnseite wird für die schmalen Seiten sogar noch aufrecht erhalten, wenn bei nebeneinander stehenden Wagen das Aufschieben derselben von den langen Seiten aus erfolgt. Wo Irrtümer möglich sind, wird deshalb nachstehend immer gesprochen von: Leitungen an den kurzen Seiten, bzw. Leitungen an den langen Seiten der Schale.

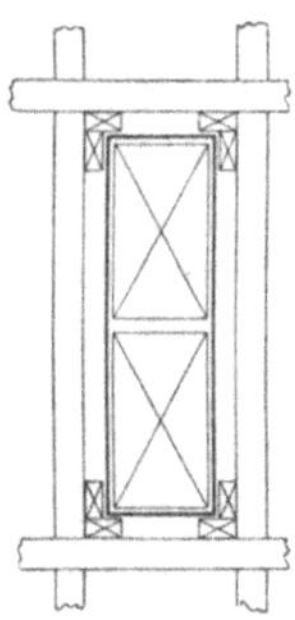

Fig. 210.
Hölzerne Eckleitungen.

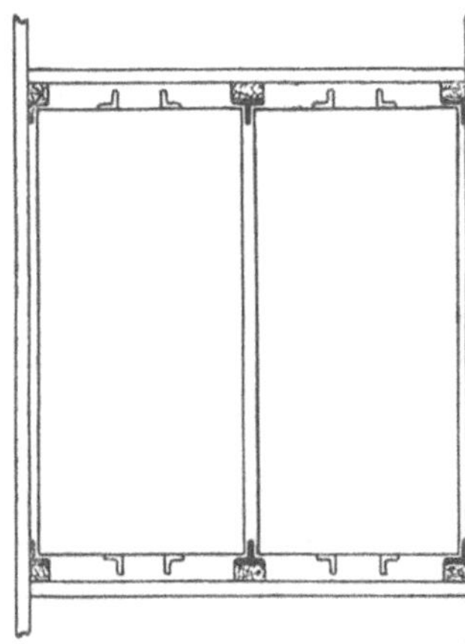

Fig. 211.
Eiserne Eckleitungen. (Aus dem Rhein.-Westf. Sammelwerk, Bd. V.)

Vorteile der Stirnleitung sind:

1. ruhiger Gang der Schale;
2. die Förderwagen können während des Treibens nicht abrollen;
3. leichte Prüfung der Leitungen von der Schale aus;
4. Fortfall der Mittelschachtscheider, also Material- und Raumersparnis;
5. beide Fördertrümer stehen zum Einhängen großer Gegenstände zur Verfügung.

Das günstigste, auch hinsichtlich der Raumersparnis, wären Eckleitungen aus L-Eisen, zwischen 2 Trümern aus T-Eisen; doch fehlt es hierfür an geeigneten Fangvorrichtungen.

Bei langen, schmalen Schalen ist die Führung an den kurzen Seiten besser, weil die Schale dann nicht so schleudert. Es sind dies meistens auch die Stirnseiten, weshalb man die Leitungen an den Anschlagsorten unterbrechen muß. An der Hängebank und im Füllorte bringt man deshalb als Ersatz Eckleitungen (Fig. 210) an, die aus Holz oder aus Eisen bestehen. Die hölzernen Eckleitungen werden an den Enden zugeschärft, damit die Schalen stoßfrei einlaufen können. Zu den eisernen Eckleitungen (Fig. 211) verwendet man Winkeleisen und T-Eisen und biegt diese an ihren Enden aus dem gleichen Grunde nach außen um. — Bei vielstöckigen Schalen sind Eckleitungen nicht so unbedingt nötig, wenn die Schalen umgesetzt werden, d. h. wenn die einzelnen Stockwerke nacheinander bedient werden; denn die Lücke in den Leitungen ist dann nur gleich einer Stockwerkshöhe; die Schale gleitet aber mit den Führungsschuhen der übrigen Rahmen noch hinreichend sicher in den Leitungen. — Werden aber bei solchen Schalen sämtliche Stockwerke zu gleicher Zeit abgefertigt, dann muß die Unterbrechung der Leitung der Schalenhöhe entsprechen; es sind dann Eckleitungen unbedingt erforderlich.

An den Zwischenfüllörtern müssen die Schachtleitungen (Stirnleitungen) unterbrochen werden, damit gelegentlich auch von hier aus gefördert werden kann. Geht aber die Förderung an einem solchen Füllorte vorbei, so werden diese Lücken durch Einsatzstücke ausgefüllt. Die Einsatzstücke sind nicht allein erforderlich mit Rücksicht auf den stoßfreien Vorübergang der Schale, sondern auch mit Rücksicht auf etwaiges Eingreifen der Fangvorrichtung an dieser Stelle.

Fig. 212 ist ein Einsatzstück, welches in das Füllort hinein hochgeklappt werden kann. Die Leitung ist auf der Rückseite mit einem eisernen Beschlage versehen, der es gelenkig mit der darüber stehenden, festen Schachtleitung verbindet. Am unteren Ende hat es einen Riegel, durch den das Einsatzstück festgestellt werden kann.

Die Zwischenfüllörter werden gelegentlich auch durch Türen verschlossen, die an ihrer Außenseite, d. h. an der dem Schachte zugewendeten Seite, das fehlende Einsatzstück tragen. (Fig. 213.)

Werden Förderschalen, auf denen die Wagen paarweise nebeneinander stehen, mit Stirnleitungen versehen, so braucht man die Leitungen an den Anschlagsorten nicht zu unterbrechen. Doch hat dies den Nachteil, daß der Wagenabstand größer sein muß als wie die Breite der Leitungen (Fig. 214). Namentlich bei Holzleitungen verliert man dadurch sehr viel Platz; denn um diesen Betrag müssen die Schalen breiter werden, wodurch auch ihr Gewicht zunimmt. Um diesen Übelstand zu vermeiden, setzt man an den Anschlagsorten in die Holzleitungen Flacheisenschienen ein (Fig. 215).

Werden die Förderschalen in der Mitte der Langseiten geführt (Fig. 216), so schleudern sie sehr stark, namentlich wenn sie lang und schmal sind. Deshalb benutzt man in solchen Fällen besser die Doppelleitungen (Fig. 217); die Schale erhält in diesem Falle an jeder Langseite zwei Leitungen, welche möglichst nahe den Schalenecken liegen sollen. Es ist nicht gut, die Leitungen vor die Schwerpunkte der hinter-

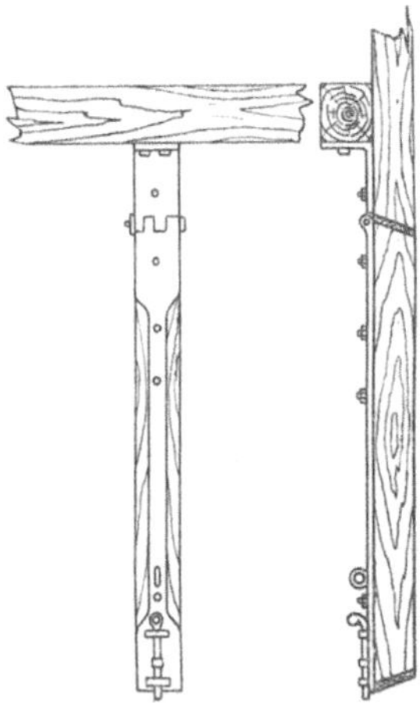

Fig. 212.
Klapp-Einsatzleitung.
(Aus dem Rhein.-Westf. Sammelwerk, Band V.)

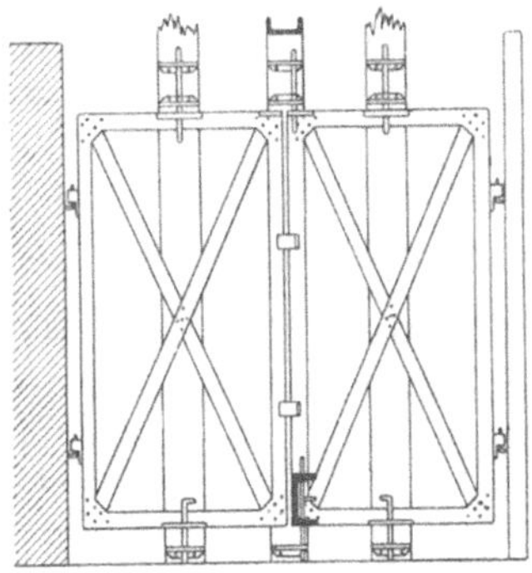

Fig. 213.
Füllortstüren mit Einsatzleitungen.

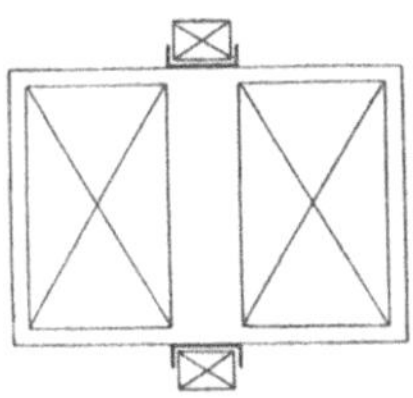

Fig. 214.
Stirnleitung (Langseiten-Leitung).

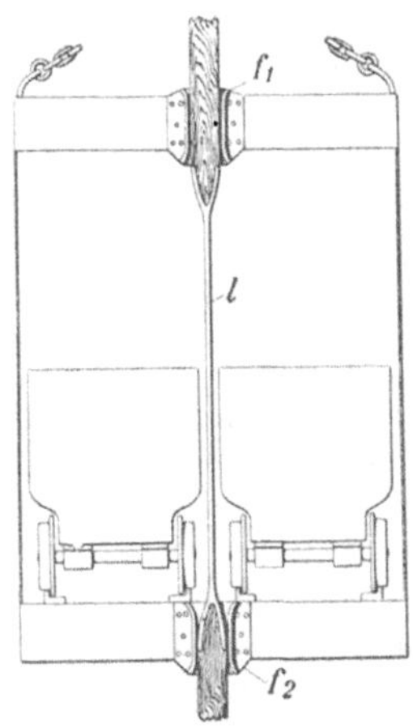

Fig. 215.
Stirnleitung mit Einsatzschienen.
(Aus Heise-Herbst, Bergbaukunde Band II.)

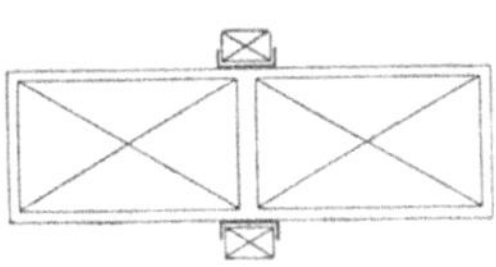

Fig. 216.

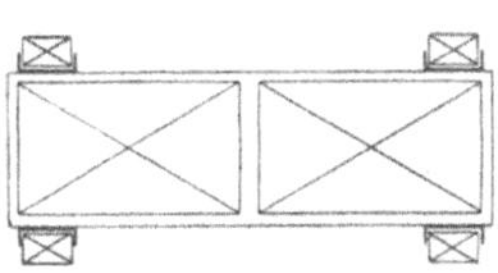

Fig. 217.

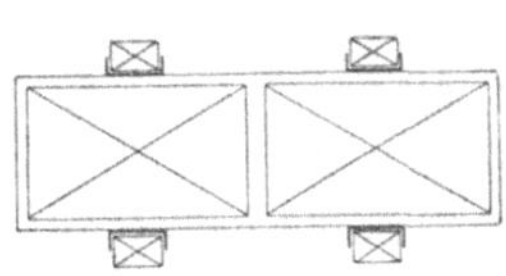

Fig. 218.

Fig. 216—218. Langseiten-Leitung.

einander stehenden Förderwagen zu legen (Fig. 218), wie man es früher häufig machte. Doppelleitungen haben den Nachteil, daß sie sehr genau eingebaut werden müssen.

Ein Nachteil der Seitenleitungen im allgemeinen ist, daß man zwischen den beiden Fördertrümern Schachtscheider einbauen muß; dadurch geht Platz im Schachte verloren. Werden aber die Schalen an den schmalen Seiten geführt, so fällt eine sichtbare Begrenzung der beiden Fördertrümer gegeneinander fort; man kann also erforderlichenfalls beide Fördertrümer gleichzeitig zum Einhängen umfangreicher Gegenstände benutzen.

Eine Abart der Langseitenleitung ist die von Briart; bei ihr wird die Schale nur an einer Langseite, aber mit zwei Leitungen geführt. Diese bestehen aus Vignolschienen oder I-Eisen; die Köpfe dieser Leitungen werden von klauenähnlichen Führungsschuhen umfaßt, so daß die Schale nicht führungslos werden kann (Fig. 200).

Als Material für die Leitungen verwendet man Holz, Eisen oder Drahtseile. Die beiden ersteren sind die sogenannten starren oder festen Leitungen

Bezüglich der Bewährung im Betriebe hat man nach Ackermann festgestellt, daß die Lebensdauer der Eisenleitungen bei passend gewählten Profilen größer ist als die von Holzleitungen; ausgenommen davon sind die T-Eisenleitungen.

I-Eisenleitungen eignen sich für breite Schalen, Vignolschienen und T-Schienen für lange Schalen. Briartsche Leitungen sollen nicht in Seilfahrtschächten verwendet werden.

In Seilfahrtschächten von großer Teufe sind I-Eisen- bzw. Schmalseiten-Leitungen aus Vignolschienen am besten brauchbar.

In Schächten von geringerer Teufe sind hölzerne Leitungen vorzuziehen, weil sie sich bequemer ein- und umbauen lassen und nicht so leicht vereisen; dies gilt namentlich für Seilfahrtschächte, während in ausschließlichen Förderschächten von geringerer Tiefe Seilleitung empfehlenswert ist.

Hinsichtlich der Anlage- und Unterhaltungskosten ist ermittelt worden, daß Seilleitungen am billigsten sind; sie eignen sich aus wirtschaftlichen Gründen deshalb besonders für Förderschächte. — Die nächst billigsten sind die Kiefernholzleitungen; sie sind auch noch für Seilfahrtschächte geeignet, vorausgesetzt, daß die Beanspruchung eine geringe ist.

Leitungen aus Eiche und Formeisen sind in der Anschaffung etwa gleich teuer, doch erfordern eiserne Leitungen geringere Unterhaltungs- und Ausbesserungskosten; die dadurch bedingten Unterschiede wachsen mit der Schachttiefe; deshalb sind also eiserne Leitungen in tiefen Schächten vorzuziehen.

Schließlich muß man auch noch die Frage berücksichtigen, welche Leitungen den Fangvorrichtungen den günstigsten Angriffspunkt gewähren. Hier scheiden zunächst die Seilleitungen aus, insbesondere wenn es sich um Seilfahrtschächte handelt. Auch die Briartschen Leitungen sollen in solchen Schächten vermieden werden, weil die für sie geeigneten Fangvorrichtungen nur zweifelhaften Wert haben. Dagegen sind alle zweiseitigen Formeisenleitungen hinsichtlich der Sicherheit bei der Seilfahrt den hölzernen Leitungen gleichwertig.

Holzleitungen sind den Temperaturschwankungen nicht so unterworfen wie Eisenleitungen, faulen aber leicht.

B. Die Holzleitungen.

Die hölzernen Leitungen finden sich am häufigsten. Sie bestehen entweder aus dem gewöhnlichen Zimmerungsholz, oder man verwendet besondere Holzarten, welche für Leitungszwecke besser geeignet sind. Das gewöhnliche Zimmerungsholz ist in Oberschlesien Nadelholz (Kiefer), in Saarbrücken Buchenholz. Es ist nur für untergeordnete Zwecke verwendbar, also in Gesenken von geringer Tiefe und mit kleiner Förderleistung.

In Hauptförderschächten, wo große Fördergeschwindigkeiten vorkommen und schwere Lasten gehoben werden, ist das Leitungsmaterial starken Stößen ausgesetzt und muß deshalb ganz besonders widerstandsfähig sein; hierzu kommt noch, daß auch auf das Fangen der Schale mittels der Fangvorrichtung Rücksicht genommen werden muß.

Das am häufigsten verwendete Holz ist Eichenholz; es ist hart und widerstandsfähig und hat sich deshalb besser bewährt als alle anderen Holzarten; stellenweise haben Eichenholzleitungen 12—18 Jahre lang vorgehalten. Ein Nachteil ist der hohe Preis und daß fehlerfreies Material in großen Mengen schwer zu erhalten ist.

Ein anderes gutes Leitungsmaterial ist die polnische Kiefer; sie ist besser als die westdeutsche, weil sie auf Sandboden und im rauhen Klima gewachsen ist. Ferner ist sie billig, weil das Holz im Überfluß zu haben ist. Sie kann aber nur in weniger beanspruchten Schächten verwendet werden, weil die Auswechselung der Leitungen schon nach 5—8 Jahren erforderlich wird, was große Betriebsstörungen mit sich bringt. Kiefernholz ist ferner auch sehr biegsam; die Leitungen müssen also dick sein, damit die Schale nicht entgleist.

Von ausländischen Harthölzern wird insbesondere Pitchpine verwendet. Es hat dieselben Mängel wie die polnische Kiefer und ist ihr an Härte und Widerstandsfähigkeit nur wenig überlegen. Dagegen ist es mehr wie dreimal so teuer als polnische Kiefer (Preise d. J. 1905). Auch wirft es sich beim Lagern in der Sonne, so daß man keine Ersatzleitungen vorrätig halten kann. Beim Einschlagen der Fänger soll es splittern und überhaupt für schwere Lasten zu weich sein. Doch hat es die Vorzüge der Astfreiheit und Langfaserigkeit.

Neuerdings werden zwei Arten australischer Harthölzer, das Gruba- und das Jarraholz, öfters angewendet. Über ihre Eigenschaften und Bewährung im Betriebe ließ sich nichts ermitteln.

Von anderen ab und zu benutzten Holzarten seien noch erwähnt Tanne, Fichte und Lärche.

Von Vorteilen der Holzleitungen seien genannt

1. das gute Eingreifen der Fangvorrichtungen;
2. der fast geräuschlose Gang der Schale, namentlich gegenüber Eisenleitungen;
3. der leichtere Einbau;
4. die Möglichkeit, das Holz mit Axt und Hobel zu bearbeiten.

Als Nachteil der Holzleitungen wird angegeben:

1. daß sie weder Trockenheit noch Hitze vertragen, leicht faulen, sich verziehen oder brechen;
2. die Feuergefährlichkeit; doch ist dieser Nachteil nicht so schlimm, vorausgesetzt, daß der Schacht selbst mit Eisen ausgebaut ist; auch kann man die Holzleitungen, z. B. nach System Wolmann, feuersicher imprägnieren.

Ein gutes Leitungsholz muß langfaserig und frei von Ästen und Knorren sein; ferner müssen die Fasern gerade gewachsen sein. Ein langfaseriges Holzmaterial splittert nicht so leicht beim Einschlagen der Fangvorrichtung; das gleiche ist der Fall, wenn es keine Äste und Knorren besitzt. Außerdem ist zu berücksichtigen, daß ein Knorren härter ist als das umgebende Holz, sich also nicht so schnell abnutzt; die Leitung erhält dann mit der Zeit vorstehende Buckel, die Veranlassung zum Hängenbleiben der Schale, mindestens aber zu starken Stößen geben.

Man verwendet am besten beim Herstellen einer Leitung den Herzschnitt, d. h. der Stamm wird mittels eines Schnittes halbiert, der durch sein Herz geht: aus jeder Stammeshälfte wird eine Leitung geschnitten. Beim Einbau muß man die Herzschnittfläche der Schale zuwenden; denn hier ist das Holz am kernigsten und gleichzeitig frei von Ästen und Knorren.

Der Querschnitt der Holzleitungen ist ein längliches Rechteck, dessen breite Fläche der Schale zugewendet wird, seltener ein Quadrat. Die gebräuchlichsten Abmessungen sind: 155 × 175, 120 × 200, 105 × 210, 200 × 220 und 160 × 300 mm. Die Querschnitte müssen um so größer sein, je schwerer die an solchen Leitungen geführten Schalen sind und je größer die Fördergeschwindigkeit (auf Zeche Werne i. J. 1912 32 m/sek.) ist. Bei quadratischem Querschnitte sind in Oberschlesien die Abmessungen 130 × 130 bis 250 × 250 mm üblich. Die Haltbarkeit solcher Leitungen ist bei großem Holzquerschnitte nicht dieselbe wie bei rechteckigen Leitungen, weil sie kleinere Auflageflächen haben. Die Länge der Leitungen beträgt bei Eichenholz 4—6½ m, bei anderen Holzarten 4—9 m.

Auf Zeche de Wendel in Herringen bei Hamm in Westfalen haben die Pitchpine-Leitungen eine Länge von 9 m und 152 × 184 mm Querschnitt.

Der Zusammenstoß der Leitungen soll möglichst sicher sein und ein gegenseitiges Verschieben der Leitungsenden verhüten. Am häufigsten finden sich folgende Arten des Zusammenstoßes:

1. das stumpfe Aneinanderstoßen (Fig. 219). Diese Art des Aneinanderstoßes hat wenig praktischen Wert und wird nur in untergeordneten Fällen angewendet:
2. der schräge Schnitt (Fig. 220); auch er hat keine große Haltbarkeit;
3. die Verzahnung (Fig. 221);
4. die Verblattung (Fig. 222); diese Art der Verbindung findet sich schon wesentlich häufiger, namentlich aber in Gesenken;
5. am sichersten ist eine Vereinigung von Verblattung und Verzahnung (Fig. 223), weil hier eine Verschiebung der Holzenden am sichersten vermieden wird. Diese Verbindungsweise eignet sich deshalb auch für Hauptschächte und überhaupt für alle Fälle, wo die Leitungen starken Stößen ausgesetzt sind.

Es ist am besten, den Zusammenstoß immer vor ein Joch oder vor einen Schachtscheider zu legen; hierdurch wird eine größere Sicherheit und Haltbarkeit gewährleistet, weil beide Leitungsenden mit ihnen verschraubt werden. In manchen Gegenden, z. B. in Westfalen, legt man gelegentlich auch die Stoßstelle in die Mitte eines Feldes zwischen

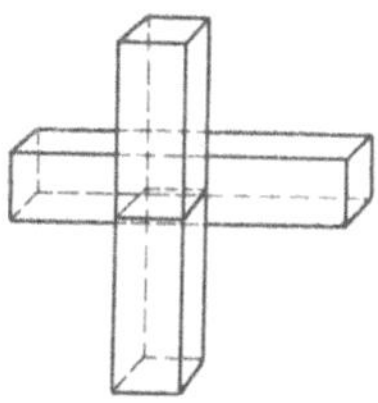

Fig. 219.
Stumpfer Zusammenstoß der Leitungen.

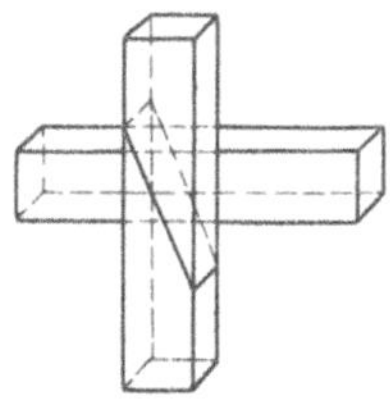

Fig. 220.
Schräger Zusammenstoß der Leitungen.

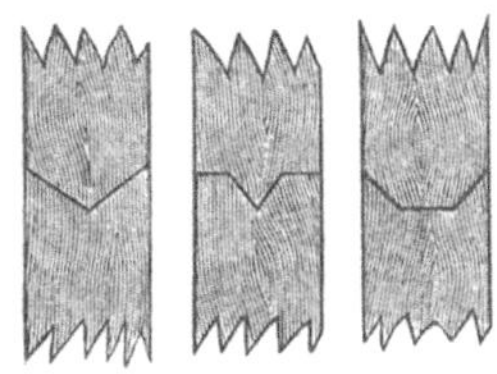

Fig. 221.
Verzahnte Leitungen. (Aus Preuß. Zeitschrift 1905.)

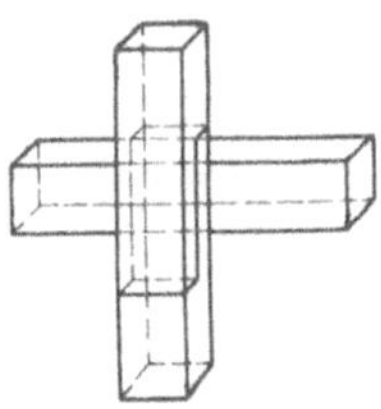

Fig. 222.
Verblattete Leitungen.

Fig. 223.
Verblattete und verzahnte Leitungen.

Fig. 224.
Holzleitung mit U-Eisenlasche.

zwei Jöcher bzw. Schachtscheider. Dann müssen aber die Stoßstellen durch hinterlegte Holz- oder Eisenlaschen gesichert werden. Als Holzlaschen nimmt man starke Bohlenstücke; die eisernen Laschen bestehen aus Flacheisen oder U-Eisen. Bei den U-Eisenlaschen (Fig. 224) ist darauf zu achten, daß die Lasche mit Rücksicht auf die Abnutzung der Leitung schmaler als diese ist.

Die Art der Befestigung ist davon abhängig, ob die Leitung an einem Joche oder an einem Schachtscheider befestigt wird (Fig. 225 bis 228). Wird nämlich die Leitung an einem Joche befestigt, so kann man nicht hinter das letztere greifen, um eine Schraubenmutter auf den Schraubenbolzen aufzuziehen. Die Befestigung erfolgt dann mit Hilfe von Holzschrauben (Fig. 229), welche mit Hilfe eines großen Schraubenziehers oder eines Steckschlüssels durch das Leitungsholz hindurch in das Joch hineingeschraubt werden.

Wird dagegen die Leitung an einem Schachtscheider befestigt, so kann man bequem auf dessen Rückseite arbeiten; Leitung und Scheider werden durchbohrt; auf den hindurchgesteckten Schraubenbolzen wird von rückwärts aus eine Schraubenmutter nebst Unterlagsscheibe und eventuell einer Gegenmutter aufgezogen (Fig. 230).

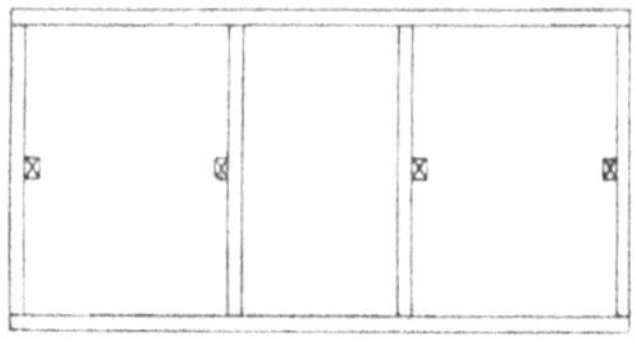

Fig. 225.

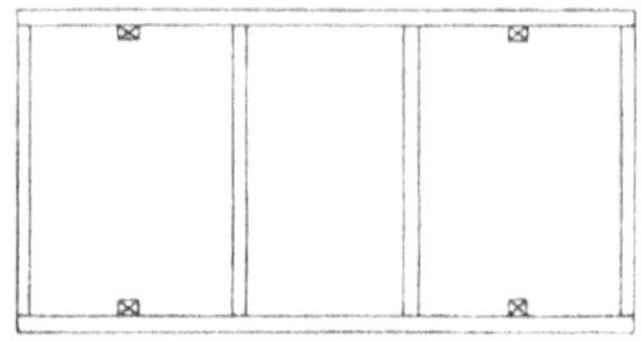

Fig. 226.

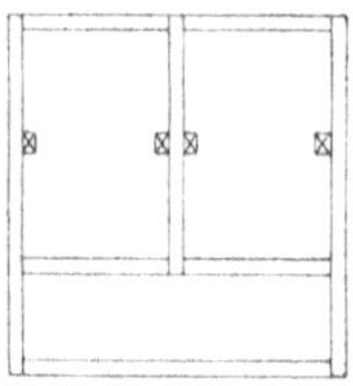

Fig. 227.

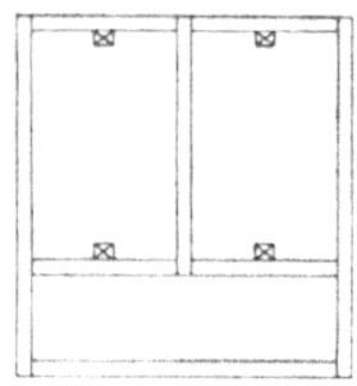

Fig. 228.

Fig. 225—228. Anordnung der Leitungen im Schachte.

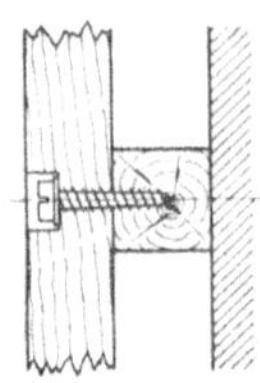

Fig. 229. Joch mit Leitung.

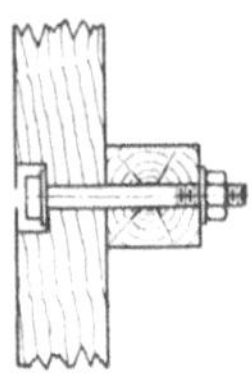

Fig. 230. Hölzerner Schachtscheider mit Leitung.

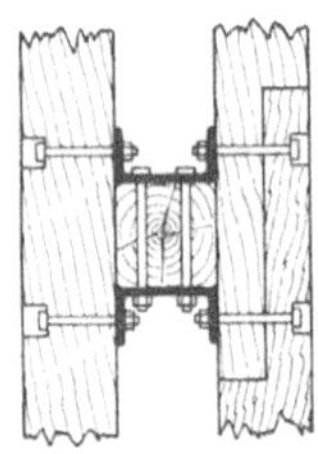

Fig. 231. Hölzerner Schachtscheider mit zwei Holzleitungen.

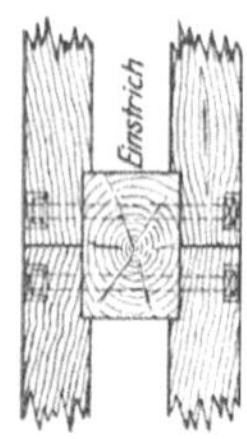

Fig. 232. Hölzerner Schachtscheider mit 2 Holzleitungen. (Aus Preuß. Ztschr. 1905.)

Schwieriger ist die Befestigung, wenn zwei Leitungen einander gegenüber (gegenständig) an demselben Schachtscheider befestigt werden müssen. Am besten schraubt man dann über und unter den Schachtscheider Konsolen aus U-Eisen (Fig. 231), mit deren senkrechten Flanschen die Leitungen verschraubt werden.

Nicht so gut ist die in Fig. 232 dargestellte Befestigungsweise, weil hier beide Leitungen mit einem gemeinschaftlichen Schraubenbolzen gefaßt werden. Mit Rücksicht auf die Abnutzung der Leitungsstirnseiten müssen nämlich die Köpfe der Schraubenbolzen entsprechend versenkt werden; dies bereitet aber Schwierigkeiten an dem mit der

Mutter versehenen Bolzenende. Empfehlenswert ist bei dieser Befestigungsweise dagegen die Ausarbeitung der Leitungsenden an ihrer Rückseite, so daß der Schachtscheider in sie eingelassen ist.

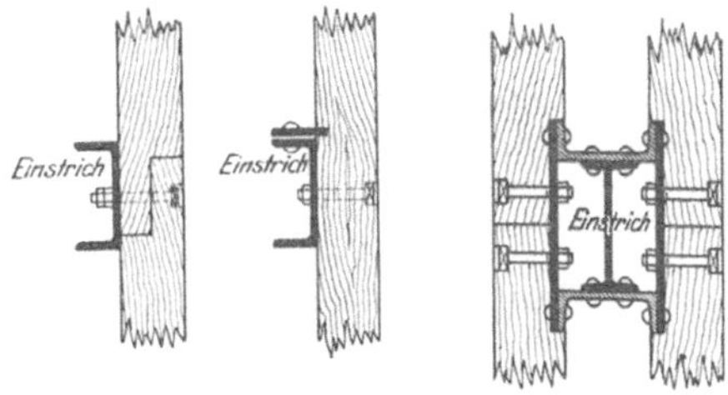

Fig. 233. Fig. 234.
Eiserne Schachtscheider
mit einer Holzleitung. mit zwei Holzleitungen.
(Aus Preuß. Zeitschrift 1905.)

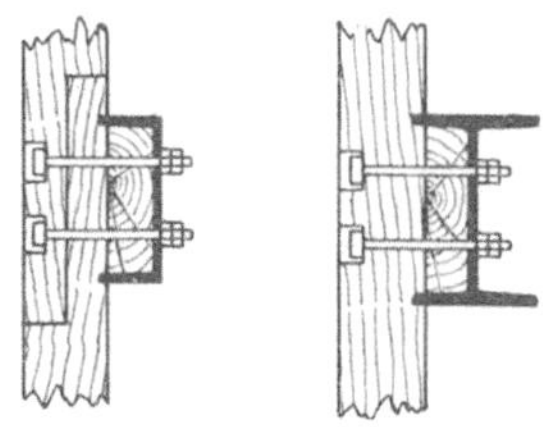

Fig. 235. Fig. 236.
Eiserner Schachtscheider
mit einer Holzleitung.

Die Fig. 233 und 234 zeigen die Befestigung von Holzleitungen in einfacher bzw. doppelter Anzahl an eisernen Schachtscheidern. In Fig. 233 ist auf den Schachtscheider noch eine Platte aufgeschraubt oder aufgenietet, welche konsolenartig in die Rückseite der Leitung eingreift; hierdurch werden die zur Verbindung der Leitung mit dem Schachtscheider dienenden Schraubenbolzen entlastet.

Es ist nicht immer möglich, bei U-Eisen-Schachtscheidern die Leitung an der Seite des Schachtscheidersteges zu befestigen; vielmehr muß sie gelegentlich auch einmal vor die offene Seite desselben kommen. Man setzt dann den Schachtscheider mit einem passenden Holzklotz aus und läßt seine Flanschen konsolenartig in die Leitung eingreifen (Fig. 235). In ähnlicher Weise behilft man sich auch bei Schachtscheidern aus I-Eisen (Fig. 236). Fig. 237 zeigt eine Konsole, die auf hölzerne oder auch eiserne Schachtscheider aufgeschraubt wird; auch sie greift mit Hilfe einer Nase in die Rückwand der Leitung ein; diese letztere wird nur mit der Konsole, nicht aber auch mit dem Schachtscheider verschraubt.

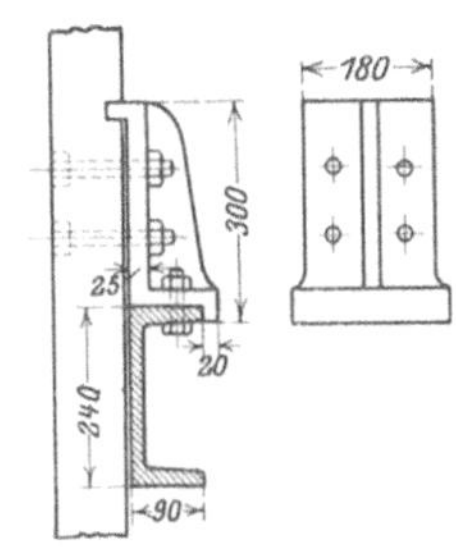

Fig. 237.
Schachtscheider mit Konsole.

Es ist selbstverständlich, daß die Leitungen genau lotrecht eingebaut werden müssen; denn andernfalls entstehen starke Schwankungen der Schale, und die Leitungen werden übermäßig beansprucht. Insbesondere müssen die Leitungen in der Schachtmitte, wo sich die Schalen kreuzen, besonders sorgfältig und sicher befestigt werden, weil hier der starke Luftstoß die Schalen ins Schleudern bringt; deshalb sollen die Leitungen hier auch alljährlich auf etwa 50 m Länge ausgewechselt werden.

Pitchpine-Leitungen müssen sofort eingebaut und gut befestigt werden, weil sie sich leicht verziehen; mit Rücksicht hierauf werden die Pitchpine-Führungen häufig aus dem ganzen Stamm geschnitten; doch ist das Holz dann weniger kernig und weniger splintfrei. — Mit Rücksicht auf ihre schnelle Abfaserung sind Pichpine-Leitungen nur in genau lotrechten Schächten verwendbar.

Auf Bianka-Schacht der kons. Johann-Baptista-Grube im Bergrevier Ost-Waldenburg waren die hölzernen Kopfleitungen des flachbögigen Schachtes in Abständen von 2 m an den Schachtscheidern befestigt, die dicht vor den Schachtstößen lagen. Da während des Betriebes mehrere Brüche der Leitung eintraten, wodurch größere Störungen verursacht wurden, hinterstampfte man die Leitung von der Rasenhängebank bis zum Füllorte mit Beton. Um zwischen diesem und der Schachtmauerung einen guten Verband zu erzielen, wurden die Schachtstöße aufgerauht und gut abgespült. Vor den Schraubenköpfen wurden, um die Schrauben stets zugänglich zu halten, im Beton kleine Hohlräume ausgespart.

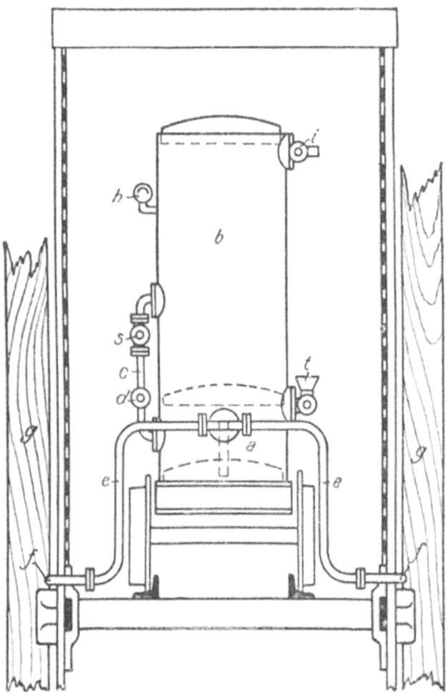

a

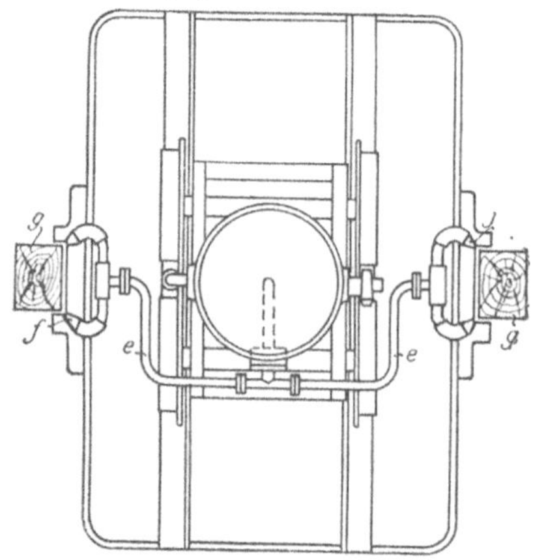

b

Fig. 238 a und b.
Leitungs-Schmierapparat „Westfalia“. (Aus Glückauf 1909, Nr. 1.)

Um die Reibung nach Möglichkeit herabzumindern und um das Abfasern der Leitungen zu verhüten, ist es empfehlenswert, dieselben zu schmieren. Als Schmiermittel kann man das Traufwasser benutzen, wenn solches in hinreichender Menge vorhanden ist. Es wird durch geeignete Traufbretter an die Leitung geführt. Im übrigen verwendet man als Schmiermittel Seife (Schmierseife), Fett und Mineralöl, letzteres insbesondere in Schächten mit Salzwasser. Neuerdings hat sich als gutes Schmiermaterial eine Mischung von Graphit und Vaseline oder Graphit und Schmierseife bewährt. Die Graphitschmierung ist zwar teuer, hat aber den Vorteil, daß die Leitungshölzer durch den Graphitüberzug, der auch in die Poren eindringt, feuersicher werden. Durch die ständig auf und niedergehenden Führungsschuhe wird diese Graphitkruste vollkommen glatt poliert, die Reibung also auch auf ein Mindestmaß verringert. Ist erst die Leitung mehrere

Male mit Graphit geschmiert worden, so braucht das Schmiermittel nicht mehr so häufig aufgetragen zu werden.

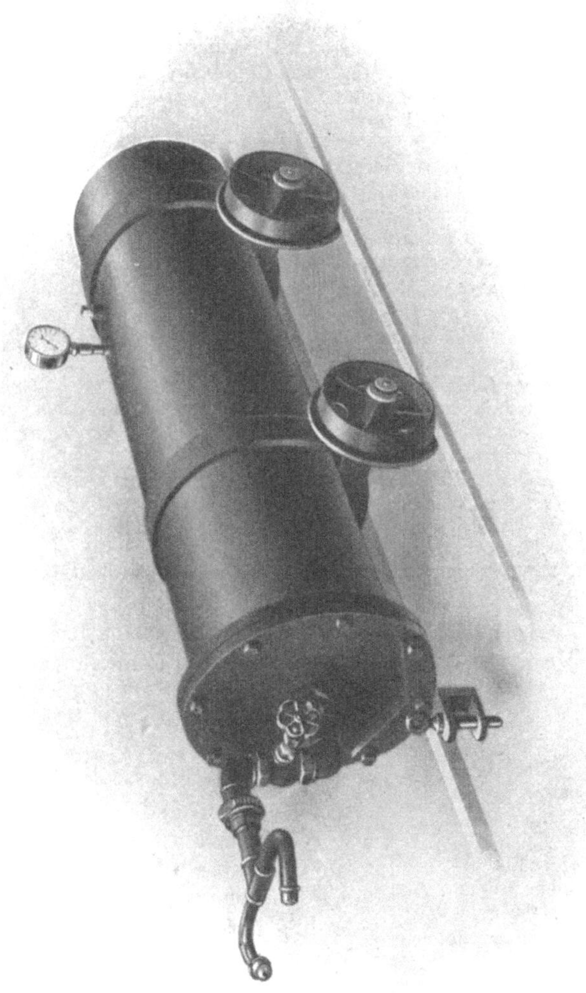

Fig. 239. Leitungs-Schmierapparat „Westfalia“.

Stellenweise, so z. B. im Ostrau-Karwiner Steinkohlenbezirke, werden die Leitungen auch mit Wagenschmiere oder mit einer Mischung von Wagenschmiere und Mineralöl, Teer und Mineralöl und dergleichen geschmiert. Die Schmierung erfolgt wöchentlich, monatlich oder alle sechs Wochen von Hand.

Die Handschmierung ist sehr zeitraubend und verursacht nur zu leicht eine Vergeudung des Schmiermittels, weil es häufig zu dick aufgetragen wird. Dieser Übelstand wird durch den Schmierapparat der Westfalia-Gesellschaft in Gelsenkirchen vermieden. Der Apparat (Fig. 238 und 239) sitzt auf einem Förderwagengestell und wird auf die Schale aufgeschoben. Das Gestell trägt einen

Druckluftkessel b, unter dem sich, durch eine Scheibe von ihm getrennt, der Schmierbehälter a befindet. Er wird durch den Trichter t mit dem Schmiermittel (60 % Wasser, 25 % Graphit und 15 % Kaliseife) gefüllt. Durch den Stutzen i wird so lange Preßluft aufgefüllt, bis das Manometer h keine Drucksteigerung mehr erkennen läßt. Zum Zwecke der Schmierung wird in der Rohrleitung c, welche das die beiden Räume a und b miteinander verbindet, der Absperrhahn s geöffnet; das Druckminderventil d bewirkt, daß der Luftdruck stets gleichmäßig auf die Schmiere wirkt. Diese tritt durch die beweglichen Rohrarme e und die Streudüsen f in schräger Richtung gegen die Leitung g. Die Geschwindigkeit des Förderkorbes beträgt bei der Schmierung 5 m/sek.; zur Bedienung ist ein Mann erforderlich. Eine Füllung reicht zur Schmierung von 1200—1500 m Spurlatten aus.

Zum Schmieren von 4 Spurlatten von je 700 m Länge waren auf Zeche Hugo bei Holten einschließlich Herstellung der Schmiere 30 Minuten erforderlich. Die Kosten beliefen sich bei Handschmierung auf 148 M, bei der jetzigen mechanischen Schmierung auf 26,55 M monatlich.

Die Vorteile der Spurlattenschmierung sind

1. die Oberfläche der Leitungen wird geglättet, die Reibung also herabgemindert;
2. die Gefahr des unzeitigen Einschlagens der Fangvorrichtung ist geringer, weil die Fänger leichter abgleiten;
3. durch ungeschmierte Leitungen können Geschwindigkeitsunterschiede zwischen der niedergehenden Schale und dem sich abwickelnden Seil entstehen.

Nachteile der Spurlattenschmierung sind

1. die beweglichen Teile der Fangvorrichtung verschmutzen leicht durch abgestreifte Schmiermaße;
2. die Fänger rutschen an den glatten Leitungen ab, d. h. das Eingreifen der Fangvorrichtung wird verzögert;
3. verschiedene Schmiermittel erhöhen die Feuergefährlichkeit der hölzernen Leitungen.

Die vereinigte Holzeisenleitung besteht aus 4,5 m langen, eichenen Leitungen, welche in 9 m lange U-Eisenleitungen eingesetzt sind (Fig. 240). Die Verbindung ist so gewählt, daß niemals eine Fuge der Holzleitung mit einer solchen der Eisenleitung zusammentrifft. Die Vorteile dieser Holzeisenleitung sind

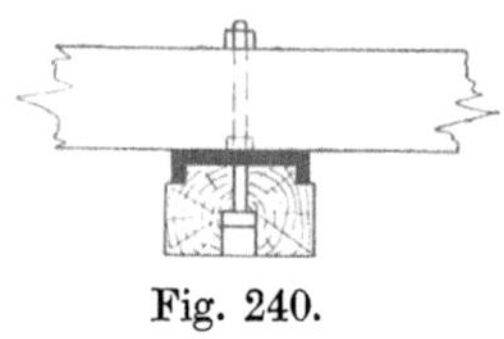

Fig. 240. Vereinigte Holz-Eisenleitung. (Aus dem Rhein.-Westf. Sammelwerk, Band V.)

1. das bequeme und sichere Fangen in der Holzleitung;
2. die Haltbarkeit der eisernen Leitung, da ein Werfen oder Brechen der Holzleitung durch die U-Eisen verhindert wird.

Wenn sich die Spurweite der Schachtleitungen ändert, können sich die Schalen festklemmen, zum mindesten aber schwerer gehen, oder sie entgleisen. Mit Hilfe des Apparates von A. Musnicki zu Saventhem (Belgien) kann man leicht ermitteln, ob die Spur noch die richtige ist. Er besteht aus einer Röhre 5 (Fig. 241—243), deren beide Teile teleskopartig ineinander verschiebbar sind. An den beiden Enden ist sie mit Führungsrollen 3 versehen, die an den Schachtleitungen laufen und durch die Feder 6 gegen diese angepreßt werden. Neben der linken Rolle sitzt die Seilscheibe 4; von ihr wird mittels Seiles ohne Ende und eines Übersetzungsgetriebes die Diagramm-

Fig. 241.

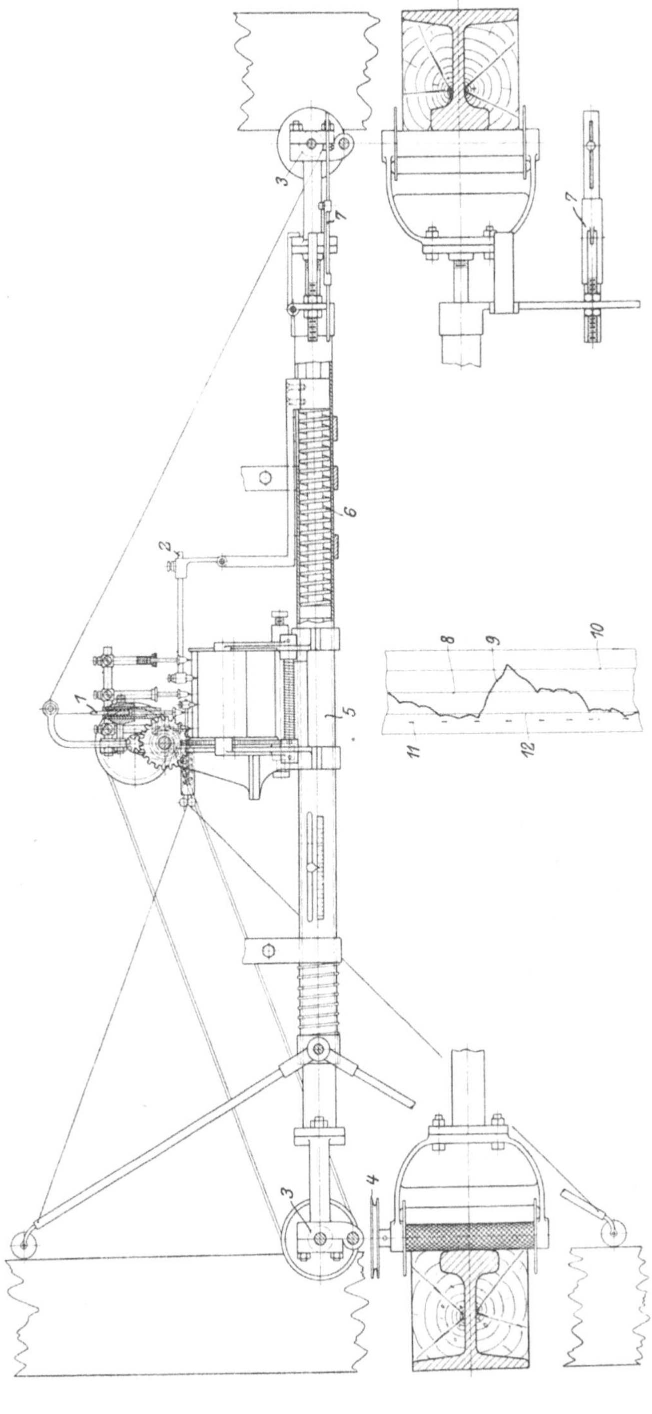

Fig. 242.

Fig. 243.

Fig. 244.

Fig. 241—244. Leitungs-Spurprüfer von Musnicki.

trommel mit um $^1/_{100}$ verminderter Geschwindigkeit gedreht. Die zweite (rechte) Trommel 3 wandert je nach der Spurweite der Leitungen in wagerechter Richtung hin und her, also entsprechend der Verlängerung oder Verkürzung der Röhre 5. Von ihr wird der Halter des Schreibstiftes 2 bewegt, welcher das Diagramm aufzeichnet. — Das richtige Lesen desselben wird durch die drei Schreibstifte 1 gewährleistet; sie schreiben die drei Linien 8, 10 und 12 (Fig. 244), von denen 8 die Linie der normalen Spur, 10 die der erlaubten größten und 12 die der erlaubten engsten Spurweite ist. 9 ist das Diagramm. — Die Linien 11 erleichtern das Auffinden der fehlerhaften Stellen im Schachte. Sie werden mit Hilfe des Stiftes 1 geschrieben, der vom Hebel 7 aus durch einen Schnurlauf regiert wird. 7 schlägt beim Niedergange der Schale an Anschläge an, die in gleichbleibenden Abständen, z. B. 25 oder 50 m, an den Schachtscheidern angebracht und mit fortlaufenden Zahlen numeriert sind.

Fig. 245.
Führungsschuh.

Fig. 246.
Führungsschuh.

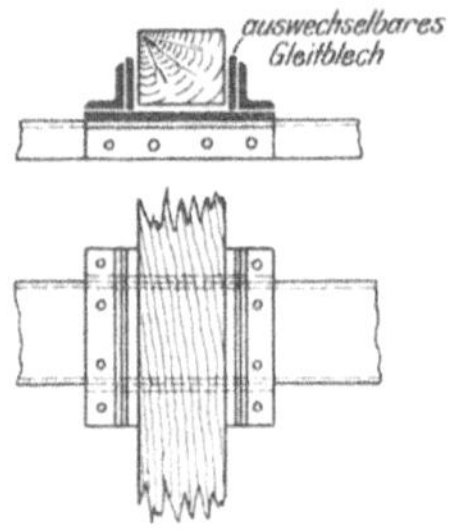

Fig. 247.
Führungsschuh mit auswechselbaren Gleitblechen. (Aus Preuß. Zeitschrift 1905.)

Der Apparat ist ebenfalls bei eisernen Leitungen verwendbar und kann auch für Briartsche Leitungen passend gemacht werden.

Es ist am besten, wenn die Schalen für jede Leitung an jedem Rahmen mit Führungsschuhen versehen werden. Diese bestehen aus Stahlguß, weichem Schmiedeeisen oder Bronze und können mit auswechselbaren Blecheinlagen versehen werden. Die Schuhe sollen an der Förderschale nicht angenietet, sondern angeschraubt werden, weil sie dann leichter ausgewechselt werden können. Diese Auswechselung wird am besten alle 3 Monate vorgenommen.

Die Führungsschuhe von mindestens 15 mm Dicke können aus U-Eisen bestehen und werden dann mit der Schale durch Schrauben verbunden, welche versenkte Köpfe haben müssen (Fig. 245). Dies ist stets ein Nachteil, weil dann die Schrauben innerhalb des Schuhes liegen und an den Leitungen schleifen können. Besser ist die Herstellung des Schuhes nach dem Muster von Fig. 246; hier liegen die Schrauben außerhalb des Schuhes. Außerdem ist die Auswechselung der Schale wesentlich leichter zu bewerkstelligen. Bestehen nämlich die Führungsschuhe aus U-Eisen, so muß man beim Auswechseln der Schale an der Hängebank die Leitungsbäume entfernen; hier dagegen braucht man nur die eine Hälfte des Führungsschuhes abzunehmen.

Fig. 247 zeigt einen Schuh mit auswechselbaren Gleitblechen.

Zwischen den Führungsschuhen und der Leitung soll allenthalben nur ein Spielraum von 5—10 mm verbleiben. Ist der Zwischenraum kleiner, so ist die Reibung zu groß. Bei 5 mm Abstand dagegen ist noch auf die Verkleinerung des Leitungsquerschnittes durch Abnutzung

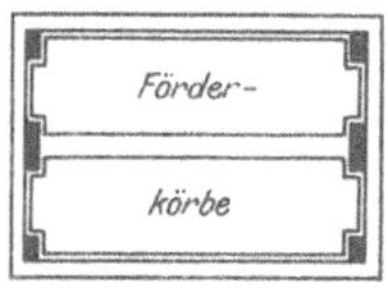

Fig. 248.
Kantenleitung.
(Aus Vers. u. Verh. i. J. 1898.)

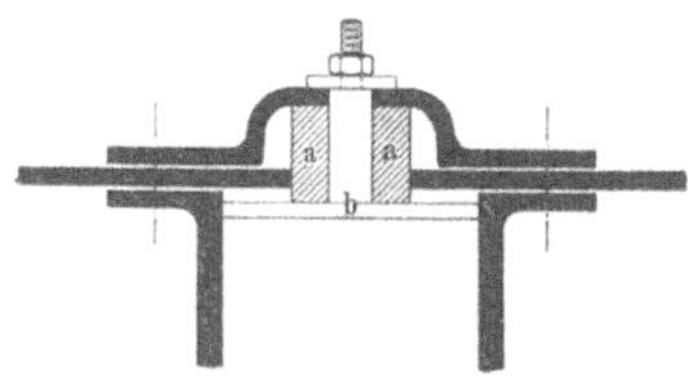

Fig. 249.
Führungsschuh mit Pufferplatte.
(Aus Demanet, Der Betrieb der Steinkohlenbergwerke.)

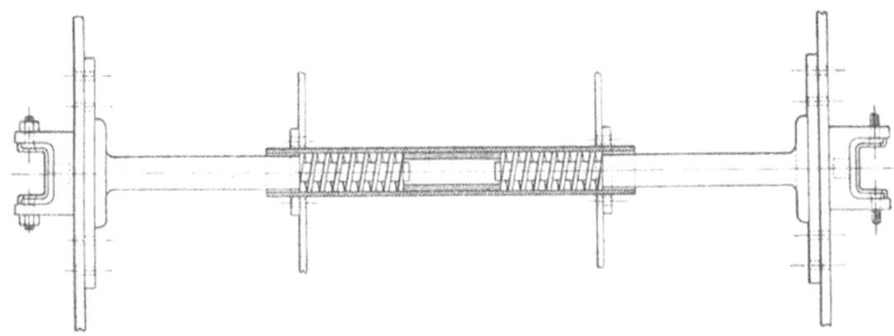

Fig. 250.
Abgefederte Führungsschuhe. (Aus Demanet, Der Betrieb der Steinkohlenbergwerke.)

Rücksicht genommen; doch darf man diese nicht zu groß werden lassen, weil die Schale sonst zu stark schleudert und schließlich auch entgleisen kann.

Auf Kaiser-Wilhelm-Schacht der Grube Eisenzecherzug im Bergrevier Siegen wurden im Jahre 1898 die eisernen Führungsschienen abgeworfen, weil sie zu stark rosteten, und weil der Verschleiß der Führungsschuhe sehr beträchtlich war. Wegen Platzmangels wurde die in Fig. 248 abgebildete Kantenleitung aus Pitchpineholz eingebaut. Als Führungsschuhe dienten Winkeleisen, die an den Kanten der Schalen angebracht wurden.

Bei Schächten, die aus dem Lote gekommen sind, gehen die Schalen an den Krümmungsstellen nur sehr schwer durch; dies ist um so nachteiliger, je höher die Schalen sind, wie man z. B. in Charleroi an zwölfstöckigen Schalen merkte. Mit Rücksicht hierauf und um die schnelle Abnutzung der Leitungen an diesen Stellen zu vermindern, versah man die Führungsschuhe mit Puffern (Fig. 249). Die Pufferplatten b bilden die Rückwand des Führungsschuhes. Sie sind mit einem Eisenbolzen versehen, um den ein Gummiring a gelegt ist. Dieser Gummiring hat seinerseits einen mit der Schale verschraubten eisernen Bügel als Widerlager. An den Krümmungsstellen preßt sich der Gummiring zusammen, so daß die Spurlatten geschont werden.

Anstatt dessen hat man die Führungsschuhe auch durch starke Spiralfedern abgefedert (Fig. 250).

C. Die Eisenleitungen.

Die eisernen Leitungen werden fast allgemein aus Schweißeisen hergestellt; doch zeigt dieses häufig Längsrisse, besonders in der Nähe der Zusammenstöße; deshalb hat man auf Grube Friedrichsthal bei Saarbrücken im Jahre 1887 hierzu Thomasstahl verwendet und damit gute Ergebnisse erzielt. Mit Nickel- und Manganstahl scheint man noch keine Versuche gemacht zu haben, obwohl sich diese Materialien in Krümmungen stark befahrener Eisenbahnen vorzüglich bewährt haben.

Am häufigsten nimmt man zu eisernen Schachtleitungen T-Eisen, I-Eisen und Vignol-Schienen. Bei T-Eisen sind die Normalprofile nicht widerstandsfähig genug; deshalb gebraucht man jetzt im Oberbergamtsbezirk Breslau fast allgemein Vorprofile mit bedeutend stärkerem Steg.

T-Eisen ist nur bei Seitenleitung verwendbar; denn Stirnleitungen müssen an den Anschlagsorten unterbrochen werden und werden dann nicht mit hinreichender Sicherheit von den engen Führungsschuhen wieder gefaßt. Die Schale schwankt dann aber sehr; die Führungsschuhe schlagen auf das Eisen, und es entsteht ein großer Lärm, da auch der eiserne Schachtausbau mitschallt. Die Schläge erfolgen besonders auf den Kopf des Steges; dieser wird also bald abgeschliffen, während der Fuß noch unversehrt bleibt. Dadurch wird der Spielraum erweitert; schließlich kann auch der Steg weggebrochen werden. Weil sich die Vorprofile von 105 : 105 : 12 mm in 6 bis 8 Jahren abgenutzt haben, ist man in Schlesien zu den stärkeren Profilen von 111 : 124 : 20 mm übergegangen. Solche Leitungen haben auf einem Förderschacht der Florentine-Grube bei Beuthen O.-S. eine Betriebsdauer von mindestens 12 Jahren aufgewiesen. — Die Länge der Eisenleitungen beträgt 6—12 m.

In Seilfahrtschächten darf man die Abnutzung mit Rücksicht auf die Fangvorrichtung nicht zu weit gehen lassen. Namentlich ist hier zu berücksichtigen, daß, wie auf Giesche-Grube festgestellt wurde, die Abnutzung der T-Eisenleitungen in den unteren Schachttiefen stärker ist als in den oberen.

Ist der Schachtausbau lotrecht eingebaut und werden die Schienenköpfe geschmiert, so kann ihre Abnutzung sehr gering sein.

Auf belgischen Gruben, wo viel mit Flachseil gefördert wird, hat man beobachtet, daß die Abnutzung der Leitungen namentlich bei einseitiger Führung gering war. Bei Rundseilen ist sie größer, weil diese wegen ihres Dralles der Schale eine drehende Bewegung geben; um diese Drehbewegung zu verringern, sollen die Schalen möglichst nahe den Ecken geführt werden. — Ferner treten schädliche Beanspruchungen der Leitungen infolge von stoßweiser Wirkung ein, wenn Gegendampf gegeben wird.

Auf den Zechen „Gneisenau", „Preußen" und „Scharnhorst" wurden die Schalen einseitig in Eisenbahnschienen großen Profils (138 mm Höhe, 72 mm Kopfbreite, 110 mm Fußbreite, 14 mm Stegstärke, 41,5 kg/m Gewicht, 62,5 kg Festigkeit bei 17 % Dehnung)[1]) geführt.

Vorteile der eisernen Leitungen namentlich gegenüber Holzleitungen sind

1. die Unempfindlichkeit gegen Trockenheit und Hitze;
2. die Feuersicherheit;
3. in Schächten von großer Tiefe die größere Haltbarkeit, vorausgesetzt, daß das passende System gewählt wurde und daß sie sorgfältig eingebaut wurden;
4. geringste Schachtreibung, da die Reibung der Stahlgußschuhe auf den harten Schienen geringer ist als auf hölzernen Leitungen.

An Nachteilen wäre anzugeben:

1. in Einziehschächten dehnen sich die Leitungen im Sommer und ziehen sich im Winter zusammen, weshalb man an den Schienenstößen einen Spielraum bis zu 20 mm belassen muß;
2. sie verlangen äußerst genauen Einbau. Schon ganz geringe Abweichungen aus dem Lote verursachen starke Stöße der Schale und rasche Abnutzung in der Krümmung;
3. wegen ihres großen Gewichtes sind sie schwer auszuwechseln. Ein neu eingewechseltes Stück paßt schlecht in die abgenutzte Leitung, selbst wenn man seine Stoßenden zuschärft oder Paßstücke einschaltet;
4. in Schächten mit saurem Wasser werden sie schnell zerstört;
5. sie begünstigen im Winter die Eisbildung;
6. ihre Unterbrechung an den Anschlägen bereitet Schwierigkeiten, weil sie schmal und die Führungsschuhe deshalb eng sind;

Wie schon oben erwähnt, müssen die Leitungen sehr genau eingebaut sein, um starke Stöße der Schale und rasche Abnutzung zu verhindern.

In einfachster Weise befestigt man die Führungsschienen, indem man den Fuß mit den senkrechten Flanschen der Schachtscheider vernietet oder verschraubt. Das letztere ist der leichteren Auswechselbarkeit wegen vorzuziehen.

Eine sich häufiger findende Befestigungsart zeigt Fig. 251. Die Flanschen des I-Trägers e sind mit Ausschnitten versehen, in denen die beiden Schienen l_1 und l_2 sitzen; durch die Ausschnitte wird eine seitliche Verschiebung derselben verhindert. Oberhalb und unterhalb des Schachtscheiders sind Klauen k_1 und k_2 angebracht, welche durch eine doppelgängige Schraube fest auf die Schienenfüße aufgezogen werden. Der Holzklotz w, der zwischen den Klauen und den Schienenfüßen sitzt, soll die Verlagerung elastischer gestalten. — Wird nur eine Führungsschiene auf der einen Seite des Schachtscheiders befestigt, so bringt man ihr gegenüber auf der anderen Seite desselben eine Gegenschiene aus T-Eisen an, die nur um soviel länger ist, als wie die Höhe

[1]) F. Schulte: Eiserner Schachtausbau mit einseitiger Führung. Glückauf 1903, Nr. 50.

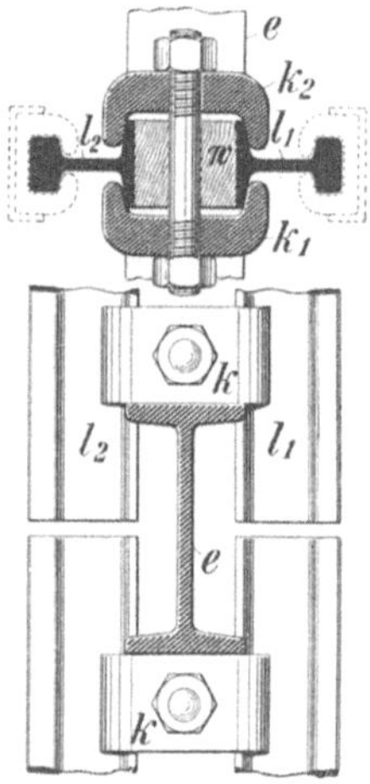

Fig. 251.
Eiserner Schachtscheider mit gegenständigen Führungsschienen. (Aus Heise- Herbst, Bergbaukunde II.)

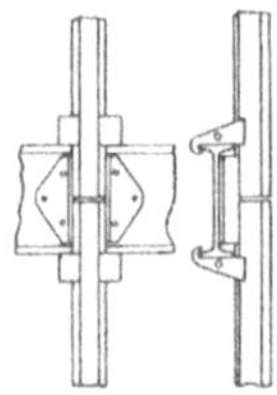

Fig. 252.
Befestigung der Führungsschienen.
(Aus Glückauf 1908, Nr. 38.)

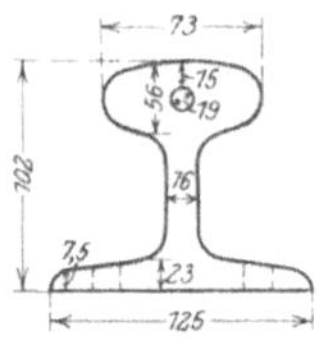

Fig. 253a.

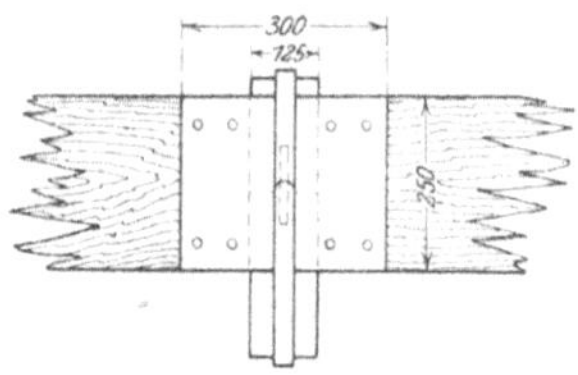

Fig. 253b.

Verdübelung der Führungsschienen.
(Aus Preuß. Zeitschrift 1910.)

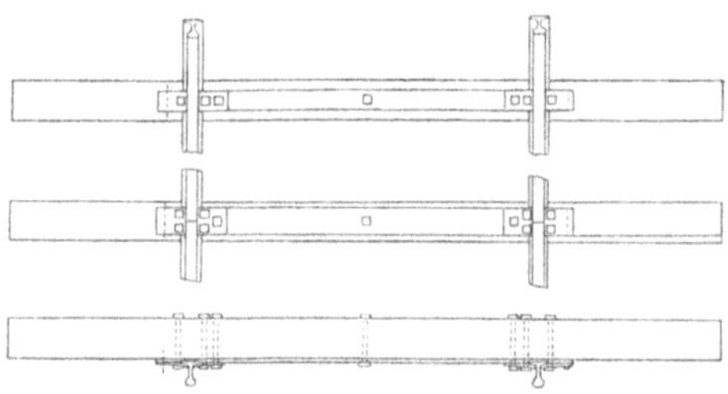

Fig. 254.
Befestigung der Führungsschienen. (Aus Preuß. Zeitschrift 1910.)

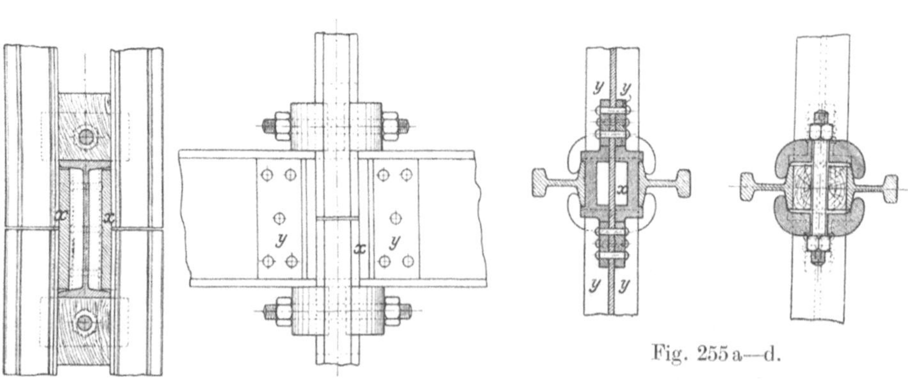

Fig. 255a—d.

Befestigung der Führungsschienen. (Aus Glückauf 1903, Nr. 50.)

des Schachtscheiders beträgt, daß sie von den Klauen gefaßt werden kann.

Auf Schacht II der Gewerkschaft Constantin der Große wurden die Führungsschienen an dem äußeren Schachtscheider (Fig. 252) durch je vier Klauen befestigt, und zwar durch zwei Klauen unterhalb und zwei andere oberhalb desselben. Diese Klauen sind an ihren Enden um 90° versetzt umgebogen, so daß sie mit dem äußeren Ende über den Flansch des Schachtscheiders, mit dem inneren Ende über den Fuß der Führungsschienen greifen. Die paarweise zusammengehörigen Klauen werden durch eine Bolzenschraube verbunden. — Jede Schiene hat in ihrer Mitte Knaggen angenietet, mit denen sie auf einem dort sitzenden Schachtscheider aufruht. Hinter den Schienenfüßen, die auf jeden zweiten Schachtscheider treffen, sind an dem Schachtscheider Stahlplatten angenietet, die den Schienenfüßen entsprechend eingekerbt sind; die Schienen passen also genau hinein und können sich nicht verrücken. — Mit Rücksicht auf die Längenänderungen der Schienen, die bei wechselnder Temperatur eintreten, hat man an den Zusammenstößen 5 mm Spielraum gelassen.

Bei dieser Anlage ist noch bemerkenswert, daß man von der 200 m-Sohle an bis zu Tage die östlichen Schachtscheider um 10 cm, die westlichen um 20 cm nach der Schachtmitte zu verschoben hat. Die Führungsschienen sind also nicht im Lote, sondern etwas überhängend eingebaut. Um seitliche Verschiebungen des Schienenkopfes zu vermeiden, hat man auf einer Grube im Rhondda-Tal in Süd-Wales an den Zusammenstößen in den Schienenkopf parallel zur Längsachse der Schiene ein Loch von 19 mm ⌀ und 30 mm Tiefe gebohrt (Fig. 253). In dieses Loch steckte man einen Stahldübel, der gleichsam als Lasche diente.

Fig. 254 zeigt eine Befestigung der Vignol-Schienen, welche der Schienenbefestigungsweise des Streckengestänges nachgebildet ist. Es werden nämlich die Außenseiten der Schienenfüße durch kleine Klemmplatten festgehalten, während eine gemeinschaftliche Klemmplatte ihre Innenseiten sichert.

Infolge des Seildralles und der starken Stöße bei der Förderung arbeiten sich die Schienenfüße mit der Zeit in die Flanschen der Schachtscheider ein; d. h. sie werden gelockert. Um diesen Nachteil zu beseitigen, hat man auf Zeche „Preußen II“ die in Fig. 255a—d dargestellte Befestigungsweise angewendet. Die Führungsschienen werden hier durch auswechselbare Verbindungsstücke x zwischen den Knaggen y befestigt, die mit dem Steg des Schachtscheiders vernietet sind. Die Verbindungsstücke umfassen die Schienenfüße in ihrer ganzen Länge; infolgedessen können die Einschnitte in den Flanschen der I-Träger fortfallen, was eine große Kostenersparnis mit sich bringt. Lockern sich die Schienen, so werden die Verbindungsstücke ausgewechselt.

Das Einlassen der Führungsschienen bereitet wegen ihres hohen Gewichtes große Schwierigkeiten. Auf Schacht II der Zeche „Neu-Iserlohn“, B.-R. Witten, wurden sie von einer schwebenden Bühne aus eingebaut. Zum Einlassen der Führungsschiene B (Fig. 256 a—c) dienten Führungsseile, ein Führungsschlitten e, eine Kette d, ein Bolzen c, ein Bügel b und ein Ring a, der am Seileinbande befestigt war. Die Schiene B wurde am Seile angehängt und außerdem am Führungsschlitten mit Klemmplatten g^1, g^2, g^3, g^4 befestigt. Auf der Schwebebühne angekommen, wurde die Schiene nach Lösung der Klemmplatten am Seile hängend an Ort und Stelle gebracht und erst vom Seile gelöst, nachdem sie mit einigen Schraubenbolzen an ihrem Platze befestigt worden war.

Interessant ist eine Arbeit, die im Jahre 1907 auf Schacht VII der belgischen Grube „Hornu & Wasme“ vorgenommen wurde. Mit Rücksicht auf starke Gebirgsbewegungen hatte man an den Zusammenstößen der 9 m langen Schienen Zwischenräume von 30 mm belassen; trotzdem bauchten sich die Schienen noch aus, so daß die Durchfahrt der Schale erschwert, ja sogar verhindert wurde. Es gab Tage, wo man bei der Auswechselung in zehnstündiger Arbeitszeit nur eine Schiene entfernen konnte. Man ging deshalb zum autogenen Schneidverfahren über und konnte an zwei Sonntagen 74 Schienen um je 30 mm verkürzen, ohne daß eine Auswechselung derselben nötig geworden wäre.

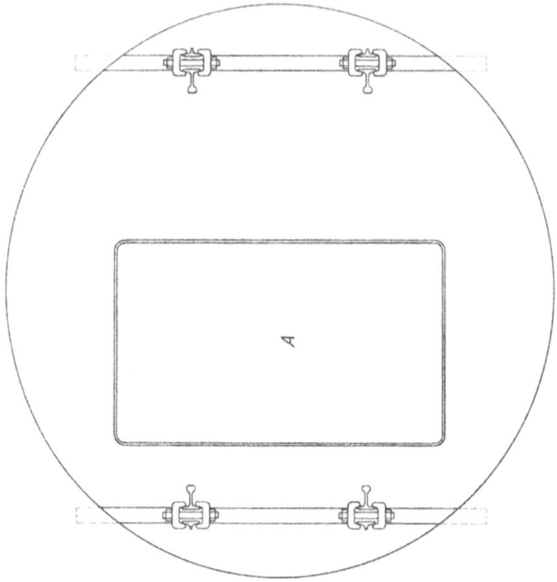

Fig. 256.
Einbau eiserner Führungsschienen.
(Aus Vers. u. Verb. i. J. 1900.)

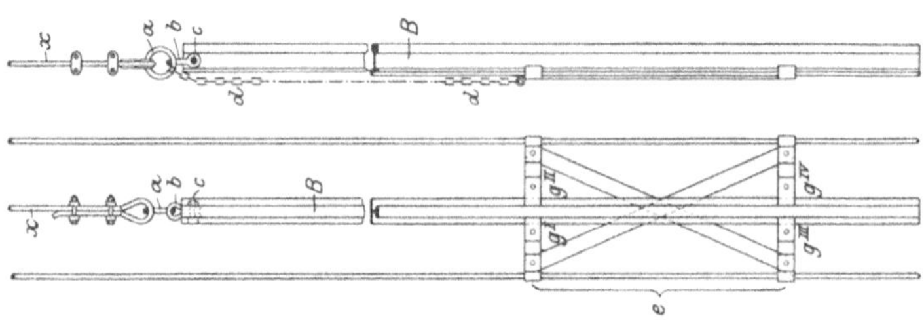

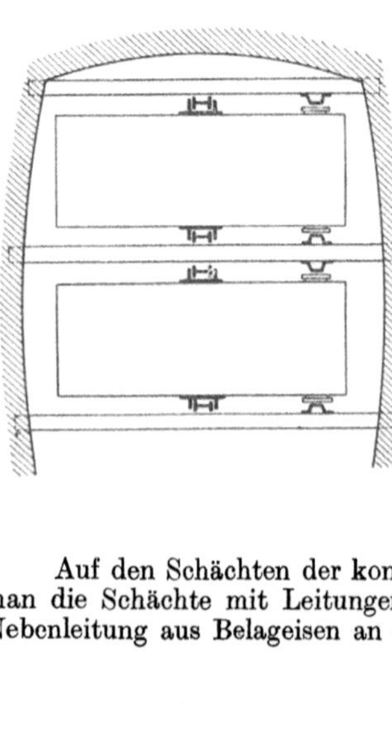

Fig. 257.
Schalen mit Haupt- und Nebenleitung.
(Aus Preuß. Zeitschrift 1905.)

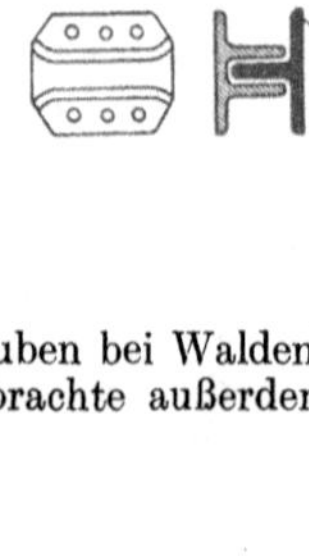

Fig. 258. Fig. 259.
Führungsschuhe für eiserne Schachtleitungen.
(Aus Preuß. Zeitschrift 1905.)

Auf den Schächten der kons. Fürstensteiner Gruben bei Waldenburg versah man die Schächte mit Leitungen aus I-Eisen und brachte außerdem noch eine Nebenleitung aus Belageisen an (Fig. 257).

Zum Zwecke der Schmierung kann man an den Förderschalen Gefäße mit konsistentem Fett anbringen.

Noch vollkommener erfolgt dies, wenn man, ganz besonders in Ausziehschächten, an den Schienen langsam Wasser herunterrieseln läßt. Von Zeit zu Zeit schmiert man außerdem die Schienen von Hand.

Auch kann man, wie schon bei den Holzleitungen beschrieben, Schienenschmierapparate benutzen.

Die Figuren 258 u. 259 zeigen einfache Führungsschuhe, wie man sie bei T-Eisenleitung bzw. bei Vignol-Schienen benutzt.

Fig. 260.

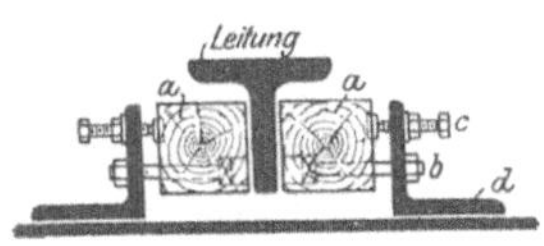

Fig. 261.
Führungsschuhe für eiserne Schachtleitungen. (Aus Preuß. Zeitschrift 1905.)

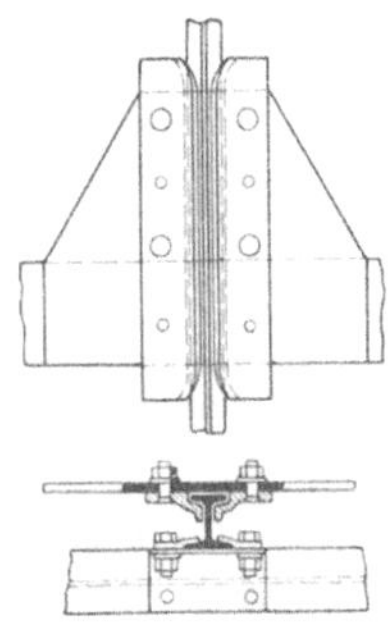

Fig. 262.

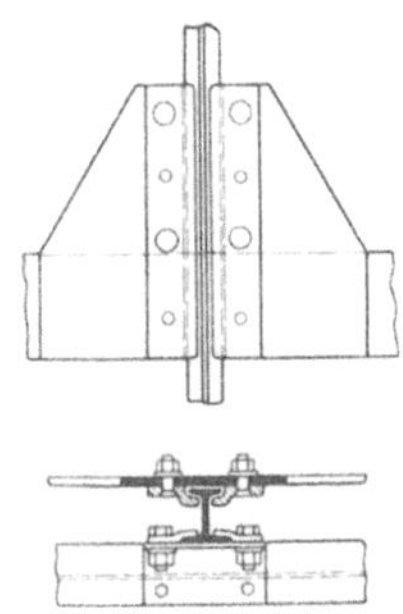

Fig. 263.

Führungsklauen für Briartsche Leitung. (Aus Vers. u. Verb. i. J. 1884.)

In Fig. 260 besteht die Führungsschiene aus I-Eisen und ist nicht in der üblichen Weise eingebaut, sondern so, daß ihr Steg der Schalenwand parallel verläuft. Der Führungsschuh selbst ist mit einer auswechselbaren Gleitplatte versehen.

Auf „Paulus-Hohenzollern-Grube" hat man mit Rücksicht auf die Abnutzung der Leitungen die Führungsschuhe mit verstellbarem und auswechselbarem inneren Holzfutter versehen (Fig. 261) und dadurch eine längere Betriebszeit der Leitungen erreicht; auch waren die Stöße nun nicht mehr so heftig. Die Futterklötze, deren Länge 1 m beträgt, müssen nach 2 Monaten ausgewechselt werden.

Der Spielraum zwischen den Schuhen und der Leitung ist bei eisernen Schienen wesentlich kleiner als bei Holzleitung, nämlich nur 1—3 mm.

Bei Briart'scher Leitung, d. h. wenn die Schalen nur an einer Seite geführt werden, muß man klauenähnliche Führungsschuhe von etwa 45 mm Stärke benutzen, welche den Kopf der Führungsschienen umklammern (Fig. 262). Dabei hat es sich herausgestellt, daß die Schienenstege von ihnen schnell durchgeschlissen werden. Man hat dies dadurch vermieden, daß man die Klauen mit winkelförmigen Ansätzen versah, durch welche die Berührungsfläche mit den Stegen vergrößert wurde (Fig. 263). Die Schuhe bestehen am besten aus Bronze und erhalten am oberen und unteren Ende eine sanfte Abrundung, um beim Vorbeigang an den Schienenstößen einen ruhigeren Gang zu erzielen.

D. Die Drahtseil-Leitungen.

Die Führungsseile sollen immer aus einem widerstandsfähigen Material bestehen; man wählt hierzu am häufigsten Martinstahl. Mit Rücksicht auf die Abnutzung und auf die Reibungswiderstände sollen die Seile eine möglichst glatte Oberfläche haben; deshalb nimmt man hierzu am besten verschlossene Seile. Doch hat man auch mit anderen Macharten gute Ergebnisse erzielt. So benutzt man z. B. auf „Königin Luise“ bei Zabrze Spiralseile, auf dem Kgl. Steinkohlenbergwerk „Bielschowitz“ Kreuzschlagseile. Auf „Königsgrube“ bei Königshütte O.-S. hat man auch abgelegte Förderseile verwendet; doch dürfen dann

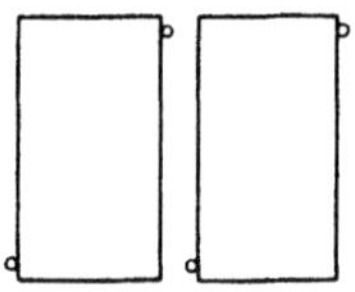

Fig. 264.

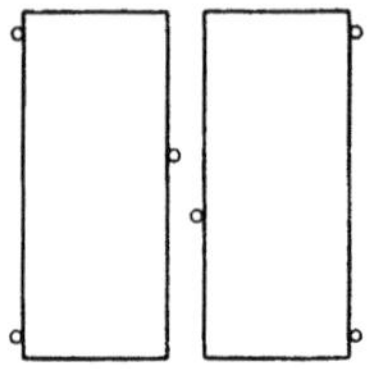

Fig. 265.

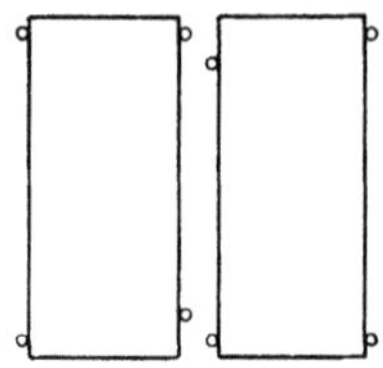

Fig. 266.

Schalen mit Seilleitung.

noch keine Drahtbrüche in ihnen vorhanden sein, weil sonst vorstehende Drahtenden zu Störungen des Förderbetriebes Veranlassung geben können. Sollten namentlich in einem Litzenseil Schäden auftreten, so braucht man bloß die schadhafte Litze herauszuwickeln, und kann unter Beobachtung der erforderlichen Vorsichtsmaßregeln mit einem solchen Führungsseil dann immer noch bis zum Ende der Schicht fördern.

Die Führungsseile müssen, ganz besonders in Seilfahrtschächten, täglich untersucht werden. Hierbei ist der Seildurchmesser an möglichst vielen Stellen mit einem Tastzirkel nachzumessen und der Bestand in das Seilfahrtsbuch einzutragen. Rostungen kann man an freiliegenden Stellen leicht erkennen, nicht aber dort, wo die Seilenden durch die Spannbühne gehen; an dieser Stelle kann das Seil auch leicht durch seine Eigenbewegung aufgedreht werden. Man schützt sich davor, indem man

1. das Seil an diesen Stellen mit feinem Draht umwickelt.
2. es durch ein an beiden Enden erweitertes Rohr führt.

Im allgemeinen werden die Förderschalen an 2 bis 4 Seilen von 20—45 mm Stärke geführt. Schalen mit nur einem Förderwagen erhalten die Leitung an zwei diagonal gegenüberliegenden Ecken (Fig. 264). Mit 2 Wagen beladene Schalen brauchen nur an drei Seilen geführt zu werden (Fig. 265); von diesen liegen zwei an den Schalenaußenseiten, die dritten Seile kommen an die Innenseiten, aber nicht in deren Mitte, sondern werden etwas gegeneinander versetzt. Schalen, die mit vier oder mehr Förderwagen beladen sind, müssen mindestens an vier Seilen geführt werden, deren Lage zu den Schalen aus Fig. 266 ersichtlich ist.

Bei großen Schalen bzw. bei bedeutender Schachttiefe muß die Zahl der Führungsseile vermehrt werden. Beispielsweise hat nach Angaben der Groß-Britannischen Gruben-Sicherheits-Kommission Bergingenieur C. F. Rohdes eine Schale mit 6 Wagen auf jedem Stockwerk entworfen, die in einem 600 m tiefen Schacht gehen und an jeder Seite mit vier Seilen geführt werden soll.

Während Ackermann angibt, daß Seilleitungen bei mehr als 300 m Schachttiefe unsicher sind, ist eben genannte Kommission nicht dieser Ansicht. Sie empfiehlt aber, bei tiefen Schächten zwischen den Schalen Zwischenseile (Reibseile) und an den Schalen selbst Reibplatten anzubringen (Fig. 267). Eine derartige Einrichtung hat sich in einem Schachte von 900 m Tiefe vollkommen bewährt. Die Reibplatten müssen über die ganze Höhe der Schalen reichen und an beiden Enden etwas von den Seilen weggebogen sein, damit die Reibseile nicht zu stark einschneiden. Die Kommission hält die Seilleitung überhaupt für die beste Art der Führung, vorausgesetzt, daß die Schächte mit Rücksicht auf das starke Schwingen der Schalen nicht zu eng sind. Deshalb soll auch der Zwischenraum zwischen den Schalen nicht zu klein gewählt werden und muß mit zunehmender Schachttiefe wachsen. Der Spielraum zwischen den Schalen beträgt im Oberbergamtsbezirk Breslau 350—500 mm.

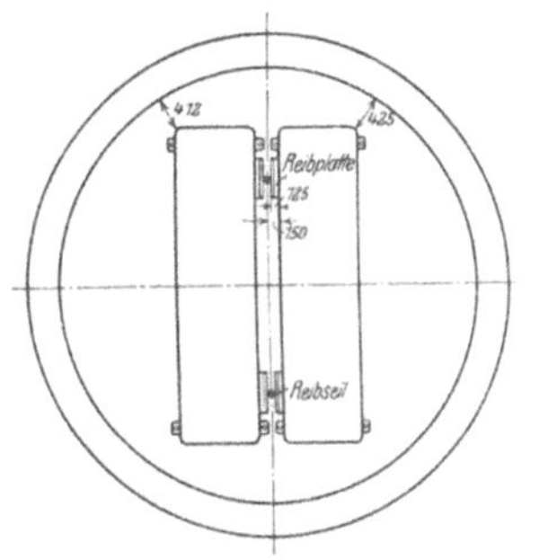

Fig. 267.
Seilführung mit Reibseilen und Reibplatten.
(Aus Preuß. Zeitschrift 1910.)

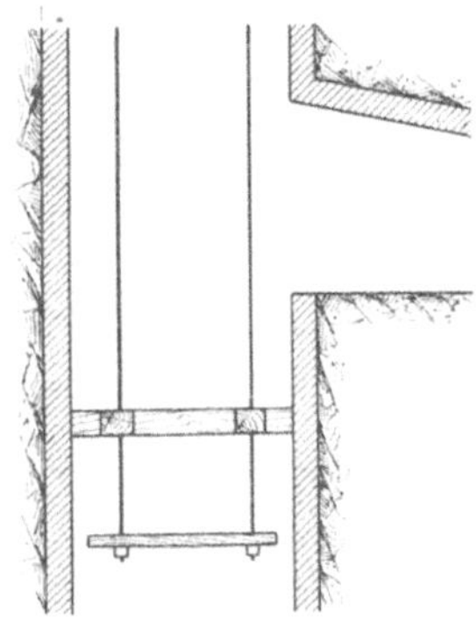

Fig. 268.
Belastung der Führungsseile.
(Aus Demanet, Traité d'exploitation des mines de houille.)

Die Seilleitungen haben vor den hölzernen und eisernen Schalenführungen folgende Vorteile:

1. ruhiger, namentlich stoßfreier Gang der Schale;
2. keine Krümmungen in der Schalenbahn, auch wenn der Schacht aus dem Lote kommt;
3. freie Schachtscheibe;
4. geringere Anlage- und Unterhaltungskosten; so betragen z. B. nach einem Kostenanschlag für Hermann-Schacht der Königin Luisen-Grube die Kosten

von Eichenleitungen	32 000 M.
von Briart'schen Leitungen	31 000 „
von Seilleitung	8 000 „

5. die Auswechselung abgenutzter Seile ist sehr einfach;
6. man kann wegen des stoßfreien Ganges der Schale größere Fördergeschwindigkeiten erzielen als bei starren Leitungen;

Von Nachteilen der Seilleitung werden angegeben:

1. keine Raumersparnis im Schacht wegen der starken seitlichen Schwingungen der Schale;
2. es ist schwierig, den Fußpunkt des Führungsseiles genau gegen den Aufhängepunkt einzuloten, weil die Lote im Kreise schwingen und sich, je nach der Schachttiefe, erst nach Stunden oder gar nach Tagen beruhigen. Versuche mit optischer Einlotung (Benutzung eines senkrecht nach unten geworfenen Lichtstrahles) scheinen noch nicht gemacht worden zu sein;

3. in tiefen Schächten müssen die Führungsseile sehr straff angespannt werden und werden infolgedessen stark auf Zug beansprucht;
4. in tiefen Schächten schwingen die Schalen sehr stark; deshalb müssen die Wagen auf ihnen ganz besonders sicher festgestellt werden. Auch liegt die Gefahr nahe, daß die Schalen bei der Begegnung aneinander stoßen, was man aber durch Reibseile zu vermeiden sucht;
5. man hat noch keine sicher wirkende Fangvorrichtung für Seilführung herstellen können. Beim Eingreifen der bis jetzt bekannten Fangvorrichtungen werden die Führungsseile geknickt, sowie sehr stark auf Zug beansprucht;
6. in Schächten mit sandigem oder sonstwie schmutzigem Wasser werden die Drähte der Führungsseile schnell durchgescheuert, weshalb eine möglichst hohe Drahtstärke (2—6,5 mm) gewählt werden sollte.

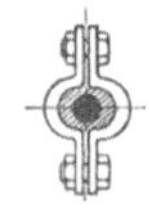

Fig. 271.
Spindel-Spannvorrichtung.
(Aus Dannenberg, Der Bergbau in Skizzen.)

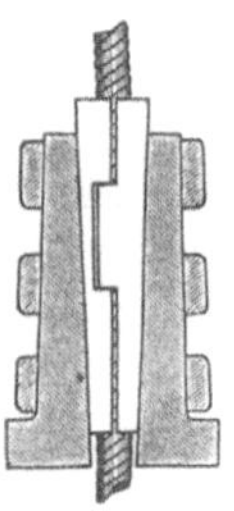

Fig. 269.
Seilklemme von Becker.
(Aus Preuß. Zeitschrift 1910.)

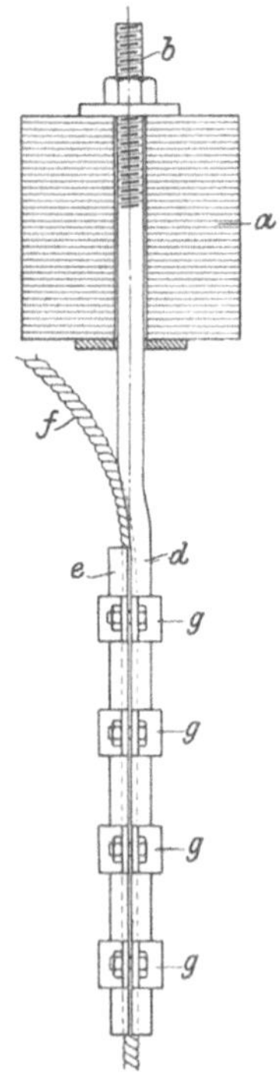

Fig. 270.

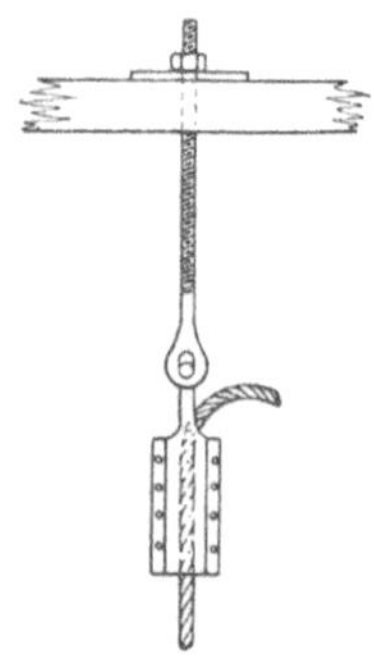

Fig. 272.
Spindel-Spannvorrichtung.
(Aus Demanet, Traité d'exploitation des mines de houille.)

Die Führungsseile müssen an ihren beiden Enden sicher festgelegt werden. An einem Ende, besser aber an beiden, sind Spannvorrichtungen anzubringen, um mit ihrer Hilfe Seillängungen auszugleichen.

Das untere Seilende kann man unterhalb der Füllortssohle durch ein Geviert gehen lassen, durch welches der gegenseitige Abstand der Seile gewahrt wird (Fig. 268). Unterhalb dieses Geviertes ist an ihnen eine Schwebebühne befestigt, die mit Gewichten belastet wird. Wenn auch jedes Seil an seinem Kopfende mittelst einer besonderen Spannschraube angespannt werden kann, so ist dieses Verfahren doch nicht besonders nachahmenswert; die Einzelbelastung der Seile ist vorzuziehen.

Die Belastung eines Führungsseiles soll im Durchschnitt 1 t für je 100 m Fördertiefe betragen. In tieferen Schächten ist die Belastung größer zu wählen, z. B. bei 600 m Fördertiefe 10—12 t Gesamtlast. Als man auf einem englischen Bergwerke diese Belastung verringerte, stießen die Schalen aneinander.

Auf den Zirkelschächten bei Volkstedt wurden die vier Führungsseile durch gußeiserne Gewichte von je etwa 3000 kg gespannt gehalten; bei einer Schachttiefe von 496 m war also die Belastung 1 t auf 165 m Schachttiefe. Die Gesamtbruchfestigkeit eines Führungsseiles betrug 32 000 kg.

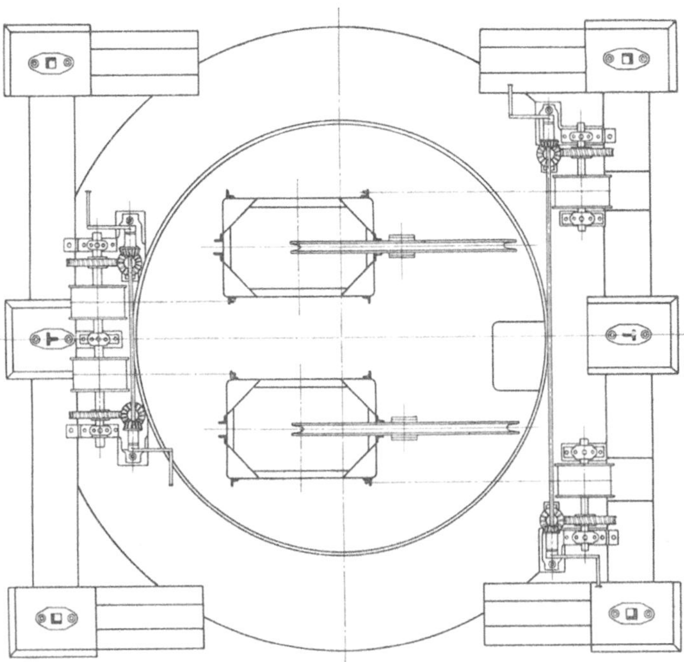

Fig. 273.
Haspel-Spannvorrichtung. (Aus Dannenberg, Der Bergbau in Skizzen.)

Mit Rücksicht auf die schon oben erwähnten Anrostungen bzw. auf das Aufdrehen der Seile infolge ihrer Eigenbewegung ist es nicht gut, das Seil selbst durch die Spannbühne im Sumpfe und im Luftschachte durchzuführen; man soll vielmehr durch diese Bühne Eisenstangen ziehen, mit denen die Seile durch Klemmhülsen gelenkig verbunden werden (Fig. 272).

Zum Festlegen der Seile kann man z. B. die Klemme von Becker (Fig. 269) benutzen.

Fig. 270 und 271 zeigen eine Spannvorrichtung, die im Luftschachte eingebaut werden kann. a ist ein Balken des Schachtgerüstes, durch welchen die Schraubenspindel b hindurchgeht; der Teil d derselben ist halbkreisförmig ausgekehlt, so daß das Seil sicher darin liegt; die Gegenschiene e hat dieselbe Kehlung. d und e werden durch die Schellen g zusammengehalten und fassen so das Seil f fest zwischen sich.

Bei der Spannvorrichtung Fig. 272 geht eine Spannschraube durch die Spannbühne; sie besitzt an ihrem unteren Ende eine Öse, in welche die Seilklemme eingehängt wird.

Auf dem Ventilatorschacht II der Grube Heinitz bei Saarbrücken werden die einzelnen aus dem Schachte kommenden Führungsseile auf kleinen Trommeln aufgewickelt (Fig. 273), die mit Hilfe einer Handkurbel und eines doppelten Zahnradvorgeleges die richtige Seilspannung gewährleisten.

Zum Zwecke der Führung erhalten die Schalen bei Seilleitung an jedem Rahmen für jedes Seil je eine besondere Führungsöse; diese Ösen müssen zweiteilig sein, um die Schalen schnell auswechseln zu können. Sie sollen am Einlauf und Auslauf etwas trichterartig erweitert sein, um das Seil zu schonen. Manchmal bringt man zwischen den einzelnen übereinander liegenden Führungsösen Rohre an; doch sind diese überflüssig, veranlassen sogar schnellere Abnutzung der Seile, wenn die Schale etwas verbogen ist.

Auf Achenbach-Schacht zu Staßfurt fertigte man die Führungsösen aus Phosphorbronze an. Diese kosteten nur die Hälfte von Gußstahlführungen und waren mindestens ebenso lange brauchbar. — Anderweitig hat man die Gußstahlführungen mit Einlagen von Lagermetall versehen.

Die Schmierung der Seilleitungen kann von Hand oder mit Schmierapparaten erfolgen. Am einfachsten wird sie aber durchführbar sein, wenn man an jeder Führungsöse eine mit Schmieröl gefüllte Stauffer-Büchse anbringt.

Neunter Teil.

Die Abfertigung der Schalen an der Hängebank und im Füllorte.

Von Diplom-Bergingenieur **Hans Bansen.**

Bei der Bearbeitung benutzte Literatur.

Volk: Geräte und Maschinen zur bergmännischen Förderung. Leipzig 1901, Arthur Felix.

Herbst: Der Bergbau auf der Lütticher Weltausstellung. Sonderdruck aus Glückauf 1905.

Braun: Die Bergwerksmaschinen auf der Weltausstellung St. Louis und maschinelle Einrichtungen amerikanischer Bergwerke. Preußische Zeitschrift 1905, (Bd. 53).

Versuche und Verbesserungen im Jahre 1906.

Versuche und Verbesserungen im Jahre 1908.

Versuche und Verbesserungen im Jahre 1910.

Kleinschmidt: Bericht über eine Studienreise nach Belgien, Nordfrankreich und England. Glückauf 1908, Nr. 5.

Stapff: Die mechanische Förderungsanlage an der Hängebank von Schacht II der Zeche Neumühl. Glückauf 1907, Nr. 14.

Selbsttätige Vorrichtung zum Anhalten und Wiedervorwärtsstoßen von Förderwagen. Glückauf 1907, Nr. 5.

Förderung mittels Differentialbremse. Glückauf 1903, Nr. 16.

Gr.: Baumannscher Wagenwechsler für Förderschächte. Glückauf 1907, Nr. 36/37.

Otten: Luftschleusenverschluß und mechanische Transportanlage auf dem Wetterschachte III der Zeche Neumühl. Glückauf 1908, Nr. 33.

Riedel: Die Anlagen auf Hillebrandschacht in Antonienhütte. Kohle und Erz 1907, Nr. 13.

Otten: Luftschleusenverschluß und mechanische Förderanlage auf den Wetterschächten II und III der Zeche Neumühl. Bergbau 1908 (XXI. Jahrg.), Nr. 37.

Selbsttätige Beschickvorrichtung für Förderkörbe. Der Bergbau 1910 (XXIII. Jahrg.), Nr. 26.

Dr. Ebeling: Automatische Hängebankförderung und Schachtbedienung auf den Fürstlich Plessischen Steinkohlenbergwerken Brade und Emanuelssegen bei Kattowitz O./S. Zeitschrift des Oberschlesischen Berg- und Hüttenmännischen Vereins 1912 (51. Jahrg.), S. 45. — Kohle u. Erz 1912, Nr. 22.

Gerke: Elektrisch betriebene Wagenaufschubvorrichtung. Zeitschrift des Oberschlesischen Berg- und Hüttenmännischen Vereins 1911, S. 345.

G. Ryba: Die Tomsonsche Schachtfördereinrichtung mit elektrisch betätigten Senkbühnen am Schachte Julius III der k. k. Bergdirektion Brüx. Österr. Zeitschrift 1912 (LX.), Nr. 37, S. 525.

A. Allgemeines.

Die Schalen können einseitig oder zweiseitig bedient werden. Die einseitige Bedienung erfordert viel Zeit, weil der mit der Schale angekommene Wagen abgezogen werden muß, bevor der Wechselwagen aufgeschoben werden kann; infolgedessen ist sie nur bei schwacher Förderung verwendbar. Sie ist aber wegen ihres geringen Mannschaftsbedarfs billig.

Die zweiseitige Bedienung oder Durchschiebeförderung ist bei Massenförderung am Platze. Es werden hierbei gleichzeitig auf der einen Schalenseite die angekommenen Wagen abgezogen und auf der entgegengesetzten Seite die Wechselwagen aufgeschoben. Diese Art der Schalenabfertigung erfordert mehr Arbeiter und verlangt einen an zwei gegenüberliegenden Seiten freistehenden Schacht; diese beiden Seiten müssen außerdem durch ein Umbruch miteinander verbunden sein. Sind in einem Schachte mehrere Födereinrichtungen vorhanden, so kommt es auch auf die gegenseitige Lage der Fördertrümer an. Liegen die Achsen der Fördertrümer alle parallel zueinander, so kann man ohne weiteres die Durchschiebeförderung anwenden; ist dies aber nicht der Fall, wie z. B. in Fig. 274, dann kann man in der Nebenförderung nur mit einseitiger Bedienung arbeiten.

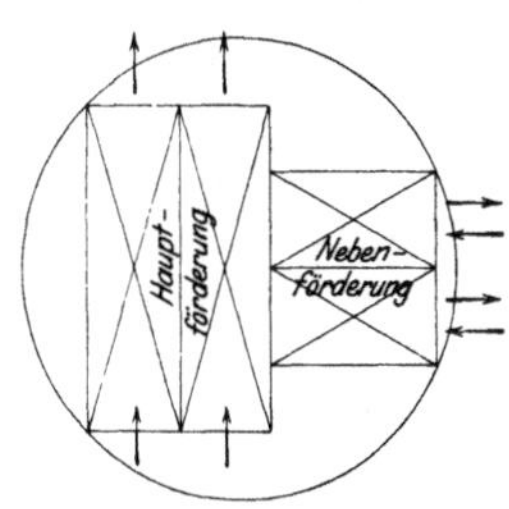

Fig. 274.
Schacht mit Haupt- und Nebenförderung.

Die Anschlagsorte werden bis an die Schale heran mit Gestänge belegt oder aber in der Nähe des Schachtes mit einem Plattenbelage versehen. Das erstere erfordert wegen der Wechsel viel Platz; auch die Wechsel selbst verlangen häufige Ausbesserungen; aber das Aufschieben auf die Schale erfolgt bequemer und sicherer, als wenn das Anschlagsort mit Platten belegt ist. In den Füllörtern ist es gut, selbsttätige Verteilungswechsel einzubauen (siehe Bansen: Die Streckenförderung, S. 107 und Glückauf 1899, Nr. 28), durch welche die herankommenden Förderwagen gleichmäßig auf beide Fördertrümer verteilt werden.

Bei mehrstöckigen Schalen können je nach der verlangten Förderleistung des Schachtes

1. die einzelnen Schalenstockwerke nacheinander bedient werden,
2. sämtliche Stockwerke zu gleicher Zeit bedient werden, oder
3. es können die Stockwerke gruppenweise gleichzeitig bedient werden, indem man die Schale ein oder mehrere Male umsetzt.

B. Die Einzelabfertigung der Schalenstockwerke.

Wenn die Stockwerke einzeln nacheinander bedient werden, so muß die Schale umgesetzt werden. Man hat hierbei zwei Bedienungsverfahren, das deutsche und das amerikanische, zu unterscheiden.

Bei dem deutschen Abfertigungsverfahren wird an der Hängebank das unterste Schalenstockwerk zuerst bedient, dann folgen der Reihe nach die übrigen; im Füllorte wird dementsprechend mit der Bedienung des obersten Schalenstockwerkes begonnen.

Ein Vorteil des deutschen Bedienungsverfahrens wäre, daß die Schale sich schon während des Umsetzens in der Richtung bewegt, in welcher das nächste Treiben vor sich gehen soll; infolgedessen ist dem Maschinenwärter seine Arbeit erleichtert.

Nachteile sind:

1. daß die an der Hängebank stehende Schale stark gestaucht wird, weil die mit vollen Wagen beladenen Stockwerke immer über der Aufsatzvorrichtung stehen;
2. die Gefahr des Übertreibens ist, gleich hohe Fördergerüste vorausgesetzt, größer als beim amerikanischen Verfahren, weil beim ersten Aufsetzen der Schale der Abstand zwischen ihr und den Seilscheiben ein wesentlich geringerer ist.

Das amerikanische Verfahren wird überwiegend in Nordamerika angewendet, findet sich aber auch bei einer großen Zahl deutscher Bergwerke und ist auf diesen teilweise schon von jeher eingeführt. Das Eigentümliche ist hierbei, daß über Tage zuerst das oberste Schalenstockwerk und dann der Reihe nach die übrigen abgefertigt werden, während im Füllorte die Abfertigung in umgekehrter Reihenfolge vor sich geht.

Die Vorteile und Nachteile dieses Bedienungsverfahrens ergeben sich aus den Nachteilen und Vorteilen des deutschen Abfertigungsverfahrens.

Es ist zu berücksichtigen, daß die Nacheinanderbedienung der einzelnen Schalenstockwerke nur bei Trommel- oder Treibscheibenmaschinen möglich ist. Ist dagegen die Fördermaschine mit Spiralkörben oder aber mit Bobinen versehen, so bereitet das Umsetzen Schwierigkeiten; denn die verschieden großen Aufwicklungsdurchmesser an den beiden Spiralkörben bzw. an den Bobinen ergeben verschiedene Umsetzhöhen der beiden Schalen. Wird nämlich die an der Hängebank stehende Schale um Stockwerkshöhe umgesetzt, so beträgt die Umsetzhöhe der im Füllort stehenden Schale entsprechend mehr. Man muß also jede Schale für sich umsetzen und bedienen, was naturgemäß einen großen Zeit- und Arbeitsverlust mit sich bringt. Deshalb ist man schon vielfach dazu übergegangen, beim Umsetzen im Füllorte die Fördermaschine vollständig auszuschalten; man gibt dort Hängeseil und setzt die Schale mittels besonderer Vorrichtungen selbständig um. Derartige Umsetzvorrichtungen sind namentlich in Belgien und Nordfrankreich zu finden.

Auf den Schächten der „Société Anonyme de Mariemont et Bascoup" wird mit Aloe-Flachseilen und mit Schalen gefördert, die bis zu 10 Stockwerke besitzen. In dem einen Falle setzen sich die fünfstöckigen Schalen im Füllorte auf Hilfsbühnen auf, die an Ketten im Schachte hängen (Fig. 275), aus je zwei kräftigen Formeisenrahmen bestehen, die gegeneinander abgefedert sind und einen starken Holzbalkenbelag besitzen. Die Ketten, an denen sie hängen, gehen über Kettenscheiben und sind mit einem Gegengewichte belastet, welches in einem besonderen Gesenke läuft. Außerdem sind noch Zusatzgewichte vorhanden, die beim Umsetzen der Schale gehoben werden. Zuerst wird das unterste Stockwerk bedient. Beim Umsetzen wird die Schale mit Hilfe der an der einen Kettenscheibe angebrachten Bremsvorrichtung jedesmal um Stockwerkshöhe abgebremst; um denselben Betrag hebt sich das Gegengewicht und hebt bei jedem Umsetzen eines der Zusatzgewichte, die in dem Gesenke auf Querträgern verlagert sind. Wird beim nächsten Treiben die Schachtförderschale wieder angehoben, so werden die Zusatzgewichte nach und nach abgesetzt, bis auch schließlich die Hilfsbühne in ihrer ersten Stellung angekommen ist.

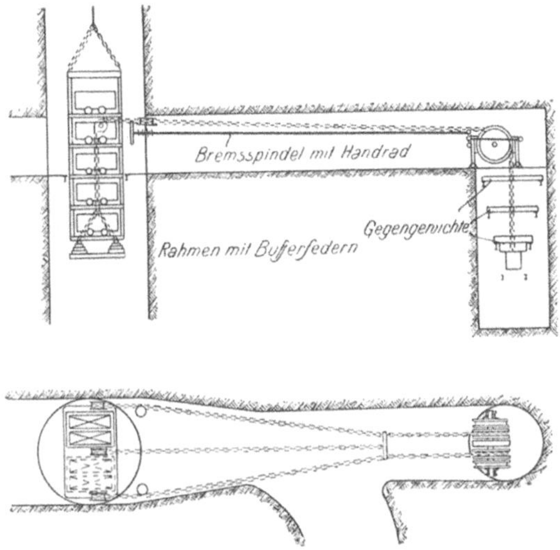

Fig. 275.
Hilfsbühne zum Umsetzen der Schalen im Füllorte.
(Aus Glückauf 1908, Nr. 5.)

Auf einem anderen Schachte derselben Gesellschaft wird mit zehnstöckigen Schalen gefördert, die im Füllorte von zwei Anschlägen aus bedient werden, und zwar gleichzeitig Stockwerk 1 und 6, 2 und 7 usw. Nach der Bedienung von Stockwerk 1 und 6 sind durch das Gegengewicht fast vollständig ausgeglichen: das Gewicht der Hilfsbühne, der Förderschale, der acht leeren und zwei vollen Wagen. Jedoch muß die Schachtschale stets schwerer sein, damit sie überhaupt abgebremst werden kann.

C. Gleichzeitige Bedienung aller Schalenstockwerke.

Die für ein Treiben erforderliche Zeit wächst mit der Schachttiefe, vorausgesetzt, daß die durchschnittliche Fördergeschwindigkeit dieselbe bleibt. Daraus folgt, daß man in einer Schicht weniger Treiben ausführen kann, und daß die Förderziffer sinkt. Im allgemeinen leistet ein 300 m tiefer Schacht bei gleichen Fördereinrichtungen das Doppelte von einem 900 m tiefen Schachte. Unser moderner Bergwerksbetrieb verlangt aber immer höhere Förderziffern eines Schachtes. Um einen Ausgleich zu schaffen, kann man

1. die Fördergeschwindigkeit steigern;
2. die mit einem Treiben zu Tage zu fördernde Last vermehren, indem man

a) entweder das Fassungsvermögen der Förderwagen vergrößert oder

b) die Zahl der Schalenstockwerke vermehrt;

3. die Bedienungszeit abkürzen.

Eine Vergrößerung des Wageninhaltes wird nicht immer durchführbar sein, weil die Wagen dann nicht mehr auf den Förderschalen Platz finden. Deshalb wird man weit häufiger zur Vermehrung der Schalenstockwerke greifen.

Eine Vermehrung der Schalenstockwerke bringt aber mit sich, daß mehr Zeit zur Abfertigung der Schalen an den Anschlägen gebraucht wird. Der dadurch bedingte Mehraufwand an Zeit muß aber ebenfalls auf Kosten der Zahl der Treiben gehen. Abhilfe ist nur dadurch möglich, daß man alle oder wenigstens mehrere Schalenstockwerke gleichzeitig bedient.

Wenn sämtliche Schalenstockwerke zu gleicher Zeit bedient werden sollen, muß man soviel Abzugsbühnen (Anschläge) herstellen, wie die Schale Stockwerke besitzt. Diese Abzugsbühnen sind nicht alle gleichwertig; eine ist die Hauptabzugsbühne, die übrigen dagegen sind Hilfsbühnen. Die einzelnen Hilfsbühnen werden für gewöhnlich durch Gesenke (Hilfsgesenke, Ausgleichsgesenke) mit der Hauptbühne verbunden, und zwar bekommt der Regel nach jede Hilfsbühne ihr eigenes Gesenk für den Verkehr mit der Hauptbühne.

Über Tage muß die Hauptbühne zu unterst liegen; denn nach ihr werden sämtliche vollen Förderwagen von den Hilfsbühnen aus abgebremst, während gleichzeitig die leeren Wagen von der Hauptbühne nach der Hilfsbühne hinaufgezogen werden müssen. — Unter Tage, also im Füllorte, muß die Hauptbühne die oberste sein. Die aus dem Felde kommenden vollen Förderwagen werden ebenfalls mit Hilfe der Ausgleichsgesenke von ihr aus auf die Hilfsanschläge verteilt, und die mit den Schachtschalen angekommenen leeren Fördergefäße werden in den Ausgleichsgesenken auf die Hauptabzugsbühne befördert, um von da aus ins Feld geschafft zu werden.

Mit der zunehmenden Zahl der Schalenstockwerke wächst naturgemäß auch die der Hilfsanschläge und der Hilfsgesenke. Schließlich würde es so weit kommen, daß für die große Zahl der Hilfsgesenke der erforderliche Platz in der Nähe des Schachtes fehlte. Dieser Nachteil macht sich besonders im Füllorte bemerkbar, wo das Offenhalten eines entsprechend großen Raumes an und für sich schon Schwierigkeiten bereitet. Man wird also bei einer vielstöckigen Schale darauf verzichten müssen, jedem Stockwerke einen besonderen Anschlag nebst Hilfsgesenk zu geben; man ist dann vielmehr durch die räumlichen Verhältnisse gezwungen, nur eine beschränkte Zahl von Hilfsgesenken und Anschlägen zu schaffen, dafür aber die Schale mehrmals umzusetzen. So wird z. B. eine vierstöckige Schale von zwei Anschlägen aus bedient und einmal umgesetzt. Eine sechsstöckige Schale kann ebenfalls von zwei Anschlägen aus bedient und zweimal umgesetzt werden; oder man fertigt sie von drei Abzugsbühnen ab und setzt sie einmal um.

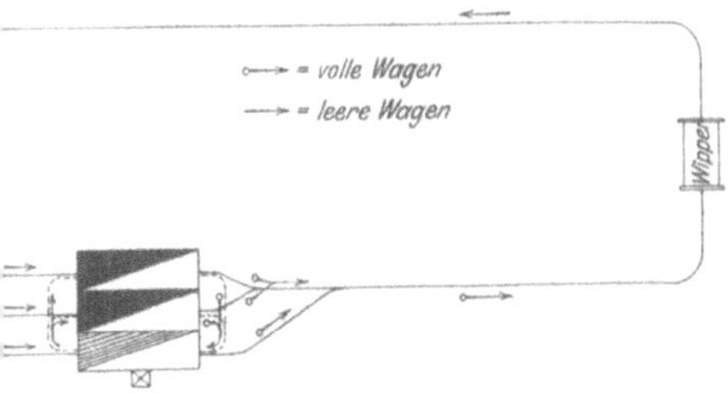

Fig. 276.

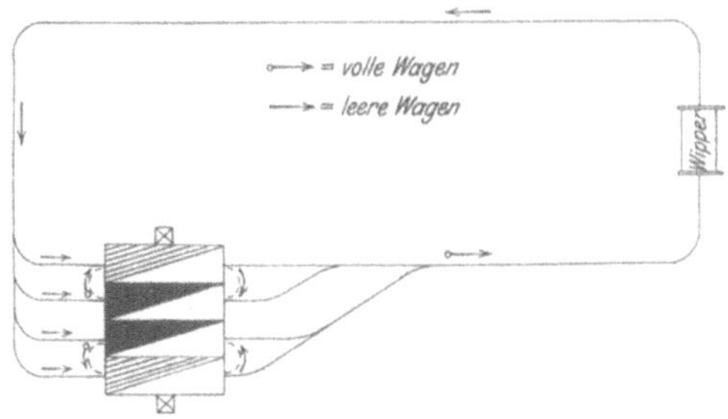

Fig. 277.

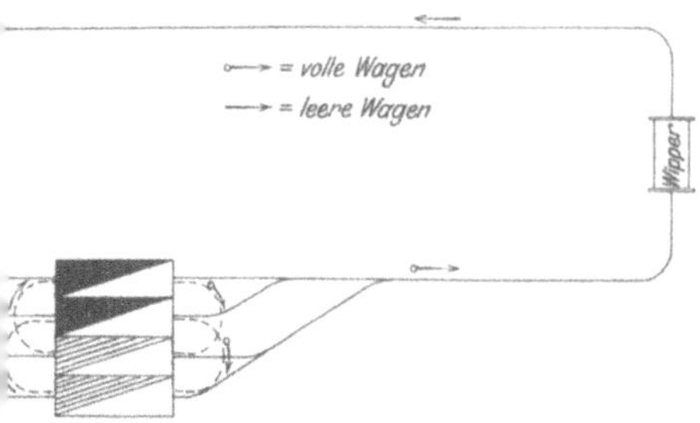

Fig. 278.

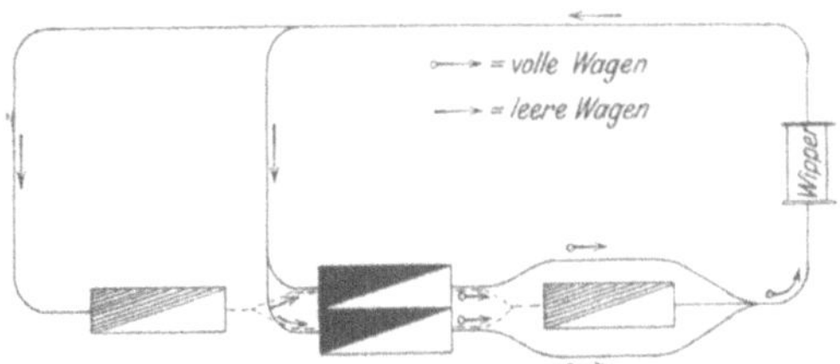

Fig. 279 a.

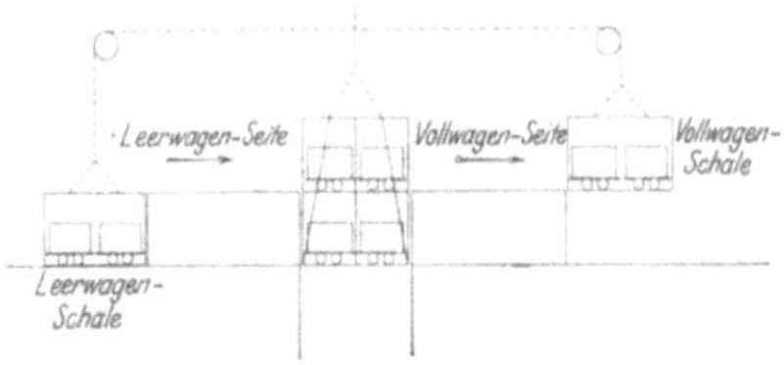

Fig. 279 b.

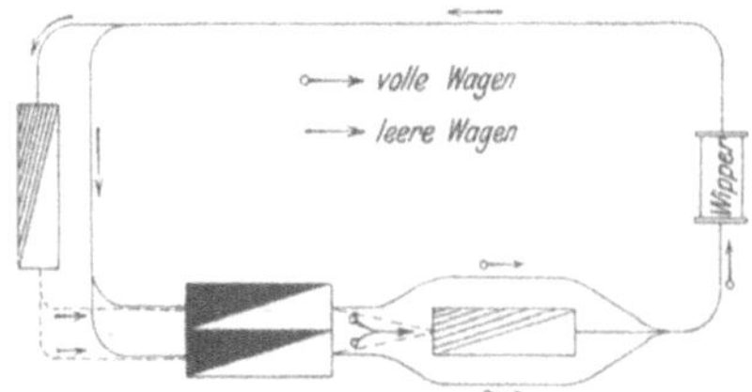

Fig. 280.

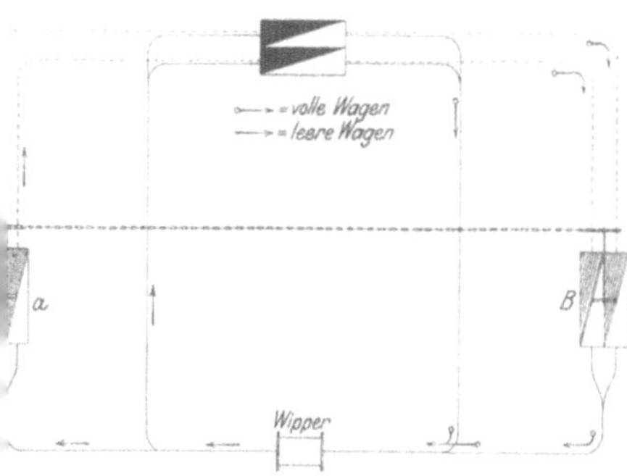

Fig. 281 a.

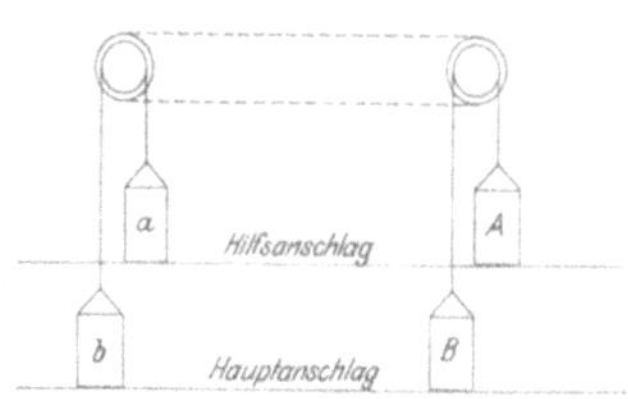

Fig. 281 b.

Ausgezogene Linie = Gestänge des Hauptanschlages.

Gestrichelte Linien = Gestänge des Hilfsanschlages.

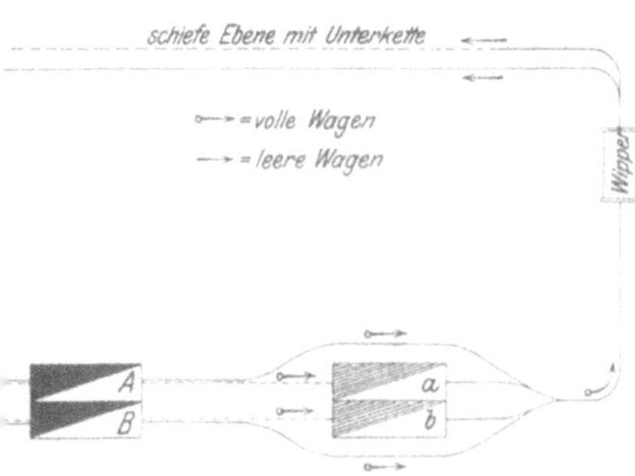

Fig. 282.

= Schacht.

= Hilfsgesenk.

Fig. 276–282. Hängebankanlagen für zweistöckige Schalen.

Doch kann man auch, wie weiter unten angegeben, die Hilfsgesenke überhaupt fortlassen und durch schiefe Ebenen oder — allerdings nur über Tage — durch Rutschen ersetzen.

I. Die Bedienung zweistöckiger Schalen.

a) Die Abfertigung auf der Hängebank.

Die Hilfsbühne ist, wie schon erwähnt, die obere, die Hauptbühne die untere; auf dieser letzteren steht der Wipper, mit dessen Hilfe die vollen Förderwagen entleert werden. Deshalb müssen die auf dem Hilfsanschlage abgezogenen Wagen mittels eines Gesenkes abgebremst werden. Das Gesenk kann ein eintrümiges oder zweitrümiges sein; im letzteren Falle können die beiden Fördertrümer nebeneinander oder getrennt voneinander und dann mindestens auf verschiedenen Seiten des Schachtes liegen. Die verschiedene Anordnung der Gesenke, die Lage der Gesenktrümer zueinander und zu den Schachtfördertrümern ist in den Fig. 276—282 dargestellt. Es sind dies nur Prinzipskizzen, durch welche die am häufigsten vorkommenden Möglichkeiten erläutert werden sollen. Örtliche Verhältnisse werden natürlich zu Änderungen führen, die aber hier nicht berücksichtigt werden können.

Die Gesenktrümer liegen neben den Schachttrümern.

Fig. 276 ist ein eintrümiges Hilfsgesenk, welches neben den Schachtfördertrümern liegt. Der Wagenumlauf ist aus der Figur ersichtlich.

In Fig. 277 ist eine größere Förderleistung des Schachtes angenommen; deshalb sind zwei eintrümige Gesenke eingerichtet worden, die durch den Schacht voneinander getrennt sind. Jedes Schachtfördertrum hat ein eigenes Gesenk. Der Wagenumlauf ergibt sich aus der Abbildung.

Ein Nachteil der eintrümigen Gesenke ist, daß für jedes Schachttreiben zwei Gesenktreiben gemacht werden müssen, nämlich eines zum Abbremsen der vollen Wagen, ein zweites zum Aufholen der leeren Wagen. Deshalb ist in Fig. 278 ein zweitrümiges Gesenk vorhanden, dessen Trümer beide nebeneinander auf derselben Schachtseite liegen. Bei dieser Anordnung ist es möglich, bei einem Gesenktreiben gleichzeitig auf der einen Schale die vollen Wagen abzubremsen und auf der anderen Schale die leeren Wagen aufzuholen. Jede Gesenkschale ist abwechselnd Vollwagenschale und Leerwagenschale.

Die Gesenktrümer liegen getrennt voneinander auf verschiedenen Seiten vor und hinter dem Schachte.

In Fig. 279 a und b sind die beiden Gesenktrümer durch den Schacht voneinander getrennt und liegen in der Verlängerung der Schachtfördertrümer. Das die beiden Gesenkschalen verbindende Förderseil geht zwischen den Schachttrümern hindurch oder wird um den Schacht herumgeleitet. Die auf der Vollwagenseite des Schachtes liegende Gesenkschale ist stets Vollwagenschale. Die leeren Wagen gehen immer nur auf der jenseitigen Gesenkschale in die Höhe. Dies bringt mit sich, daß, wenn die Vollwagenschale unten, die Leerwagenschale auf dem Hilfsanschlage steht, die Schalen leer umgesetzt werden müssen, um wieder beschickt werden zu können. Es folgen sich also immer abwechselnd ein Nutztreiben, bei welchem beide Gesenkschalen mit Wagen beladen sind, und ein totes Treiben, bei welchem beide Gesenkschalen leer sind. Beim Nutztreiben erfolgt der Antrieb durch das Übergewicht der vollen Wagen. Beim toten Treiben fehlt diese Antriebskraft. Die Bewegung erfolgt dann dadurch, daß die Leerwagenschale schwerer ist als die Vollwagenschale; dieses Übergewicht darf aber nicht zu bedeutend sein; die beladene Leerwagenschale muß vielmehr leichter sein als die beladene Vollwagenschale. Die in Fig. 279 angegebene Anordnung der Gesenktrümer erfordert viel Platz; der von den leeren Wagen zurückzulegende Weg ist nämlich zu lang. Dieser Übelstand wird durch die in Fig. 280 gezeichnete Anordnung vermindert.

Der schon erwähnte Übelstand, daß abwechselnd ein Nutztreiben und ein totes Treiben erfolgen müssen, wird bei der in Fig. 281 a und b dargestellten Anordnung vermieden. Das Hilfsgesenk hat insgesamt 4 Fördertrümer, und zwar zwei dicht beieinander liegende Vollwagentrümer und zwei dgl. Leerwagentrümer Die Vollwagentrümer sind hier mit A und B, die Leerwagentrümer mit a und b bezeichnet. Stehen die Gesenkschalen A und a auf dem oberen Anschlag, so befinden sich die Schalen B und b auf der Hauptabzugsbühne. A wird mit vollen Wagen beschickt, von B werden die eben abgebremsten vollen Wagen abgezogen, b wird mit leeren Wagen beschickt, von a werden die eben aufgezogenen leeren Wagen abgenommen. Ist der Wagenwechsel beendet, so setzt der Bremser die Gesenkförderung wieder in Gang. Die Gesenkbremse befindet sich beispielsweise im Vollwagengesenke A, B. Die Kraftübertragung nach dem Leerwagengesenk a, b wird durch eine Kette, am besten eine Gelenkkette, oder durch ein Seil bewirkt.

Auf verschiedenen oberschlesischen Bergwerken, z. B. auf Castellengo-Grube und auf Carmer-Schacht, ist die in Fig. 282 dargestellte Einrichtung getroffen. Die beiden Gesenktrümer liegen nebeneinander und in der Verlängerung der Schachtfördertrümer, dienen aber nur zur Beförderung der vollen Wagen; Gesenktrum a nimmt die Wagen des Schachttrumes A auf, die Gesenkschale b die der Schachtschale B. Es muß also a am oberen Anschlag stehen, wenn Schale A sich auf der Hängebank befindet; ebenso ist es mit b und B. Geht die eine Gesenkschale mit vollen Wagen abwärts, so geht die andere Schale leer nach oben. Die vollen Wagen laufen zum Wipper, werden dort entleert und gelangen mittels eines Umbruches auf die Leerwagenseite. Die für den oberen Anschlag bestimmten leeren Wagen werden dorthin mittels Unterkette auf schiefer Ebene befördert.

Förderung ohne Hilfsgesenke.

Man kann die Hilfsgesenke vollständig fortlassen, wenn man auch auf dem oberen Anschlage einen Wipper aufstellt. Die aus der Grube gekommenen vollen Wagen verlassen dann diesen Anschlag überhaupt nicht, sondern werden in dem Wipper entleert und gelangen dann sofort wieder nach der Leerwagenseite, um in die Grube zurückzukehren. Die mittels des Wippers entleerten Kohlen gelangen durch eine Rutsche — am besten eine Spiralrutsche — nach dem unter der Hauptabzugbühne liegenden Roste.

Diese Anordnung empfiehlt sich weniger für zweistöckige Schalen als für solche mit drei oder mehr Förderböden; denn eine zweistöckige Schale verlangt nur ein einziges Hilfsgesenk, also auch nicht so viel Platz und Bedienungsmannschaften wie drei- und mehrstöckige Schalen mit ihrer entsprechend größeren Zahl von Hilfsgesenken.

b) Die Abfertigung im Füllorte.

Im Füllorte trifft man im allgemeinen ähnliche Einrichtungen wie an der Hängebank; denn wenn über Tage die Schale nicht umgesetzt wird, so muß dies auch unter Tage geschehen. Die Hilfsgesenke werden aber nicht gern unmittelbar neben die Schachttrümer gelegt, weil dadurch das Füllort zu breit ausfällt, der Gebirgsdruck also zu stark entfesselt wird.

Die Gesenke können ebenfalls eintrümig oder zweitrümig sein.

Die Hauptabzugsbühne ist stets die obere. Der Hilfsanschlag liegt um Stockwerkshöhe darunter. Die Hälfte der aus dem Felde kommenden Wagen wird im Hilfsgesenke nach ihm hinuntergebremst; die mit den unteren Schalenstockwerken angekommenen leeren Wagen werden im Hilfsgesenke heraufgezogen.

Legt man die Hilfsgesenke neben den Schacht, so trennt man sie von ihm gern durch eine Gesteinsschwebe. Fig. 283 zeigt eine derartige Anordnung nebst der Richtung des Wagenumlaufes auf oberem und unterem Anschlage. Das Hilfsgesenk muß auf der Vollgleisseite liegen, weil sonst die ihm zulaufenden vollen Wagen das Leergleis kreuzen müßten.

Trennt man die beiden Fördertrümer des Hilfsgesenkes, d. h. legt man das eine vor, das andere hinter den Schacht, so muß das vor dem Schacht liegende Trum die vollen Wagen befördern, das andere die leeren. Es ist nicht gut, die Hilfsgesenke in die Mitte des Füllortes zu legen, weil sie den Weg versperren und den freien Ausblick behindern. — Man hilft sich dann, wie Fig. 284 zeigt, dadurch, daß man das Vollwagentrum an oder auch in den Füllortsstoß, das Leerwagentrum in das Umbruch legt.

Auf Max-Grube bei Michalkowitz O./S. werden nur die vollen Wagen in einem zweitrümigen Gesenke nach dem Hilfsanschlage abgebremst; es geht also immer die eine Schale beladen abwärts, die andere leer aufwärts. Die leeren Wagen werden auf einer schiefen Ebene mit Hilfe einer Unterkette vom Hilfsanschlage nach der Hauptfüllortssohle befördert.

Ebensogut könnte man die Hilfsgesenke überhaupt fortlassen und die beiden Anschläge miteinander nur durch einen Bremsberg mit endlosem Seil oder mit endloser Unterkette verbinden. Dann würden auf dem einen Gleis die vollen Wagen abwärts gehen, und durch deren Übergewicht würden auf dem anderen Bremsberggestänge die leeren Wagen bergauf gezogen werden. Ob derartige Anlagen in der Praxis eingeführt worden sind, ist nicht bekannt.

In einigen Fällen hat man jegliche Verbindung der beiden Anschläge durch Hilfsgesenke oder schiefe Ebenen unterlassen. Dies ist möglich, wenn vom Schachte aus Querschläge nach entgegengesetzten Richtungen, z. B. einer nach Norden, der andere nach Süden, getrieben worden sind. Dann werden die beiden Querschlagssohlen um Stockwerkshöhe gegeneinander versetzt (Fig. 285), so daß beispielsweise die Förderung des Querschlags g. N. stets mit dem oberen Schalenstockwerk, die des Querschlags g. S. mit dem untern Schalenstockwerke gehoben wird. Hierbei ist aber Voraussetzung, daß

1. beide Querschläge in jeder Förderschicht dieselbe Förderziffer aufweisen, und
2. daß während der Schicht keine größeren Pausen in der Förderung eines der beiden Querschläge eintreten.

Tritt trotzdem eine Störung ein, so muß die Schale umgesetzt werden, was aber weiter keine Nachteile mit sich bringt, weil infolge der Störung die Förderleistung des Schachtes zurzeit eine kleinere ist. Doch ist das Umsetzen der Schale nur möglich, wenn der obere Querschlag, also der g. N., fördert. Ist dagegen in diesem Querschlag eine Störung eingetreten und fördert nur der Querschlag g. S., so kann man nur mit dem unteren Schalenwerke fördern; denn würde man auch jetzt umsetzen, so würde die auf der Hängebank stehende Schale übertrieben werden. Für solche Fälle ist es besser, beide Querschlagssohlen in gleicher Höhe anzusetzen, aber die des einen, z. B. des Querschlages g. S., bereits in größerer Entfernung von dem Schachte um Stockwerkshöhe nachzureißen (Fig. 286 a, b). Bei normalem Betriebe fördert dann das obere Schalenstockwerk vom Querschlage g. N., das untere vom Querschlage gegen S. Tritt aber in einem der beiden Querschläge eine Betriebsstörung ein, so wird die Förderschale umgesetzt; mit Hilfe des oberen Umbruches kann dann sowohl die von Norden als auch die von Süden kommende Förderung auf beide Anschläge verteilt werden, sodaß sich ein Umsetzen der Schale erübrigt.

II. Die Bedienung dreistöckiger Schalen.

a) Die Abfertigung auf der Hängebank.

Auch wenn man dreistöckige Schalen hat und sämtliche Förderböden zu gleicher Zeit abfertigen will, ist der unterste Anschlag die Hauptabzugsbühne, die beiden anderen sind Hilfsbühnen. Jede dieser Bühnen wird mit dem Hauptanschlage durch ein besonderes Hilfsgesenk verbunden. In Fig. 287 ist eine solche Anlage schematisch dargestellt, bei welcher zweitrümige Gesenke zur Verwendung kommen, deren einzelne Fördertrümer auf verschiedenen Seiten des Schachtes liegen. Es sind also auch hier wieder besondere Vollwagenschalen und besondere Leerwagenschalen vorhanden, so daß nach jedem Nutztreiben ein totes Treiben folgen muß.

Im übrigen können die Gesenktrümer auch nebeneinander liegen, wobei dann auf jeder Schale abwechselnd volle Wagen abwärts und beim nächsten Treiben leere Wagen aufwärts gehen.

Auch eintrümige Gesenke sind verwendbar. Sie kommen besonders dort in Betracht, wo der Raum beschränkt ist, haben aber den Nachteil, daß ihre Leistungsfähigkeit eine geringere ist als die der zweitrümigen Gesenke.

Ebenso kann man die Gesenke durch schiefe Ebenen ersetzen, was aber wegen der großen Raumbeanspruchung — jedes Stockwerk muß eine besondere schiefe Ebene erhalten — nur schwer durchführbar sein dürfte.

Dagegen können mit großem Vorteil die Gesenke fortgelassen werden, wenn man auf jeden Anschlag einen Wipper aufstellt, von welchem aus die Kohle in Rutschen zum Hauptanschlage hinuntergeführt wird. Doch ist hierbei zu berücksichtigen, daß die Kohlen stark zerkleinert werden, also eine Wertverminderung erleiden.

b) Die Abfertigung im Füllorte.

Auch im Füllorte muß man ebenso wie auf der Hängebank zwei besondere Hilfsgesenke haben, die eintrümig oder zweitrümig sein können. Für jeden der beiden Hilfsanschläge ist ein Hilfsgesenk bestimmt. Die Lage der Gesenktrümer zum Schachte wird durch die örtlichen Verhältnisse bedingt; es gelten dafür dieselben Regeln und Grundsätze wie für die Bedienung zweistöckiger Schalen. Ein Unterschied ist nur dadurch gegeben, daß hier zwei Leerwagenschalen und zwei Vollwagenschalen vorhanden sind. Fig. 288 und 289 zeigen eine derartige Anordnung aus dem Füllorte des Frankenbergschachtes von Kleophas-Grube bei Kattowitz.

III. Die Bedienung vier- und mehrstöckiger Schalen.

Mit der zunehmenden Zahl der Schalenstockwerke wächst auch die Zahl der Hilfsgesenke. Bei vierstöckigen Schalen würde man über und unter Tage je drei, bei zehnstöckigen je neun Hilfsgesenke brauchen.

Hierzu fehlt es an Platz namentlich unter Tage; aber auch über Tage würde die Unterbringung so vieler Hilfsgesenke großen Schwierigkeiten begegnen, ganz besonders, wenn es sich um zweitrümige Gesenke handelt. Ein Ausweg wäre schon durch die weiter oben wiederholt angeführte Aufstellung von Wippern auf jedem Hilfsanschlage gegeben, welche die Kohle nach dem unter der Hauptabzugsbühne eingebauten Roste schicken. Wenn man zu diesem Hilfsmittel verhältnismäßig selten greift, so liegt dies daran, daß die Kohlen mit zunehmender Fallhöhe zu stark zerkleinert werden; hierzu kommt noch die Kohlenstaubbildung. Ferner ist zu berücksichtigen, daß man im Füllorte trotzdem Hilfsgesenke errichten muß. Über Tage wird man, namentlich bei Neuanlagen, gleich von Anfang an den für Hilfsgesenke erforderlichen Platz aber noch weit leichter schaffen können als im Füllorte.

Deshalb zieht man stets die Anlage wenigstens einiger Hilfsgesenke vor und setzt die Schale mehrmals um; z. B. kann eine vierstöckige Schale einmal umgesetzt werden, so daß nur ein einziges Hilfsgesenk zu errichten wäre. Eine sechsstöckige Schale kann ebenfalls mit nur einem Hilfsgesenk bedient und zweimal umgesetzt werden, während bei Einrichtung von zwei Hilfsgesenken dieselbe Schale bloß einmal umgesetzt zu werden braucht. In ähnlicher Weise kann man bei Schalen mit noch mehr Stockwerken vorgehen.

Je mehr Stockwerke die Schalen haben, um so höher werden sie und erfordern dann auch dementsprechend hohe Fördergerüste. Mit Rücksicht hierauf werden die Stockwerke so niedrig wie nur möglich gemacht, nämlich gleich der Wagenhöhe + einem Spielraum von etwa 10 cm. Würden nun die einzelnen Hilfsanschläge nur um Stockwerkshöhe voneinander abstehen, so wäredie Arbeit für die dort beschäftigten Mannschaften höchst ermüdend, weil sie sich ständig gebückt halten müßten. Man gibt deshalb den einzelnen Anschlägen einen Abstand gleich der doppelten oder dreifachen Schalenstockwerkshöhe und setzt auch die Schachtförderschale dementsprechend um. Es werden also bei einer vierstöckigen Schale, die einmal umgesetzt wird, nicht etwa das erste und zweite und dann das dritte und vierte Stockwerk gleichzeitig bedient, sondern das erste und dritte und dann das zweite und vierte. Ähnlich geht man bei Schalen mit noch mehr Stockwerken vor.

Über die gegenseitige Lage der Schachtfördertrümer und Gesenktrümer über Tage bzw. unter Tage braucht hier nichts weiter ausgeführt zu werden; denn wenn eine vielstöckige Schale mehrmals umgesetzt wird und nur ein oder zwei Hilfsgesenke erhält, so ist deren Anordnung dieselbe wie bei zwei- bzw. dreistöckigen Schalen, deren einzelne Böden gleichzeitig bedient werden.

IV. Hilfsgesenke mit Differentialbremse.

Es ist nicht immer möglich, unter Tage die oberste Bühne zur Hauptabzugsbühne zu machen. So hat man z. B. auf Schacht Prosper II bei Bottrop vierstöckige Schalen mit gleichzeitiger Abfertigung sämtlicher Stockwerke. Auf der vierten Sohle sind die beiden Hauptquerschläge gegeneinander versetzt, und zwar liegt der südliche Querschlag in gleicher Höhe mit dem ersten, der nördliche mit dem zweiten Schalenstockwerke. Dieser letztere Querschlag liefert die Hauptförderung, welche auf dem zweiten, dritten und vierten Stockwerke gehoben wird; ein Teil derselben muß aber auch noch an das erste Schalenstockwerk abgegeben werden. Zu diesem Zwecke hat das Hilfsgesenk eine Differentialbremse mit zwei Seilkörben, deren Durchmesser sich verhalten wie die Förderhöhen. Die beiden Schalen F_1 und F_2 (Fig. 290) stehen gleichzeitig auf der Höhe des zweiten Stockwerkes und werden dort mit vollen Wagen beladen; Schale F_1 ist noch mit einem Gewichte P belastet. Sind beide Schalen mit vollen Wagen beschickt und wird gebremst, so geht F_2 infolge des größeren Seiltrommeldurchmessers nach dem vierten, F_1 nach dem ersten Anschlage. Dort werden auf beiden Schalen die vollen Wagen gegen leere eingewechselt. Nun ist infolge des Einflusses von Gewicht P die Schale F_1 schwerer als F_2; beide Schalen bewegen sich nun wieder nach der zweiten Abzugsbühne. — Ein ähnliches Hilfsgesenk, jedoch mit anderem Verhältnis der Trommeldurchmesser, vermittelt den Förderverkehr von der zweiten nach der dritten bzw. ersten Abzugsbühne.

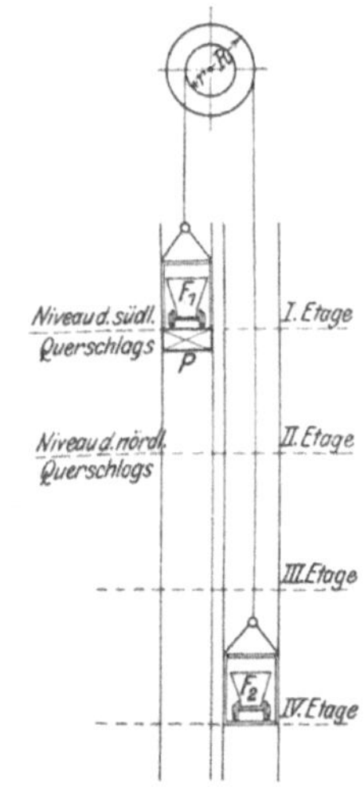

Fig. 290. Hilfsgesenk mit Differentialbremse. (Aus Glückauf 1903, Nr. 16.)

V. Die Tomson-Förderung.

Das Tomsonsche Förderverfahren, DRP. 82718, ist zum ersten Male auf Zeche Preußen der Harpener Bergbau-A.-G. bei Dortmund angewendet worden und hat seinen Namen nach dem damaligen Direktor derselben, dem Bergingenieur E. Tomson.

In geschichtlicher Hinsicht sei erwähnt, daß dieses Schachtbedienungsverfahren schon eine Anzahl von Vorläufern gehabt hat, die aber an verschiedenen Übelständen litten; die bekanntesten sind die Fowlerschen Vorrichtungen von Grube Cinder Hill & Denaby Mine in England.

Das Charakteristische bei diesem Förderverfahren ist, daß jede Schachtschale sowohl über Tage als auch unter Tage je zwei Hilfsschalen zugewiesen erhält. Diese Hilfsschalen besitzen ebensoviel Stockwerke wie die Schachtschalen und liegen unmittelbar vor bzw. hinter ihnen. Ist also eine von den Schachtschalen über Tage angekommen, so stehen drei Schalen in einer Flucht hintereinander, die Schachtschale in der Mitte.

Die eine der Hilfsschalen ist stets die Leerwagenschale, die andere die Vollwagenschale. Die erstere ist mit leeren Wagen beschickt, um diese der im Schachte heraufkommenden Förderschale abzugeben. Die Vollwagenschale steht leer bereit, um die mit der Schachtschale heraufkommenden vollen Wagen aufzunehmen. Die Böden der einzelnen Schalen sind stark geneigt; die Wagen werden auf ihnen durch besondere Gleisverschlüsse festgehalten (Fig. 72). In dem Augenblick, in welchem die Schachtschale aufsetzt, werden diese Gleisverschlüsse geöffnet, so daß die leeren Wagen auf die Schachtschale und die vollen Wagen von dieser auf die hierfür bestimmte Hilfsgesenkschale laufen. — Die Verriegelung wird von dem noch weiter unten erwähnten Maschinenwärter bedient und kann für jedes Schalenstockwerk gesondert in Gang gesetzt werden. Der Maschinenwärter ist also imstande, sämtliche Stockwerke gleichzeitig oder auch nacheinander zu bedienen; ferner

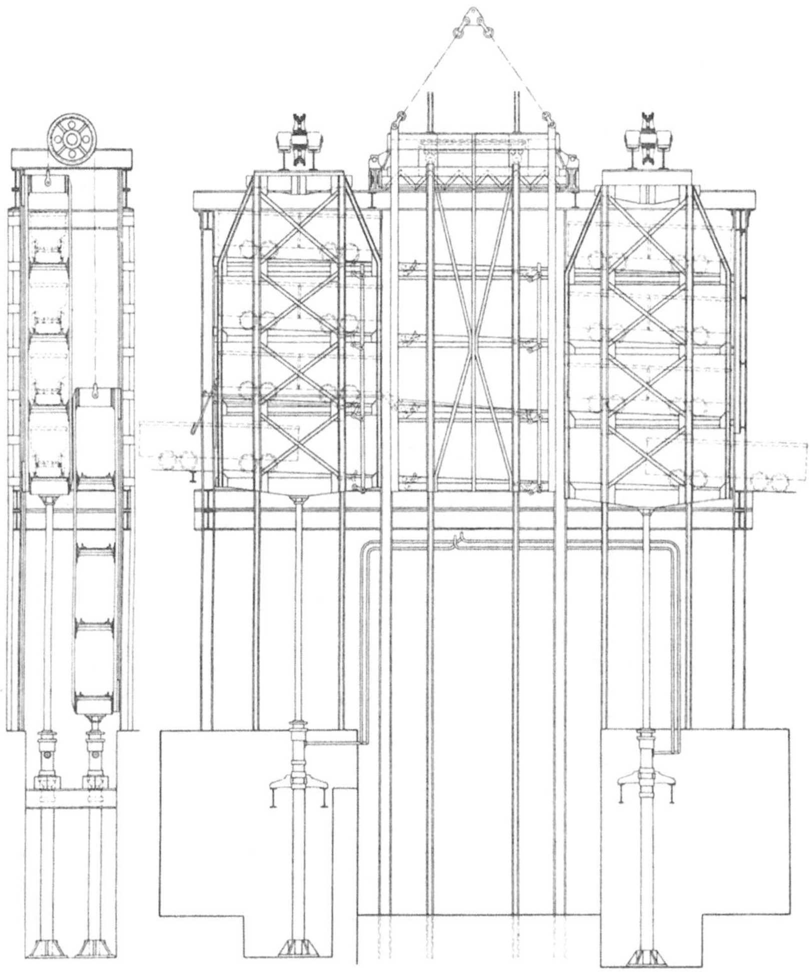

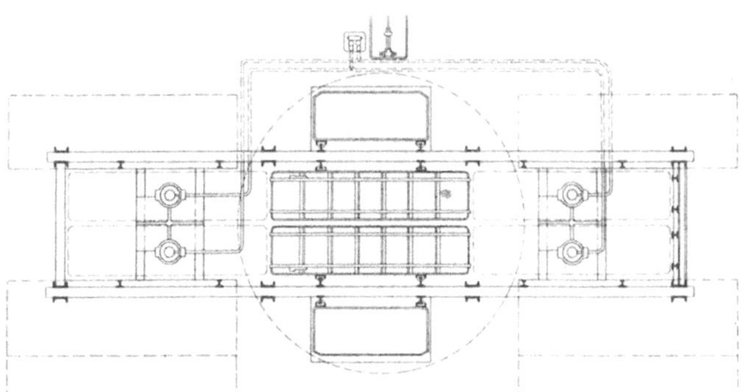

Fig. 291.
Tomson-Förderung.
(Aus Tomson, Förderanlagen für große Teufen.)

kann er von jedem Stockwerke die Wagen gleichzeitig oder auch einzeln ablaufen lassen.

Auf Hillebrand-Schacht in Antonienhütte O./S. ist dieses System nach den Angaben des Bergwerksdirektors Riedel verbessert worden. Bei den älteren Systemen liegen die drei zusammenarbeitenden Schalen ohne jeden Zwischenraum dicht hinter einander. Tritt nun eine Störung infolge von Wagenentgleisungen ein, so kann man diese nur dadurch beheben, daß man in die Schale hineingeht. Bei dem System Tomson - Riedel dagegen ist zwischen den Schalen ein Zwischenraum von solcher Breite, daß ein Mann hindurch kann. Sind z. B. auf der Schachtschale die vollen Wagen entgleist, so kann der Anschläger ohne weiteres von außen her auf die Schachtschale gelangen und die Störung beseitigen.

Nach erfolgter Wagenwechslung kann die Schachtschale sofort wieder die Hängebank verlassen. Nun werden die beiden Hilfsschalen stockwerkweise umgesetzt und abgefertigt; die Leerwagenschale wird von neuem mit leeren Wagen beschickt, von der Vollwagenschale werden die Wagen abgezogen. Hierauf werden die beiden Schalen so hoch angehoben, daß ihr unterstes Stockwerk in gleicher Höhe mit der Hängebank steht.

Die nebeneinanderliegenden Hilfsgesenkschalen, d. h. also sowohl die beiden Vollwagenschalen als auch die beiden Leerwagenschalen, sind untereinander nach Art zweitrümiger Gesenke durch Ketten verbunden, die über entsprechende Führungsrollen laufen (Fig. 291); denn wenn die eine Vollwagenschale aufwärts geht, soll sich die andere senken. In gleicher Weise ist dies bei den Leerwagenschalen der Fall.

Nun ist zu berücksichtigen, daß auf der Leerwagenseite die entladene Schale abwärts geht, die andere Schale aber mit leeren Wagen beladen sich aufwärts bewegen muß. Dies kann nicht durch eigene Kraft geschehen. Deshalb wird das Übergewicht der mit vollen Wagen beladenen Vollwagenschale benutzt, um die Bewegung der übrigen Schalen hervorzurufen. Zu diesem Zwecke sind, wie Fig. 291 zeigt, die einander diagonal gegenüberliegenden Schalen durch eine Druckwasserleitung miteinander verbunden. Sämtliche vier Hilfsgesenkschalen stehen auf Druckwasserzylindern und können hydraulisch gehoben und gesenkt werden. Mit Hilfe dieser Druckwasserleitung und mit Hilfe der gesenkartigen Kettenverbindung der Schalen wird erreicht, daß die eine beladene Vollwagenschale die übrigen drei Schalen in Gang setzt. Da es nun aber gelegentlich vorkommt, daß das Gewicht dieser Schale hierzu nicht genügt, so kann man noch unter jeden der vier Plunger Druckwasser leiten, welches in einer besonderen Druckwasserzentrale erzeugt wird. Ferner ist es mit Hilfe dieser Druckwasserzentrale möglich, jede Schale für sich, also unabhängig von den anderen Schalen, zu heben bzw. zu senken. Man kann also das einzuhängende Holz, Mauerungsmaterial usw. auf die Hängebank bringen, ohne daß eine der Vollwagenschalen mit vollen Wagen beladen zu sein braucht; ebenso kann man auf diese Weise leere Förderwagen in die Grube einhängen und aus ihr herausholen. Auch bei der Seilfahrt können die Arbeiter mit diesen Hilfsschalen nach den einzelnen Stockwerken der Hauptschale befördert werden. — Sämtliche Druckwasserleitungen, mit deren Hilfe diese Verrichtungen ausgeführt werden, gehen durch einen seitlich vom Schachte liegenden Raum, in welchem der von einem einzigen Manne bediente Steuerungsapparat untergebracht ist. Dieser Maschinenwärter hat auf einer Tafel vor sich die einzelnen Hebelstellungen angegeben, die er einrücken muß, um die Schalen zu heben oder zu senken, um die Wagenfeststellung auf den Förderschalen zu lösen usw. (Fig. 292).

Ein Hauptvorteil der Tomson-Förderung ist die Ersparnis an Mannschaften. Nach Tomsons Angaben genügen je drei Mann zur Bedienung an der Hängebank und im Füllorte. Doch hat dieses Verfahren auch seine Nachteile. Insbesondere ist darauf hinzuweisen, daß, wenn einmal eine Störung an der Maschinerie, namentlich aber an der hydraulischen Anlage eintritt, der gesamte Schachtförderbetrieb lahmgelegt ist. Ferner ist zu beachten, daß sämtliche hydraulischen Apparate frostsicher, am besten also in heizbaren Räumen, untergebracht sein müssen.

Weiteres über die Verwendbarkeit der Tomson-Förderung wird unter der Überschrift: Leistungen und Kosten gebracht.

Von den Skoda-Werken zu Pilsen ist die Tomson-Förderung verschiedentlich, so auch auf Schacht Julius III bei Brüx, in veränderter Form ausgeführt worden. Auf dieser letzteren Anlage werden die Hilfsschalen (Senkbühnen), die ebenso wie

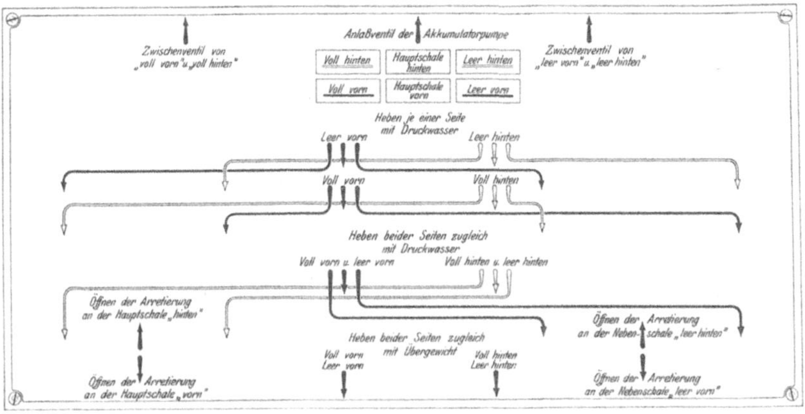

Fig. 292.
Steuerungs-Tafel zur Tomsonförderung.

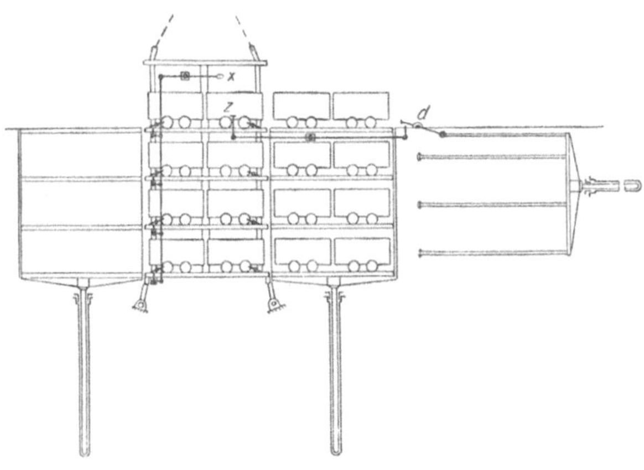

Fig. 293.
Förderanlage von Cadeby-Colliery. (Aus Glückauf 1908, Nr. 5.)

die Schachtschalen zweistöckig sind, nicht hydraulisch, sondern mit Drehstrommotoren von 8 PS mittels Schneckengetriebes und Stirnradvorgeleges bedient. Außerdem sind natürlich je zwei nebeneinanderliegende Hilfsschalen durch Gallsche Ketten miteinander verbunden, die über gezahnte Kettenscheiben gehen, um auch das Übergewicht der niedergehenden, mit vollen Wagen beschickten Schale auszunutzen. — Der elektrische Antrieb wurde mit Rücksicht auf die Frostgefahr gewählt. Da nun die Hilfsschalen nicht mehr von den Plungerkolben getragen werden, sind für sie an den Anschlägen Aufsatzvorrichtungen angebracht worden.

Die von dieser Anlage geforderte Jahresleistung beträgt 7 200 000 Ztr., die theoretische Leistungsfähigkeit 10 000 000 Ztr. bei täglich zwei 8stündigen Schichten, während sie vorher bei täglich zwei 10stündigen Schichten 5 000 000 Ztr. leisten mußte.

Die Schalen haben zwei Stockwerke für je 1 Wagen von 14 Ztr. Fassungsvermögen und fördern aus 200 m Tiefe.

Die Anlage kostete 110 000 Kronen.

Ein der Tomson-Förderung ähnliches Verfahren ist auf Cadeby-Colliery bei Sheffield (Fig. 293). Die Hilfsgestelle stehen ebenfalls vor den Förderschalen und werden hydraulisch gehoben und gesenkt. Die Wagenhaltevorrichtungen können durch den Hebel x ausgelöst werden; der hydraulische Stößel, welcher die Wagenwechslung besorgt, wird durch den Fußtritt z in Gang gesetzt. Beide Hebel werden vom Anschläger bedient.

VI. Die Wechslung der Wagen.

a) Schalen mit geneigten, festen Böden.

Je mehr Stockwerke einer Förderschale gleichzeitig bedient werden, um so mehr Bedienungsmannschaften werden hierzu gebraucht. Doch auch wenn die Schale umgesetzt wird, die Stockwerke also nacheinander einzeln bedient werden, ist der Mannschaftsbedarf noch ein recht bedeutender. Deshalb legt man in neuester Zeit immer mehr Gewicht darauf, den Wagenwechsel möglichst selbsttätig zu bewirken. Es ist schon oben bei Beschreibung der Tomson-Förderung darauf hingewiesen worden, daß man sowohl auf der Hängebank als auch im Füllorte mit nur je drei Mann auskommen kann. Dies wurde dort dadurch erreicht, daß die Böden der einzelnen Stockwerke nicht nur auf den Schachtschalen, sondern auch auf den Hilfsgestellen geneigt lagen, sodaß die Förderwagen von selbst ablaufen konnten, sobald ihre Feststellvorrichtungen gelöst wurden. Derartige Einrichtungen lassen sich verhältnismäßig leicht treffen. Die Wagen-Feststellvorrichtungen können dabei

1. selbsttätig gelöst werden, sobald das betreffende Stockwerk der Schale sich aufsetzt (siehe Fig. 70, 71, 75),
2. durch den Anschläger gelöst werden (Fig. 69, 73, 74) oder
3. nach dem Muster der Tomson-Förderung vom Stande des Maschinenwärters im Steuerhäuschen aus bedient werden (Fig. 72).

b) Schalen mit schwenkbaren Böden.

Wenn man die Förderschale mit geneigten festen Böden ausstattet, muß man eine sehr sichere Vorrichtung zum Feststellen der Förderwagen haben; denn infolge der beim Treiben auftretenden Stöße können sich die Wagen sehr leicht freimachen und auf den geneigten Böden abrollen. Darum zieht man vielfach Förderschalen mit Böden vor, die während des Treibens wagerecht stehen, an den Anschlagsorten aber eine geneigte

Lage einnehmen. Ein Nachteil ist, daß diese Schalen aufgesetzt werden müssen.

Eine solche Schale, bei welcher die Wagen auf der Schale stehend an der Hängebank entleert werden, war auf der Weltausstellung in St. Louis zu sehen und ist in Fig. 294 abgebildet. Die Schale ist nur einstöckig und darf auch nur mit einem Förderwagen beschickt werden, welcher eine Stirnklappe besitzen muß. Der schwenkbare Schalenboden B ruht mit Hilfe der Rollen R auf den seitlichen Stahlgußschilden A. Bei d wird der Schalenboden auf jeder Seite durch je eine bewegliche Strebe S unterstützt. Kommt die Schale auf der Hängebank an, so treten die Rollen R in die Führungen F ein, sobald sie die Stellung C erreicht haben, und werden in diesen nach links geschoben; der Boden B muß also zusammen mit dem darauf stehenden Wagen diese Bewegung mitmachen. Der Schalenboden B wird durch D festgehalten, während die Förderschale sich weiter nach oben bewegt; die Streben S müssen sich also steiler stellen; somit kommt der ganze Schalenboden nebst dem darauf stehenden Förderwagen in die gezeichnete Schräglage. Gleichzeitig wird hierbei die Stirnklappe, die bisher durch die Kette k in der Verschlußstellung gehalten wurde, geöffnet. Damit der Förderwagen beim Kippen nicht von der Schale herunterfällt, wird er durch die beiden Sicherungen E festgehalten, die nach der Seite umgelegt werden können.

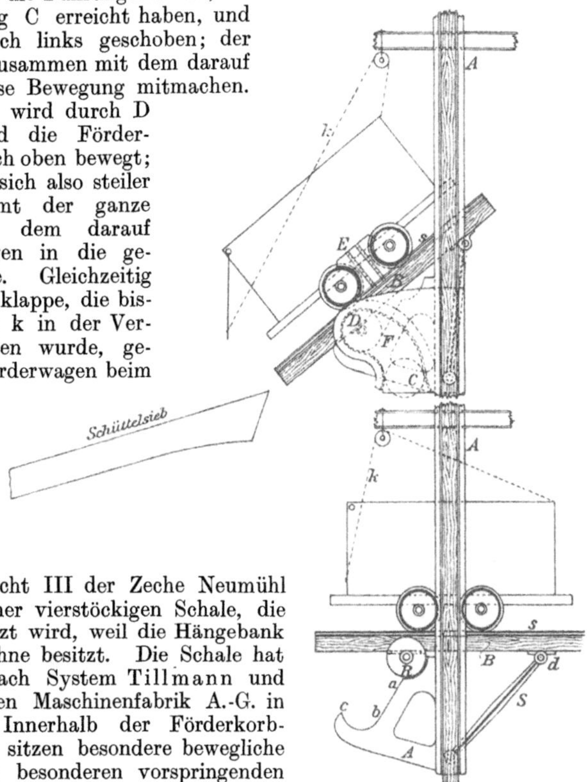

Fig. 294.
Förderschale mit schwenkbarem Boden. (Aus Preuß. Zeitschr. 1905.)

Auf Wetterschacht III der Zeche Neumühl fördert man mit einer vierstöckigen Schale, die aber dreimal umgesetzt wird, weil die Hängebank nur eine Anschlagsbühne besitzt. Die Schale hat bewegliche Böden nach System Tillmann und ist von der Deutschen Maschinenfabrik A.-G. in Duisburg geliefert. Innerhalb der Förderkorbrahmen b (Fig. 295) sitzen besondere bewegliche Schalenböden a auf besonderen vorspringenden Auflageflächen und Verstrebungen. Die Böden a haben auf der einen Seite Aufsatzknaggen c, die Korbrahmen besitzen entsprechende Aufsatzknaggen d auf der entgegengesetzten Seite. Die Knaggen c sind um 140 mm länger als die Knaggen d, setzen sich also eher als diese auf die Aufsatzvorrichtung auf. Infolgedessen wird der Korbboden a auf dieser Seite um 140 mm gehoben. Nach beendeter Hebung setzen sich auch die Knaggen d auf, so daß der Boden a das der Neigung der Hängebank entsprechende Gefälle bekommt. Während der Förderung werden die Wagen durch die Anhaltevorrichtungen f und f_1 festgehalten. Sobald die Schale aufsitzt, wird diese Feststellvorrichtung vom Anschläger mittels des Hebels i geöffnet. Fig. 295 zeigt diese Vorrichtung auf dem oberen Stockwerk geöffnet, auf dem unteren dagegen in der Sperrstellung.

Die an der Hängebank bereit stehenden Wagen werden durch die Sperre h festgehalten. Sind die Wagen gewechselt, so läßt der Arbeiter den Hebel k los, so daß die später ankommenden, für das nächste Schalenstockwerk bestimmten leeren Wagen von dieser Anhaltevorrichtung h wieder festgehalten werden.

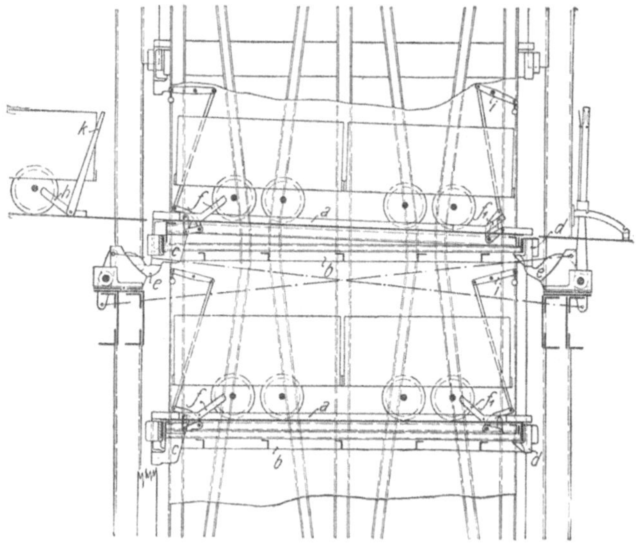

Fig. 295.
Förderschale mit schwenkbaren Böden, System Tillmann. (Aus Glückauf 1908, Nr. 33.)

c) Schwenkbühnen an der Hängebank.

Es ist naheliegend, die Wechslung der Wagen in ähnlicher Weise wie es bei den Schalen mit schwenkbaren Böden geschieht, dadurch zu

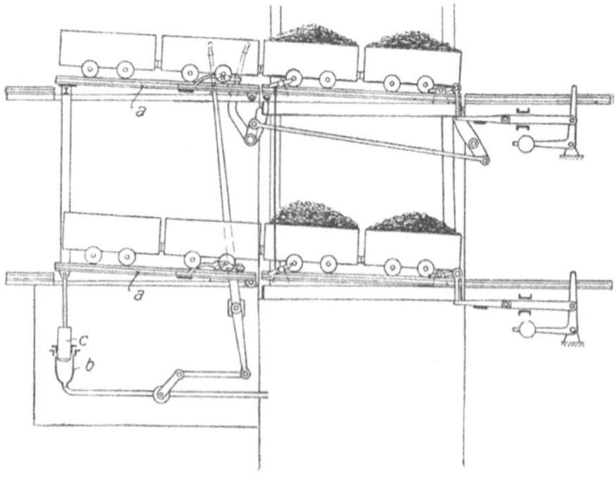

Fig. 296.
Hängebank mit Schwenkbühne. (Aus Glückauf 1908, Nr. 5.)

bewirken, daß man vor dem Schachte auf der Leerwagenseite der Hängebank Schwenkbühnen anbringt, welche zum Zwecke des Wagenwechsels eine nach der Schale geneigte Lage annehmen, sodaß die Wagen dorthin ablaufen. Es ist aber hierbei zu berücksichtigen, daß in diesem Falle die Betriebskosten höher sind als bei den schwenkbaren Schalenböden; denn im letzteren Falle erfolgt die Geneigtstellung der Böden durch das Schalengewicht, während die auf der Hängebank eingebauten Schwenkbühnen durch eine besondere Kraft (Dampf, Preßluft und dgl.) bewegt werden müssen. Einige derartige Anlagen von englischen Bergwerken sind nachstehend beschrieben.

Auf Bargoed-Colliery bei Cardiff sind die Förderschalen zweistöckig. Beide Stockwerke werden zu gleicher Zeit bedient. Auf jedem Anschlage befindet sich eine bewegliche schiefe Ebene (Fig. 296); die Gleise a werden mit Hilfe des Preßluftzylinders b und des Kolbens c angehoben. Die Wagenwechslung erfordert einen Zeitaufwand von sieben Sekunden.

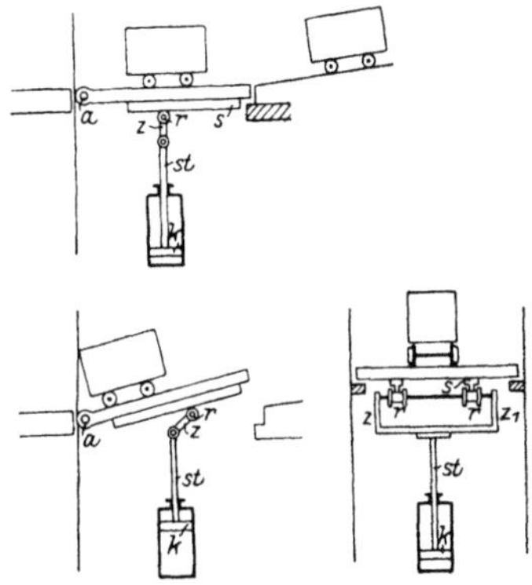

Fig. 297.
Hängebank mit Schwenkbühne.
(Aus Österr. Zeitschr. 1907, Nr. 38.)

Die in Fig. 297a, b, c dargestellte Schwenkbühne hat eine Länge von $1\frac{1}{2}$ m und läßt sich um eine Achse a drehen, die auf der dem Schachte zugewendeten Bühnenseite liegt. Der hintere Teil der Bühne kann maschinell gehoben werden. Zu diesem Zwecke steht unter der Bühne ein Zylinder, dessen Kolben k eine Kolbenstange st hat, welche in einer eisernen Gabel endigt. Die hervorragenden Enden zz_1 dieser Gabel tragen eine mit Rädern r versehene Achse. Diese Räder r laufen unter zwei Schienen s, die auf der Unterseite der Bühne befestigt sind. Befindet sich der Kolben in der niedrigsten Stellung, hat also die Bühne wagerechte Lage, so berühren die Räder r die Schienen s. Wird unter den Kolben Dampf oder Preßluft eingelassen, so geht die Kolbenstange nach oben, die Räder r gleiten entlang den Schienen von links nach rechts, die Bühne wird also gehoben, und die Wagen rollen auf die Schale ab.

d) Die Wagenwechsler.

Die Wagenwechsler sind Apparate, mit deren Hilfe die Förderwagen maschinell gewechselt werden. Sie sind zuerst auf amerikanischen Bergwerken in größerem Umfange verwendet worden, finden aber jetzt auch im deutschen Steinkohlenbergbau immer weitere Verbreitung. Der Hauptvorteil, den man mit ihnen erzielt, ist, wie noch weiter unten ausgeführt wird, die Ersparnis an Leuten und infolgedessen auch an Kosten. Bei ihrer Konstruktion ist darauf Rücksicht zu nehmen, daß sie nur stoßweise gehen und zwar während der Zeit des Aufenthaltes der Schale am Anschlage.

Die bis jetzt bekannt gewordenen Wagenwechsler lassen sich einteilen in:

1. Stößel,

   a) unter dem Wagen laufende Stößel (= Unterstößel),

b) hinter dem Wagen laufende Stößel (= Hinterstößel),
c) über dem Wagen laufende Stößel (= Oberstößel),
d) Pendelstössel,

2. Haspel.

1. Die Stößel.

Unterstößel. Der Wagenwechsler von Baumann (Fig. 298a—e). Er ist, soweit bekannt, der erste in Deutschland eingeführte Wagenwechsler und wurde

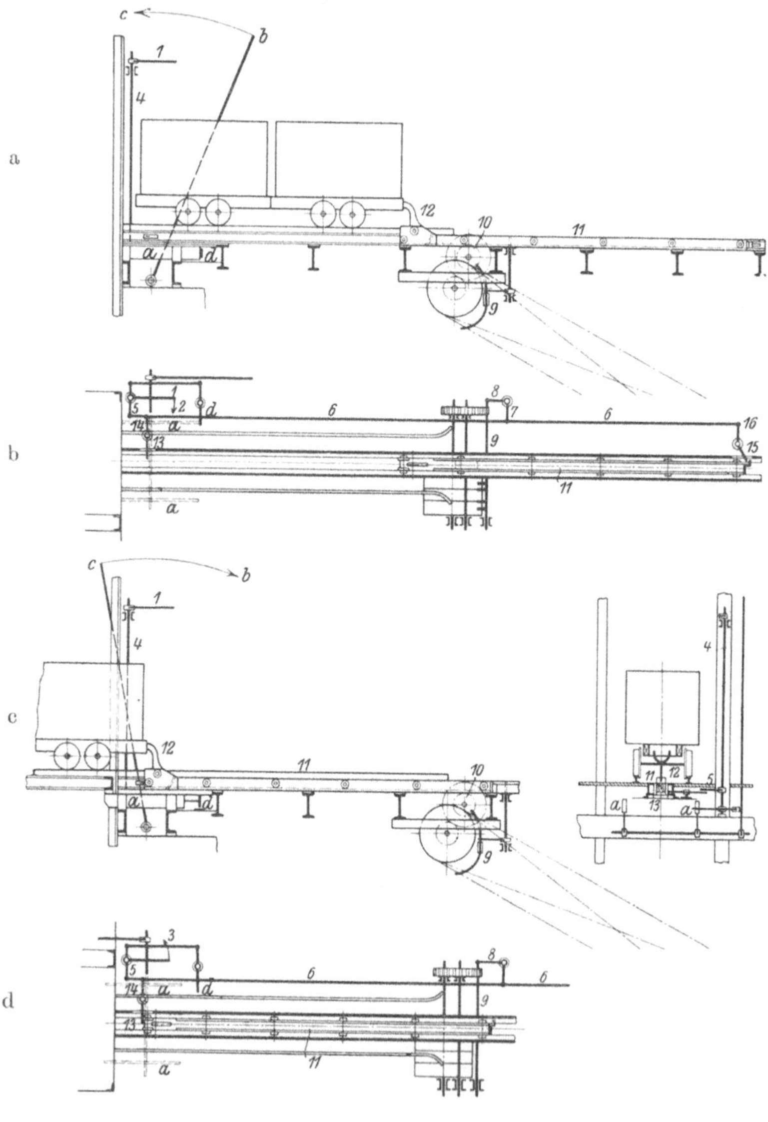

Fig. 298a—e. Wagenwechsler von Baumann.

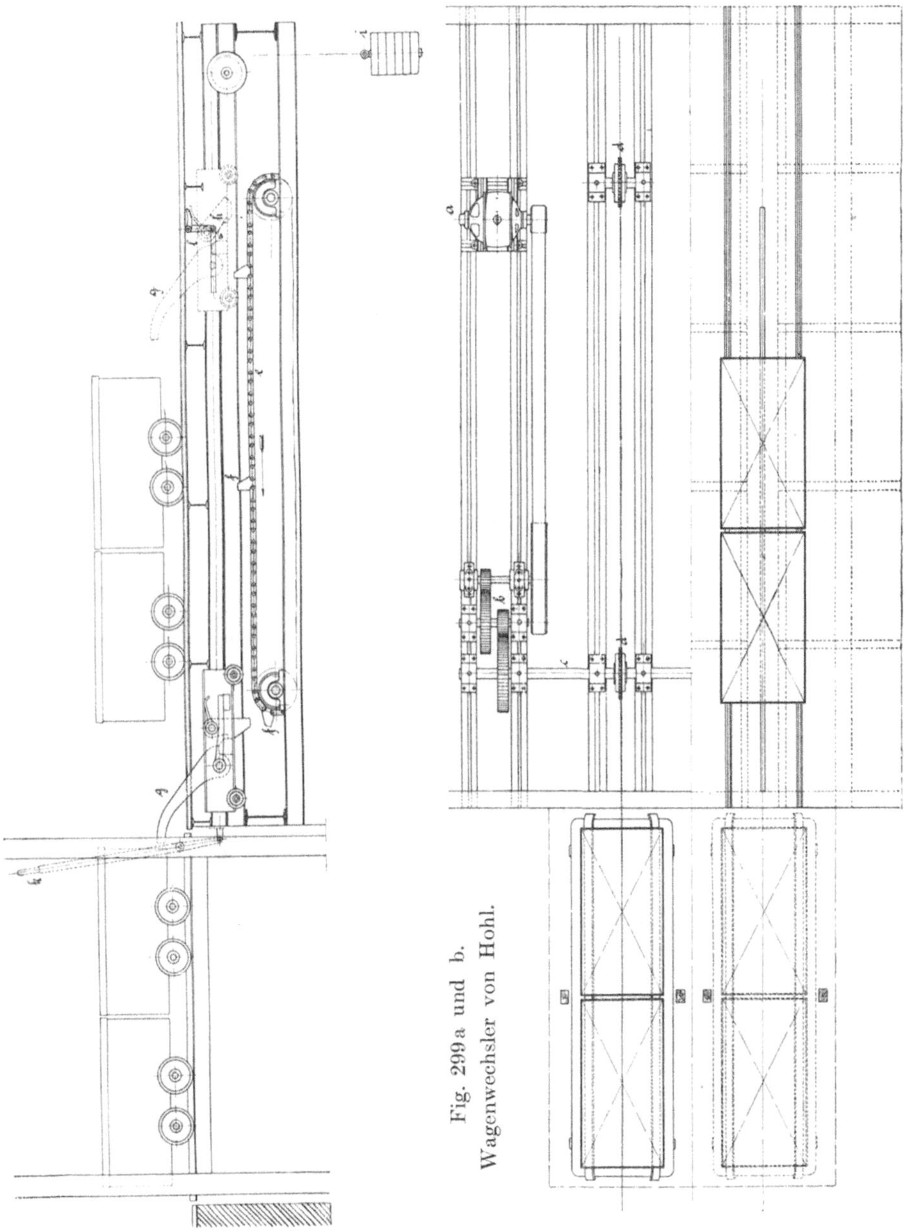

Fig. 299 a und b.
Wagenwechsler von Hohl.

seinerzeit auf den Schächten der Deutschland-Grube bei Schwientochlowitz O./S. eingebaut. Die Förderwagen werden, wie es Fig. 298a angibt, auf der Leerwagenseite der Hängebank aufgestellt. Sobald die Schale auf die Aufsatzvorrichtung a aufgesetzt ist, legt der Anschläger den Handhebel b nach c hin um; dadurch wird die Verriegelung der auf der Schale stehenden vollen Wagen gelöst. — Gleichzeitig mit dem Vorschieben der Aufsatzvorrichtung wird der Anschlaghebel d (Fig. 298b und d)frei, so daß der Steuerhebel 1 in die Stellung 2 (Fig. 298b) gedreht werden kann. Dadurch wird durch Vermittlung der stehenden Welle 4 und des Hebels 5 die Steuerstange 6 auf den Schacht zu verschoben und der mit ihr verbundene Winkelhebel 7—8 gedreht; die mit diesem Winkelhebel verbundene Stange 9 rückt alsdann durch ein Wendegetriebe den Antrieb des Ritzels 10 ein. — Das Ritzel 10 dient als Antrieb für die zwischen dem Gestänge liegende und den Mitnehmer (Stößel) 12 tragende Zahnstange 11. Beim Vorwärtsgange der Zahnstange 11 stößt der Mitnehmer 12 gegen die Hinterseite des Förderwagens, drückt die leeren Wagen auf die Schale und gleichzeitig die vollen Wagen von der Schale herunter (Fig. 298c). — Hat die Zahnstange 11 ihren Arbeitshub beendet, so stößt sie gegen den zweiarmigen Hebel 13—14 (Fig. 298d); dadurch wird die Steuerstange zurückgedrückt. Zugleich wird aber auch durch Vermittlung von Hebel 5 und Welle 4 der Steuerhebel 1 aus der Lage 2 in die Lage 3 (Fig. 298d) gedreht. Nun läuft die Zahnstange 11 wieder zurück, weil auch das Wendegetriebe durch 6-7-8-9 umgeschaltet worden ist; hat sie die ursprüngliche Endstellung erreicht, so stößt sie gegen den zweiarmigen Hebel 15—16, wodurch die Steuerstange 6 und mit ihr das Antriebsgestänge 7—8—9 in die Mittellage bewegt werden, so daß das Wendegetriebe ausgeschaltet ist und das Ritzel 10 still steht. — Bei dieser Verschiebung der Steuerstange 6 wird gleichzeitig der Steuerhebel mittels des Hebels 5 und der Welle 4 aus der Lage 3 wieder in die Null-Stellung 1 zurückgedreht.

Der Mitnehmer 12 ist mit der Zahnstange so verbunden, daß er beim Rückwärtsgange nach dem Schachte zu umklappt, wenn er gegen eine Wagenachse stößt.

Will man die Zahnstange während des Vorwärts- oder Rückwärtsganges still stellen oder ihre Bewegungsrichtung ändern, so kann man dies jederzeit mit Hilfe des Steuerhebels 1 bewirken.

Von der Wilhelmshütte A.-G. in Altwasser in Schlesien ist der Apparat von Baumann mit einer elektrischen Antriebs-Vorrichtung versehen worden. Er ist infolgedessen wesentlich einfacher, weil die Ein- und Ausschaltung durch gewöhnlichen Kontakt bewirkt wird, während bei dem älteren Baumannschen Apparate die Antriebsmaschine weit von der Hängebank auf der Tagesfläche steht und eine größere Zahl von Treibriemen nötig ist. Um starke Stöße beim Anfahren zu vermeiden, sind Federpuffer angebracht worden. Der Motor leistet 2 PS. Eine Verriegelung verhütet das Anlassen, wenn die Schale nicht am Anschlage steht.

Auch der Wagenwechsler von Hohl (Fig. 299a und b), gebaut von Gebr. Eickhoff in Bochum, besitzt einen ähnlichen Stößel. Dieser sitzt auf einem Laufwagen und wird von einem der Mitnehmer f, die auf der Kette e sitzen, vorgeschoben, sobald durch den Handhebel k, eine Zugstange und den Winkelhebel l die Einrückklinke in die Mitnehmerbahn gebracht ist. Der Rücklauf des Stößelwagens wird durch das Gegengewicht i bewerkstelligt.

Der Wagenwechsler von Heckel (Fig. 300a, b). Der in der Zeichnung dargestellte Wagenwechsler ist für eine zweistöckige Förderschale bestimmt, bei welcher jedes Stockwerk zwei nebeneinander liegende Gleise für insgesamt vier Wagen hat. Der Anschläger braucht nur den Hebel a aus der „Halt"-Stellung in die „Fahrt"-Stellung umzulegen; alle übrigen Verrichtungen werden von dem Apparate selbst besorgt, namentlich

1. die Öffnung der Aufhaltevorrichtung b, welche die leeren Wagen vor dem Schachte aufhält,
2. die Öffnung der die vollen Wagen auf der Förderschale aufhaltenden Aufhaltevorrichtung g,
3. die Wiederaufrichtung der Aufhaltevorrichtung b,
4. die Wiederaufrichtung der Aufhaltevorrichtung g.

1. Verrichtung. Durch Umlegen des Handhebels a wird die Aufhaltevorrichtung b unmittelbar umgelegt; gleichzeitig wird eine Klauenkupplung eingerückt, so daß sich die zwangläufig miteinander verbundenen Ketten k der beiden Parallelgleise in Bewegung setzen und die leeren Förderwagen mit Hilfe von Mitnehmern auf die Schale schieben.

2. Verrichtung. Damit die vollen Wagen von der Schale ablaufen können, muß die Haltevorrichtung g geöffnet werden. Zu diesem Zwecke legen die Ketten k den Hebel d aus der in Fig. 300a gezeichneten Stellung in die Stellung der Fig. 300b um. Dadurch wird das Gestänge f angezogen und die mit ihm verbundene

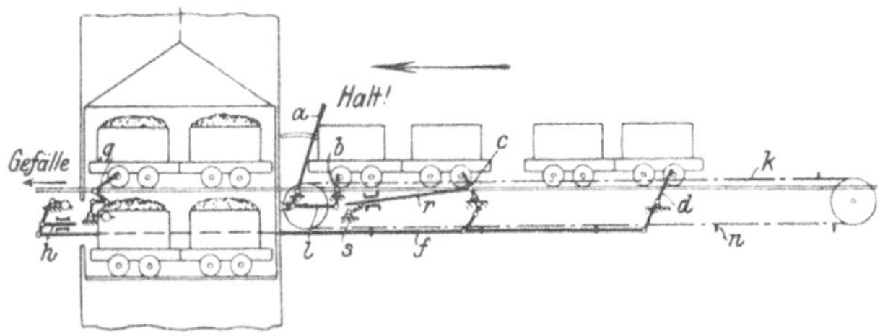

Fig. 300a.

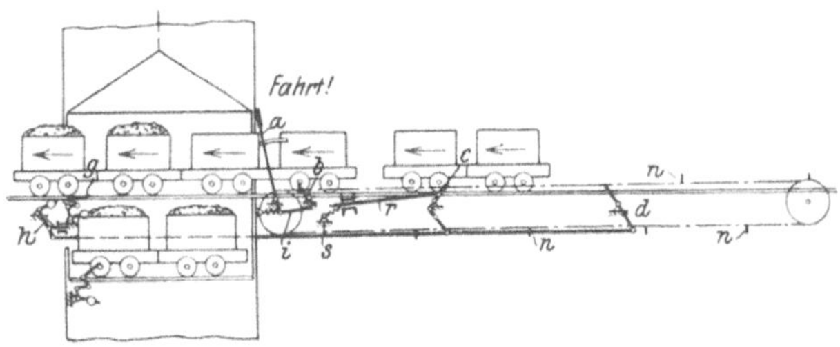

Fig. 300b.

Wagenwechsler von Heckel. (Aus Der Bergbau 1910, Nr. 26.)

Stoßstange h auf die Förderschale zu bewegt; sie stößt gegen die Haltevorrichtung g, die an der Schale angebracht ist, und öffnet diese. Gleichzeitig wird ein Gegengewicht gehoben, das oberhalb von h angebracht ist. Dieses Gewicht kann auch durch eine Feder ersetzt werden.

3. Verrichtung. Die Aufhaltevorrichtung b muß wieder aufgerichtet werden. Zu diesem Zwecke ist mit dem Gestänge f der Hebel c zwangläufig verbunden. Er wird durch einen an der Förderkette angebrachten Ansatz aus der Stellung 2 (Fig. 300b) wieder in die Stellung 1 (Fig. 300a) umgelegt; dadurch wird aber die mit ihm gelenkig verbundene Stange r auf den Schacht zu vorgestoßen, und diese bewirkt die Freigabe der Hebel a und b, welche während der Ausstoßperiode durch den Haken s in der „Fahrt"-Stellung gehalten wurden. Die Rückbewegung der Hebel a, b in die „Halt"-Stellung erfolgt durch Gewichts- oder Federzug.

4. Verrichtung. Wiederaufrichtung der auf der Schale befindlichen Aufhaltevorrichtung g. Durch Umlegen des Hebels c aus der Stellung 2 in Stellung 1 wird das Gestänge f vorgeschoben, sodaß sich die Stoßstange h von der Förderschale entfernt. Infolgedessen kann die Aufhaltevorrichtung g durch Gewichts- oder Federwirkung wieder in die ursprüngliche Lage zurückbewegt werden.

Oberstößel. Der Wagenwechsler von Paul Müller, DRP. 232 185 (Fig. 301a, b), besteht aus dem Fahrgestell W, das mittelst eines endlosen Seilzuges B auf der Fahrbahn A bewegt wird. Der Vorwärts- und Rückwärtsgang des Fahrgestelles wird durch das zwischen den Seilscheiben C liegende Wendegetriebe bewirkt. Das Fahrgestell greift nicht unmittelbar an den Förderwagen an, sondern mittels des Verlängerungsarmes H, der drehbar an seinem unteren Ende sitzt. Dadurch wird erreicht, daß der Stoßarm H beim Vorwärtsgange des Fahrgestelles

Fig. 301 a.

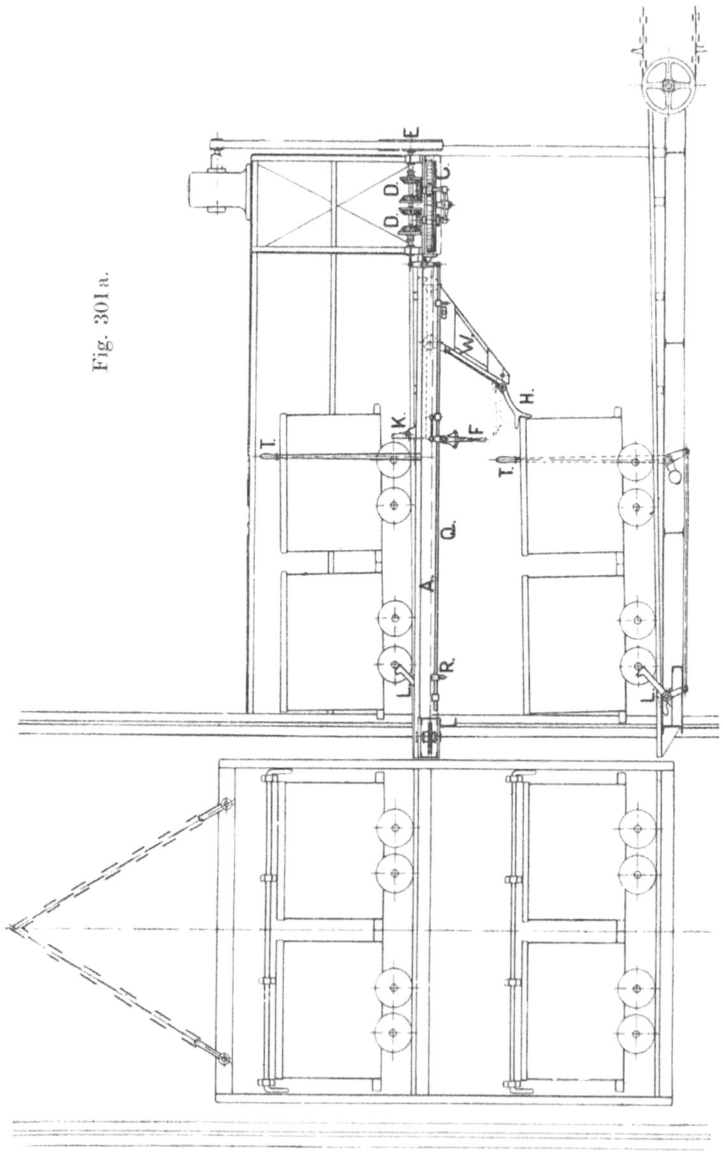

vorgeschoben, beim Rückwärtsgange desselben aber nach oben zurückgezogen ist. Die an den Schacht herankommenden Förderwagen laufen auf schiefer Ebene bis an die Gleissperre L; diese wird beim Aufschieben auf die Schale mit Hilfe des Handhebels T geöffnet. Gleichzeitig wird der Stößel durch Vorwärtsbewegen des

Handhebels F in Gang gesetzt. Ist er am Schachte angekommen, so stößt er gegen den Anschlag R und steuert durch Vermittlung des Gestänges Q das Wendegetriebe D um.

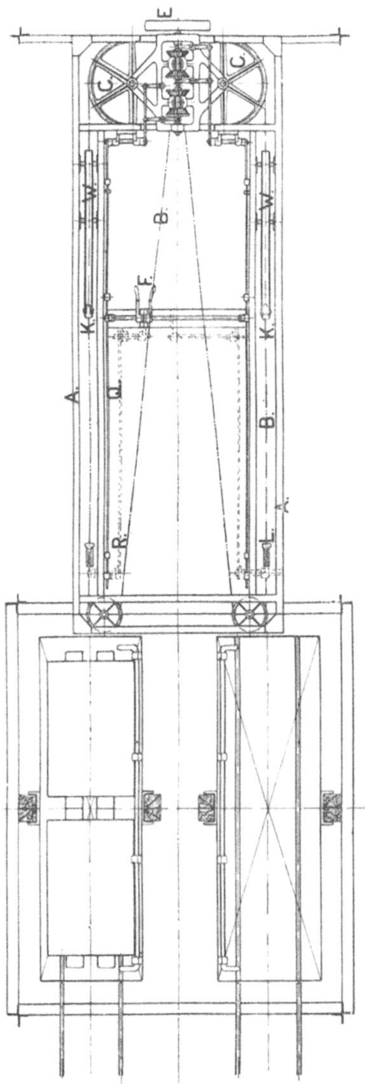

Fig. 301 b.

Fig. 301 a und b. Wagenwechsler von Paul Müller. (Ausführung der „Rybniker Hütte, G. m. b. H.“, zu Rybnik.)

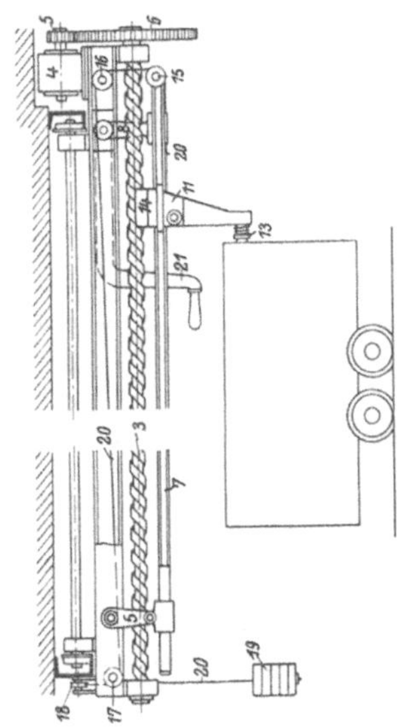

Erklärung zu Fig. 302. Wagenwechsler von Salau & Birkholz, Essen-Ruhr. (DRP. 209004.)

Ein Vorteil dieses Wagenwechslers, wie überhaupt der Oberstößel, ist, daß der Laufwagen W desselben gleichzeitig einen Unterstößel K für die Förderwagen der nächstoberen Abzugsbühne tragen kann.

Auf dem Kalibergwerke Wintershall, B.—R. Schmalkalden, ist ein Oberstößel in Betrieb, der auf einer ähnlichen Schienenbahn läuft. Diese steigt nach dem Schachte hin an. Infolgedessen kann der Stößel nach erfolgter Arbeit auf ihr selbsttätig wieder zurücklaufen.

Der Wagenwechsler von Salau & Birkholz in Essen/Ruhr, DRP. 209 004 (Fig. 302). Die Schraubenspindel 3 wird durch das Stirnradgetriebe 5,6 vom Motor 4 aus in Umdrehung versetzt. Unter ihr ist die Führung 7 an den Lenkern 8 aufgehängt; der rechte von diesen Lenkern kann mittelst des Handhebels 21 angehoben werden, so daß die Halbmutter 14 des Mitnehmers 11 mit der Schraubenspindel 3 in Eingriff kommt. Der Mitnehmer 11 hat unten einen Stoßkopf 13, durch welchen die Förderwagen auf die Schale zugeschoben werden. Während dieses Vorganges wird vermittelst des Seiles 20, das über die Rollen 15, 16, 17 und 18 geführt ist, das Gewicht 19 angehoben. Beim Ende des Arbeitshubes wird die Führung 7 mittelst des Hebels 21 von der Schraubenspindel entfernt, so daß die Mutter 14 außer Eingriff kommt. Nun wird der Mitnehmer 11 durch das niedergehende Gewicht 19 wieder zurückgezogen. Mit Rücksicht auf etwaige Förderwagen, die in der Bahn des Mitnehmers stehen könnten, besteht dieser aus zwei Teilen, die miteinander gelenkig so verbunden sind, daß der Mitnehmer beim Rückwärtsgange durch die in seiner Bahn stehenden Förderwagen umgelegt wird.

Hinterstößel. Auf der Weltausstellung in St. Louis war eine Wagenwechselvorrichtung ausgestellt, bei welcher die leeren Wagen mit Hilfe der einfachen

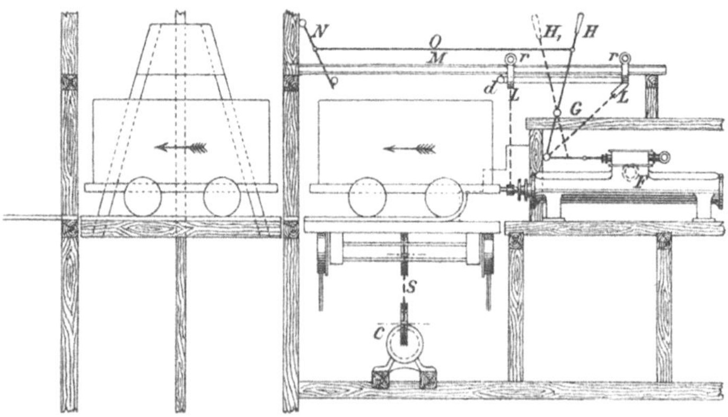

Fig. 303.
Gestellaufzug und Wagenwechsler von Standard-Grube, Pa. (Aus Preuß. Zeitschr. 1905.) (S. a. Fig. 310.)

Hubmaschine F und F_1 (Fig. 303 u. 310) auf die Schachtförderschale aufgeschoben wurden. Soll beispielsweise die Wagenwechselung im linken Schachttrum vorgenommen werden, so erhält der Kolben des Zylinders F Hinterdampf, bewegt sich also nach vorn und stößt mit seinem Querhaupt J gegen die Puffer des freistehenden leeren Wagens, schiebt diesen auf die Förderschale und gleichzeitig den auf der Schale stehenden vollen Wagen von dieser ab. Damit sich die Kolbenstange beim Vorwärtsgange nicht nach unten durchbiegt, wird sie durch das Führungsgestell L und die Rollen r getragen, die auf einer Schiene M laufen. L besitzt einen Daumen d, der gegen den Hebel N stößt, wenn die Kolbenstange bei ihrem Vorwärtsgange in ihrer äußersten Endstellung angekommen ist. Dadurch wird Hebel N umgelegt und durch die Zugstange o der Handhebel H wieder in die punktiert gezeichnete Lage H_1 geführt. Gleichzeitig wird aber dadurch auch der Dampfzylinder F umgesteuert, d. h. Kolben und Querhaupt J ziehen sich zurück. — Beim nächsten Wagenwechsel braucht der bei G stehende Arbeiter den Handhebel nur wieder in die Stellung H umzulegen, worauf der Wagenwechsel sofort ohne jede weitere menschliche Mithilfe vor sich geht.

Der Wagenwechsler von Galloway (Fig. 304) besteht aus einem rechteckigen Stahlrahmen, an dessen hinterem Kopfstücke bei f eine Kolbenstange angebracht ist. Der zugehörige Kolben sitzt in einem Zylinder, so daß mit Hilfe von Dampf, Druckluft oder Druckwasser der Kolben und mit ihm zusammen der Rahmen nach rechts bzw. nach links verschoben werden können. Der von links herkommende Förderwagen drückt mit seinen Achsen die Klinke c nach unten. Sobald die Vorderachse gegen die Klinke c stößt, wird der Wagen angehalten. Um den Stoß etwa zu schnell laufender Wagen zu mildern, wirkt die ganze Vorrichtung wie ein Puffer; der Stahlrahmen gibt nämlich 8—25 cm nach, kehrt dann aber mit dem Wagen in die Ruhestellung zurück. Soll der Wagen auf die Förderschale aufgeschoben werden, so wird durch Dampfgeben bewirkt, daß der Stahlrahmen auf den Stützen b nach rechts gleitet. Hierbei verschiebt sich die Stange r

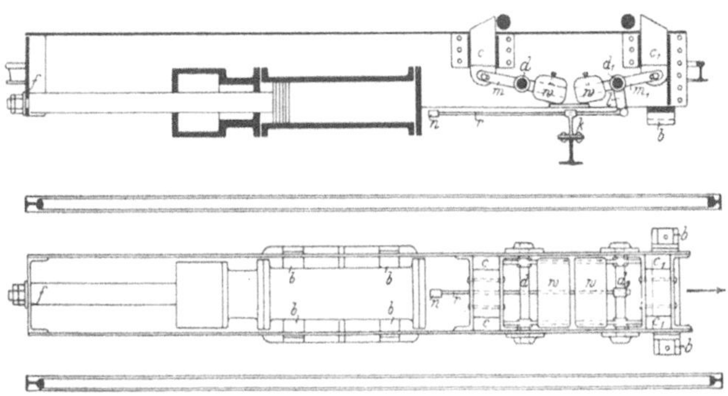

Fig. 304.
Wagenwechsler von Galloway. (Aus Glückauf 1907, Nr. 5.)

in der Führung k, bis schließlich ihr Knopf n an das Widerlager von k anstößt. Dadurch wird durch Vermittlung des Hebels l und m_1 die Klinke c_1 gesenkt, so daß der nun von den Klinken c geschobene Förderwagen auf die Schale auflaufen kann. — Der Apparat hat sich auf der Garth-Kohlengrube bei Maesteg gut bewährt. Jeder Ladevorgang dauert nur 2—3 Sekunden; die gesamte Arbeit an der Hängebank wird bei einer täglichen Förderung von 800 t von zwei Mann und einem jugendlichen Arbeiter geleistet, während vorher allein zum Bedienen der Schale zwei bis drei Mann erforderlich waren.

Pendelstößel. Der Wagenwechsler von Wolff, DRP. 211 494 (Fig. 305), steht u. a. auf Anselm-Schacht der Hultschiner Steinkohlengruben in Betrieb. Sein Einbau erfordert keine Abänderung der Hängebank; er ist mit vier Klemmschrauben an zwei Trägern befestigt und kann nach Lösung der Schrauben zur Seite gestellt werden, beispielsweise wenn eine Förderschale ausgewechselt werden muß.

Er hat einen Pendelarm, der etwa 7 m über der Hängebank an einem Gestell befestigt ist und durch einen umsteuerbaren, vierpferdigen Drehstrommotor in schwingende Bewegung versetzt wird. Außerdem läßt sich der Pendelarm vor jedes Fördertrum schwenken; es ist also für beide Trümer nur ein Stößel erforderlich. Das untere Ende läßt sich nach Art einer Messerklinge um ein Gelenk umknicken, so daß es beim Rückwärtsgehen des Pendels ungehindert über die schon bereitstehenden neuen Wagen hinweggleitet. In den beiden Endlagen stellt sich der Pendelarm von selbst still. Am Gestell ist eine Kurvenführung für den Pendelarm angebracht, damit dieser stets an derselben Stelle des Förderwagens angreift. Der Pendelarm hebt und senkt sich also während jedes Hubes und ist in der höchsten Stellung, wenn er die Mitte des Weges zurückgelegt hat. Die Wagen werden mit einer Geschwindigkeit von 0,7 m/sek. aufgeschoben; zum Wechseln der Wagen sind insgesamt etwa sechs Sekunden erforderlich. Die Leistung von vier PS ist sehr groß, da der theoretische Kraftbedarf nur 1,87 PS beträgt.

Fig. 305.
Wagenwechsler von Wolff.

2. Die Haspel.

Der ältere Wagenwechsler von Salau & Birkholz (Fig. 306) hat eine wagerechte Welle 1, die durch den Motor 4 gedreht wird. Zum Ein- und Ausrücken sind Kuppelung 5 und die Hebel 6 und 7 vorhanden. Auf der Welle lagert drehbar und in ihrer Längsrichtung verschiebbar die Spiraltrommel 2. Sie wird durch die Schraubenfeder 8 in die gezeichnete Lage gedrückt, wobei das vom kleinen Durchmesser ablaufende Zugseil 10 sich über der Gestängemitte befindet. Der an dem freien Seilende befestigte Mitnehmer 11 wird in den Förderwagen eingehakt, so daß dieser nach Einrücken der Kuppelung 5 auf die Schale zu bewegt wird. Er geht anfangs langsam, dann nach und nach schneller, weil sich das an dem kleinen Trommeldurchmesser befestigte Zugseil 10 mit zunehmender Geschwindigkeit aufwickelt. Dadurch erhalten die Wagen die Beschleunigung, welche nötig ist, um die auf der Schale stehenden Wagen abzuschieben. Während des Aufschiebens bewegt sich die Trommel 2 auf der Welle 1 nach rechts hin, das heißt also auf den Motor 4 zu, weil das Seil bestrebt ist, immer über der Gestängemitte zu bleiben. Nach erfolgter Bedienung der Schale wird die Trommel durch die Schraubenfeder 8 wieder in ihre alte Lage zurückgeschoben.

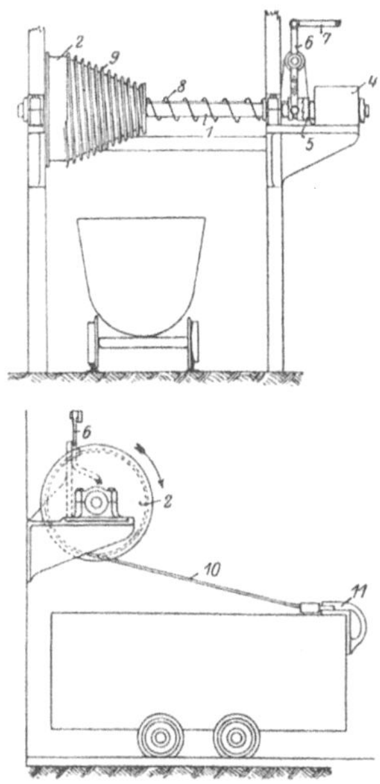

Fig. 306.
Wagenwechsler von Salau & Birkholz, DRP. 201574.

VII. Der Wagenumlauf auf der Hängebank.

Die Ablaufebenen am Schachte. Wenn man keine besonderen Wagenwechsler oder Schwenkbühnen einbaut, muß man sowohl auf der Leerwagenseite als auch auf der Vollwagenseite der Hängebank geneigte Ablaufebenen anbringen, auf denen die Wagen selbsttätig abrollen können. Die Neigung dieser Ablaufebenen ist insbesondere von dem guten Zustande des Wagengeläufes abhängig; sie wird am besten durch praktische Versuche ermittelt. So hat man auf Brade-Grube O./S. den für die leeren Wagen bestimmten Geleisen eine Neigung von 1 : 40 (2,5 : 100), den Ablaufgleisen der vollen Wagen eine solche von 1 : 100 gegeben.

Auf der Leerwagenseite müssen außerdem Verriegelungen angebracht sein, durch welche ein vorzeitiges Abrollen der bereitstehenden leeren Wagen verhütet wird (Fig. 295, 300, 301). Diese Verriegelungen können durch den Anschläger mit Hilfe eines Handhebels bedient werden, oder sie werden von der aufsetzenden Schale selbsttätig gelöst.

Auf der Garth-Colliery bei Maesteg (Cardiff) sind im Gleis eiserne Schleifen eingebaut, um zu schnell laufende Wagen zu bremsen bzw. still zu stellen (Fig. 307); sie werden durch Preßluft betätigt; Preßwasser hat sich als Antriebsmittel nicht bewährt.

Vor dem Wipper müssen ebenfalls Wagenaufhaltevorrichtungen vorhanden sein.

Vom Wipper nach der Leerwagenseite des Schachtes werden die Wagen ansteigend geführt, um den durch das selbsttätige Ablaufen erzielten Höhenverlust wieder einzubringen. Die Überwindung dieses Höhenunterschiedes kann erzielt werden

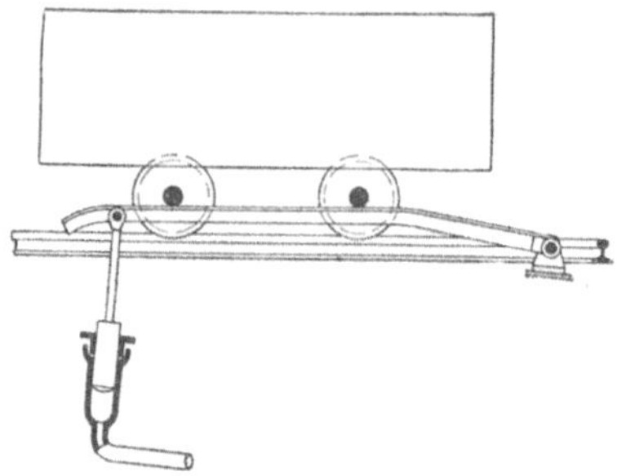

Fig. 307.
Bremsschleife.
(Aus Glückauf 1908, Nr. 5.)

1. durch schiefe Ebenen mit Unterketten,
2. durch Katzenbuckel,
3. durch Tischaufzüge,
4. durch Gestellaufzüge.

Die Unterkettenförderung. Wenn man die Wagen vom Wipper nach der Leerwagenseite der Hängebank mittels einer einfachen Unterkette befördert, ist der Neigungswinkel dieser ansteigenden Schienenbahn von ihrer Länge und dem Höhenunterschiede zwischen Wipper und Leerwagenseite des Schachtes abhängig.

Die Förderung mit Katzenbuckeln. Die Katzenbuckel bestehen aus einem ansteigenden Teile, der dicht bei dem Wipper liegt

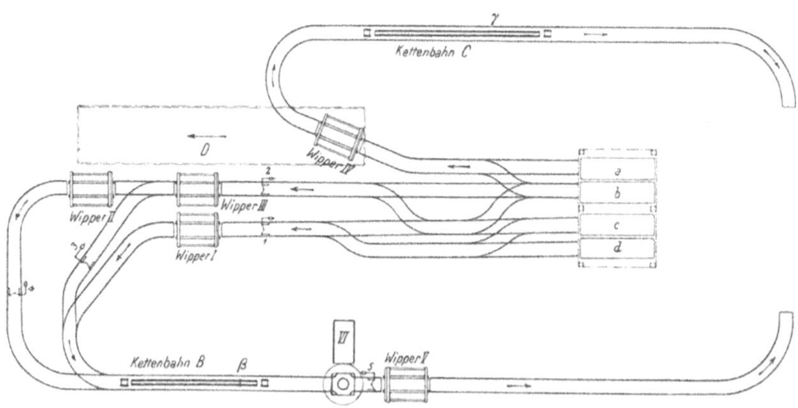

Fig. 308.
Hängebank von Zeche Neumühl, Schacht II. (Aus Glückauf 1907, Nr. 14.)

und aus einem Ablaufgleise, welches vom Scheitel des Katzenbuckels bis zum Schachte reicht. Auf dem ansteigenden Aste werden die Förderwagen mit Hilfe einer Unterkette bis auf den Scheitel gezogen und laufen dann selbsttätig dem Schachte zu.

Auf Brade-Grube O./S. hatte der ansteigende Teil eine Neigung von 4,3 : 100, der abfallende Teil eine solche von 4,5 : 100. Der die Kette antreibende Elektromotor leistete 5 PS. bei einem Stromverbrauch von 30 KW/St.

Auf Zeche Neumühl Schacht II werden die entleerten Wagen durch den Stoß der herankommenden vollen Wagen aus den horizontal gelagerten Wippern gestoßen und laufen dann auf schiefer Ebene bis zu den Katzenbuckeln B bzw. C (Fig. 308). In den Katzenbuckeln hat der ansteigende Teil die Neigung 1 : 3 bzw. 1 : 5, der abfallende Teil 1 : 36 bzw. 1 : 15,5; in diesem letzteren Teile ist die Neigung so gewählt, daß der Wagen schneller läuft als die Kette; er löst sich also selbsttätig vom Mitnehmer. Die Unterketten bewegen sich mit einer Geschwindigkeit von 20 m/Min. — In den übrigen Ablaufebenen beträgt das Gefälle

für volle Wagen . . . . 1 : 40,
für leere Wagen . . . . 1 : 30,
in den Krümmungen . . 1 : 20.

Der Krümmungshalbmesser darf nicht unter 2 m betragen.

Die Tischaufzüge. Ein solcher ist auf Zeche Neumühl nach den Angaben des Direktors Bentrop von der Maschinenfabrik Baum in Herne gebaut worden. Er liegt nahe beim Wipper und soll die von ihm kommenden leeren Wagen so hoch heben, daß sie nun wieder dem Schachte auf schiefer Ebene zulaufen können. Seine Hubhöhe beträgt 1,40 m. Er besteht aus dem Arbeitszylinder a (Fig. 309), der mit Druckluft betrieben wird, dem Tische c und dem Ölkatarakt b. Seine Steuerung wird von dem auf- und ablaufenden Wagen selbsttätig bewirkt. Der auf den Tisch auflaufende Wagen stößt nämlich gegen den Puffer d, der mit dem Winkelhebel e verbunden ist, und bringt beide in die Lage d_1 bzw. e_1. In der Stellung e_1 wird der Winkelhebel durch die Sperrklinke l festgehalten. Die Bewegung des Winkelhebels e wird durch die Zugstange f und den Hebel g auf die Schieberstange i übertragen und dadurch Preßluft in den Arbeitszylinder a eingelassen. — Kurz vor Beendigung des Hubes stößt die Tischplatte gegen den Anschlag o, der sich auf der Ablaufseite befindet. Da sie um die Achse h drehbar ist, wird sie auf dieser Seite festgehalten und kommt in geneigte Lage, so daß der Wagen abrollen kann. Hierbei läuft er über die beweglichen Schienenstücke k; sie werden durch das Wagengewicht nach unten gedrückt, lösen die Sperrklinke l aus und geben den Winkelhebel e frei. Nun kommt das auf dem Hebel g sitzende Gewicht n zur Geltung; es senkt sich und steuert den Arbeitszylinder um, so daß die Preßluft ausströmen kann. Gleichzeitig wird der Winkelhebel e wieder in die vorige Stellung zurückbewegt. Tisch und Kolben gehen nun wieder nach unten. Hierbei stellt sich der Tisch von selbst in die wagerechte Stellung ein.

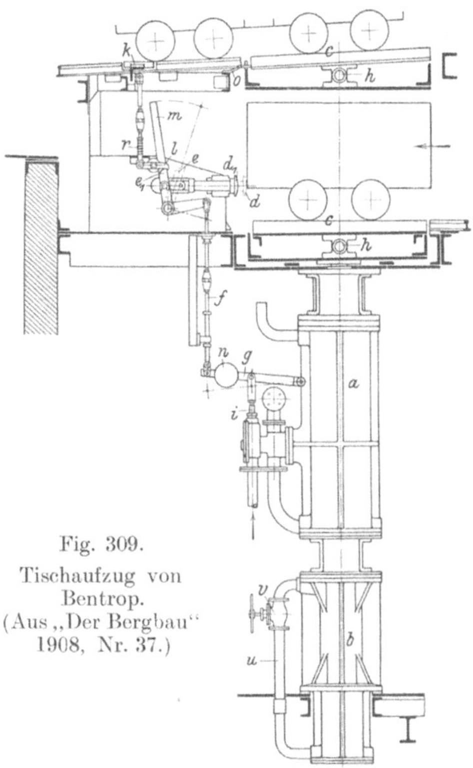

Fig. 309. Tischaufzug von Bentrop. (Aus „Der Bergbau" 1908, Nr. 37.)

Die beweglichen Schienenstücke k werden durch die Feder r wieder in die frühere Stellung gebracht, sobald der Wagen vorbeigefahren ist.

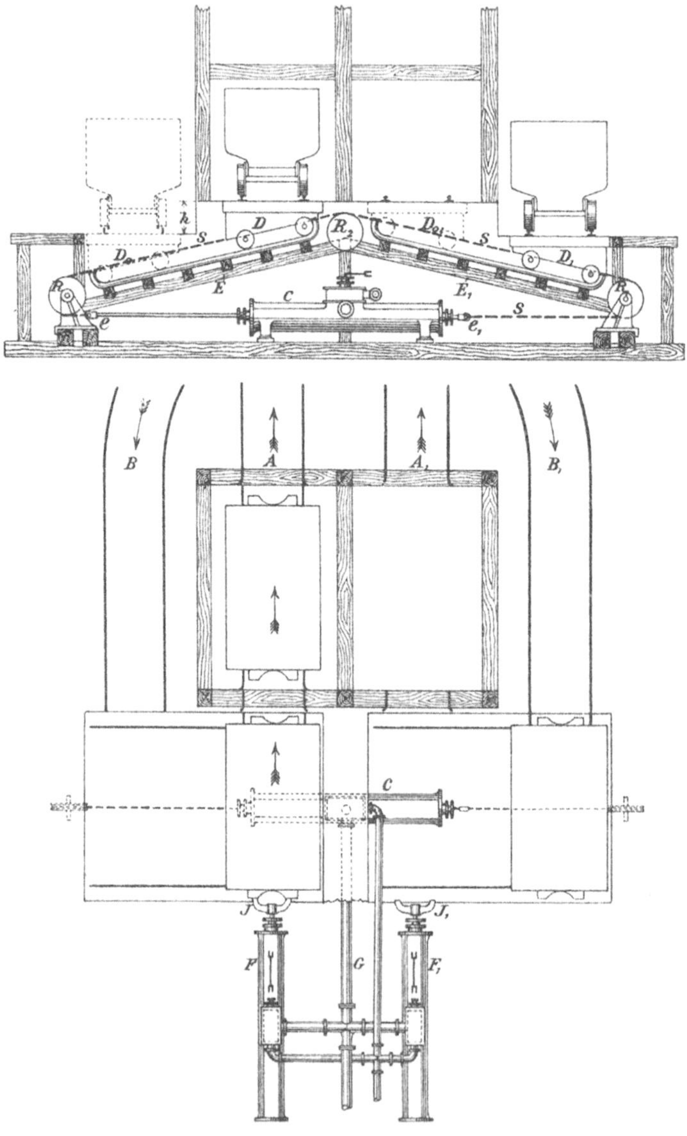

Fig. 310.
Gestell-Aufzug und Wagenwechsler von Standard-Grube (Pa.). (Aus Preuß. Zeitschr. 1905.) (S. auch Fig. 303.)

Im Notfalle kann der Winkelhebel e auch von Hand mittelst des Steuerhebels m bedient werden.

Der Ölkatarakt b soll eine zu große Geschwindigkeit des Tischaufzuges vermeiden. Er besteht aus einem Zylinder mit einem Kolben; die beiden Kolbenseiten sind durch das Rohr u miteinander in Verbindung, so daß beim Auf- und Niedergange des Tischaufzuges das Öl durch dieses Rohr immer von einer Kolbenseite auf die andere strömen muß. Der Ölwiderstand wird mit Hilfe des Ventiles v geregelt.

Mit Hilfe des Tischaufzuges können in der Minute sechs Wagen gehoben werden.

Die Gestellaufzüge. Auf der Standard-Grube bei Scottdale (Pa.) wird mit jedem Schalentreiben ein Förderwagen von 2,25 t Inhalt gehoben. Auch hier laufen die Wagen auf geneigter Ebene nach dem Wipper; um sie dann wieder auf die Höhenlage der Hängebank zu bringen, ist der in Fig. 303 und 310 abgebildete Gestellaufzug eingerichtet worden. Es sind hier die Gleise A und A_1 die zum Wipper führenden Vollgleise. B und B_1 bringen die leeren Wagen von den Wippern auf die Leerwagenseite des Schachtes und verlaufen ebenfalls geneigt. Am Ende dieser Leerwagengleise ist der Aufzug angebracht, der die Wagen bis zur Höhe der Hängebanksohle, d. h. um den Betrag h (Fig. 310a) hebt. Der Aufzug besteht aus den beiden Plattformwagen D und D_1, die durch das endlose Seil S gleichzeitig bewegt werden. S läuft über die Rollen R, R_1 und R_2 und wird durch die Kolbenstangen e und e_1 des Dampfzylinders C bewegt. E und E_1 sind die von einander abfallenden Schienenbahnen der beiden Plattformwagen. In der in Fig. 310a ausgezogenen Stellung befindet sich der Plattformwagen D in der höchsten Stellung, also vor dem linken Fördertrum und trägt einen leeren Wagen, der auf die Schale aufgeschoben werden soll. D_1 steht in der tiefsten Stellung und hat eben einen leeren Wagen aufgenommen, der auf dem Gleise B_1 ihm zugeführt wurde. Ist im Schachte der Wagenwechsel vollzogen worden, so wird auf die linke Seite des Dampfzylinders C Frischdampf gegeben; der Kolben bewegt sich nach rechts; der Gestellwagen D_1 läuft auf E_1 bis in die Stellung D_{01}, so daß nun vor dem rechten Schachttrum ein leerer Wagen bereit steht. Gleichzeitig ist der Gestellwagen D auf seiner Schienenbahn E bis in die Stellung D_0 gegangen, um wieder einen leeren Wagen aufzunehmen.

Selbstverständlich kann diese Einrichtung auch mit entsprechender Umänderung für Schalen mit mehreren, auf jedem Stockwerke neben- oder hintereinander stehenden Wagen passend gemacht werden.

VIII. Der Wagenumlauf im Füllorte.

Der Wagenumlauf im Füllorte hängt davon ab, ob die Förderung dem Schachte nur von einer Seite oder von zwei Seiten aus zugeführt wird. Im allgemeinen kommen die vollen Wagen in gerader Richtung heran, während die leeren Wagen in einem Umbruche vom Schachte nach den Hauptförderstrecken geführt werden. Werden mehrere Schalenstockwerke gleichzeitig bedient, so trifft man auch hier im allgemeinen ähnliche Einrichtungen wie an der Hängebank. Aber die Hilfsgesenke werden unter Tage weit seltener unmittelbar neben die Schachttrümer gelegt, weil das Füllort zu breit und der Gebirgsdruck zu stark entfesselt werden würde. Man zieht dann die in Fig. 283 dargestellte Anordnung vor oder legt die Hilfsgesenktrümer vor bzw. hinter den Schacht. Um den freien Ausblick in diesem letzteren Falle nicht zu sperren, kommen sie nicht in die Mitte des Füllortes, sondern an oder in den Stoß.

Von der Lage der Hilfsgesenke zu den Schachttrümern hängt die Einrichtung des Wagenumlaufes ab. Ferner kommt es darauf an, ob die Wagen dem Schachte einzeln zulaufen, wie bei Seilförderung, oder ob, wie bei Lokomotivbetrieb, große Füllortsbahnhöfe vorhanden sind. In diesem letzteren Falle müssen die Wagen dem Schachte durch besondere maschinelle Vorrichtungen zugeführt werden. Als solche wären zu erwähnen

1. Unterketten,
2. Oberseil oder Oberkette,
3. Schiefe Ablaufebenen mit geeigneten Bremsvorrichtungen,
4. Haspel oder Spills,
5. das Heckelsche Unterkettengestänge,

Über Tage ist bei getrennt liegenden Hilfsgesenktrümern die Führung des die beiden Gesenkschalen verbindenden Förderseiles verhältnismäßig einfach; es wird mit Hilfe von Leitscheiben um den Schacht herumgeführt. Sind aber im Füllorte die beiden Gesenktrümer durch Sicherheitspfeiler oder Gesteinsschweben voneinander getrennt, so muß man, wie z. B. Fig. 288 und 289 zeigen, durch den Sicherheitspfeiler hindurch eine Seilführungsstrecke treiben.

IX. Leistungen und Kosten bei der Abfertigung der Förderschalen.

Einseitige Bedienung ist billiger als die Durchschiebeförderung, ergibt aber wesentlich geringere Leistungen, weil erst die Wagen von der Schale abgezogen werden müssen, bevor man die Wechselwagen aufschieben kann. Die größere Billigkeit ergibt sich daher, weil man weniger Mannschaften braucht, und weil der lange Weg in Fortfall kommt, den die leeren Wagen bei Durchschiebeförderung im Umbruche zurückzulegen haben. In manchen Fällen, z. B. auf kleinen Bergwerken, sind besondere Schachtbedienungsmannschaften überflüssig; wenn die Schlepper bis zum Schachte fahren können, so bedienen sie auch die Schachtschalen selbst. Über Tage braucht man allerdings besondere Mannschaften.

Wird mit Hilfsgesenken gefördert, so kommt es darauf an, ob sie unmittelbar neben dem Schachte oder aber in größerer Entfernung davon liegen. Liegen sie in der Verlängerung der Schachttrümer, so erfolgt der Wagenumlauf zwischen Gesenk und Schacht selbsttätig mittelst schiefer Ebenen. Man braucht aber zur Bedienung besonderes Personal. — Liegen dagegen die Hilfsgesenke unmittelbar neben dem Förderschachte, so hat man eine Ersparnis an Mannschaften, weil das Schachtpersonal gleichzeitig die Hilfsgesenke bedienen kann. Ein Nachteil ist, daß die Wagen gedreht werden müssen. Es ist fraglich, ob eine Ersparnis an Kosten erzielt wird, weil doch die Leute für die Mehrarbeit entschädigt werden müssen, welche durch die Bedienung der Gesenke erwächst.

Stehen die Förderwagen auf der Schale hintereinander, so ist der Betrieb billiger als bei nebeneinander stehenden Wagen, weil man im ersteren Falle weniger Leute braucht; aber bei nebeneinander stehenden Wagen geht der Wagenwechsel schneller vor sich; man gewinnt also Zeit. Einen Überblick hierüber gibt die nachstehende Tabelle (s.S. 245):

Aus dieser Tabelle kann man auch ersehen, welchen Einfluß die gleichzeitige Bedienung mehrerer Schalenstockwerke auf die Förderleistung des Schachtes hat.

Förderung mit vierstöckigen Schalen	Anzahl der Treiben je Stunde		Mithin Anzahl der durch Benutzung der zweit. Bühne gewonnenen Treiben je Std.	Mehrförderung je Schicht in t
	bei Benutzung nur einer Abzugsbühne	bei Benutzung von zwei Abzugsbühnen		
1 Wagen auf jedem Stockwerk	38	45	7	98
2 Wagen nebeneinander auf jedem Stockwerk	34	40	6	168
2 Wagen hintereinander auf jedem Stockwerk	32,8	38	5	140

(Aus dem Rheinisch-Westf. Sammelwerk, Band V.)

Mit der Zahl der Abzugsbühnen wachsen die Bedienungskosten, weil man auf jedem Anschlage besondere Bedienungsmannschaften braucht. Doch ist hierbei zu berücksichtigen, daß man sie nicht einfach je Schicht oder je Monat feststellen darf; es ist vielmehr zu ermitteln, wie hoch sich die Schachtbedienungskosten auf 1 t geförderte Kohle stellen; denn mit der Zahl der Abzugsbühnen wächst zwar die Zahl der hier beschäftigten Mannschaften, aber auch die Leistung des Schachtes.

Die Bedienung an der Hängebank ist im allgemeinen billiger als die im Füllorte, weil man über Tage Weiber, teilweise auch jugendliche Arbeiter beschäftigen kann, und weil außerdem Tagearbeiter ein etwas geringeres Schichtlohn erhalten, als die unter Tage beschäftigten Leute. Hierzu kommt nun noch, daß man neuerdings auch über Tage Wagenwechsler benutzt. Die Kosten der Schachtbedienung würden sich noch wesentlich billiger stellen, wenn es möglich ist, die Schwierigkeiten zu beseitigen, welche bis jetzt noch der maschinellen Wagenwechselung unter Tage entgegenstehen.

Die **Tomson-Förderung** ist nicht für jeden Fall empfehlenswert; ihre Anwendbarkeit hängt hauptsächlich ab

1. von der Tiefe des Schachtes,
2. von der durchschnittlichen Fördergeschwindigkeit,
3. von der Zahl der Schalenstockwerke,
4. von der verlangten Förderleistung.

Es ist nämlich zu berücksichtigen, daß die Abfertigung der Hilfsgesenkschalen während des Schachttreibens vor sich gehen muß; sie muß spätestens beendet sein, sobald das Schachttreiben beendet ist. Auf keinen Fall dürfen die Schachtschalen an den Anschlägen auf Bedienung warten. Im allgemeinen genügt nach Riedel[1])

1. für Schächte von 300—350 m Teufe eine vierstöckige Schale mit zwei Wagen auf jedem Stockwerke, wenn man bei einmaligem Umsetzen in 9 Stunden 28—30 000 Zentner fördern will;
2. für Schächte von mehr als 350 m Teufe unter gleichen Bedingungen eine zweistöckige Schale mit vier Wagen auf jedem Stockwerk, die nicht umgesetzt zu werden braucht;

[1]) Kohle und Erz 1907, Nr. 13.

3. Tomson-Förderung für Schächte von 350 m und mehr Teufe, in denen man Schalen für vier Wagen auf jedem Stockwerke nicht unterbringen kann; doch ist die Tomson-Förderung nur ein Notbehelf und soll nicht ohne zwingenden Grund eingebaut werden; denn sie beansprucht eine außerordentlich umsichtige Wartung; Betriebsstörungen bringen einen großen Förderausfall mit sich.

Dem steht nicht entgegen, daß man die Tomson-Förderung auch bei geringeren Teufen und Förderleistungen verwendet, wie z. B. auf Schacht Julius III bei Brüx.

Ferner seien folgende Leistungen von einigen Schachtanlagen besonders erwähnt:

1. Comp. des mines de Béthune, Schacht X; dreistöckige Schalen mit beweglichen Böden; auf jedem Stockwerk 4 Wagen zu je 500 kg Inhalt. Hängebank: maschinelle Wechselung; Füllort: Handwechselung. Nacheinanderbedienung der Stockwerke. Zeit: jedes Stockwerk 6 Sekunden, insgesamt 30 Sekunden. Leistung: 200 t/Std. aus 800 m Tiefe.

2. Comp. des mines d'Anzin; Schalen wie unter 1.; an den Anschlägen feste schiefe Ebenen. Bedienungszeit: 35—40 Sekunden.

3. Zeche Neumühl, Wetterschacht III; vierstöckige Schalen mit beweglichen Böden; auf jedem Stockwerk 2 Wagen hintereinander; an den Anschlägen feste schiefe Ebenen. Nacheinanderbedienung der Stockwerke. Hierdurch und durch mechanische Hängebankförderung (s. S. 240, 241) in einer Doppelschicht 18 Leute = 19 440 M/Jahr erspart.

4. Hulton-Colliery-Co., Bolton; zweistöckige Schalen mit je 3 hintereinander stehenden Wagen. Nacheinanderbedienung der Stockwerke. Bedienungszeit: 15—20 Sekunden insgesamt.

Zehnter Teil.

Die Aufsetzvorrichtungen.

Von Diplom-Ingenieur **Karl Teiwes.**

Bei der Bearbeitung benutzte Literatur.

Bücher:

Köhler: Bergbaukunde. 3. Auflage.
Heise-Herbst: Bergbaukunde II.
Höfer: Taschenbuch für Bergmänner, III. Aufl. 1911.
Lottner-Serlo: Bergbaukunde, 1873.

Zeitschriften:

K. Spitzner: Die Verhütung des unzeitigen Schließens der Aufsetzvorrichtungen, sowie der dadurch bedingten Gefahren. Sächs. Jahrbuch f. Berg- und Hüttenwesen". 1905, S. 15.
Bericht der Seilfahrtkommission Dortmund. „Preuß. Zeitschr. f. Berg- u. Hüttenwesen" 1905, 146.
A. Stauß, Zabrze: Staußsche Vorrichtung. „Z. deutsch. Ing." 1885, S. 186.
Ochwadt: Ochwadtsche Vorrichtung. Z. deutsch. 1885, S. 658.
Ferner: Kleinere Nachrichten aus verschiedenen Jahrgängen der Zeitschr.: „Ver. deutsch. Ing.", „Glückauf", „Preuß. Zeitschr.", „Kohle u. Erz".

Prospekte der Firmen.

A. Gemeinsame Gesichtspunkte.

1. Bedeutung der Aufsetzvorrichtungen.

Zur bequemen und flotten Bedienung der Förderkörbe müssen die Schienen von Korb und Anschlagsbühne in gleiche Höhenlage gebracht oder es muß der Höhenunterschied durch eine stellbare schiefe Ebene ausgeglichen werden.

Dem ersteren Zwecke dienen die Aufsetzvorrichtungen, dem letzteren die Förderkorbanschlußbühnen.

Ohne besondere Vorrichtungen läßt sich auch bei geschicktester Maschinenführung ein gleichzeitiges genaues Halten beider Körbe vor den Anschlagsbühnen nicht erreichen. Auch bei einer im Betrieb kaum erreichbaren peinlichen Ausgleichung der dauernd stattfindenden Seillängungen wird in tiefen Schächten die hierzu erforderliche genaue Seillänge wegen der mit wechselnden Lasten wechselnden Seillänge nicht vorhanden sein.

Früher waren Aufsetzvorrichtungen an Hängebank und Füllort allgemein üblich und bei der mäßigen Lenkbarkeit älterer Fördermaschinen auch erforderlich. Heute läßt man am Füllort die Aufsetzvorrichtung gerne fort, da man sie als eine Gefahr für die fahrende Mannschaft erkannt hat und ersetzt sie durch die ungefährlichen Anschlußbühnen.

Gelegentlich läßt man die der Pflege bedürftigen Aufsetz- und anderen Vorrichtungen ganz fort und bedient die am freien Seil hängenden Körbe. Dies wird aber nur zu empfehlen sein bei geringer Schachttiefe, aufmerksamster Führung der gut lenkbaren Maschine und steter Ausgleichung der Seillängungen, wobei trotzdem eine Unbequemlichkeit der Korbbedienung nicht zu vermeiden ist, nämlich die, daß nach Abzug der vollen Wagen das entlastete Seil den Förderkorb höher zieht und das Aufschieben der leeren Wagen erschwert.

Die Notwendigkeit der genauen Maschineneinstellung ist einem flotten Betriebe nicht förderlich.

Die Aufsetzvorrichtungen sind schon alt. Über einige Ausführungen einfachster Art in Waldenburg und Westfalen wird zuerst 1855 in der Zeitschrift für Berg-, Hütten- und Salinenwesen für den Preußischen Staat berichtet mit dem Bemerken, daß derartige Vorrichtungen in Belgien schon seit längerer Zeit in Anwendung ständen. Die folgende systematische Darstellung läßt an einigen Punkten die geschichtliche Entwicklung erkennen. Die beigefügten Zahlen bedeuten die ersten Mitteilungen über die betreffende Bauart, soweit sie der Verfasser zurückverfolgen konnte.

2. Die Aufsetzvorrichtungen in den Bergpolizeiverordnungen.

Die Wertschätzung der Aufsetzvorrichtungen ist verschieden, je nachdem die Vorteile oder Nachteile mehr zur Würdigung gelangen. Sie sind in großer Zahl und in allen Bergbaurevieren in Gebrauch.

Die preußischen Bergpolizeivorschriften erwähnen die Aufsetzvorrichtungen nur in der Bestimmung, daß etwa vorhandene Vorrichtungen vor jeder Seilfahrt geprüft werden müssen. Im Ostrau-Karwiner Revier (Österr.) ist vorgeschrieben: „An jedem Anschlagspunkt muß eine Aufsetzvorrichtung sein, welche von der aufgehenden Schale geöffnet werden kann und an den Zwischensohlen eine verläßliche Sperrvorrichtung, die von Unberufenen nicht leicht beseitigt werden kann.“ In Sachsen sind Aufsetzvorrichtungen bei der Förderung vorgeschrieben, ihre Nichtbenutzung bei der Seilfahrt aber freigestellt. Aber: „Bei Verwendung von Aufsetzvorrichtungen beim Mannschaftsfördern müssen Vorrichtungen gegen hartes Aufsetzen vorhanden sein.“ Sind solche Vorrichtungen nicht wohl einzubauen, „so müssen die Wangen so gebaut sein, daß sie sich selbsttätig öffnen.“ Ferner empfiehlt es sich, „die Wangen mit einer Sperrvorrichtung gegen unbefugtes Schließen zu versehen.“

Der zweite Bericht der großbritannischen Grubensicherheitskommission empfiehlt an der Hängebank Aufsetzvorrichtungen gesetzlich vorzuschreiben.

3. Preise der Aufsetzvorrichtungen

(nach Höfers Taschenbuch für Bergmänner 1911).

Für je zwei Fördertrümer:

1. Maschinenbau-Aktiengesellschaft vorm. Breitfeld, Danêk & Co., Prag, Filiale Blansko in Mähren.

a) Gewöhnliche Bauart für	1500	kg Belastung	ca.	725 M.
b) Bauart Haniel & Lueg für	2000	„ „	„	1100 „
„ „ „	4500	„ „	„	1500 „
„ „ „	7500	„ „	„	1850 „

2. Dieselbe, Filiale Schlan in Böhmen.

a) Gewöhnliche Bauart für	1500	kg Belastung	ca.	500 M.
„ „ „	5000	„ „	„	900 „
„ „ „	8000	„ „	„	1000 „
b) Bauart Asphaleia „	2000	„ „	„	1000 „
„ „ „	4000	„ „	„	1300 „
„ „ „	8000	„ „	„	1900 „

3. Erste böhm.-mähr. Maschf. in Prag.

Bauart Stauß	2500	kg Belastung	ca.	1000 M.
	4000	„ „	„	1500 „
	10000	„ „	„	2000 „

Man kann also für die zum anhublosen Korbsenken bestimmten mechanischen Vorrichtungen für jedes Schachttrum und Körbe bzw. Belastung von 10 t 1000 M. Anlagekosten rechnen.

B. Betrieb der Aufsetzvorrichtungen.

1. Vorgänge beim Aufsetzen und Abheben.

Der niedergehende Korb F_2 (Fig. 311) setzt im Füllort auf eine feste Stütze auf, ehe der aufgehende Korb F_1 die Hängebank überfahren hat. Über dem unteren Korbe bildet sich daher Hängeseil, wenn der aufgehende Korb über die Aufsetzstützen gezogen wird. Bei tiefen Schächten findet kein Hängeseil statt, sondern nur eine entsprechende Entlastung des hängenden Seiles. Nach Vorschieben der Hängebankstützen wird der obere Korb durch Senken aufgesetzt. Da die

Maschinenbewegung nach dem Senken noch etwas weiter gehen wird, verschwindet das Hängeseil am unteren Korbe und erscheint am oberen. Nach Bedienung der Körbe müssen die Stützen der Hängebank wieder zurückgezogen werden, damit der Schacht für den abfahrenden Korb frei wird.

Das einfache Zurückziehen der Stützen unter dem aufsitzenden Korbe ist nur bei leichten Körben möglich. Bei schweren Körben und besonders bei Unterseil ist die Stützreibung zu groß, um mit einfachen Mitteln überwunden werden zu können. Viele Bemühungen sind gemacht worden, das Zurückziehen der belasteten Stützen zu ermöglichen. Muß der Korb vorher zwecks Entlastung der Stütze angehoben werden, so ergeben sich manche Unzuträglichkeiten für den ganzen Förderbetrieb, die sich auch auf das Seil und den Maschinenbetrieb erstrecken.

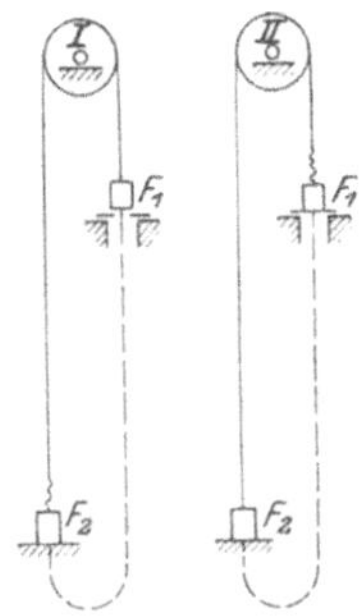

Fig. 311. Vorgänge beim Aufsetzen der Körbe.

Beim Anheben des oberen Korbes verschwindet dessen Hängeseil und erscheint wieder am unteren Korbe. Das Anheben des oberen und das folgende des unteren geschieht alsdann bei flotter Förderung mit schädlichem Stoße. Geschieht das Senken des oberen Korbes ohne vorheriges Anheben, so fällt wenigstens der letztere Stoß fort, während dem ersteren freilich ein Stoß des der Stütze beraubten ins Seil fallenden Korbes entspricht, wenn mit der Zurückziehung der Stütze nicht gleichzeitig eine beherrschte Senkung des Korbes um den Betrag des Hängeseiles stattfindet, ein Vorgang, der durch besondere Ausgestaltung der Aufsetzvorrichtungen erreicht werden kann.

2. Vorteile des anhublosen Korbsenkens.

Beim anhublosen Ausrücken kann für jedes Überheben etwa 5 Sek. Zeit gespart werden, eine Ersparnis, die bei vielstöckigen Körben beträchtlich ist; ferner ist eine Kraftersparnis damit verbunden. Die Dampfmaschine erfordert für jeden Richtungswechsel, so gering die Arbeitsleistung des Umsetzens an sich auch ist, eine Zylinderfüllung für jeden Zylinder und die elektrische Maschine arbeitet mit starker Spannungsdrosselung.

Das Anheben vor dem Senken wirkt verwirrend auf den Maschinenführer ein, der durch falsche Steuerung Unfälle verursachen kann.

Bei vielstöckigen Körben wird ein mehrfaches Umsetzen an Hängebank und Füllort nötig. Der Betrieb mit Anheben wäre dann etwa: Der obere Korb steht auf der Stütze auf, so daß sein unterster Boden bedient werden kann; der untere Korb steht mit seinem obersten Boden vor der Füllortbühne. Nun muß der obere Korb gesenkt, der untere um einen Stock gehoben werden. Zu dem Zwecke wird der obere Korb überhoben, die obere Stütze zurückgezogen, der Korb soweit gesenkt, daß der untere Korb mit seinem zweitoberen Boden über die Stützen gezogen wird, wobei der obere Korb aber mit seinem zweitunteren Stock wegen des Hängeseiles unter seine Stützen gelangt, so daß er zum Aufsetzen nochmals überhoben und gesenkt werden muß. Der sinkende obere Korb kann nicht sofort auf seine Stützen aufgesetzt werden, sondern muß sie erst nach unten überfahren, weil häufig der untere, durch das Aufsetzen des oberen des Gegengewichtes beraubte Korb durch die Maschine nicht über seine Stützen gehoben werden kann. Es ist also in diesem Falle zu jedem Umsetzen ein viermaliger Richtungswechsel der Maschine nötig.

Die Vorteile des anhublosen Korbsenkens sind hieraus ersichtlich.

Als weiterer Vorteil des anhublosen Korbsenkens wird angegeben, daß es hierbei möglich sei, die Fördermaschine schwächer zu wählen, da das bei aufsitzendem unteren Korbe nötige Anheben des oberen eine größere Kraft erfordere, als zum eigentlichen Lastheben bei ausgeglichenen toten Lasten nötig sei. Das ist aber, wenigstens für geringe Teufen, nicht richtig, da die Fördermaschine bei vorhandener unterer Aufsetzvorrichtung auf alle Fälle imstande sein muß, den oberen Korb bei aufsitzendem unteren Korbe über die Stützen zu heben, um sie auf dieselben aufsetzen zu können.

3. Verschiedene Bedienungsweisen mehrstöckiger Körbe.

Bei vielstöckigen Körben, die ein mehrfaches Umsetzen erfordern, kann der Vorgang des Bodenwechsels in zweierlei Weise geschehen:

Die ältere und verbreitetere Art ist, den oberen Korb zunächst ganz über die Hängebank zu ziehen und an der Hängebank den untersten, am Füllort den obersten Boden zuerst abzufertigen, hierauf den oberen Korb um einen Stock zu senken, den unteren zu heben usw. Man nennt es das ‚deutsche Verfahren". Die umständliche Maschinenführung bei nicht anhublosem Korbsenken ist bereits geschildert. Diese Bedienungsweise erscheint als eine natürliche, indem sich die Körbe während des Bodenwechsels in der Richtung des folgenden Treibens bewegen.

In einigen Fällen wird die umgekehrte Bedienungsweise, das „amerikanische Verfahren" bevorzugt. Der obere Korb wird mit seinem oberen Boden auf die Stützen gesetzt und beim Bodenwechsel der obere Korb gehoben, der untere gesenkt. Bei der älteren Art hat man die Erfahrung gemacht, daß der hohe beladene Korb beim harten Aufsetzen seines unteren Bodens schädliche Zusammenstauchungen erlitt. Bei der zweiten Bedienungsart hängt zunächst das Schwergewicht des beladenen Korbes unter der Stütze, und erst der entladene Korb setzt stehend auf die Stütze auf. Es ist ersichtlich, daß diese Art zur Schonung des Korbes dient. Die letzte Betriebsart bietet auch einen gewissen Schutz gegen die Gefahren des Übertreibens der Körbe über die Hängebank, da die freie Höhe vom normal haltenden Korbe bis zur Seilscheibe hierbei merklich größer ist, und zwar bei 4 stöckigen Körben um etwa 4 m, bei 6 stöckigen um etwa 6 m.

Die geschilderten Betriebsweisen setzten Stützen an Hängebank und Füllort voraus. Entfallen die Stützen an der einen oder anderen Stelle, oder werden sie durch Anschlußbühnen ersetzt, so gestaltet sich die Maschinenführung beim Umsetzen entsprechend einfacher.

4. Rückwirkungen der Aufsetzvorrichtungen auf den Förderbetrieb und die Fördereinrichtungen.

Die zur Erleichterung des Förderbetriebes dienenden Aufsetzvorrichtungen wirken auf die Fördereinrichtungen und den Förderbetrieb zurück.

Der Einwirkung auf die Fördermaschine ist schon bei der Erörterung des anhublosen Korbsenkens gedacht. Wir beachten, daß bei vielstöckigen Körben ein öfteres Umsetzen nötig ist und dieses je nach der Einrichtung der Aufsetzvorrichtung günstiger oder ungünstiger verlaufen kann.

Die Einwirkung des Betriebes der Aufsetzvorrichtungen auf das Seil ist beträchtlich. Zunächst erkannten wir ein mehrfaches Entstehen und Verschwinden von Hängeseil über den Körben. Die hierdurch bedingten Seilstauchungen wirken zerstörend auf dessen Zusammenhang, so daß sich die Tatsache der vielen Seilbrüche unmittelbar über dem Korbe ungezwungen erklärt. Bei Trommelmaschinen mit Vorratsseilwindungen wird dieser Schaden durch öfteres Abhauen des unteren Seilendes wirkungslos zu machen gesucht. Die Treibscheibenmaschinen mit ihrem endlosen Seile verhalten sich hier ungünstiger.

Es zeigt sich noch ein zweiter Zusammenhang zwischen Aufsetzvorrichtung und Maschinensystem. Bei Treibscheibenmaschinen glaubte man früher nur eine Aufsetzvorrichtung, etwa an der Hängebank, verwenden zu dürfen, da bei auch unten vorhandener Stütze beim Überheben des oberen Korbes ein Seilrutschen auf der Treibscheibe befürchtet wurde, hervorgerufen durch die Verminderung der Anspannung des hängenden Seiles nach Aufsetzen des unteren Korbes. Für große Teufen ist diese Befürchtung jedenfalls hinfällig, da trotz des Ausfalles des Korbgewichtes die Spannung des hängenden Seiles ausreichend ist, um die nötige Reibung auf der Treibscheibe zu erzeugen.

Das plötzliche Wegholen des Hängeseiles beim Anheben der Körbe ergibt einen das Seil, auch die Maschine schädigenden Stoß. Es ist daher diejenige Einrichtung und Betriebsweise vorzuziehen, die die wenigsten Stauchungen und Stöße entstehen läßt, also die zum anhublosen, beherrschten Korbsenken.

Ein häufigeres Seilkürzen wird immer günstig wirken, da es die auftretenden Stöße mildert.

Aufsetzvorrichtungen werden an der Hängebank, den Zwischensohlen und am Füllort angebracht. Die Stützen an der Hängebank geben zu weiteren Schäden keine Veranlassung, wenn sie so eingerichtet sind, daß eine vorzeitig eingerückte Stütze durch den aufgehenden Korb zur Seite geschoben werden kann.

Die Stützen auf den Zwischensohlen haben schon manchen schweren Unglücksfall verursacht, wenn sie, zur Unzeit vorgeschoben, dem mit voller Geschwindigkeit fahrenden, mit Menschen besetzten Korbe den Weg versperrten. Daher sind an Zwischensohlen die Aufsetzvorrichtungen besser durch andere Mittel zu ersetzen.

Ähnliche Erscheinungen zeigen sich bei den Aufsetzvorrichtungen am Füllorte, die häufig eingerückt bleiben oder gar fest eingebaut sind. Bei unachtsamer Maschinenführung stößt der untere Korb mit zu großer Geschwindigkeit auf die Stützen auf. Schwere Verletzungen der fahrenden Mannschaft sind die Folge. Es sind daher Vorrichtungen zu ersinnen, das harte Aufstoßen zu vermeiden, oder die Aufsetzvorrichtungen sind wegzulassen oder durch andere Mittel zu ersetzen.

Diese Erwägungen zeigen, daß die Vorteile der Aufsetzvorrichtungen nicht ohne wesentliche Nachteile erkauft werden. Man vergleiche hierzu die Abschnitte G 2, 3, H 1, 2.

Im Anschluß hieran seien Vorrichtungen auf einigen Gruben erwähnt, Unfälle an der Hängebank dadurch zu vermeiden, daß mit dem Hebelwerk der Aufsetzvorrichtung ein Schachtverschluß derart verbunden ist, daß bei ausgerückter Stütze der Schalt verschlossen ist.

C. Bewegungs- und Kraftverhältnisse der drei Grundformen.

1. Einteilung der Vorrichtungen.

Man kann drei Grundformen von Aufsetzvorrichtungen unterscheiden, nämlich

1. die Steilstützen,
2. die Hebelstützen,
3. die Schubstützen.

2. Die Steilstützen.

Bei der Steilstütze (Fig. 312) setzt der Korb F auf die Stütze (Riegel) r auf. Die Stütze ist von größerer Länge (etwa 1 m) und steht steil aufgerichtet unter einem Winkel von etwa $\alpha = 10^0$ gegen die Lotrechte, so daß das Korbgewicht kein großes Drehmoment auf die Stützwelle W ausüben kann. Dieser Kraftwirkung steht außer der in ihrer Wirkung geringen Zapfenreibung die gleitende Reibung R in der Berührungsfläche zwischen Korb und Stütze entgegen von der Größe $R = f \cdot F$, wenn F daß Korbgewicht und f die Reibungsziffer der Gleitflächen ist. Die

Reibungsziffer f sei für alle folgenden Rechnungen mit 0,1 angenommen Das Korbgewicht übt in der Richtung der Gleitfläche eine nach innen gerichtete Schubkraft auf die Stützen aus, die sich aus dem Kräfteparallelogramm mit F · tang α ergibt. Diese Kraft sucht die Stütze nach innen zu drehen. Ihr wirkt die Reibung zwischen F und r entgegen. Die Grenze des Gleichgewichtes ist bei einem Winkel erreicht, für welchen die Schubkraft gleich der Reibung ist: also wenn F · tang α = f · F ist. Dies ergibt einen Winkel von $\alpha = 6^0$. Für größere Winkel muß eine zweite Abstützung durch eine am Handhebel H wirkende Kraft hinzutreten. Das Gleichgewicht unterstützend, tritt noch die Reibung in den Gelenken hinzu.

Eine Zurückziehung der Stützen durch Drehung nach außen setzt ein vorheriges Anheben des Korbes voraus, da die Form der Riegelbewegung eine solche Hebung verlangt, welche Korbhebung vom Anschläger nicht geleistet werden kann. Die später zu besprechende Ausführungsform von Westmeyer zeigt die Mittel, solche Stützen anhublos zurückzuziehen (vgl. F 1).

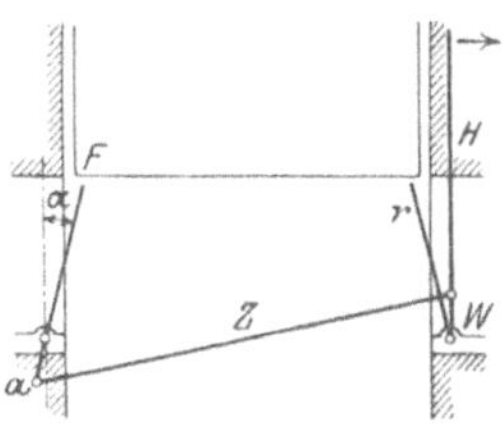

Fig. 312.
Schema einer Steilstütze.

3. Die Hebelstützen.

Bei den Hebelstützen (1861) (Fig. 313) setzt sich der Korb d auf den einen Arm c eines wagerechten zweiarmigen um den Punkt a drehbaren Hebels auf, dessen zweiter Arm bei b eine Stütze findet. Dieser Riegel muß durch Drehung nach oben aus dem Schachte zurückgezogen werden, erfordert also ein Anheben des Korbes. Der Korb übt während des Aufsitzens keinen Einfluß auf den Handhebel aus. Auch diese Form wurde durch besondere Formen zum anhublosen Senken geeignet zu machen gesucht; man vergleiche die Ausführungen Büschel, Albrecht, Frantz und Ochwadt (D 1, 2; F 8).

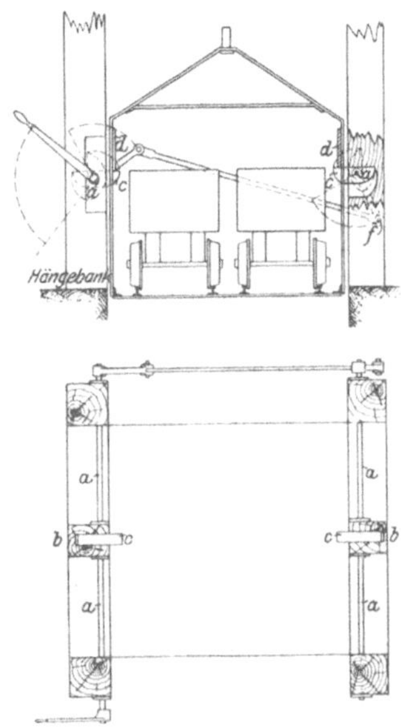

Fig. 313.
Ausführung einer Hebelstütze.
(Nach Preuß. Zeitschr. 1861, Tafel 12.)

4. Die Schubstützen.

Bei der letzten Form, den Schubstützen (Fig. 314), scheint die geradlinige Bewegung des Riegels r besonders geeignet zum anhublosen Senken des Korbes. Bei der Zurückziehung des Hebels durch den Handhebel H muß aber die Stützreibung an verschiedenen Stellen überwunden werden, als Zapfenreibung in den Gelenken und als gleitende Reibung bei F, S und W.

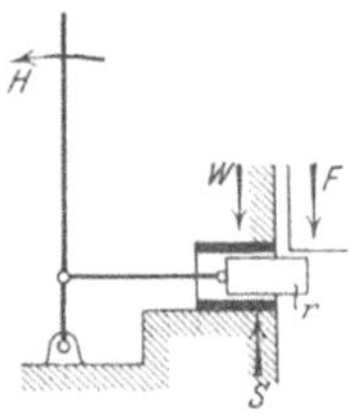

Fig. 314.
Schema einer Schubstütze.

Nehmen wir an, daß der untere Stützdruck S in der Mitte zwischen dem Korbe F und dem oberen Stützdrucke W angreift, so ergibt sich $W = F$ und $S = W + F = 2 F$ der gesamte reibungerzeugende Druck also $= 4 F$ und die Reibung $R = 0{,}1 \cdot 4 F = 0{,}4 F$. Nehmen wir für den Handhebel eine Übersetzung von 1 : 15 an, so können mit P = 20 kg am Handhebel, 300 kg am Riegel überwunden werden. Die Reibung eines Korbes von 750 kg ist nach obigem $R = 0{,}4 \cdot 750 = 300$ kg. Es könnten also nur ganz leichte Körbe hier anhublos gesenkt werden.

An diese Riegelform haben sich insbesondere die Bestrebungen zum anhublosen Korbsenken angeschlossen. Es sind die Formen, die später als „Staußgruppe" zusammengefaßt werden sollen (F 2 bis 6).

5. Gemeinsame Ausrüstung.

Bisher wurde immer nur von einer Stütze gesprochen. Zur Abstützung eines Korbes sind 2 bis 4 Stützen erforderlich, die durch Gestänge geeignet miteinander zu verbinden sind, so daß sie durch denselben Handhebel H bewegt werden. Die Fig. 313 und 315 zeigen den Vorgang durch eine mit Hebeln an die Stützwellen W außerhalb des Schachtlichten gehende Stange Z.

Die Anordnung der Stützen kann verschieden sein. In Fig. 313 sind die Stützen hoch angebracht und der Korb an ihnen aufgehängt zur Vermeidung von Stauchungen, die bei der meist üblichen stehenden Anordnung (Fig. 312) eintreten können. Die hängende Anordnung kann in wirksamer Weise nur bei einstöckigen Körben angewandt werden; bei mehrstöckigen muß doch bei Bedienung des unteren Bodens das Hauptgewicht der oberen Böden auf den Stützen aufstehen.

Beim Aufsetzen schwerer Körbe, besonders solcher mit Unterseil, entstehen Stöße, die für Korb und Stütze schädlich sind. Daher ist daran zu denken, die Stützen selbst etwas elastisch zu lagern. Eine solche Lagerung zeigt die Fig. 315 nach dem Vorgange von C. Hoppe (1870), Berlin. Die Stütze ist auf „Holzfedern" gelagert, das sind durch ihre Form federnd wirkende Holzverbindungen. Die elastische Stütze an der Hängebank wird nicht selten angewandt.

Am Füllort werden häufiger elastische Lagerungen verwandt zur Sicherung der fahrenden Mannschaft gegen Stöße (H 1).

Gegenüber dem aufgehenden Korbe verhalten sich unzeitig eingerückte Stützen verschieden. Die Steil- und Hebelstützen können durch den aufgehenden Korb schadlos zurückgedrängt werden, wenn der Handhebel H nicht durch eine Sperrung festgehalten ist. Bei den Schubstützen ist aber ohne besondere Gestaltung ein Rückdrücken unmöglich.

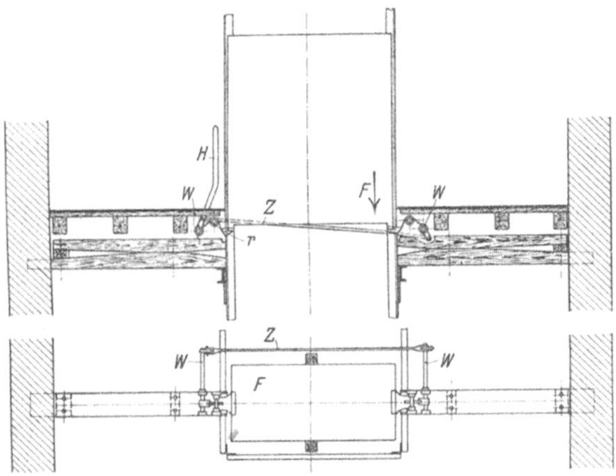

Fig. 315.
Elastische Lagerung einer Aufsetzvorrichtung.
(Nach Z. Ver. Deutsch. Ing. 1885, S. 186.)

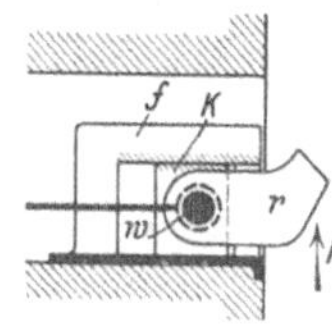

Fig. 316.
Rückschlagen eines vorzeitig eingerückten Riegels.

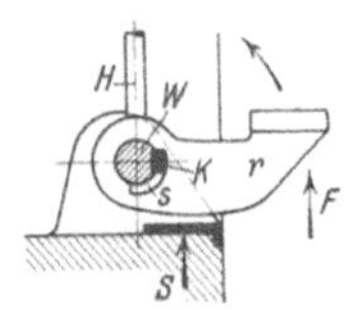

Fig. 317.
Rückschlagen eines vorzeitig eingerückten Riegels.

Deshalb werden die Riegel r, Fig. 316, in einer Art Kreuzkopf K um dessen Welle w drehbar gelagert, so daß sie durch F unschädlich nach oben geschlagen werden können. Der Kreuzkopf K ist in zwei seitlichen Führungen f geführt, die außerhalb der Riegelbewegung, diese nicht störend, stehen. In Fig. 317 ist die Hebelstütze r auf der Stützwelle W nicht fest aufgekeilt, sondern zwischen Keil K und r ist ein Schlitz s gelassen, so daß F den Riegel ohne Beeinflussung des auf W festen Handhebels H zurückdrehen kann. Diese beiden Arten sind bei den verschiedenen Ausführungsformen in mannigfachen Abänderungen wiederzufinden.

D. Das anhublose Korbsenken.

1. Schwierigkeit des anhublosen Korbsenkens.

Wegen der Vorteile des anhublosen Korbsenkens haben sich alle Bestrebungen darauf gerichtet, die verschiedenen Stützformen hierfür geeignet zu machen. Die entgegenstehenden Schwierigkeiten sind in der Form der Riegelbewegung und in den Kraftwirkungen zu finden.

Die Steil- und Hebelstützen eignen sich hierzu nicht wegen der Form der Riegelbewegung. Daher sind hier Abänderungen der Bewegungsform notwendig.

Bei den Schubstützen hingegen zeigt sich, daß eine richtige Riegelbewegung allein keine ausrückbare Stütze gewährleistet, da die Überwindung der Stützreibung vom Anschläger nicht geleistet werden kann. Hier ist auf Verminderung des Ausrückwiderstandes Bedacht zu nehmen.

2. Abänderung der Riegelbewegung.

Solche sind vorgenommen worden von Westmeyer bei den Steilstützen, von Büschel, Albrecht, Frantz und Ochwadt für die Drehstützen. Westmeyer bildet die Steilstütze zu einem Kniehebel aus (F 1). Die anderen machen die Hebelstütze (Fig. 317) nach unten beweglich, indem sie den festen Stützpunkt S ausrückbar machen. Alsdann tritt aber bei diesen Stützen die Schwierigkeit der Überwindung der Stützreibung auf.

Zwei der Ausführungsformen seien mitgeteilt.

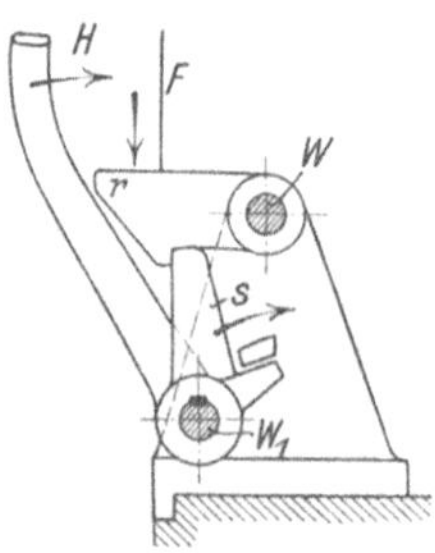

Fig. 318.
Hebelstütze von Büschel, Nikolai, Oberschl.

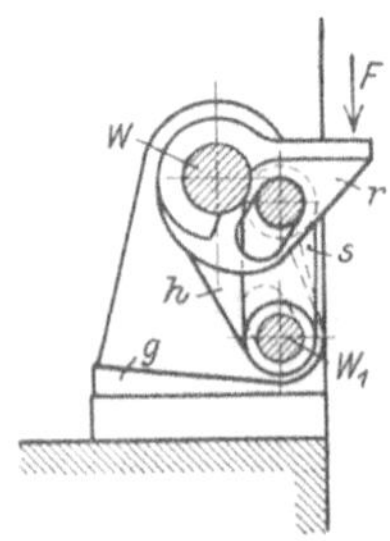

Fig. 319.
Hebelstütze von Albrecht (Nach Preuß. Zeitschr. 1892.)

Fig. 318 von Büschel (1902), Nikolai O./S., stützt den Riegel r durch eine senkrechte Stütze s, die zwecks Senkens durch H nach rechts gedreht wird. Die Gleitfläche zwischen r und s ist im ersten Teil nach einem Kreisbogen um W_1 geformt, wodurch ein Heben des Korbes während des Ausrückens vermieden werden soll. Nach bestimmter Schrägstellung der Stütze s übt das Korbgewicht ein immer wachsendes Drehmoment auf die Stützwelle W_1 aus, bis schließlich und plötzlich die Stütze s die kreisförmige Bahn an r verläßt, worauf der Korb ins Seil fällt.

Fig. 319 von Albrecht (1893) zeigt eine ähnliche Anordnung. r ist durch s gestützt. Die Stütze s trägt oben und unten eine Rolle zur Reibungsverminderung; sie wird durch den mit W verbundenen Hebel h auf einer unteren Gleitfläche g nach links gedrückt und dadurch schräg gestellt; bei bestimmter Schrägstellung gleitet der Korb ab. Beide Riegel sind nach oben aufklappbar, da sie um die Wellen W drehbar sind.

Büschel eignet sich nur für leichte Körbe, da die Stützreibung zu groß ist, Albrecht ist für Körbe bis 5000 kg ausgeführt worden. Für schwere Körbe leiden sie unter dem Übelstande, daß von einer bestimmten Schrägstellung der Stütze ab ein plötzliches Ausrücken durch den Korb stattfindet, eine Eigenschaft, die sie mit den später zu besprechenden Vorrichtungen mit Kniehebel-Abstützung teilen. Die Stütze s ist der Schubstange, der Riegel r der Kurbel eines Kniehebels zu vergleichen.

3. Verminderung des Ausrückwiderstandes durch rollende Reibung.

Abhilfe gegen zu große Stützreibung könnte durch Vergrößerung des Hebelübersetzungsverhältnisses angestrebt werden. Das führt aber zu keinem Ziele, da sonst die Ausschläge des Handhebels größer werden, als zur bequemen Bedienung zulässig ist.

Dann wäre an Verringerung der Reibung in den Gleitflächen zu denken durch Anwendung von Rollen oder Kugellagern an diesen Stellen. Hiermit könnte viel erreicht werden. Solche Einrichtungen sind aber nicht zu empfehlen wegen ihrer Empfindlichkeit gegenüber Stößen, die sich beim Aufsetzen nicht vermeiden lassen. H. Journeaux, Charleroi, hat eine solche Anordnung vorgeschlagen (Z. Ver. deutsch. Ing. 1904, 108 Pat. Ber.). Eine Vorrichtung mit Rollen (System Gräfe) baut Bechem & Keetmann, Duisburg. Die schon erwähnte Albrecht sche Stütze benutzt ebenfalls Rollen.

4. Verminderung des Ausrückwiderstandes durch hydraulische Abstützung (von Frantz und Grube Camphausen).

Fig. 320 zeigt die Stütze von Frantz (1881). Der Riegel r hat bei W am Kolben P seinen Drehpunkt, während die zweite feste Abstützung bei S stattfindet. Der Zylinder ist mit Öl oder Glyzerin gefüllt und stützt bei geschlossenem Ventil V Riegel und Korb ab. Wird aber durch Öffnen des Ventils V durch das Handrad H der Stützzylinder C mit dem Akkumulator A verbunden, so drückt der Korb den Kolben P nieder und das Gewicht A hoch, bis der Korb am Riegel r vorbeigleiten kann. Die Bedienung geschieht in der Weise, daß zuerst das Ventil V geöffnet, dann das Zeichen zum Senken nach der Maschine gegeben wird. Nach Durchgang des Korbes drückt das Gewicht A den Kolben P wieder in die Höhe, worauf das Ventil V wieder zu schließen ist. Der aufgehende Korb dreht den Riegel um W zurück.

Die Vorrichtung scheint nicht zum eigentlichen Abbremsen des niedergehenden Korbes verwendet worden zu sein. Der Vorteil der hydraulischen Abstützung des Korbgewichtes liegt in der leichten, fast widerstandslosen Aufhebung dieser Abstützung durch einfaches Öffnen eines Ventils. Der Gedanke erscheint in der ersten Ausführung an die Form der Hebelstütze gebunden, ist aber von der besonderen Form der Stütze unabhängig, wie die folgende Ausführung zeigt.

Wird bei solchen hydraulischen Stützen irrtümlicher Weise zuerst das Zeichen „Hängen“ zur Maschine gegeben und dann erst das Ventil V geöffnet, so bildet sich über dem noch stehenden Korbe Hängeseil und derselbe stürzt dann nach Öffnen des Ventiles mit einem gefährlichen Ruck in das Seil. Deshalb wurde später (1883) eine Sicherheits-

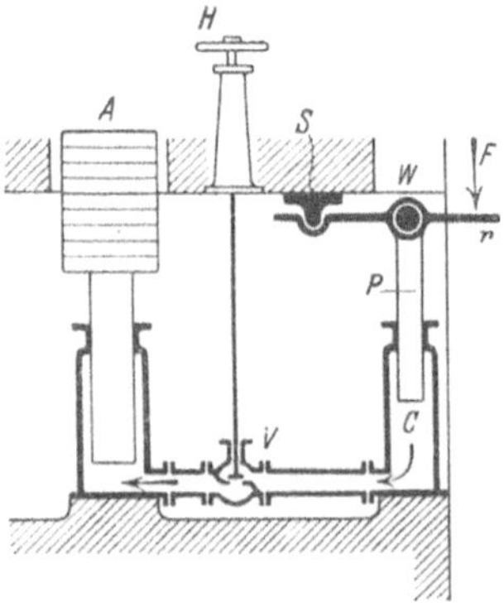

Fig. 320.
Hydraulische Stütze von Frantz.

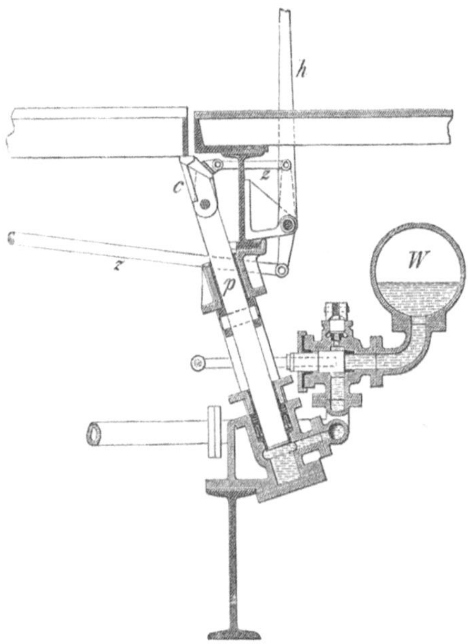

Fig. 321.
Hydraulische Stütze auf Grube Camphausen I. (Nach Köhler, Bergbaukunde, 3. Aufl., S. 421.)

vorrichtung derart angebracht, daß mit dem Getriebe des Ventiles eine Sperrvorrichtung verbunden wurde, welche bei geschlossenem Ventile eine Sperrung in die Signalgebung zur Maschine eingerückt hält, so daß das Fahrzeichen erst nach Öffnen des Ventiles gegeben werden kann. Die geschilderte Gefahr kann im übrigen bei jeder beliebigen Aufsetzvorrichtung eintreten.

Die Vorrichtung auf Grube Camphausen zeigt eine wesentliche Vereinfachung.

Der Plunger p (Fig. 321) ist schräg gestellt und stützt das Korbgewicht unmittelbar. Er drückt das Sperrwasser in einen Windkessel W, dessen Luftinhalt beim Korbniedergang stoßmildernd wirken soll. Der Druck im Zylinder zur Zeit der Abstützung beträgt 40 Atm, der Druck im Windkessel 2 Atm. Um bei Versagen der hydraulischen Vorrichtung den Betrieb nicht einstellen zu müssen, ist am oberen

Teile des Kolbens eine drehbare Stütze c angeordnet, die nach Anhub des Korbes durch den Handhebel zurückgezogen werden kann.

Die hydraulischen Stützen lösten als erste die Aufgabe, schweren Körbe anhublos zu senken. Sie sind aber teuerer als mechanische Vorrichtungen und bedürfen einer sorgfältigen Pflege. Sie sind nicht häufig zur Anwendung gekommen.

E. Kraftbeherrschtes Korbsenken.

1. Allgemeines über kraftbeherrschtes Korbsenken.

Die beschriebenen Vorrichtungen zum anhublosen Korbsenken lassen den Korb ungünstigerweise stoßend ins Seil fallen.

Auch die bisher genannten hydraulischen Stützen nützten die Möglichkeit, durch Drosselung des Wasserauslasses ein unschädliches Korbsenken zu erzielen, nicht aus; dies geschah erst durch die Bauart von Ochwadt.

Den hydraulischen Stützen entstanden bald Wettbewerber in mechanischen, die alle auf die Bauarten von Stauß (1884) zurückgehen.

Soll der Korb den Nachteilen des Hängeseiles entgehen, so muß er sich während des Zurückziehens des Riegels und durch dasselbe um etwa den Betrag des Hängeseiles senken, wobei jede Korbsenkung einer bestimmten horizontalen Bewegung des Riegels entspricht. Das Korbgewicht übt dabei einen Kraftrückdruck auf den Riegel aus, der durch Kräfte am Handhebel ausgeglichen werden muß. Die geschilderte Bewegung wird durch keilförmige Berührungsflächen zwischen Korb und Riegel erreicht. Als Bewegungs- und Stützgetriebe wird ein Kniehebel verwendet.

2. Verwendung des Keilgetriebes.

Fig. 322 zeigt, wie der Korb F die Schubstützen r keilartig nach außen zu schieben strebt. Das Korbgewicht wird bei S und W unter Reibungserzeugung abgestützt. Ist der Keilwinkel α und ist die Reibungsziffer für die 3 Gleitflächen W, S und F gleich f und ρ der der Reibungsziffer f entsprechende Reibungswinkel, so ist der gesamte Horizontalschub, der vom Korbe auf die Riegel ausgeübt wird, $H = F \cdot \frac{1 - f \cdot \operatorname{tang}(\alpha + \rho)}{2 \cdot \operatorname{tang}(\alpha + \rho)}$ und für $f = 0{,}1$ wird $\rho = 6^0$.

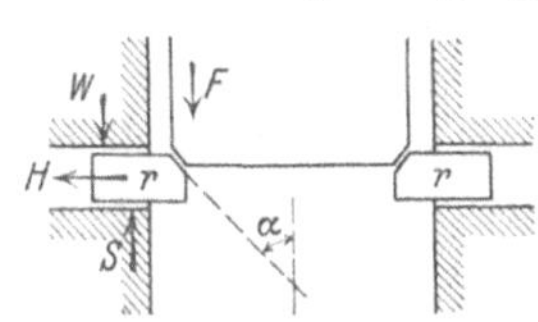

Fig. 322.
Zur Erklärung der Keilwirkung.

Für kleine Keilwinkel wird dieser Schub groß, so daß ihm durch Stützkräfte begegnet werden muß.

Für größere Winkel muß noch eine nach außen wirkende Zugkraft hinzugefügt werden, um die Riegel zurückzuziehen. Je nach der Wahl des Keilwinkels hat man es daher bei bekannter Reibungsziffer in der Hand, dem Riegelschub kleine positive oder negative Werte zu geben, die am Handhebel geleistet werden können. Die Rechnung steht und fällt aber mit der Richtigkeit der Reibungsziffer, die im Betriebe eine wechselnde, also eine nie genau bekannte ist, so daß sich der Riegelschub in der Ausführung erheblich größer einstellen kann, als in der Rechnung angenommen wurde.

Für $\alpha = 40^0$, wie er meistens angeführt wird, ist der positive Riegelschub H = 0,45 F, also am einfachen Handhebel nicht zu beherrschen.

Für $\alpha = 80^0$, wie er von Stauß ausgeführt wird, wird der Schub = 0,025 F, wäre also leicht zu leisten.

3. Verwendung des Kniehebels.

Trotz der kleinen Kraft, die zum Rückziehen der Riegel rechnungsmäßig nötig ist, ordnet Stauß ein Ausrückgetriebe an, das in der Stützlage eine sehr große Übersetzung ergibt. Fig. 323 zeigt das Schema einer solchen Anordnung, während die Staußsche Ausführungsform später gegeben werden soll.

Der den Korb tragende Riegel r stützt sich auf einen Kniehebel in der Strecklage. Der Kniehebel ist ein Kurbelgetriebe und

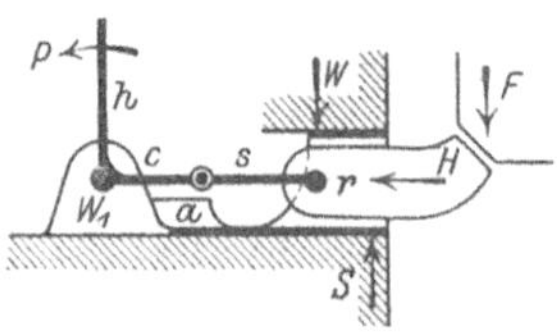

Fig. 323.
Kniehebel in Strecklage abstützend.

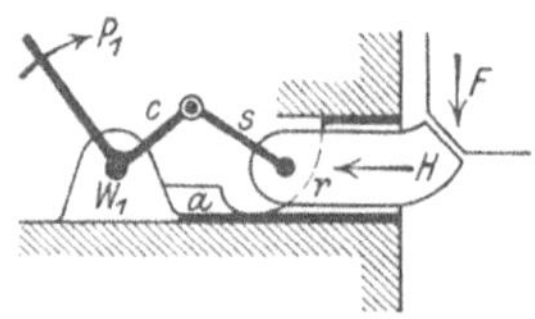

Fig. 324.
Kniehebel in Knicklage.

es entsprechen der Riegel r einem Kreuzkopf, die Stange s einer Schubstange und der Hebel c einer Kurbel. Die Kurbelwelle W_1 kann vom Handhebel h gedreht werden. In der Strecklage (Fig. 323) stützt sich die Riegelschubkraft H durch s und c hindurch unmittelbar auf W_1 ab und übt kein Drehmoment auf den Handhebel aus. Zum Korbsenken wird das Getriebe in die Lage Fig. 324 gedreht. Bei der ersten Hebelbewegung müssen die Reibungen in den Gelenken und gegebenenfalls der Reibungsüberschuß in den Führungen überwunden werden. Dies geschieht leicht, da der Kniehebel in der Strecklage ein sehr großes Übersetzungsverhältnis aufweist. Dies Getriebe eignet sich daher sehr wohl zum Abstützen und Ausrücken auch schwerer Körbe.

Mit weitergehender Drehung des Handhebels (Fig. 324) ändert sich das Bild der Kräfte aber gänzlich. Ein positiver Riegelschub übt dann, wie aus der Figur ersichtlich, ein mit wachsender Drehung immer wachsendes Drehmoment auf den Handhebel aus, dem erfahrungsgemäß am Hebel nicht mehr begegnet werden kann. Bei bestimmter Drehung schleudert der Korb (bei vorhandenem Hängeseil) dem Anschläger den Hebel aus der Hand, da dieser keine genügend große Kraft P_1 zum Gegendrücken aufbringen kann.

Verletzungen des Anschlägers können die Folge sein. Der Anschläger sucht sich dadurch zu helfen, daß er den Hebel rascher zurück zieht als der Korb ins Seil fällt, oder noch einfacher, indem er den Korb überheben läßt. Von einem kraftbeherrschten Korbsenken ist jedenfalls keine Rede, sondern der Korb fällt nach plötzlichem Ausrücken der Stütze ins Seil. Deshalb empfehlen die Verkäufer von Aufsetzvorrichtungen für anhubloses Rückziehen Seillängungen sorglichst auszugleichen.

Hiernach kann die Aufgabe, die sich diese Gruppe von Vorrichtungen gestellt hat, durch sie nicht als gelöst betrachtet werden. Die gleichen Mittel sind von verschiedenen Erfindern in den verschiedensten äußeren Formen verwandt worden, z. B. Westmeyer, Sartorius & Holzer, Ochwadt und die engere Staußgruppe: Stauß, Asphaleia, Haniel & Lueg I u. II, Beien-Herne und Weiß-Siegen, von denen einige noch besonders dargestellt werden sollen.

Um beim Einrücken des Kniehebels die zur Abstützung nötige Strecklage nicht zu überschreiten, ist ein die Bewegung begrenzender Anschlag a vorgesehen.

F. Ausführungen zum kraftbeherrschten Korbsenken.

1. Westmeyer.

Fig. 325 läßt in der Kniegelenkstütze von Westmeyer, geliefert von C. Wolff, Essen, eine Steilstütze mit einem einseitig ausknickbaren Gelenk g erkennen. Die Stütze besteht aus der durch Handhebel

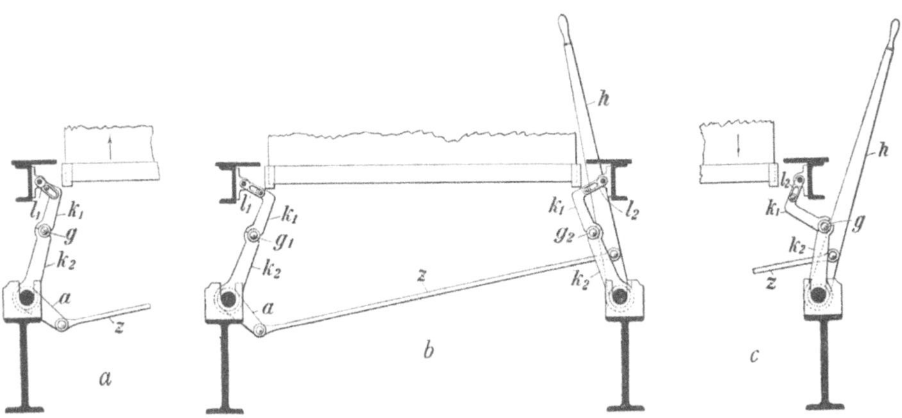

Fig. 325.
Steilstütze mit Kniegelenk nach Westmeyer, gebaut von C. Wolff, Essen.
(Nach Heise-Herbst, II, 1. Aufl., S. 435.)

drehbaren Kurbel k_2 und der durch den Korb belasteten Schubstange k_1. Die Kreuzkopfführung ist durch den Lenker l_2 ersetzt, der den Endpunkt der Schubstange k_1 auf einem Kreisbogen führt. Der Schlitz im Lenker gestattet aber, daß k_1 durch den aufgehenden Förderkorb unschädlich nach außen gedreht wird (Fig. 325 a). Fig. 325 b zeigt den auf den gestreckten Kniehebeln aufsitzenden Korb, Fig. 325 c den Vorgang der Ausrückung.

2. Stauß.

Fig. 326 zeigt die Stauß'sche (1884) Aufsetzvorrichtung (geliefert von der Eintrachthütte, Schwientochlowitz), die vielen späteren zum Vorbild gedient hat. Die Berührungsfläche zwischen Korb und Riegel C ist wagerecht; dafür gleitet der Riegel mit seiner unteren Fläche auf einer schwachgeneigten schiefen Ebene, die so bemessen wurde, daß kein selbsttätiges Fortschieben des Riegels stattfindet, sondern noch eine Zugkraft beim Ausrücken auf ihn auszuüben ist. Eine formliche Besonderheit bildet die obere Abstützung des Riegels C, die nicht durch eine Gleitfläche geschieht, sondern durch einen Lenker E, der um die obere in dem Gestell gelagerte Welle U drehbar ist. Durch Kurbel K und Schubstange F wird der Riegel zurückgezogen (Fig. 327). Der Riegel ist um den Zapfen B nach oben drehbar.

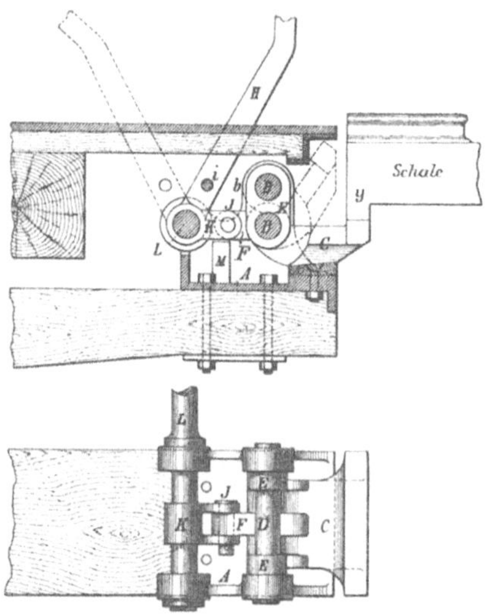

Fig. 326.
Schubstütze mit Kniehebel, nach Stauß, gebaut von Eintrachtshütte.

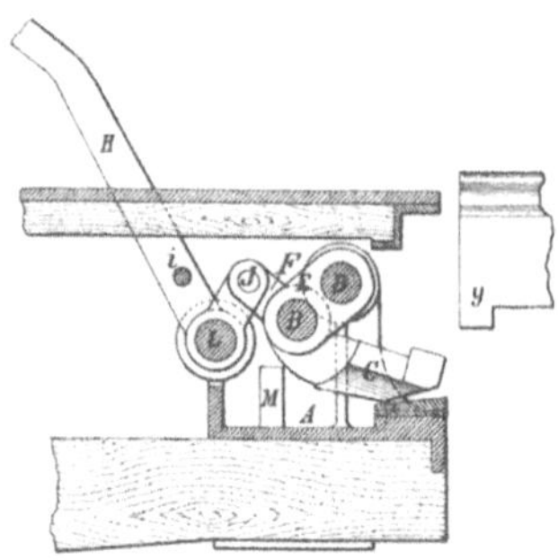

Fig. 327.
Staußsche Aufsetzvorrichtung, ausgerückt. (Nach Köhler, Bergbaukunde, 3. Aufl., Tafel VI.)

3. Haniel & Lueg.

Eine neuerdings für schwere Körbe von Haniel & Lueg, Düsseldorf, gebaute Vorrichtung, Fig. 328, zeigt beinahe die in Fig. 323 gege-

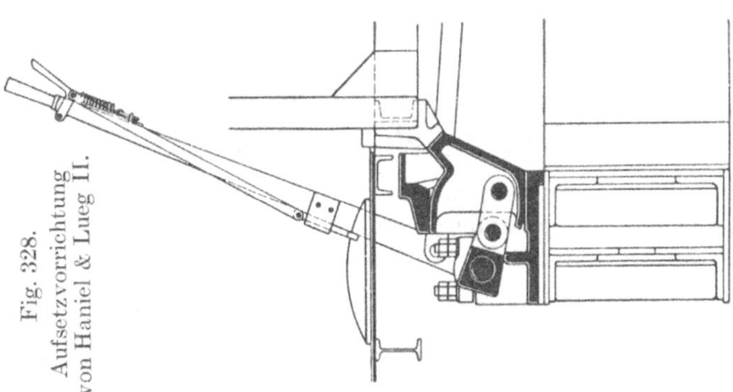

Fig. 328. Aufsetzvorrichtung von Haniel & Lueg II.

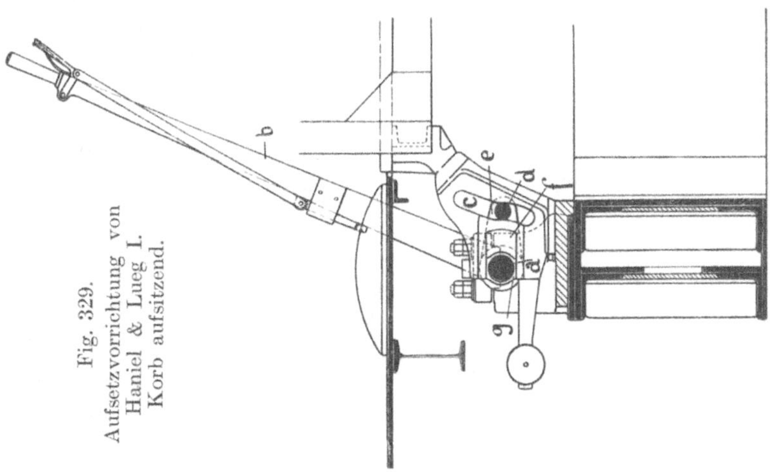

Fig. 329. Aufsetzvorrichtung von Haniel & Lueg I. Korb aufsitzend.

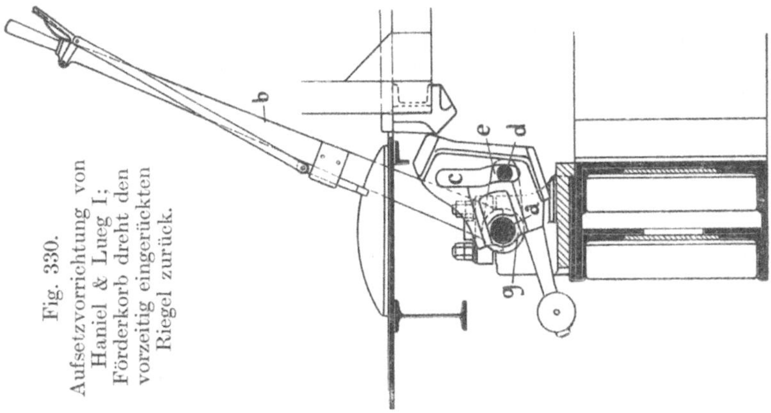

Fig. 330. Aufsetzvorrichtung von Haniel & Lueg I; Förderkorb dreht den vorzeitig eingerückten Riegel zurück.

bene Grundform. Letztere geht unter dem Namen Asphaleia (gebaut von Breitfeld, Danêk & Co., Prag) mit der kleinen Änderung, daß der Riegel r nach Fig. 316 nach oben aufklappbar ist. Auch die Form von Haniel & Lueg weist nur einen Unterschied in der Aufklappbarkeit des Riegels auf. Diese wird durch die besondere Form desselben erreicht, indem die Abrundungen rechts oben und links unten und das Zurücktreten der oberen Führung diese Drehung gestatten.

Eine ältere Form derselben Firma, die auf ein Patent der Firma von 1886 zurückgeht, zeigt Fig. 329. Hier ist eine Vereinfachung gegenüber der Grundform angestrebt, indem durch Weglassung der Schubstange s und direkten Angriff der Kurbel c am Riegel an Stelle des normalen Kurbelgetriebes die Kurbelschleife tritt, die eine Verkürzung der Baulänge ergibt. Ein Schlitz c im Riegel gestattet die bei der drehenden Bewegung der ausrückenden Kurbel aufwärtsgehende Bewegung des Kurbelzapfens d, dessen wagerechte Schubbewegung auf den Riegel übertragen wird. Die Abstützung des Riegels geschieht unten auf einer wagerechten Fläche, nach oben durch Übergreifen eines wagerechten Schlitzes des Riegels über eine mit parallelen Flächen versehene Führung g, die drehbar auf der Welle a angeordnet ist. Durch die drehbare Anordnung dieser Führung g wird es dem aufgehenden Korbe möglich, den Riegel zurückzudrehen. (Fig. 330.)

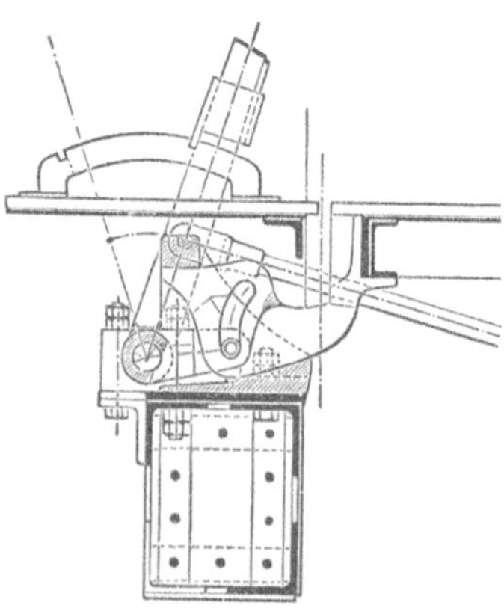

Fig. 331.
Aufsetzvorrichtung der Firma A. Beien, Herne i. W.

4. A. Beien, Maschinenfabrik, Herne i. W.

Die Vorrichtung von A. Beien, Herne (Fig. 331), ist ebenfalls durch die Verwendung einer Kurbelschleife gekennzeichnet. Die Führung des Riegels ist eine besondere; sie geschieht oben und unten durch konzentrische Kreisbogen an Stelle der üblichen Gradführungen. Die ansteigenden Bogen ergeben eine Keilwirkung. Das Rückschlagen des Riegels durch den aufgehenden Korb wird durch das Zurücktreten der oberen Führung ermöglicht. Diese Stütze ist nach Angabe der Firma für Belastungen bis 30 000 kg ausgeführt worden.

5. Siegener Eisenbahnbedarfs-Akt.-Ges., vorm. Maschinenfabrik Karl Weiß, Siegen i. W.

Auch die Vorrichtung der genannten Firma (Fig. 332) verwendet eine abgeänderte Form der Kurbelschleife. Die Führung des Riegels o, auf den der Korb mit wagerechter Fläche aufsetzt, geschieht durch Aufhängung desselben an der in den seitlichen Lagerschildern i sitzenden Welle h. Der Kurbelzapfen ist mit einer die Reibung vermindernden Rolle d versehen und greift unmittelbar in den Schlitz f des Riegels ein. Die Aufklappung des Riegels wird dadurch ermöglicht,

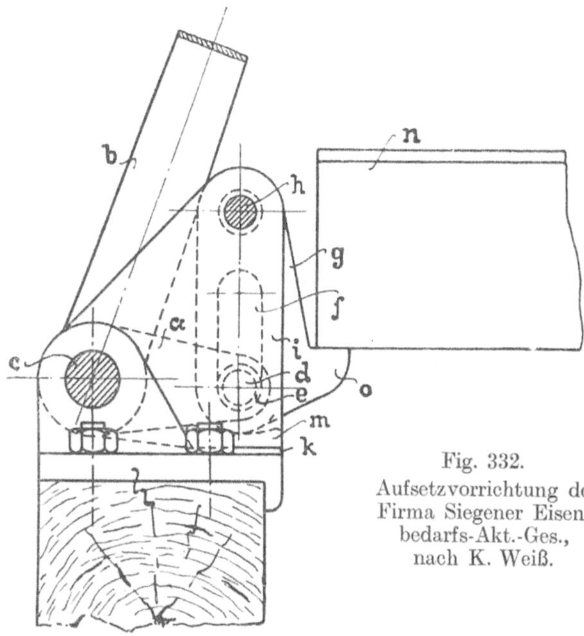

Fig. 332.
Aufsetzvorrichtung der Firma Siegener Eisenbedarfs-Akt.-Ges., nach K. Weiß.

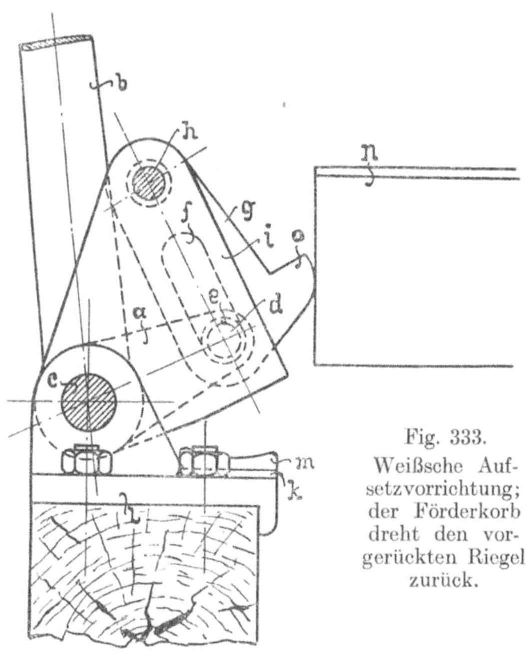

Fig. 333.
Weißsche Aufsetzvorrichtung; der Förderkorb dreht den vorgerückten Riegel zurück.

daß die Lagerschilder i, die durch die Welle h die Gewichte nach unten abstützen, nicht fest mit der unteren Stützung verbunden sind, sondern sich nach oben um die Welle c drehen können (Fig. 333). Eine Keilwirkung ist nicht vorhanden.

6. System Kania & Kuntze, Zawodzie b. Kattowitz.

Dieses in Fig. 334 dargestellte System geht aus dem Stauß'schen hervor, wenn bei demselben die gleitende Reibung zwischen Riegel und keilförmiger Gleitfläche in Zapfenreibung übergeführt wird. Die Keilfläche ist hier zwischen Korb F und Riegel r angeordnet. Der Riegel wird in senkrechter Richtung durch zwei Stützen S und S_1 gestützt, von denen die erste auf Druck, die zweite auf Zug beansprucht wird. Diese Stützen sind durch die Zapfen w und w_1 mit dem Riegel verbunden. Die Stütze S sitzt unten lose in einem offenen Lager des Schildes l; die Stütze S_1 ist durch den Zapfen w_2 in demselben Schilde drehbar gelagert. Am Zapfen w_1 greift die Schubstange s der den Riegel in wagerechter Richtung abstützenden Kurbel c an, die auf der Welle w sitzt und durch den Handhebel H zurückgezogen werden kann. Die Kurbel c hat die in der unteren Figur ersichtliche Form. Ihre Fläche a_2 setzt sich in eingerücktem Zustande (obere Figur) auf die Unterlage A auf, so daß sie als Hubbegrenzung für den eingerückten Riegel wirkt. Im eingerückten Zustande stützt der Kniehebel cs durch seine Strecklage den Riegelschub ab. Die untere Figur zeigt den zurückgezogenen Riegel. Der Kniehebel cs befindet sich in der Knicklage; die Stützen S und S_1 haben sich schräg gestellt. Die Anschläge a und a_1 an den Lagerschildern begrenzen die ausgerückte Stellung.

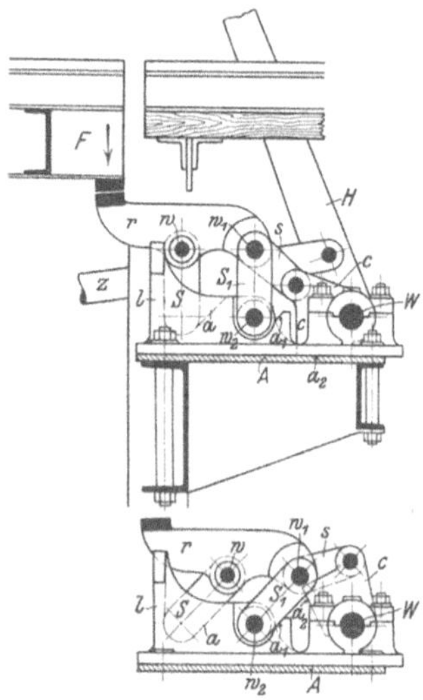

Fig. 334.
Aufsetzvorrichtung der Firma Kania & Kuntze, Zawodzie.

Der eingerückte Riegel r kann durch den aufgehenden Korb zurückgedreht werden, indem er sich dabei um die Welle w_1 dreht. Diese Drehung ist möglich, da die Stütze S sich von ihrer unteren Lagerfläche abheben kann.

7. Heckmann. (1901).

Gebaut von Hoddick & Röthe, Weißenfels.

Die Riegel r, Fig. 335, sind nach einem Kreisbogen um die Welle w_1 geformt. Sie werden in senkrechter Richtung durch bogenförmige

Gleitflächen S und S_1 gestützt. In wagerechter Richtung werden sie gestützt durch die Hebel h, die sich selbst am Kniehebel sc abstützen. Der Kniehebel ist hier in nicht so enger Verbindnng mit dem Riegel gebracht wie bei den anderen Vorrichtungen. Durch Verbringen des Kniehebels in die Knicklage wird auch hier der Riegel zurückgezogen (Stellung II). Durch den aufgehenden Korb wird der Riegel zurückgeschoben, indem er sich um den Zapfen 1 dreht. Zur Ermöglichung dieser Bewegung ist die obere Führung S_1 und die untere S_2 an den entsprechenden Stellen weggelassen.

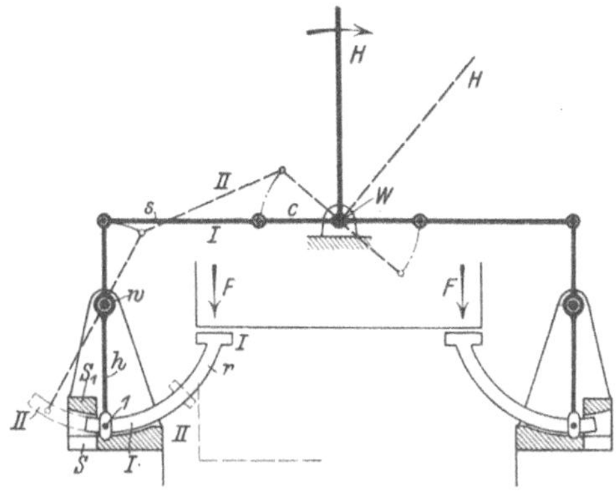

Fig. 335.
Aufsetzvorrichtung von Heckmann, gebaut von Hoddick & Röthe, Weißenfels.

8. Kohlke.

Die unter dem Namen Kohlke'sche Aufsetzvorrichtung gehende Stütze ist eine Vereinigung der DRP. 107 478 (1900) und 167 439 (1905). Sie wird von F. A. Münzner, Obergruna, und von der Baroper Maschinenbau-Akt-Ges. gebaut.

Fig. 336 läßt ihre Zugehörigkeit zur Staußgruppe erkennen. Sie hat sich zur Aufgabe gesetzt, das Rückschleudern des Handhebels gegen Ende der Ausrückbewegung zu vermeiden und erreicht diesen Zweck dadurch, daß sie durch besondere Gestaltung der Berührungsflächen zwischen Korb und Riegel den Korb schon nach einer kleineren Drehung des Hebels fallen läßt, so daß die gefährliche Lage gar nicht erreicht wird.

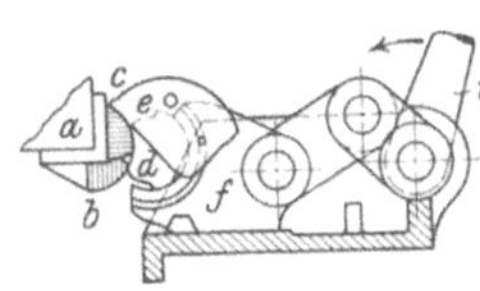

Fig. 336.
Aufsetzvorrichtung von Kohlke.

Der Riegel f trägt in halbzylindrischem Lager einen drehbaren Pratzen d, der eine der runden Form des Aufsetzknaggens b des Korbes entsprechende Aufsetzfläche besitzt. Ist der Riegel vorgeschoben, so steht dieser Kreisbogen schräg, etwa wie die Keilflächen bekannter Vorrichtungen (Fig. 323), auf die sich die entsprechende Fläche des Korbes aufsetzt. Soll gesenkt werden, so wird der Riegel zurückgezogen. Die mit zurückweichende Rolle d dreht sich dabei infolge der niedergehenden Korbbewegung linkssinnig in ihrem Lager an f bis sie durch einen vorgesehenen Anschlag gehindert wird. Ihre Kreislinie hat dann eine etwa lotrechte Lage angenommen (Fig. 336), so daß eine kleine Weiterbewegung des Hebels i den Korb fallen läßt. Mit der Rolle d sind noch die Lappen e fest verbunden, deren geeignet gestaltete Flächen sich in der Stellung Fig. 336 gegen entsprechend gestaltete Flächen c am Korbe a anlegen. Gleitet demnächst b von d ab, so erfährt d eine schnelle Drehung, so daß e gegen c geschleudert wird. Ohne diese Lappen e würde die rasche Drehung von d einen Rückstoß auf den Riegel und den Handhebel ausüben, was für den Anschläger nachteilig wäre.

G. Bremsendes Korbsenken.

1. Die Mittel zum bremsenden Korbsenken.

Die bisher beschriebenen Vorrichtungen können wegen der Größe der Kraftwirkungen bei Hängeseil keine kraftbeherrschte, stoßfreie Senkung des Korbes erreichen. Dies gelingt nur durch Bremsung der Korb- bzw. der Riegelbewegung. Diese Bremsung kann im wesentlichen erreicht werden:

1. durch hydraulische Bremsung,
2. durch Reibungsbremsung.

Diese Mittel könnten bei allen verschiedenen Stützformen und selbst in den verschiedensten Formen angewandt werden. Es sind aber nur wenig Ausführungsbeispiele bekannt geworden, da man die einfacheren mechanischen, wenn auch unvollkommeneren Formen vorzieht, die keine sorgfältige Pflege erfordern.

2. Hydraulische Bremsung von Ochwadt.

Haniel & Lueg suchten (1902) die Nachteile des Kniehebels durch hydraulische Bremsung der Welle des Handhebels zu vermeiden. Zu dem Zwecke war mit dieser Stützwelle ein Hebel verbunden, der durch ein Gestänge den Kolben eines Kataraktzylinders bewegte, dessen Widerstand so eingestellt war, daß der Korb nicht plötzlich fallen konnte. (Z. d. Ing. 1902, S. 511.)

Der Gedanke der hydraulischen Bremsung geht auf Ochwadt (1883) zurück. Fig. 337 zeigt eine Hebelstütze d, die bei s durch den senkrecht stehenden Handhebel h eine zweite Abstützung erfährt. Wird h mit seinem oberen Ende nach rechts gedrückt, so gleitet der Stützpunkt von s ab und das Korbgewicht dreht den stützlosen Hebel d. Auf der Hebelwelle w sitzt eine Kettenscheibe r, die bei dieser Drehung durch eine Kette den Kataraktzylinder c gegen seinen feststehenden Kolben aufwärts bewegt, so daß der Ölinhalt durch eine Verbindungsleitung der beiden Zylinderseiten strömt. Durch einen Hahn a in dieser Überstromleitung kann der Bremswiderstand auf eine bestimmte Größe eingestellt werden. Hat der Korb den Riegel verlassen, so dreht das Gewicht des sinkenden Kataraktzylinders den Riegel wieder in seine alte Lage und der Handhebel h schnappt wieder in die Stützstellung, da eine durch die Ausrückbewegung gespannte Feder f ihn in diese Lage drängt.

Die ältere Ausführung (1883) entbehrte der in Fig. 337 vorhandenen Teile kk', die einen Kniehebel zum Ausrücken des Stützhebels h darstellen. Zur Überwindung der Stützreibung zwischen h und s bedurfte es einer größeren Kraftübersetzung, als der Handhebel ergab. h stellt nun eine Kurbel, das Stück kk' eine Schubstange, k' deren Führung dar. Wird der Handgriff k nach unten gedrückt, so erfährt die Kurbel h die zur Stützausrückung nötige rechtssinnige Drehung unter großer Kraftübersetzung. (1886.)

Beim Vergleich dieser Vorrichtung mit anderen hydraulischen Stützen, etwa mit Frantz, beachte man den Unterschied, daß die Abstützung hier nicht hydraulisch geschieht, sondern mechanisch, während die hydraulische Vorrichtung erst nach Aufhebung der mechanischen Abstützung in Tätigkeit tritt.

Ochwadt legt großen Wert darauf, auch bei reichlichem Hängeseil den Korb gefahrlos senken zu können. Diese Bauart fand bei ihrem ersten Auftreten große Beachtung wegen ihrer prinzipiell richtigen Arbeitsweise, wurde aber bald durch die einfacheren mechanischen Vorrichtungen der Staußgruppe verdrängt.

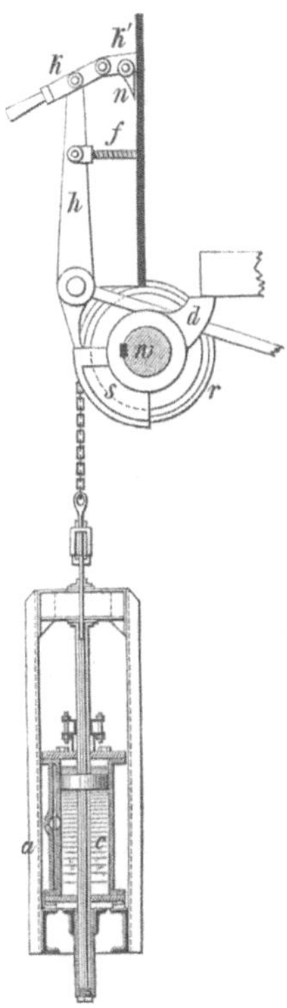

Fig. 337. Hebelstütze mit hydraulischer Bremsung von Ochwadt. (Nach Köhler, Bergbaukunde, 3. Aufl., S. 405.)

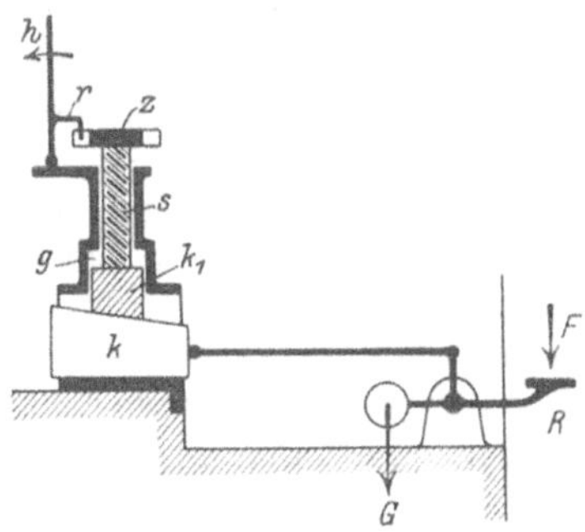

Fig. 338.
Hebelstütze mit mechanischer Bremsung von Schüller.

3. Mechanische Bremsung von Schüller.

Die mechanische Bremsung durch Reibung fand auch einige Vertreter. Schiechel (1896) ordnete die mit Gegengewicht ausgestatteten Stützen auf einer besonderen beweglichen Bühne an, die durch Seile mit einer Bandbremse verbunden war. Nach Lösung der Bremse sollte eine Senkung der Bühne soweit eintreten, bis nach Straffwerden des Förderseiles eine genügende Entlastung der Stützen stattgefunden hätte. so daß sie jetzt leicht zurückgezogen werden könnten. (Glückauf 1896, 597.)

Fig. 328 zeigt die Ausführung von Schüller (1886). Der Riegel R wirkt durch Winkelhebel und Keilgetriebe k, k_1 bei eintretender wagerechter Bewegung hebend auf die steilgängige Schraube s, die hierdurch in dem festen Muttergewinde des Gehäuses g gedreht wird. Diese Keil- und Schraubengetriebe erzeugen bei ihrer Bewegung viel Reibung, die die Beherrschung der Korbsenkung ermöglichen soll. Zum Zwecke des Aufsetzens wird die Bewegung durch ein mit der Schraube s verbundenes Zahnrad z gesperrt, sobald eine Sperrung r durch den Handhebel in die Zähne z eingerückt wird.

H. Gefährdung der Seilfahrt durch die Aufsetzvorrichtungen.

1. Ursachen und Verhütung.

Durch unzeitig eingerückte Stützen auf Zwischensohlen sowie am Füllort entstehen bei rascher Annäherung des Korbes viele Unfälle für die fahrende Mannschaft, die durch das harte Aufsetzen des Korbes mannigfache äußere und innere, oft schwere Verletzungen erleidet. Nach einer behördlichen Statistik (1905, Dortmund) entfallen über 60 v. H. aller bei der Seilfahrt eintretenden Verletzungen auf das harte Aufsetzen (meist auf die Stützen des Füllortes).

Mannigfache Gründe bewirken das unzeitige Eingerücktsein der Stützen auf Zwischensohlen, die meist in der Persönlichkeit der Anschläger liegen: Unachtsamkeit, Vergeßlichkeit, Unkenntnis der Einrichtungen bei Hilfspersonen, Versagen der Kräfte, Böswilligkeit Unberufener, mißverstandene Signale oder sonstige Zufälle.

Hiergegen kann nur Abhilfe geschaffen werden durch sorgfältige Auswahl der Anschläger und durch sich selbst öffnende Vorrichtungen, die bei längerer Nichtbenutzung zudem in zurückgezogenem Zustande gesperrt werden und deren Sperrung von Unberufenen nicht so leicht beseitigt werden kann.

Die sächsischen Bergbehörden empfehlen die Betriebsbestimmung: „Die Wangen nur unter den langsam ankommenden Korb zu schieben."

2. Selbstöffnende Aufsetzvorrichtungen für Füllörter.

Fig. 339 und 340 zeigen eine selbstöffnende Aufsetzvorrichtung von Haniel & Lueg. Der Riegel a wird durch ein Gegengewicht f ausgerückt gehalten. Durch den Handhebel c wird er zwecks Aufsetzens vorgeschoben. Damit aber beim Aufsetzen unvermeidliche Stöße den Anschläger nicht schädigen, wird der Riegel nicht durch den Hebel c in der eingerückten Stellung während des Aufsetzens gehalten, sondern der zweite Hebel k wird nach links gezogen, wobei zwei zwischen sich einen Schlitz freilassende Arme i um den Hebel c greifen und sich mit vorderen Anschlägen an die kreisbogenförmige Fläche h des Hebels c anlegen. Während des Aufsetzens wird nur k gehalten. Stöße von c pflanzen sich nicht auf k fort. Nach Anheben des Korbes und Loslassen von k fällt die Verbindung durch die verschiedenen Gegengewichte auseinander. Von einem aufgehenden Korbe kann die eingerückte Knagge a nicht zurückgedrängt werden, was aber im Interesse des aufgehenden Korbes bei Verwendung auf Zwischensohlen erwünscht ist.

Selbstöffnende Vorrichtungen können nicht alle Unfälle vermeiden lassen. Damit sie nicht unbefugterweise eingerückt werden, ist eine

Festlegung des ausgerückten Hebels wünschenswert während der Zeit der Nichtbenutzung durch irgend eine nicht leicht lösbare Sperrung.

Die Bequemlichkeit des Anschlägers verführt diesen gelegentlich, die unbequeme stete Handhabung der Stütze durch Festlegung in der vorgerückten Stellung zu umgehen, wobei er dann vergessen kann,

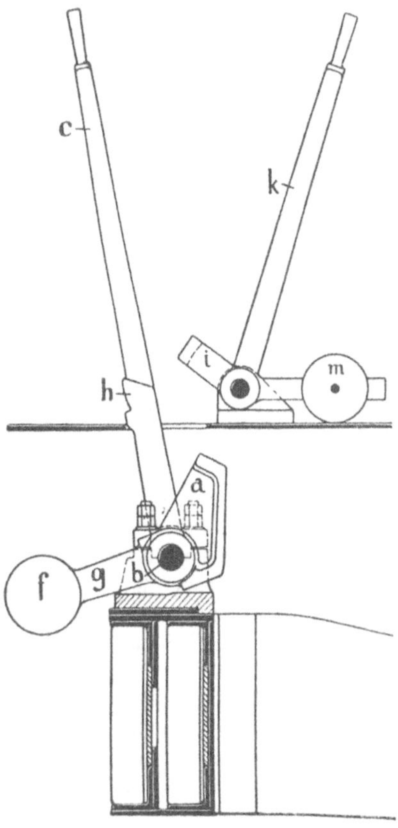

Fig. 339.
Selbstöffnende Aufsetzvorrichtung für Füllörter der Firma Haniel & Lueg. Riegel ausgerückt.

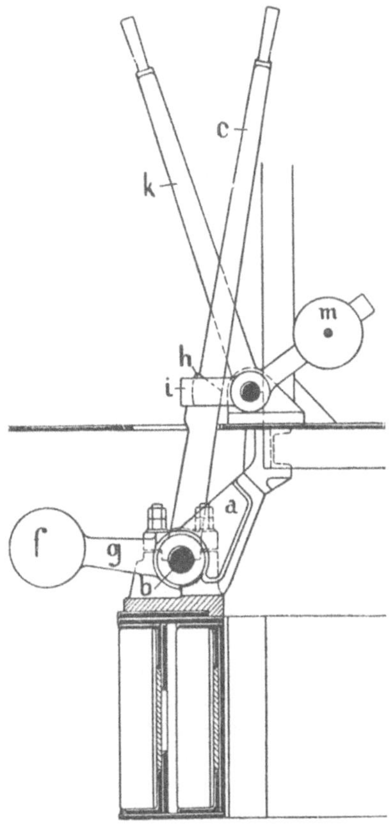

Fig. 340.
Füllortstütze von Haniel & Lueg. Riegel vorgeschoben.

diese Sperrung nach Beendigung der Benutzung wieder zu beseitigen, zumal es ja eine „selbstöffnende“ Vorrichtung ist.

Auf einer sächsischen Grube wurde folgende selbsttätige Einrichtung getroffen. Der zurückgezogene durch Gegengewicht belastete Riegel ist in dieser Lage so gesperrt, daß diese Sperrung vom Anschläger nicht gelöst werden kann. Wenn sich aber das Gestell dem Füllorte nähert, drückt es auf eine Knagge, welche die Sperrvorrichtung auslöst. Hierauf erst kann der Anschläger die Stützen unter Anhebung des Gegengewichtes vorrücken. Man vergleiche hierzu eine Ausführung, die eine Einrückung des Riegels nur bei langsam ankommendem Korbe zuläßt, in Verhütung harten Aufsetzens der Förderkörbe. Elfter Teil, F.

Unfälle kommen auch vor, wenn die Stützen nicht völlig zurückgezogen sind. Dies kann geschehen, wenn sich der Vollendung des Riegelweges begrenzende Hindernisse durch zwischengeschobene Körper entgegenstellen. Auf Vermeidung solcher Möglichkeit ist daher bei dem Einbau zu achten.

3. Kundgebung des Riegelstandes an den Maschinenwärter.

Auch die Aufsetzvorrichtung an der Hängebank kann zu Unfällen Veranlassung geben, wie ein Vorfall auf einer sächsischen Grube (1901) lehrt. Infolge mißverstandener Signale ließ der Maschinist die Fördermaschine sich im Sinne des Korbsenkens drehen, während der Korb auf den Stützen stand. Weder Maschinist noch Anschläger konnten infolge besonderer Umstände den Fehler beobachten. Der Anschläger zog die Stützen zurück, nachdem 17 m Hängeseil getrieben waren. Der Korb fiel ins Seil, löste sich von demselben, wurde erst in größerer Tiefe gefangen und führte zu entsprechender Betriebsstörung.

In D 4 wurde einer Sperrung der Signalgebung durch die vorgeschobenen Stützen gedacht, die ähnliche Unfälle verhüten soll.

Wirksame Abhilfe für manche Unfälle verspricht folgende Einrichtung (1905) von Bergingenieur Spitzner, Ölsnitz und Maschinenwärter Carstens, deren Grundgedanke auf eine Einrichtung auf Grube Friedrichsthal vom Jahre 1881 zurückgeht.

Dieser „Wangenhüter" will den Maschinisten von dem Stand der Stützen der verschiedenen Sohlen in Kenntnis setzen, in der Hoffnung, daß dieser bei so gewonnener Kenntnis drohenden Unfalles diesen durch Stillsetzen seiner Maschine vermeiden kann. Zu dem Zwecke wird die Bewegung der Stützen auf mechanischem oder elektrischem Wege weitergeleitet und dem Maschinisten durch Zeichen kenntlich gemacht, indem beim Einrücken einer Stütze an der der Sohle entsprechenden Stelle des Teufenzeigers ein Signal erscheint (Sächsisches Jahrbuch 1905).

4. Elastische Aufsetzvorrichtungen.

Das harte Aufsetzen auf die Füllortsstützen kann zunächst durch die gleichen Mittel bekämpft werden, wie sie für Zwischensohlen beschrieben wurden.

Die Bestimmungen (A 2) der sächsischen Bergbehörden haben eine Reihe Vorrichtungen entstehen lasser, die das harte Aufsetzen durch Einwirkung auf den Förderkorb bekämpfen wollen, die z. T. ähnlich wie die Förderkorbfangvorrichtungen wirken und daher in einem besonderen Aufsatz: „Verhütung harten Aufsetzens der Förderkörbe“ (Elfter Teil) besprochen werden sollen.

Einfachere Anordnungen suchen die Stöße durch elastische Aufsetzvorrichtungen zu mildern.

Fig. 341 zeigt eine solche Ausführung (Grube von der Heydt 1886). Der Korb setzt sich auf eine rostartige Bühne, die auf starken Federn ruht. Es sind 10 Federn vorhanden mit einer Vorspannung von je 1000 kg, zusammen 10 000 kg. Bei langsamem Aufsetzen bleibt der Rost in Ruhe, bei hartem Aufsetzen mildert er den Stoß.

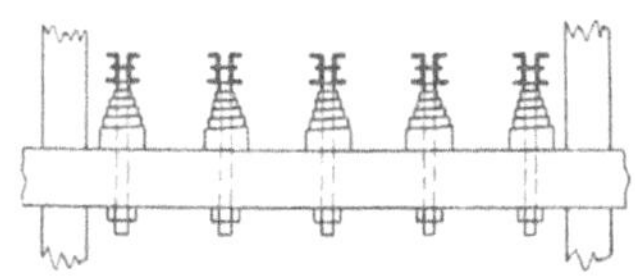

Fig. 341.
Elastische Aufsetzvorrichtung.

Von anderen wurde das Aufsetzen auf Luftkolben empfohlen (Sächsisches Jahrbuch 1893 und 1894). Die Vorschläge scheinen nicht ausgeführt worden zu sein.

Das beste Mittel ist: Weglassen der Aufsetzvorrichtung und Ersatz durch Anschlußbühne. Einige glauben die Aufsetzvorrichtung am Füllort nicht entbehren zu können, da sie die Gefahr des Übertreibens des aufgehenden Korbes vermindere; denn nach dem Aufsetzen des unteren Korbes mangele der Maschine wegen des fehlenden Ausgleiches die Kraft zum gefahrvollen Übertreiben. Diese Ansicht ist jedenfalls irrig, da heute durch Sicherheitsapparate und Steuerungsregler an der Fördermaschine ein Zuhochreißen des Korbes mit Sicherheit vermieden werden kann. Wir müssen mehr um den niedergehenden, denn um den aufgehenden Korb besorgt sein.

I. Kraftbewegliche Aufsetzvorrichtungen.

1. Aufsetzvorrichtungen von Baumann und von Rosenkranz.

Auf einer Aachener Grube (1883) konnte die Fördermaschine nach Erhöbung der Förderlast den oberen Korb nicht mehr über die Stützen ziehen, nachdem der untere aufgesetzt hatte. Deshalb wurde (nach F. Baumann) durch den ankommenden Korb der Einlaßhahn eines Treibzylinders geöffnet, wodurch Kolben unter den Korb griffen und ihn auf die Höhe der Hängebank hoben. Das Senken geschah durch Öffnen eines Abflußhahnes.

Bei der Vorrichtung von Rosenkranz (1882) stand am Füllort der Korb nach dem Aufsetzen des oberen Korbes um den Betrag des Hängeseiles unter der Bühne. Hydraulische Kolben hoben den Korb auf die Höhe der Füllortbühne. Nach Abfertigen wurde der untere

Korb durch Auslassen wieder gesenkt, bis er straff im Seile hing, und darauf die Maschine wieder in Gang gesetzt, nachdem vorher die oberen Korbstützen leicht zurückgezogen waren, da sie durch das Senken des unteren Korbes entlastet waren. (Preuß. Zeitschr. 1882, S. 247.)

Neuerdings (1912) ist eine kraftbewegliche Aufsetzvorrichtung, Patent der Mansfeldschen Kupferschiefer bauenden Gewerkschaft, auf deren Schächten am Füllort in Verwendung, die im wesentlichen den vorbesprochenen gleicht. Der Korb K (Fig. 342) sitzt auf Knaggen K_1, K_2 auf, die durch mit Preßwasser beaufschlagte Kolben gehoben bzw. gehalten werden können. Bei gesenktem Treibkolben kann der Korb an Knaggen und Treibzylinder ungehindert vorbei (auf rechter Seite dargestellt). Der Betrieb ist folgender. Der obere Korb wird auf die dortigen Aufsetzknaggen aufgesetzt. Dabei gerät der untere Korb unter die Höhe der Anschlagsbühne. Er wird dann durch Einlassen von Druckwasser bis zur Bühne gehoben. Die Beschickung des Korbes geschieht dann bequem und ohne Stoßwirkung für das Seil, das durch die Korbhebung entlastet wurde. Beim Rückziehen der oberen Stützen senkt sich der obere Korb und spannt das hängende Seil. Über dem unteren Korbe entsteht im ausgeführten Beispiele kein Hängeseil durch das Korbheben im Betrage bis 30 cm, sondern nur eine Entspannung des Seiles.

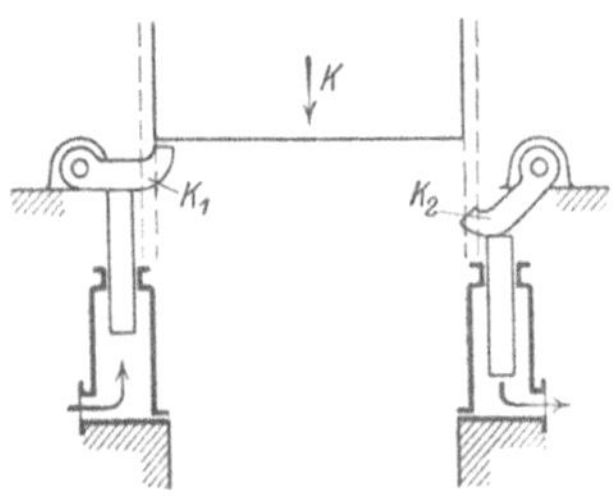

Fig. 342.
Mit Druckwasser bewegte Aufsetzvorrichtung der Mansfelder Kupferschiefer bauenden Gewerkschaft.

Die Vorrichtung will den Förderkorbanschlußbühnen Wettbewerb machen. Sie erreicht dasselbe und vermeidet die Nachteile derselben, wie Korbwippen und Verbauung des Zuganges zum Schachte, bzw. Gefährdung der Wagen durch Einlauf in den Schacht (vergl. Absch. Anschlußbühnen. Zwölfter Teil).

2. Korbbedienung am Füllort für Bobinen- und Spiralkorbfördermaschinen.

Bei Fördermaschinen mit Bobinen oder mit Spiralkörben treten besondere Schwierigkeiten bei der Korbbedienung auf, da beim nötigen Bodenwechsel der am größeren Radius der Maschine hängende obere Korb bei der Umsetzbewegung einen größeren Weg zurücklegt als der untere Korb. Macht etwa die Stockhöhe eine Umsetzbewegung von 1,2 m nötig, so erreicht der untere Korb hierbei nur eine Bewegung von 0,8 m.

Beschreibungen der zum Ausgleich dienenden auf belgischen und französischen Gruben ausgeführten Vorrichtungen sind zu finden:

Preuß. Zeitschr. 1887, S. 217, und 1901, S. 261, sowie Glückauf 1905, S. 1433, s. auch Teil IX, Seite 214.

Hier sei eine von Haniel & Lueg gebaute (um 1891) Vorrichtung beschrieben. Beim Aufsetzen des oberen Korbes steht der untere etwa 0,4 m unter Füllortbühne. Er wird durch einen hydraulischen Treibkolben (p = 4,6 atm) auf die Füllortbühne gehoben, nach Abfertigung des unteren Bodens wieder um 0,4 m durch Wasserauslaß gesenkt und beim Umsetzen des oberen Korbes um weitere 0,8 m, so daß jetzt eine Gesamtsenkung von 1,2 die Bedienung der anderen Böden erlaubt. Nach Korbhochgang läßt man die Bühne wieder bis 0,4 m unter Füllortbühne steigen.

Das sich bei dieser Bedienungsweise reichlich bildende Hängeseil über dem unteren Korbe ist kein Vorteil dieser Art, ist aber bei den Flachseilen der Bobinen weniger schädlich als bei den Rundseilen der Spiraltrommeln. —

Elfter Teil.

Die Vorrichtungen zur Verhütung des harten Aufsetzens.

Von Diplom-Ingenieur **Karl Teiwes.**

Bei der Bearbeitung benutzte Literatur:

Zeitschriften:

Roch: Vorr. zur Verhütung des harten Aufsetzens der Schachtfördergestelle Sächs. Jahrbuch für B. u. H.-W. 1899, S. 142.
H. Hartung: Vorr. gegen zu hartes Aufsetzen. Sächs. Jahrbuch für B. u. H.-W. 1902, S. 146.
Vorr. des Obersteigers Ermert. Preuß. Z. für B. u. H.-W. 1899, S. 198.

A. Entstehungsgeschichte der Vorrichtungen.

1. Vorschriften der sächsischen Bergpolizei-Verordnung.

Die sächsische Bergpolizei-Verordnung schreibt die Benutzung von Aufsetzvorrichtungen bei Förderung vor und stellt ihre Benutzung bei Seilfahrt anheim, verlangt aber bei ihrer Benutzung zur Seilfahrt Vorrichtungen gegen hartes Aufsetzen.

2. Preisausschreiben des sächsischen Ober-Bergamtes 1898.

Auf ein Preisausschreiben des sächsischen Oberbergamtes 1898 gingen 101 Bewerbungen ein. Ein Teil dieser Vorschläge wurde im „Jahrbuch für das

Berg- und Hüttenwesen im Königreich Sachsen" 1899 veröffentlicht. (C 2, E 1, 2, 3 und 5 dieser Darstellung.)

Die einfachste und sicherste Art ist der Ersatz der Aufsetzvorrichtungen durch Förderkorbanschlußbühnen. Die zu besprechenden Vorrichtungen haben nur für Bezirke Bedeutung, in welchen Aufsetzvorrichtungen vorgeschrieben sind. (Vgl. Aufsetzvorrichtungen A 2 und H 1.)

B. Elastische Aufsetzvorrichtungen.

1. Aufsetzvorrichtungen mit Stahlfedern.

Man vergleiche das unter H 4 in „Aufsetzvorrichtungen" Gesagte. Gummifedern haben sich nicht bewährt, Stahlfedern erhalten Schrauben- oder Blattform. Eine gewisse Schwierigkeit bereitet die geforderte Elastizität, indem sich bei verschiedenen Belastungen verschiedene Korbstellungen und ein Wippen des aufsetzenden Korbes ergeben. Daher werden die Federn mit Vorspannung eingesetzt, so daß sie bei der normalen Belastung keine Federung zeigen, bei sanftem Aufsetzen nicht wippen, ein rasches Aufsetzen aber mildern. Große Stöße können durch solche Vorrichtungen nicht genügend abgefedert werden.

2. Aufsetzvorrichtungen mit Luftkatarakt.

Auch Dämpfung des Stoßes durch Aufsetzen auf Kolben, die sich in Luftzylindern bewegen, wurde vorgeschlagen. (Sächs. Jahrbuch 1894, S. 101, und 1893, S. 137.) Die Einrichtungen werden verwickelt und können, am Füllort eingebaut, wohl kaum genügend gepflegt werden.

C. Bremsend wirkende Vorrichtungen.

1. Unabhängig von der Geschwindigkeit durch mechanische Bremsung wirkende Vorrichtungen.

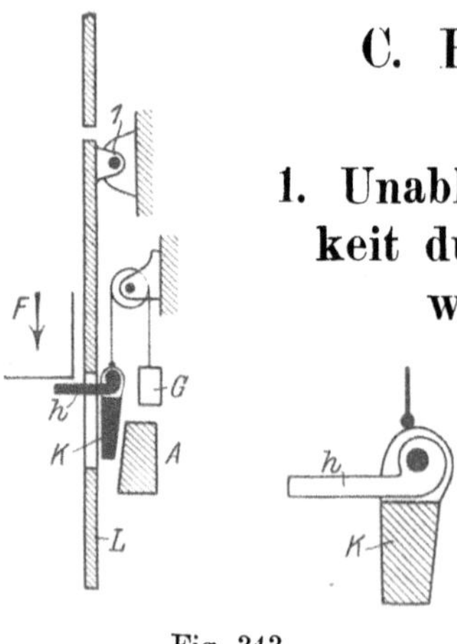

Fig. 343.
Vorrichtung von Obersteiger Hahner. (Nach dem Sächsischen Jahrb. 1899 u. 1902.)

Größere Geschwindigkeiten können durch elastische Vorrichtungen nicht aufgenommen werden, wohl aber durch Abbremsung auf genügend großem Bremswege.

In Fig. 343 (Obersteiger Hahner, 1902, Oberhohndorf) stößt der abwärtsfahrende Korb F auf die Nase h eines Keiles K, der an der festen Stütze A geführt, den bei 1 pendelnd aufgehängten Leitbaum L nach innen drängt, so daß der Korb eine entsprechende Bremsung durch Reibung erfährt. Nach Korbhochgang zieht das Gegengewicht

G den Keil wieder hoch. Die Nase h kann durch Umklappen nach oben aus dem Schachtlichten entfernt werden. Dies geschieht vor der Förderung, die Einrückung vor der Seilfahrt. (Augustusschacht des Oberhohndorf-Schader Steinkohlenbauvereins 1902.)

2. Durch Kataraktbremsung wirkende Vorrichtungen.

In Fig. 344 (Obersteiger Ermert, 1898, Herdorf) seien L_2 und L_3 feste, L und L_1 um den festen Punkt 1 drehbare Leitbäume. Diese letzteren sind miteinander verbunden, so daß der eine in das Schachtlichte hineinragt, wenn der andere dem festen Leitbaum parallel steht; ferner sind sie mit dem Kolben K eines Luftkataraktzylinders verbunden. Der sich dem Füllorte nähernde Korb F drängt L aus dem Schachtlichten zurück, dabei eine Bremsung erfahrend, da die auf den Kataraktkolben K übertragene Bewegung beim Übertreiben der Luft von der einen zur anderen Zylinderseite einen Widerstand findet, der durch Einstellung des Hahnes h geregelt werden kann. Dieser Widerstand wächst mit der Geschwindigkeit der Bewegung, was den natürlichen Bedürfnissen entspricht. Durch diese Bremsbewegung wird L_1 in das Schachtlichte gerückt, so daß diese Seite für die bevorstehende Ankunft des zweiten Korbes vorbereitet ist. Die Leitbäume steuern sich also in einfacher Weise selbsttätig um.

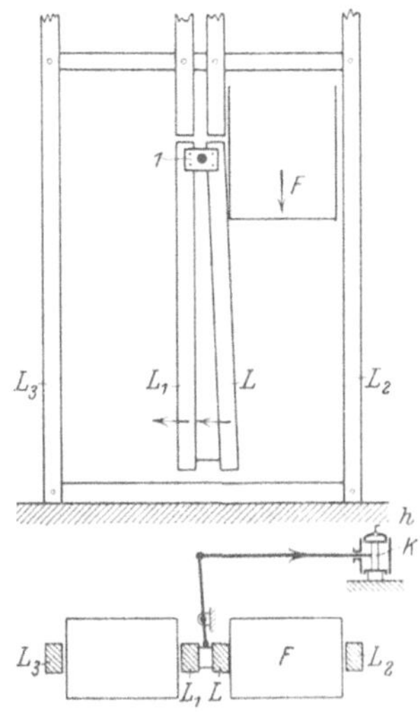

Fig. 344.
Vorrichtung von Obersteiger Ermert. (Nach Preuß. Zeitschr. 1899, S. 198.)

D. Vorrichtungen mit Bremsauslösung bei zu großer Geschwindigkeit.

1. Der Vorgang der Auslösung.

Die Mehrheit der vorgeschlagenen oder ausgeführten Vorrichtungen bewirkt bei zu rascher Annäherung des Korbes die Auslösung einer gespannten Kraft, die dann bremsend auf die Korbbewegung einwirkt.

Die Auslösung geschieht immer nach dem Grundsatz (Fig. 345), den Korb auf einen hebelartigen Anschlag a fahren zu lassen, der durch ein bei s gestütztes Gewicht G belastet ist. Bei langsamer Fahrt wird dieses Pendel a einen kleinen Ausschlag I machen, der infolge des im Übertragungsgestänge Z angeordneten toten Ganges zu keiner Einwirkung führt, während ein rasches Auffahren das Pendel bis Stellung II ausschlagen und durch die Stange z die Bremskraft auslösen läßt. Das Pendel kann auch im Förderkorbe gelagert sein und mit seinem Ende a gegen einen Widerstand im Schachtlichten anstoßen. Der auffahrende Korb kann den Hebel a ungehindert zurückschlagen. Bei Förderung wird a nach oben zurückgeschlagen, wodurch die Vorrichtung ausgeschaltet ist.

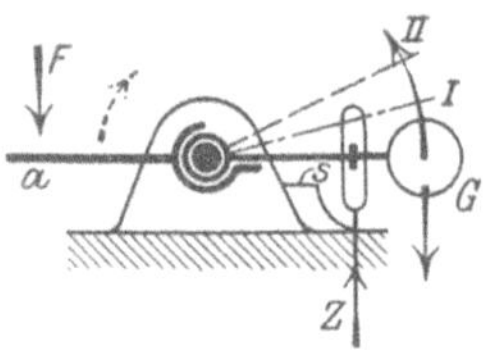

Fig. 345.
Vorgang der Auslösung bei zu großer Korbgeschwindigkeit. (Nach dem Sächsischen Jahrbuch 1899 und 1902.)

2. Die Bremskräfte.

Die Bremskraft kann sein
1. ein durch eine leicht ausrückbare Sperrung in der Schwebe gehaltenes Gewicht, und
2. das eigene Gewicht oder die lebendige Kraft des Korbes.

Ersterer Gedanke erscheint näher liegend, letzterer die einfachere Lösung, deren Vorbild in den bekannten bremsend wirkenden Fangvorrichtungen zu finden ist. Als Bremskraft wird die Reibung von beweglichen gegen den Korb gedrückten Leitschienen benutzt, oder der Schneidwiderstand von in Balken einschlagenden Messern, wobei meist die Messer im Korbe gelagert sind und in die festen Leitbäume schneiden, oder das Messer ist im Leitbaum fest und schlägt in einen am Korbe festen Baum ein. Ein grundsätzlicher Unterschied ist zwischen den folgenden Formen kaum vorhanden.

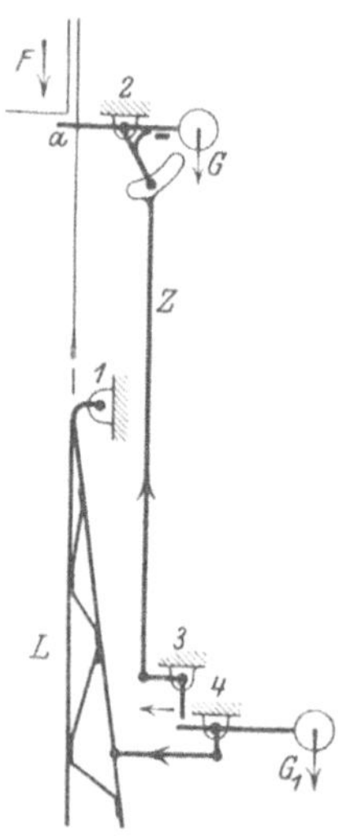

Fig. 346.
Vorrichtung des Zwickau-Oberhohndorfer Steinkohlenbau-Vereins. (Nach dem Sächsischen Jahrb. 1899 u. 1902.)

E. Ausführungen zu den auslösenden Vorrichtungen.

1. Apparat des Zwickau-Oberhohndorfer Steinkohlenbau-Vereins.

Die Fig. 346 läßt die oben geschilderte Vorrichtung erkennen, durch welche die Stange Z durch den Winkelhebel 3 das Fallgewicht G_1 auslöst, worauf dieses durch den Winkelhebel 4 den federnd ausgebildeten Leitbaum L den Korb bremsend in den Schacht drückt. Nach Wirkung muß das Fallgewicht wieder gehoben und abgestützt werden.

2. Eichamtsvorsteher Schmidt, Zwickau.

Die Auslösung durch F_1 (Fig. 347) bei a dreht den Hebel a_1 in das Schachtlichte, so daß der Korb von der Stellung F_2 ab auf diesen Anschlag treffend ihn weiterdreht, wodurch die zur Erzielung einer stoßfreien Wirkung mit Feder f versehene Zugstange Z_1 nach oben gezogen wird, wobei sie durch den Winkelhebel 4 den Leitbaum L an den Korb drückt. Nach Überfahrung der Stellung F_3 rückt das Leitbaumgewicht und die Feder f das Getriebe wieder in die Anfangslage, so daß also die Vorrichtung völlig selbsttätig für den nächsten Korbniedergang vorbereitet ist.

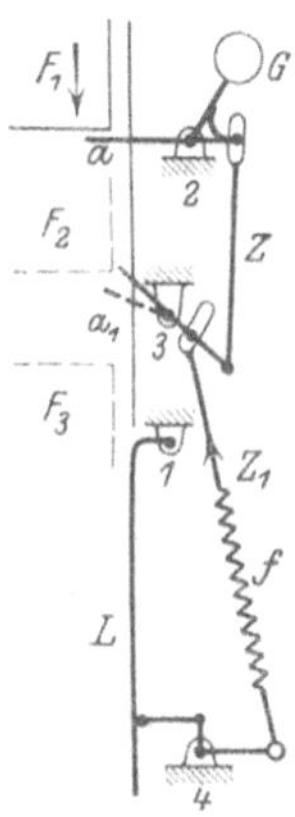

Fig. 347.
Vorrichtung des Eichamtsvorstehers Schmidt, Zwickau. (Nach dem Sächsischen Jahrbuch 1899 und 1902.)

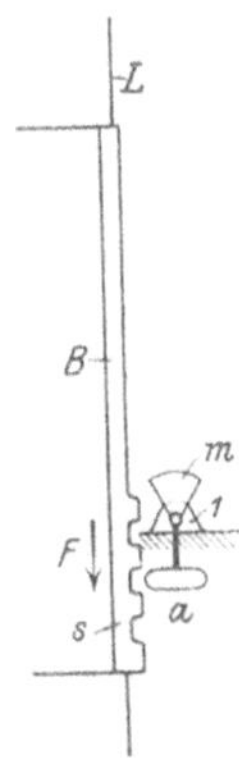

Fig. 348.
Vorrichtung des Bergverwalters Lachmann, Zauckerode. (Nach dem Sächsischen Jahrbuch 1899 und 1902.)

3. Bergverwalter Lachmann, Zauckerode.

Am Korbe F (Fig. 348) ist ein Bremsbaum B angebracht und eine gezahnte Schiene s, die bei rascher Fahrt das Pendel a, das im Schachteinbau bei 1 drehbar ist, soweit schleudert, daß die Messer m in den Bremsbaum B eingreifen und durch den niedergehenden Korb weiter eingepreßt werden. Das Gewicht des Pendels a wird infolge geeigneter Einrichtung bei Förderung nach außen geschoben, so daß es außer Eingriff mit den Zähnen s kommt, wodurch der Apparat wirkungslos wird.

4. Obersteiger Kunz, Morgensternschacht.

Bei dieser Vorrichtung, Fig. 349, sind Pendel a und Messer m auf dem Förderkorb F gelagert und in zwei Körper getrennt. Das Pendel a schlägt mit einer bogenförmig gestalteten unteren Fläche auf einen Anschlag b auf, der im Schachteinbau E verlagert in das Lichte hineinragt. Ein kräftiger Ausschlag bringt das

Messer m an den Leitbaum L heran. Bei Förderung wird durch Zurückziehen des Bolzens b der Apparat ausgeschaltet. (Auf Morgensternschacht I und III 1901 eingebaut.)

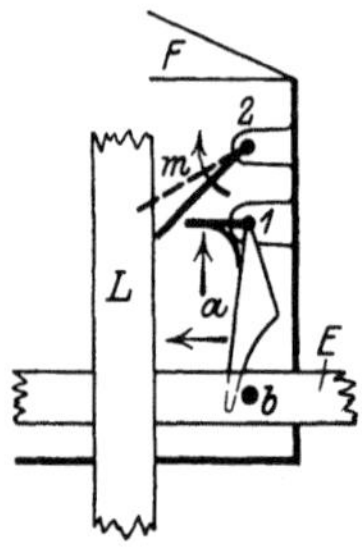

Fig. 349.

Vorrichtung des Obersteigers Kunz, Morgensternschacht. (Nach dem Sächsischen Jahrbuch 1899 und 1902.)

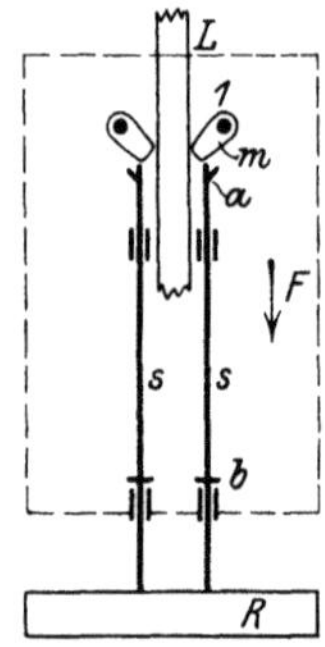

Fig. 350.

Vorrichtung des Obereinfahrers Schenk, Burgk. (Nach dem Sächsischen Jahrbuch 1899 und 1902.)

5. Obereinfahrer Schenk, Burgk i. Sa.

Auch bei dieser Vorrichtung, Fig. 350, sind alle Teile im Förderkorbe untergebracht.

Unter dem Korbe befindet sich ein „Fühlboden" R, dessen Stangen s am Förderkorb geführt und durch Bunde b in einer unteren Lage gehalten werden. Stößt dieser Boden auf ein Hindernis auf, so nähern sich die mit dem Korbe niedergehenden Messer m den Anschlägen a der Stangen und werden bei heftigem Zusammenstoße an den Leitbaum L geschleudert. Bei sanftem Aufsetzen findet ein Eingreifen der Fänger nicht statt. Eine Ausschaltung bei Seilfahrt ist nicht vorgesehen. Die Vorrichtung ist mehrfach ausgeführt worden. Bei Versuchen ließ sich der Erfinder am Füllorte mit voller Fördergeschwindigkeit aufsetzen, wobei dieses stoßfrei geschah.

Dieser Vorrichtung wurde der ausgeschriebene Preis (1898) einstimmig zuerkannt. —

F. Von der Korbgeschwindigkeit abhängige Einrückung der Aufsetzvorrichtung.

Ziv.-Ing. Joh. Römer, Freiberg.

Eine von den bisher genannten abweichende Bauart ist die von Römer (Freiberg i. Sa., 1901), Fig. 351. Der Aufsetzriegel a wird durch das Gewicht G aus dem Schachtlichten zurückgezogen, wenn der Handhebel c losgelassen wird. Der Riegel kann aber nicht eingerückt werden, solange der Hebel h den Weg des mit dem Riegelgetriebe verbundenen Hebels g sperrt. Die Sperrung h kann aufgehoben werden, wenn unter den Kolben p eines Druckluftzylinders durch das Rohr o Luft gelassen wird. Diese Druckluft wird beim Aufwärtsgang des

Schiebers n eingelassen. n wird durch das Gestänge klm bewegt, wenn der Förderkorb b mit seiner Schiene i an dem Hebel k vorbeifährt und ihn aus dem Schacht-

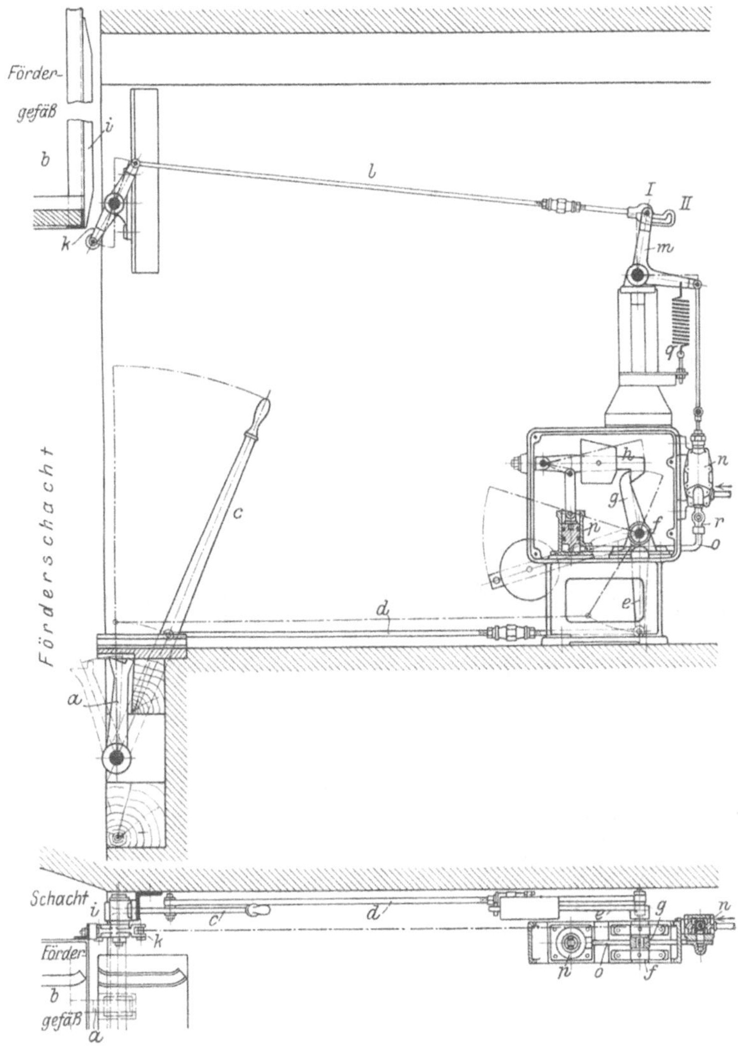

Fig. 351.
Vorrichtung des Ziv.-Ing. Joh. Römer.

lichten herausbewegt. Ist die Schiene i an dem Hebel k vorbeigefahren, so zieht die Feder q das Gestänge wieder in die Anfangslage, wobei der Schieber n die Leitung o wieder von der Druckluft abschließt und mit einem Auspuff verbindet. In die Luftzuleitung ist noch ein Drosselhahn r eingebaut.

Befindet sich das Getriebe in der dargestellten Lage, so kann der Anschläger den Aufsetzriegel nicht einrücken. Nähert sich der niedergehende Korb genügend langsam dem Anschlagspunkte, so tritt nach Überfahrung des Hebels k Druckluft unter den Kolben p und hebt dadurch den Hebel h, so daß dessen Nase den Hebel g und somit das Riegelgetriebe freigibt. Der Anschläger rückt den Riegel in die punktierte Lage und der langsam fahrende Korb setzt auf. Nach Aufgang des abgefertigten Korbes fällt das Riegelgetriebe in die gezeichnete Lage zurück und die Nase des Sperrhebels h hakt wieder ein, so daß der Riegel nicht wieder vorgeschoben werden kann. Überfährt aber der Korb mit einer größeren Geschwindigkeit den Hebel k, so folgt eine so rasche Hin- und wieder Rückbewegung des Luftschiebers n, daß die kurze Zeitdauer der Kraftwirkung auf den Kolben p nicht hinreicht, den Hebel h samt seinem Gewichte anzuheben, also die Sperrung auszulösen. Der Riegel kann demnach nicht eingerückt werden und der Korb kann nicht aufsetzen. Der Drosselhahn r dient zur Einstellung der Wirkung auf eine bestimmte Geschwindigkeit. Je mehr gedrosselt wird, desto langlamer muß der Korb fahren, um die Auslösung zu bewirken.

Die Vorrichtung ist für Zwischensohlen und Füllörter geeignet. Sie erfordert außer der Anbringung der Schienen i keinerlei Änderung am Förderkorbe.

Wird die Förderung der Zwischensohle eingestellt, so ist es erwünscht, die Vorrichtung auszuschalten. Dies kann in einfacher Weise geschehen durch Verbringung des Zapfens von Hebel m aus dem Lager I in das Lager II der Stange C. Dadurch wird der Hebel k aus dem Schachtlichten zurückgezogen.

Zwölfter Teil.

Die Förderkorbanschlußbühnen.

Von Diplom-Ingenieur **Karl Teiwes.**

Bei der Bearbeitung benutzte Literatur.

Eickelbergsche Bühne. Glückauf 1906, 124.
Vermeidung von Unfällen bei der Seilfahrt bei Benutzung von Anschlußbühnen. Bergbau 1910, 186.
Eigemann-Schütz, Patentberichte 193 849 und 195 547.
W. Droste, Bochum, Patentbericht 234 167.
„ „ Glückauf 1911, 803.
Donnersmarckhütte, Zabrze, Patentbericht 201 739. Glückauf 1911, 447.
Eickelberg, DRP. 237 862 (1910) — Patentbericht Glückauf 1911, 1505.

A. Gemeinsame Gesichtspunkte.

1. Vorteile bei Wegfall der Aufsetzvorrichtungen.

Die Nachteile der weitverbreiteten Aufsetzvorrichtungen sind mannigfach. (Vgl. Aufsetzvorrichtungen A 2, B 1, 3, C 4, H 1, und: Verhütung des harten Aufsetzens A, B, C.)

Ihr Fortfall ergibt daher eine Reihe von Vorteilen. Das Seil entgeht den Nachteilen der Stauchungen und den Stößen durch Hängeseil, der Korb desgleichen, so daß für beide eine längere Lebensdauer, für letzteren geringere Ausbesserungskosten sich ergeben und Betriebsstörungen fern gehalten werden. Die Maschinenführung wird wesentlich vereinfacht, da die verwickelten pendelnden Einstellbewegungen entfallen und ein genaues Anhalten nicht so dringend erforderlich ist. Die Sicherheit der Seilfahrt wird wesentlich erhöht, wenn an Zwischensohle und Füllort die Möglichkeit des Aufstauchens entfällt.

Es ergibt sich also: größere Schonung sämtlicher Betriebseinrichtungen, größere Sicherheit bei Seilfahrt und für die Förderung ein flotterer Betrieb.

2. Nötiger Höhenausgleich durch Anschlußbühnen.

Der Wegfall der Aufsetzvorrichtungen ist nur möglich, wenn die Höhenunterschiede zwischen Korb und fester Bühne, deren Beseitigung die Aufgabe der Aufsetzvorrichtungen ist, auf andere Weise für den Förderbetrieb unschädlich gemacht werden.

Ein Mittel wurde von C. Eickelberg (1904) (Zeche Werne, Bez. Münster) in der Förderkorbanschlußbühne gefunden, die als einstellbare schiefe Ebene von genügender Länge gestattet, die im Betriebe vorkommenden verschiedenen Höhenunterschiede zwischen Korb und Bühne (bis 15 cm auf und ab) mit so geringen Neigungen zu überwinden, daß ihre Befahrung mit Förderwagen in der gewohnten Weise durch Handbetrieb leicht geschehen kann.

B. Handgesteuerte Bühnen.

1. Am Korbe abgestützte, mit ihm bewegliche Bühne.

Fig. 352 zeigt die Bühne nach Eickelberg (DRP. 167 260, 1904). Eine um einen festen Drehpunkt durch einen Handhebel bewegliche, durch ein passend angeordnetes, den Spielraum der nötigen Bewegungen nicht hemmendes Gegengewicht ausgeglichene Anschlußbühne, wird zwecks Korbbedienung mit einer vorderen Nase auf den Boden des Förderkorbes aufgelegt. Nach Abfertigung der Körbe soll die Bühne durch den Handhebel in die ausgerückte Lage gedreht werden. Wird dies versäumt, so dreht ein aufgehender Korb dieselbe in die obere Lage, ein abfahrender läßt sie in die untere Lage sinken, beides ohne Störungen. Ein auf eine versehentlich eingerückte, in den Schacht ragende Bühne mit großer Geschwindigkeit niederfahrender Korb würde dieselbe schleudern und beim Aufstoßen auf die Hubbegrenzungen beschädigen, daher ist zur größeren Sicherheit das vordere Ende der Bühne mit einer nach unten drehbaren Nase versehen, die den Korb ohne merkliche Beeinflussung der übrigen Bühne nach unten durchläßt.

Der am Füllort im Seile hängende Korb macht nach Entladung oder Beladung wippende Bewegungen, insbesondere bei großer Seillänge. Dieses übt aber keinen störenden Einfluß auf das Auf- und Abschieben der Förderwagen aus, da die auf dem Korbe ruhende Bühne dieselben Bewegungen mitmacht und nie den Anschluß an die feste Bühne unterbricht.

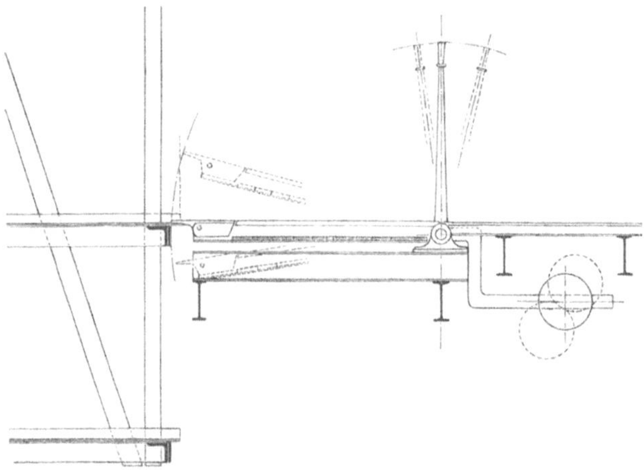

Fig. 352.
Eickelbergsche Anschlußbühne.

Diese Anschlußbühne hat eine große Verbreitung erfahren. In Fig. 353 ist eine Ausführung für ein zweistöckiges Füllort dargestellt. Die Bühne wird geliefert vom Georgs-Marien-Bergwerks- und Hüttenverein, Abt. Zeche Werne, in Werne, Bez. Münster.

Dem großen Vorzug der Bühne, sich selbsttätig dem wechselnden Korbstande anzupassen, steht aber der Nachteil gegenüber, daß bei Abwesenheit des Korbes die Bühne, falls sie nicht durch den Handhebel festgestellt wird, keine feste Lage besitzt. Steht beim Abfahren des Förderkorbes noch ein Wagen auf der Bühne, so senkt sie sich in ihre untere Lage und der Wagen rollt in den Schacht. Diesem Übelstande will eine zweite Anordnung von Eickelberg (DRP. 237 862, 1910) abhelfen, wonach die Bühne mit einer Sperrvorrichtung versehen ist, die den Wagen festhält, im Falle die Bühne sich bei Abwesenheit des Förderkorbes senkt.

Nach der Zeitschrift „Der Bergbau" (1910, S. 186) hat eine westfälische Zeche, um Unglücksfällen bei der Seilfahrt vorzubeugen, folgende Maßnahmen getroffen:

1. der Handhebel wird bei der Seilfahrt in einer Mittestellung festgelegt;
2. auf der Bühnenplatte sind Querlaschen befestigt und mit Holz ausgefüttert, um ein Ausgleiten zu verhüten;
3. die Anschlußzungen werden bei Seilfahrt in senkrechter Stellung befestigt, damit sie nicht in den Schacht hineinragen.

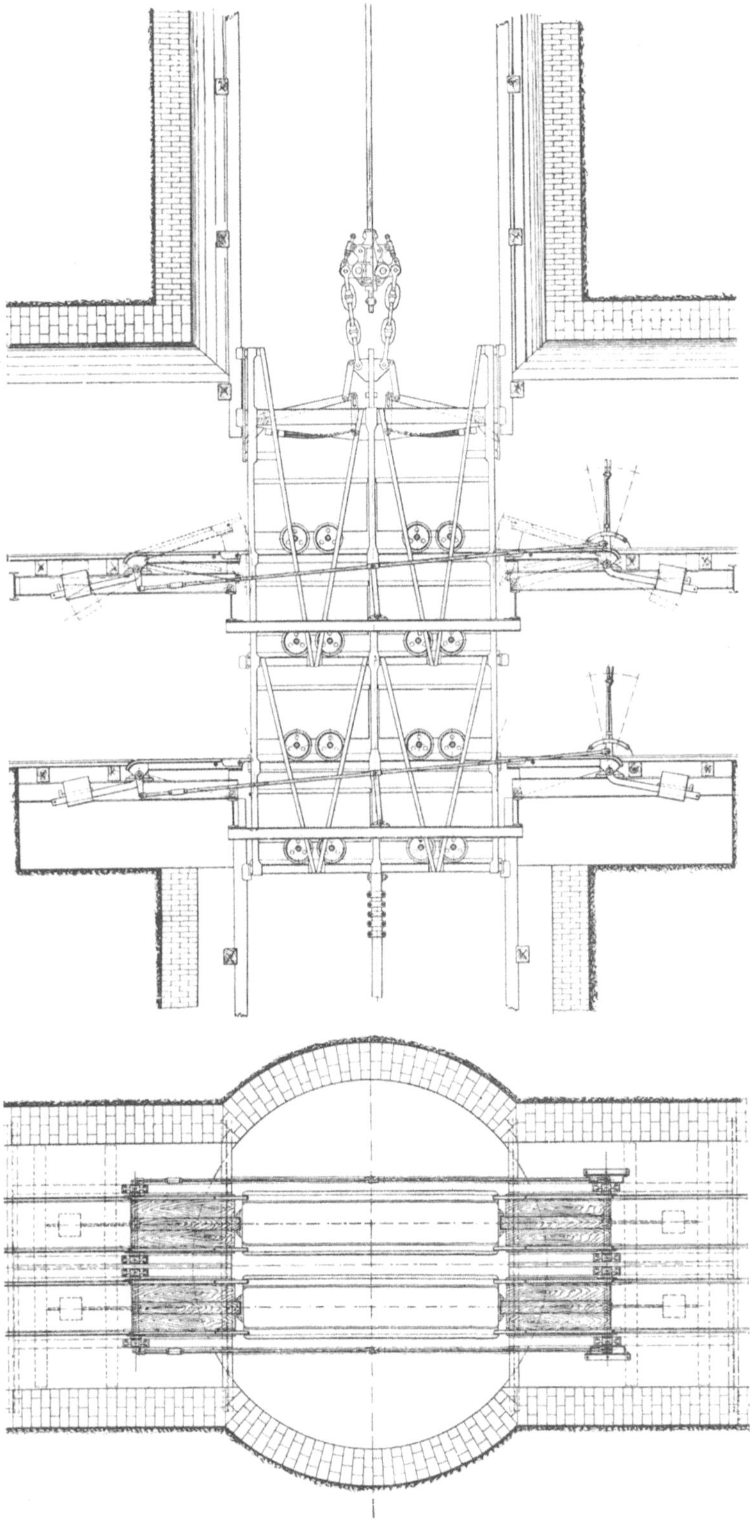

Fig. 353. Eickelbergsche Anschlußbühne für 2 stöckiges Füllort. Ausführung des Georgs-Marien-Bergwerksvereins, Osnabrück, Abteilung Zeche Werne, in Werne, Bez. Münster.

Um bei stärker geneigter Anschlußbühne ein Einlaufen der Wagen in den offenen Schacht zu verhüten, ist auf Zeche Werne die in Fig. 354 dargestellte von der Steigung abhängige Sperrvorrichtung an einer Eickelbergschen Anschlußbühne eingebaut worden. Unterhalb der Bühne ist ein Sperrhebel s verlagert, der für gewöhnlich die gestrichelte Lage einnimmt. Bei gefahrdrohender Neigung der Bühne trifft diese auf den kleinen Arm des Sperrhebels und dreht ihn in die gezeichnete Lage, wobei der lange Arm in eine solche Lage kommt, daß er einen etwa versehentlich aufgestoßenen Wagen aufhält, indem dessen Vorderachse gegen den Sperrhebel anstößt. Hält der Förderkorb vor der Bühne, dann tritt diese tiefe Lage der Bühne nicht ein, so daß eine Behinderung der Korbbedienung nicht stattfindet.

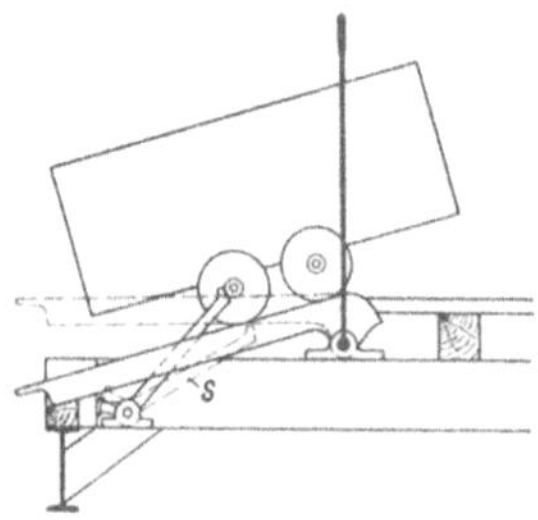

Fig. 354.
Eickelbergsche Bühne mit Sperrvorrichtung gegen das Einlaufen der Wagen in den offenen Schacht.

2. Durch Selbsthemmung unabhängig vom Korbe abgestützte Bühnen.

Dem gerügten Übelstande will auch die Bühne von Droste, Bochum (DRP. 234 167, 1909), abhelfen. Dieselbe wurde auf Schacht II der Zeche Constantin der Große eingebaut. In Fig. 355 ist B die durch ein Gegengewicht ausgeglichene Bühne, die außer durch den Drehpunkt d durch die Stange s eine zweite Abstützung erfährt. Die Bühne legt sich nicht auf den Korb auf, sondern wird durch das Handrad H und das anschließende Getriebe in der Höhenlage verstellt und zum Anschluß an den Korb gebracht. Die Stützstange s ist mit Schraubengewinde versehen und wird durch Drehen einer in der Höhenlage unverstellbaren Mutter m auf- und abbewegt. Die Mutter m wird mittels Kegelräder und Kette durch das Handrad H gedreht. Das wesentliche dieses Stellgetriebes ist seine Eigenschaft, daß es infolge hoher Reibung in dem flachsteigenden Gewinde durch den Lastdruck nicht im Sinne der Senkung zurückbewegt werden kann. Die Bühne hat also nach Einstellung eine feste durch die aufruhende Last nicht störbare Lage; sie kann also auch nicht durch versehentlich auftretende Personen oder durch Wagen zum Senken gebracht werden.

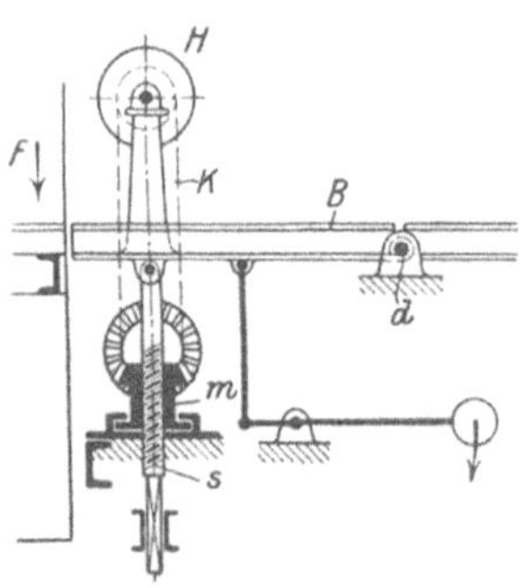

Fig. 355.
Handbewegte Bühne mit Selbsthemmung von Droste, Bochum.

Der Verwendung solcher Bühnen an tiefen Füllörtern dürften aber Bedenken entgegenstehen. Die wippenden Bewegungen des Förderkorbes werden durch diese Bühne nicht ausgeglichen und erschweren die Bedienung der Körbe oder machen nach jeder Laständerung eine Neueinstellung nötig. Für die Benutzung an der Hängebank bestehen diese Nachteile nicht, da das kurze Seil kaum störende Längenänderungen erleidet, während für das Füllort die mit dem Korbe wippenden Bühnen vorzuziehen sein werden.

Den gleichen Grundgedanken läßt das Patent 231 739 der Donnersmarckhütte (1910), Zabrze, erkennen.

Die Bühnen der nebeneinander liegenden Schachttrümer werden so miteinander verbunden, daß sie entgegengesetzt gerichtete Bewegungen machen, so daß also ihre Gewichte einander ausgleichen. Sie werden durch unrunde Scheiben bewegt, deren Steigung so gewählt ist, daß die Reibung zwischen Scheibe und Bühne genügt, eine Bewegung durch Belastung der Bühne zu verhindern.

C. Selbsttätig durch die Korbbewegung gesteuerte Bühnen.

1. Durch Druckwasser bewegte Bühne.

Fig. 356 zeigt die Vorrichtung von Eigemann-Schütz, Essen (DRP. 193 849, 1907).

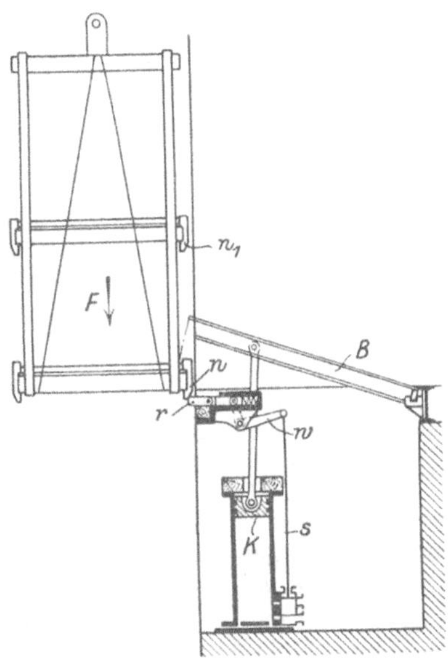

Fig. 356.
Durch die Korbbewegung gesteuerte Bühne, von Eigemann-Schütz, Essen; mit Druckwasserbetrieb.

Die Bühne B wird bei Nichtbenutzung durch Einlassen von Druckwasser unter den Kolben K in der oberen ausgerückten Lage gehalten, und soll durch den etwas überhobenen und dann zu senkenden Korb selbsttätig zum Aufliegen auf den Korbboden gebracht werden. Der niedergehende Korb stößt mit einer Keilnase n auf einen federbelasteten Riegel r, bei dessen Rückschub durch den Winkelhebel w die Stange s gesenkt wird. Der mit s verbundene Steuerkolbenschieber läßt alsdann das Sperrwasser aus dem Zylinder ausfließen und die Bühne senkt sich durch ihr Eigengewicht nieder, bis sie mit ihrer vorderen Spitze einen Halt am Förderkorb findet. Diese Bühne folgt wie die Eickelbergsche während der Benutzung dem Wippen des Korbes, während sie bei Nichtbenutzung in der höchsten Lage verharrt, und gegen Lastwirkungen fest abgestützt ist.

Senkt sich der Korb zwecks Abfertigung der oberen Etage, so rückt die den Riegel belastende Feder, nachdem die Keilnase des Korbes diesen Riegel freigegeben hat, ihn in die Anfangslage zurück, wodurch der Steuerkolbenschieber wieder nach oben verstellt wird mit der Wirkung, daß jetzt wieder Druckwasser dem Zylinder zuströmt und die Bühne in die Höhenlage drückt, in der sie durch das Druckwasser gehalten wird. Nähert sich die zweite Nase n_1, die an der zurückgeschlagenen Bühne ungehindert vorbeikann, dem Riegel r, so wiederholt sich das Spiel von neuem. —

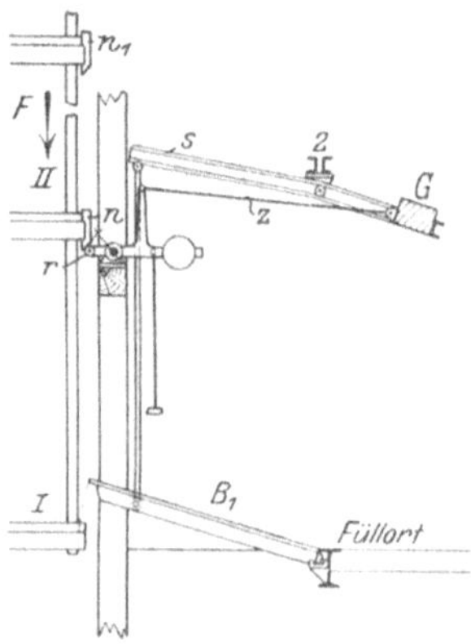

Fig. 357.
Durch die Korbbewegung gesteuerte Bühne von Eigemann-Schütz, Essen; mit Gewichtsbetrieb.

2. Durch Gewicht bewegte Bühne.

Eine Vereinfachung der letzt beschriebenen Vorrichtung schlagen die Erfinder in einem Zusatzpatente 195 547 (1907) vor. Das Gewicht G hält in der in Fig. 357 gezeigten Stellung die Bühne B geöffnet. Der niedergehende Steuerkeil n dreht den Hebel r, dessen Winkelhebel durch Zugstange z das Gewicht G auf seiner Führung s nach dem Drehpunkte 2 hinzieht, so daß die Bühne B, die mit s durch eine Stange verbunden ist, das Übergewicht bekommt und sich soweit senkt, daß sie sich auf den Boden II des Förderkorbes auflegt. Bei weiterem Niedergange des Korbes gibt die Nase n den Hebel r wieder frei und das Gewicht G gleitet auf seiner Bahn, sich vom Drehpunkt entfernend, abwärts und hebt die Bühne wieder.

Die Steuerbewegung geschieht bei diesen beiden Vorrichtungen durch den niedergehenden Korb; sie kann auch für den aufgehenden Korb eingerichtet werden.

Dreizehnter Teil.

Die Sicherungen gegen das Übertreiben der Schalen.

Von Diplom-Bergingenieur **Hans Bansen.**

Bei der Bearbeitung benutzte Literatur:

Volk: Geräte und Maschinen zur bergmännischen Förderung. Leipzig, Arthur Felix, 1901.
Apparat zur Verhinderung des Übertreibens der Förderkörbe. Glückauf 1910, Nr. 52.
Philippi: Sicherheitsvorrichtungen an elektrischen Fördermaschinen. Glückauf 1909, Nr. 42.
Schennen: Die Neuanlagen der Kgl. Berginspektion zu Clausthal. Glückauf 1907, Nr. 22.
Mellin: Ergebnisse der Untersuchungen der großbritannischen Grubensicherheits-Kommission über Unfälle in Schächten. Preußische Zeitschrift 1910, S. 143.
Laske: Bericht über eine nach dem Ostrau-Karwiner Steinkohlenrevier ausgeführte Belehrungsreise. Preußische Zeitschrift 1908, S. 227.
Bericht der Seilfahrtskommission für den Oberbergamtsbezirk Dortmund. Preußische Zeitschrift 1905, (Bd. 53).
Neuerungen an Dampf-Fördermaschinen. Anfahr-Regler und Sicherheits-Drosselklappe. Der Bergbau XIX, Nr. 19.
Elektrische Schutzvorrichtungen an Fördermaschinen. Der Bergbau, XVII. Jahrgang, Nr. 14.
Versuche und Verbesserungen im Jahre 1906.
„ „ „ „ „ 1907.
„ „ „ „ „ 1909.
„ „ „ „ „ 1910.

A. Allgemeines.

Mit Rücksicht auf die zunehmende Schachttiefe, die Steigerung der Förderziffer eines Schachtes, auf die bergpolizeilichen Bestimmungen hinsichtlich der Schichtdauer usw. vergrößert man die Förder- und die Fahrgeschwindigkeit der Schalen; ebenso sucht man die Menge der mit jedem Treiben herausgebrachten Kohlen bzw. die Zahl der beförderten Leute zu vermehren. Namentlich bei der Seilfahrt ist es ungewiß, ob dadurch die Sicherheit oder die Unsicherheit vergrößert wird. Eine Vergrößerung der Sicherheit ergibt sich daraus, weil die Zahl der Treiben abnimmt; die Unsicherheit aber wird auch wieder vergrößert, weil bei einem Unfall die Zahl der Opfer zunimmt. Hauptsächlich entstehen Unfälle dadurch, daß die aufgehende Schale über die Hängebank getrieben wird; gleichzeitig setzt die niedergehende Schale hart auf die Aufsetzvorrichtung auf oder wird, wenn eine solche fehlt, in den Sumpf gehängt.

So entstand ein Massenunglück durch Treiben der Schale gegen die Seilscheiben, weil der Maschinenwärter gegen Ende des Aufzuges wahrscheinlich den Steuerhebel falsch ausgelegt und Volldampf statt Gegendampf gegeben hatte. Ein solches Unglück ist sehr leicht erklärlich, weil der an der Fördermaschine angebrachte Sicherheitsapparat vom Beginn seiner Auslösung bis zum Wirken der Bremse mehr Zeit braucht als die Förderschale, um den Weg bis zu den Seilscheiben zurückzulegen.

Doch können solche Unfälle nicht nur gegen Ende, sondern auch bei Beginn des Treibens durch falsches Auslegen des Steuerhebels hervorgerufen werden; die oben stehende, mit leeren Wagen besetzte Schale wird durch die untere, mit vollen Wagen beschickte Schale und bei fehlendem Seilgewichtsausgleich auch noch durch das Seilgewicht beschleunigt, so daß auch in diesem Fall der Sicherheitsapparat zu spät kommt. Die Schale wird in die Seilscheiben getrieben, reißt dort vom Seile ab und stürzt in den Schacht hinunter. Die Seilscheiben werden beschädigt und müssen ausgewechselt werden. Das frei gewordene Seilende fliegt nebst Teilen des Zwischengeschirrs über die Seilscheiben hinweg auf den Grubenhof oder durchschlägt das Dach des Maschinengebäudes und kann Unglücksfälle verursachen. — Auch die im Schachte abstürzende Schale, selbst wenn sie nicht mit Leuten besetzt ist, kann Unfälle veranlassen; der Schachteinbau wird zerstört und eine längere Betriebseinstellung ist die Folge. Durch die abstürzenden Trümer können die in den verschiedenen Füllörtern stehenden Leute getroffen werden.

Zum Schutz der gleichzeitig hart aufstoßenden, abwärtsgehenden Schale hat man verschiedene Vorsichtsmaßregeln angewendet, die zum Teil weiter oben besprochen worden sind. Es sind dies

1. bei Verwendung von Aufsetzvorrichtungen Apparate, die das harte Aufsetzen verhüten sollen (siehe XI. Teil, Seite 275);
2. Förderung ohne Aufsetzvorrichtung, evtl. unter Benutzung von Förderkorbanschlußbühnen;
3. ein federndes Schwellwerk zum Abfangen der Schale im tiefsten Füllorte;
4. ein hinreichend tiefer, durch eine Pumpe während der Seilfahrt frei zu haltender Schachtsumpf;
5. konvergierende Spurlatten unterhalb des tiefsten Füllortes;
6. Apparate, die das Übertreiben über die Hängebank verhindern sollen und somit indirekt das harte Aufsetzen der niedergehenden Schale verhüten. Die Vorkehrungen gegen das Übertreiben der aufwärtsgehenden Schale werden angebracht:
    1. an der Fördermaschine,
    2. im Luftschachte,
    3. an der Förderschale.

B. Übertreibsicherungen an der Fördermaschine.

Zu den an der Fördermaschine angebrachten Sicherheitsvorkehrungen gehören: Bremsen, Läutewerke, Teufenzeiger, Geschwindigkeitsmesser, Sicherheitsapparate, Steuerungsregler usw.

Auch die Treibscheibenförderung wird als Vorbeugungsmittel gegen ein Übertreiben genannt; doch trifft dies nur bei geringen Schachttiefen zu; bei größeren Teufen hat man in Westfalen beobachtet, daß das Förderseil zu fest auf der Treibscheibe aufliegt, als daß ein Gleiten desselben beim Übertreiben eintreten könnte.

Auf alle diese Einrichtungen soll hier nicht näher eingegangen werden. Alles Erforderliche hierüber ist im Bande III „Schachtfördermaschinen" zu finden.

C. Übertreibsicherungen im Luftschachte.

Die im Luftschachte untergebrachten Übertreibsicherungen werden stets von der heraufkommenden Schale in Bewegung gesetzt und wirken

entweder unmittelbar auf die Schale
oder auf die Fördermaschine.

1. Auf die Schale wirkende Übertreibsicherungen.

Seilscheiben-Fangekästen. Um das Antreiben der Schale an die Seilscheiben zu vermeiden, umgibt man deren untere Hälfte mit kräftigen Schutzgehäusen aus Stahlblech; doch haben sie nicht in erster Reihe den Zweck, die Seilscheiben vor der aufkommenden Schale zu schützen; sie sollen vielmehr bei einem Bruche der Seilscheibenwelle ein Abstürzen der Seilscheibe verhüten.

Prellbalken. Sie werden quer durch den Luftschacht dicht unter den Seilscheiben eingebaut, um die übertreibende Schale aufzuhalten. Ihr Wert ist ein sehr beschränkter, weil sie nicht elastisch sind, also auf Schonung der Schale und der fahrenden Leute keine Rücksicht nehmen. Die Schale wird seillos und kann abstürzen. Am besten bestehen die Fangbalken aus eisernen Trägern von z. B. 350 mm Steghöhe.

Konvergierende Spurlatten. Man kann oberhalb der Förderhängebank den Abstand der einander gegenüberliegenden Schachtleitungen verringern oder aber die Leitungen durch seitlich angesetzte Keilstücke breiter werden lassen. Das erstere ist vorzuziehen, weil die Schale durch den klemmenden Druck der Leitungen totgebremst wird, während im anderen Falle ihre Führungsschuhe leicht aufreißen können, wodurch der gewünschte Zweck vereitelt werden würde. Der Konvergenzwinkel schwankt zwischen 1—10 ^{0}; er darf selbst bei geringer Schalengeschwindigkeit nicht zu groß sein, weil sonst die Schale mit zu heftigem Stoße still gesetzt wird und die auf ihr befindlichen Leute gegen das Stockwerkdach geschleudert werden. — Die Bremswirkung der konvergenten Spurlatten hängt außer von dem Konvergenzwinkel noch von der Länge des Bremsweges ab, welcher seinerseits wieder von der größten beim Übertreiben vorkommenden Geschwindigkeit abhängig ist. Bei großen Übertreibgeschwindigkeiten ist ein sicheres Abfangen der Schale nur möglich, wenn das Schachtgerüst hoch ist. Deshalb soll man konvergierende Leitungsbäume nur in hohen Luftschächten anwenden.

Die Leitungsbäume und der Luftschacht müssen hinreichend kräftig sein, um das Totbremsen der Schalen aushalten, aber auch, um es ermöglichen zu können. Damit die Leitungen nicht zersplittern, erhalten sie starke Holzunterlagen. Der Luftschacht muß durch einen sehr kräftigen Seitenverband zusammengehalten werden.

Es ist schon weiter oben darauf hingewiesen worden, daß man auch unterhalb des Füllortes für die niedergehende Schale konvergierende Leitungen anbringen kann. Doch hat dies nur einen Zweck, wenn am Füllorte keine Aufsetzvorrichtungen vorhanden sind, oder wenn z. B. der Römersche Apparat gegen zu hartes Aufsetzen eingebaut ist.

Die Fangstützen. Die Fangstützen sollen die Schale vor dem Abstürzen bewahren, wenn sie beim Anprallen gegen die Seilscheiben-Fangekästen, gegen die Prellbalken oder beim Einlaufe in die konvergierenden Leitungen seillos geworden ist. Es sind schmiedeeiserne oder

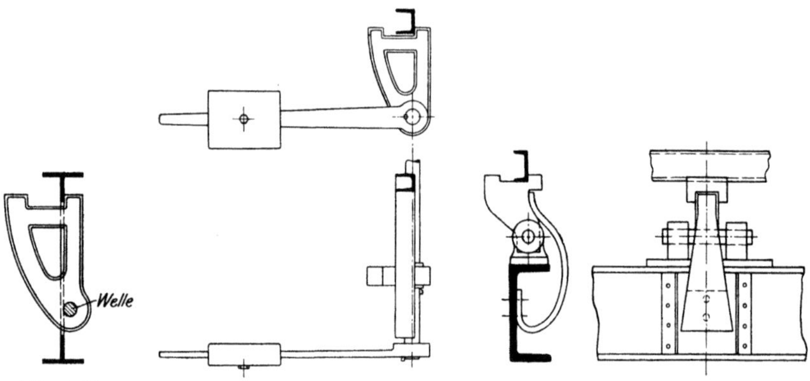

Fig. 358. Fig. 359. Fig. 360.
Fangstützen.

stählerne, einarmige Fangstützen von beispielsweise 200 · 100 · 50 mm Abmessung, die wagerecht ins Schachtlichte hineinragen. Am häufigsten bringt man für jede Förderschale zwei Paare von Fangstützen an, die an zwei gegenüberliegenden Seiten des Fördertrumes in gleicher Höhe liegen; in diesem letzteren Falle sind sie doppelseitig zu beiden Seiten der Leitungen untergebracht. Bringt man auf jeder Trumseite nur eine Fangstütze unter, so liegen sie in einem Ausschnitte der Leitungen.

Befinden sich im Luftschachte konvergierende Leitungen, so liegen die Fangstützen um Schalenhöhe unter diesen; denn es ist am sichersten, wenn sie unter den Bodenrahmen der Schale fassen.

Auf Ost-Schacht von Grube Maybach bei Saarbrücken sind zwei Systeme von Fangstützenpaaren in verschiedenen Höhenlagen übereinander eingebaut. Stößt die dreistöckige Schale gegen die Prellbalken, so stürzt sie 0,5 m frei ab und wird zunächst mit dem Bodenrahmen des obersten Stockwerkes gefangen. Versagen die obersten Fangstützen, so faßt nach einem weiteren freien Fall von 0,1 m das zweite Fangstützensystem unter den mittleren Schalenboden.

Es ist auch vorgeschlagen worden, noch mehr Systeme von Fangstützen übereinander anzuordnen; doch hat dies nur bei hohen Fördergerüsten und schweren Schalen einen Zweck.

Die Fangstützen werden entweder durch ihr Eigengewicht (Fig. 358), durch Gegengewichte (Fig. 359) oder durch Federn (Fig. 360) in die wagerechte Lage gedreht.

2. Auf die Fördermaschine wirkende Übertreibsicherungen.

Um beim Übertreiben der Förderschale die Fördermaschine stillzustellen, baut man im Luftschachte Knaggen ein, die durch die hochgehende Schale beiseite gedreht werden und durch einen Seilzug oder durch ein Gestänge mit der Fördermaschine in Verbindung stehen. Sie sind häufig den Fangstützen ähnlich gestaltet, werden aber unterhalb derselben eingebaut und brauchen auch nur auf einer Seite des Fördertrumes zu liegen. Sie sitzen an einer Welle, die ungefähr ½ m über der höchsten erlaubten Schalenstellung verlagert ist. Sobald die Schale gegen die Knaggen a (Fig. 361) anfährt, dreht sie dieselben herum, so daß der nach der Maschine gehende Seilzug mittels

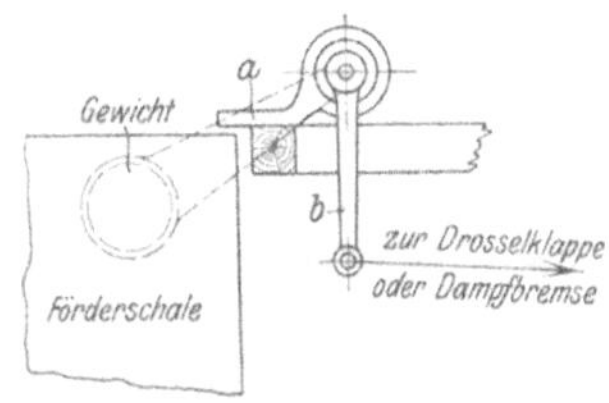

Fig. 361.
Sicherheitsknagge.

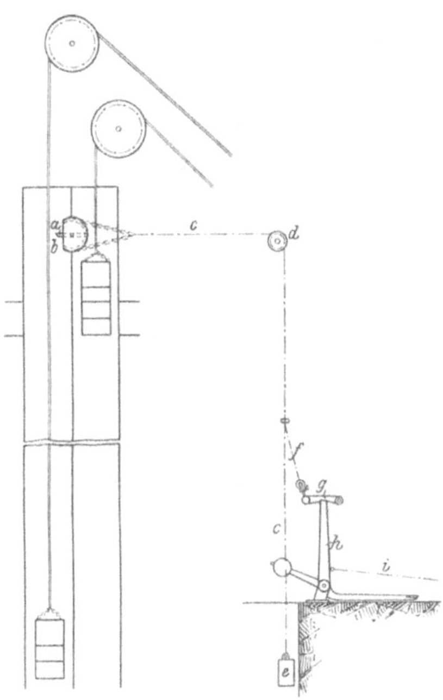

Fig. 362.
Sicherheitsknagge von Cremers.
(Aus Glückauf 1910, Nr. 52.)

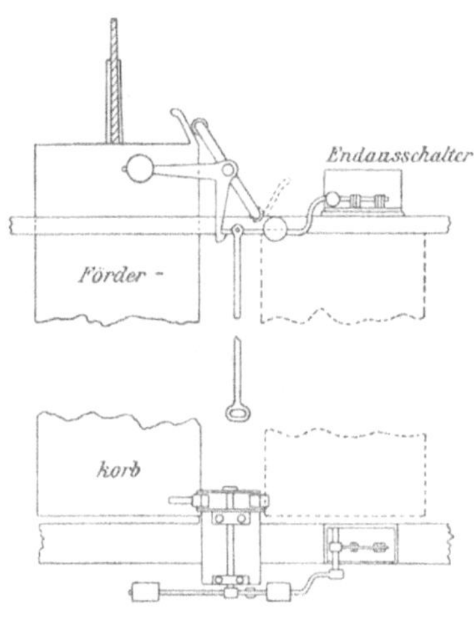

Fig. 363.
Endausschalter.
(Aus Preuß. Zeitschrift 1911.)

des Armes b in Tätigkeit gesetzt wird. Dieser Seilzug kann mit dem Drosselventil der Dampfleitung oder aber mit der Bremse verbunden sein. Das letztere wird im allgemeinen vorgezogen, weil anderenfalls der Maschinenwärter die Herrschaft über die Fördermaschine verlieren würde. Ist z. B. das Drosselventil zwangsweise geschlossen worden, so ist es dem Maschinenwärter unmöglich, Gegendampf zu geben.

Auf Schacht II/VII der Zeche Consolidation hat sich der Apparat von Cremers (Fig. 362) bei Versuchen, die man mit ihm anstellte, sehr gut bewährt. Er hat einen zweiarmigen Hebel a, der 30 cm über der höchsten Schalenstellung eingebaut ist, in beide Fördertrümer hineinreicht und durch die Kettenscheiben b nebst Ketten, Zugseil c und Gewicht e in wagerechter Lage gehalten wird. Stößt die hochgehende Schale gegen ihn an, so wird der Ausklinkhebel g durch das Nebenseil f gehoben; nun kommt das am Klinkhebel h angreifende Fallgewicht zur Geltung und setzt mittelst der Zugstange i die Drosselklappe oder die Bremse in Bewegung.

Man kann die eben beschriebenen Apparate auch indirekt, nämlich vermittelst Schließens eines elektrischen Stromkreises, auf die Bremse oder die Drosselklappe einwirken lassen. Dieser Gedanke ist u. a. durchgeführt bei der Sicherheitsvorrichtung der Mines de Bruay DRP. 143 908.

Auf dem Kolonie-Schacht von Grube Altenwald im Saarrevier wird die elektrische Fördermaschine beim Übertreiben der Schale durch einen Endausschalter (Fig. 363) stillgestellt. Die Schale hat einen Ansatz, der beim Hochfahren diesen Schalter auslöst; dadurch wird die Stromzuführung zum Notausschalter der Fördermaschine unterbrochen, so daß die Fallgewichtsbremse in Tätigkeit tritt. Am Endausschalter ist eine Zugstange angebracht, damit der Anschläger ihn eingeschaltet halten kann, wenn die Schale bei Revisionen über die Hängebank gezogen werden muß.

3. Übertreibsicherungen an der Förderschale.

Als einzige bekannte Übertreibsicherung, die an der Förderschale angebracht werden kann, sind die verschiedenen Systeme von Seilauslösern zu nennen, die bereits im Kapitel „Das Zwischengeschirr" beschrieben worden sind. Durch sie wird beim Zuhochfahren die Verbindung zwischen Schale und Seil gelöst und gleichzeitig die Schale vor dem Abstürzen bewahrt.

Vierzehnter Teil.

Die Fördergerüste.

Von Diplom-Bergingenieur **Hans Bansen.**

A. Allgemeines.

Die Fördergerüste (Seilscheibengerüste, Fördertürme) sind im Bergbau ein notwendiges Übel. Man braucht sie, gleichgültig ob die Fördermaschine neben dem Schachte oder über dem Schachte liegt.

Liegt die Maschine neben dem Schachte, so dienen sie zum Tragen der Seilscheiben. In diesem Falle, sowie auch bei Turmmaschinen müssen sie die nötige Sturzhöhe für die Schüttung von Halden, für die Verladung und das nötige Gefälle für den Gang der Aufbereitung gewähren. Mit Rücksicht auf die immer größer werdenden Fördergeschwindigkeiten und Trommeldurchmesser, sowie auf die zunehmende Höhe der Förderschalen, baut man immer höhere Fördertürme; deshalb ist man in den letzten Jahrzehnten zur ausschließlichen Verwendung des Eisens übergegangen, während man früher die Seilscheibengerüste aus Holz sowie auch aus Mauerwerk hergestellt hat. Bei Verwendung von Turmmaschinen hat man die Gerüste auch aus eisenverstärktem Stampfbeton angefertigt.

In früheren Zeiten wurden die Fördergerüste ausschließlich aus Holz gebaut, weil es kein anderes Material gab. Sie waren billig und konnten schnell und im eigenen Betriebe hergestellt werden. Auch heute haben die Holzgerüste ihre Bedeutung noch nicht verloren, wo man die erforderlichen langen Stämme in tadelloser Beschaffenheit billig erhalten kann. Namentlich eignen sie sich für Gruben mit mehreren Förderschächten, weil bei ihnen die Auswechselung des Holzgerüstes keinen großen Förderausfall mit sich bringt. Die Verwendbarkeit der hölzernen Gerüste ist ferner von dem Klima abhängig; in England mit seiner milden Witterung halten sie bis zu 18 Jahre aus; bei uns bleiben sie nur 10 Jahre lebensfähig, wenn sie aus Eichenholz, 6 Jahre, wenn sie aus weichem Holz bestehen. Unbeschlagenes Rundholz ist besser als geschnittenes. Ein guter Teeranstrich des Gerüstes und seiner Verkleidung erhöht die Lebensdauer; anstatt dieses Teeranstriches dürften sich die modernen Imprägnier-Verfahren besser eignen, ganz besonders diejenigen, deren Imprägniermittel nicht durch Wasser ausgelaugt werden kann, und die gleichzeitig das Gebäude feuersicher machen, wie z. B. System Wolman.

Nachteile der hölzernen Fördergerüste wären:

1. sie eignen sich nur für geringe Lasten; für größere Lasten würden sie zu viel Holz beanspruchen und somit zu schwer und zu teuer werden;
2. sie sind feuergefährlich, vorausgesetzt, daß sie nicht feuersicher imprägniert sind;
3. sie vermodern schnell, wenn sie über Ausziehschächten stehen;
4. sie eignen sich nicht für Gruben mit nur einem Förderschachte, weil die Auswechselung Betriebsstörungen mit sich bringt.

Die eisernen Fördergerüste werden heuzutage auch in abgelegenen Gegenden und in fremden Erdteilen benutzt, weil man sie bei Neuanlage einer Grube zugleich mit allen anderen maschinellen Ausrüstungen in der Heimat in Auftrag geben und übersee verfrachten kann.

Sie haben die Vorteile

1. der Feuersicherheit,
2. der größeren Billigkeit gegenüber Holzgerüsten,
3. der längeren Lebensdauer,
4. des geringeren Gewichtes namentlich bei großen Förderlaster,
5. der Möglichkeit, ihnen eine größere Höhe zu geben, ohne eine allzu bedeutende Gewichtssteigerung in Kauf nehmen zu müssen,
6. des schlanken und eleganten Baues,
7. der geringeren dem Winde dargebotenen Fläche.

Die gemauerten Fördertürme sind bereits veraltet und die aus eisenverstärktem Beton in zu geringer Zahl vorhanden, so daß deren Vorteile und Nachteile hier nicht berücksichtigt zu werden brauchen.

B. Die Bauart der Fördergerüste.

Die gemauerten Fördertürme sind einfach turmartige Bauten, welche dicht unter ihrem Dache die Seilscheibenbühne tragen. Näheres hierüber wird weiter unten gegeben werden.

Die hölzernen und eisernen Fördergerüste können sein

1. Pyramiden-Gerüste,
2. Streben-Gerüste,
   a) deutsche Strebengerüste,
   b) englische Strebengerüste,
3. gelenkige Gerüste,
4. Fördergerüste für Turmmaschinen.

I. Die gemauerten Fördertürme.

(Malakows.)

Die gemauerten Fördertürme werden auch Malakows genannt; sie haben diesen Namen, wie das Rheinisch-Westfälische Sammelwerk angibt, nach dem gleichnamigen Fort von Sebastopol, in welches sich die Russen während des Krimkrieges (1855) nach dem Falle der Festung zurückzogen.

Die gemauerten Fördertürme sind ebenso wie die Pyramidengerüste nach dem Trägersystem gebaut. Bei beiden lagern nämlich die Seilscheiben auf freiliegenden Trägern. Während aber diese Träger bei den Pyramidengerüsten auf einer Seilscheibenbühne liegen, welche ihrerseits von den vier Ecksäulen getragen wird, sind sie bei den Malakows einfach in die Seitenwände des Förderturmes eingelassen. Bei großem Durchmesser des Turmes müssen die Träger sehr stark und schwer sein, damit sie sich nicht so leicht durchbiegen. Dadurch wird aber wieder das Turmmauerwerk unnötig belastet, und die Kosten werden bedeutend gesteigert. Deshalb hat man nach dem Muster von Fig. 364 a, b auf Zeche Friedrich der Große im Jahre 1874 das vereinigte Träger- und Bocksystem angewendet; bei ihm sind die Seilscheibenträger durch ein Sprengwerk gegen eine aus dreifacher Balkenlage bestehende Bühne versteift. Diese Bühne ist wieder durch ein flacheres Sprengwerk unterfangen, welches von einer einfachen Balkenlage getragen wird, die ihrerseits durch mehrere Streben gegen das Mauerwerk des Förderturmes abgefangen ist. — Als Sicherung gegen den von der Fördermaschine ausgeübten Zug werden an der Außenseite des Förderturmes Strebepfeiler angebracht. Es genügt, wenn nur auf der der Fördermaschine zugewendeten Seite derartige gemauerte Streben vorhanden sind.

Vorteile der gemauerten Fördertürme sind

1. Schutz der Arbeiter vor den Unbilden der Witterung;
2. ein leichter Luftschacht, weil er nicht durch die Seilscheibenbühne und das Schalengewicht belastet wird.

Nachteilig bei diesen Fördertürmen ist,

1. daß die Seilscheibenträger in das Mauerwerk eingelassen sind, infolgedessen alle bei der Förderung auftretenden Stöße auf das Gebäude übertragen, sich infolgedessen im Mauerwerk lockern und bald verschieben;
2. daß die Fördertürme eine große Grundfläche bedecken und sehr schwer gehalten werden müssen, um gegen Umwerfen infolge des Maschinenzuges gesichert zu sein;
3. daß die von ihnen überdeckten Schächte nur schwer zur Wetterführung benutzt werden können;
4. daß, wenn sie über Auszieh-Schächten stehen, alles im Turminnern befindliche Holzwerk schnell zu faulen beginnt.

II. Die Pyramiden-Gerüste.

Die Pyramiden-Gerüste können aus Holz oder aus Eisen hergestellt werden. Das erstere Material benutzt man bei geringen Teufen und für geringe Lasten; im modernen Steinkohlenbergbau werden hölzerne Pyramiden-Gerüste beispielsweise nur noch bei Holzhängeschächten und dgl. verwendet; außerdem aber werden sie auch gern beim Abteufen von Hauptförderschächten benutzt und erhalten in solchem Falle sogar beträchtliche Größen.

So hatte z. B. das Abteufgerüst der Westfalen-Schächte bei Ahlen eine Höhe von 20 m und bedeckte 15 × 15 qm Grundfläche. Es hatte nicht allein zwei Abteufförderungen zu tragen; an ihm hing vielmehr auch noch das Kabelseil für die beim Ausmauern benutzte Schwebebühne. Infolge des hierdurch hervorgerufenen starken seitlichen Zuges, der durch die Kabelmaschine erzeugt wurde, mußte man, als die Teufe von 500 m erreicht war, zu einer kräftigen Verankerung des Gerüstes greifen, und zwar mit Zugseilen von 50 000 kg Bruchfestigkeit.

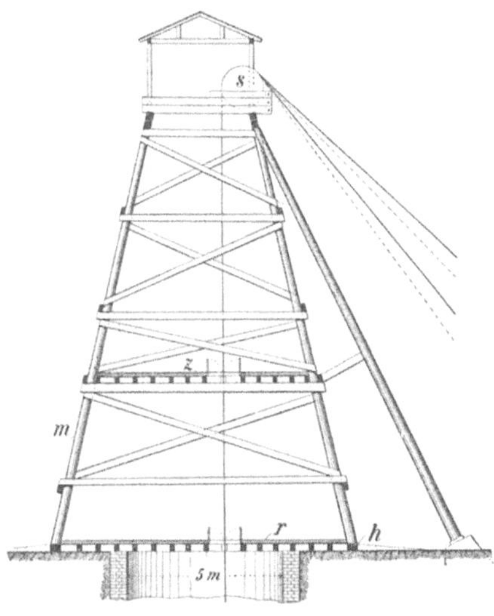

Fig. 365.
Hölzernes Pyramiden-Gerüst.
(Abteuf-Gerüst.)
(Aus Heise-Herbst, Bergbaukunde, II. Band.)

Die Bauweise der Pyramiden-Gerüste ist das Träger-System. Sie bestehen aus vier kräftigen hölzernen oder eisernen Ecksäulen, die sich nach obenhin einander nähern und einen viereckigen Rahmen, die Seilscheibenbühne, tragen; diese letztere ist meistens überdacht. Die vier Ecksäulen stehen auf gemauerten Fundamenten, ähnlich denen, welche noch weiter unten bei den Streben-Gerüsten eingehender beschrieben werden sollen. Untereinander werden die Ecksäulen durch wagerechte Riegel und durch diagonale Verstrebungen verbunden. Die Fig. 365 bis 368 zeigen hölzerne und eiserne Pyramiden-Gerüste mit verschiedener Bestimmung. Im Innern des Pyramiden-Gerüstes befindet sich als Verlängerung der Fördertrümer der Luftschacht (Fig. 366, 368).

Ein Vorteil der Pyramidengerüste namentlich gegenüber den Strebengerüsten ist, daß der Luftschacht nur zur Leitung der Schalen bzw. Fördertrümer dient, daß er also nicht durch die Seilscheibenbühne belastet wird; diese wird vielmehr einzig und allein von den vier Ecksäulen getragen.

Ein Nachteil dagegen ist, daß der von der Maschine ausgehende Zug das Fördergerüst nach dieser Richtung hin umzuwerfen sucht. Dem beugt man vor

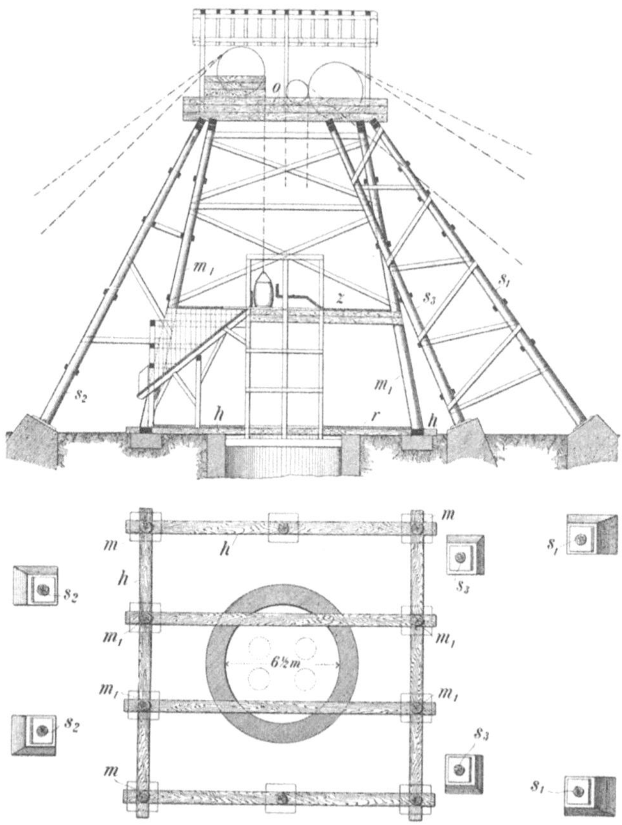

Fig. 366.
Hölzernes Pyramiden-Gerüst (Abteuf-Gerüst).[1] (Aus Heise-Herbst, Bergbaukunde, II. Band.)

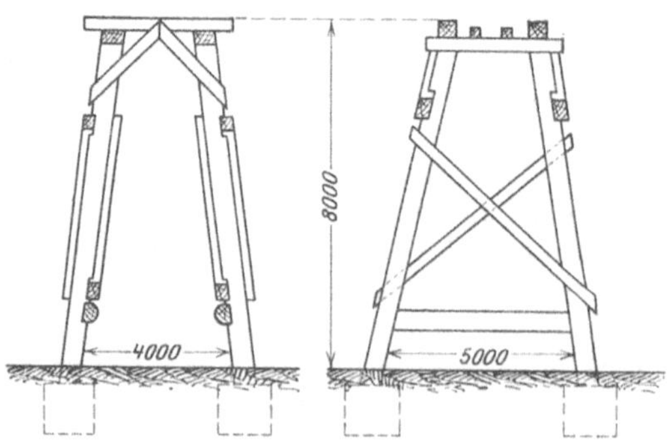

Fig. 367.
Hölzernes Pyramiden-Gerüst für einen Holzhängeschacht.

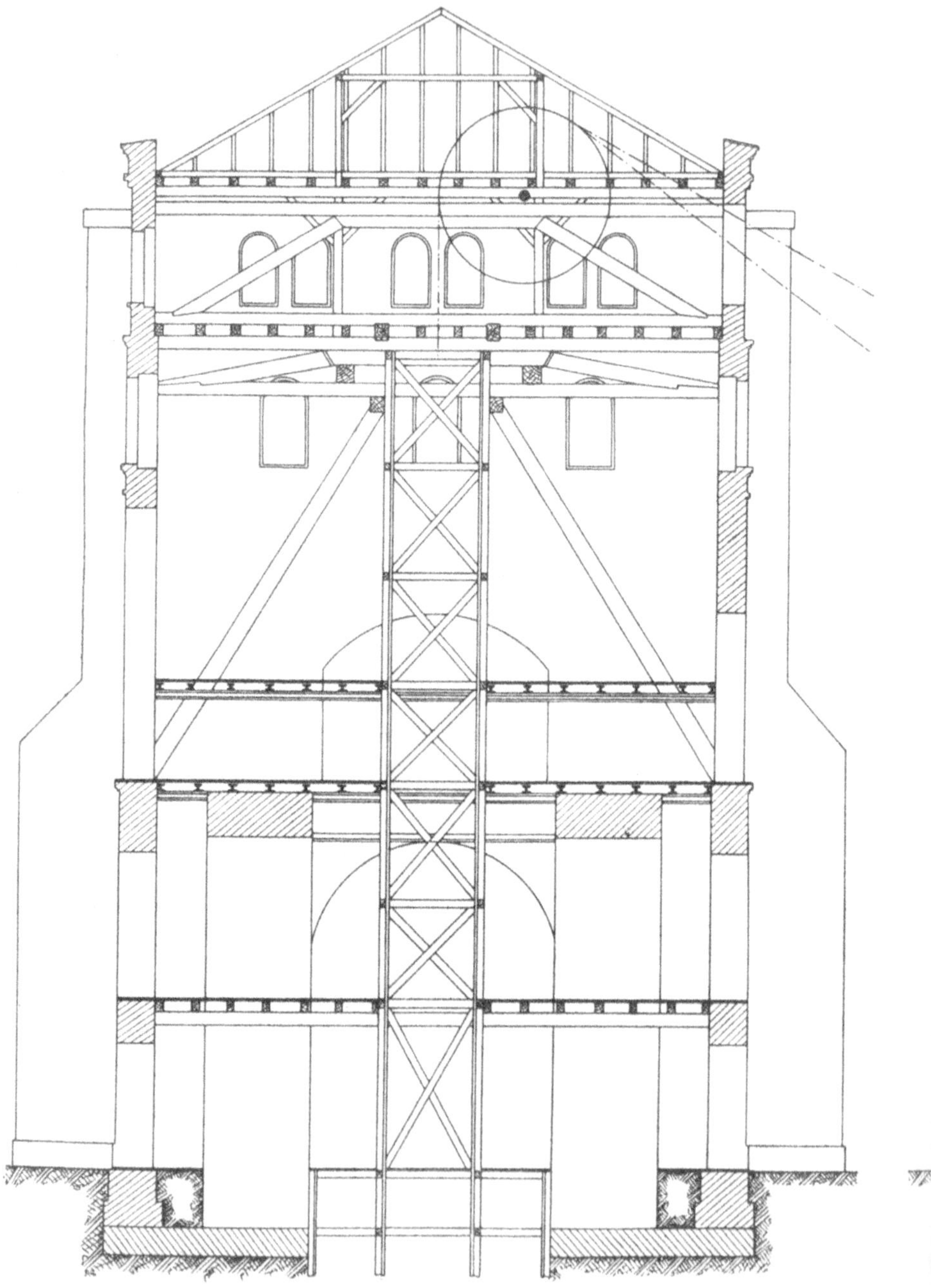

Fig. 364a.

Gemauerter Förderturm. (Au

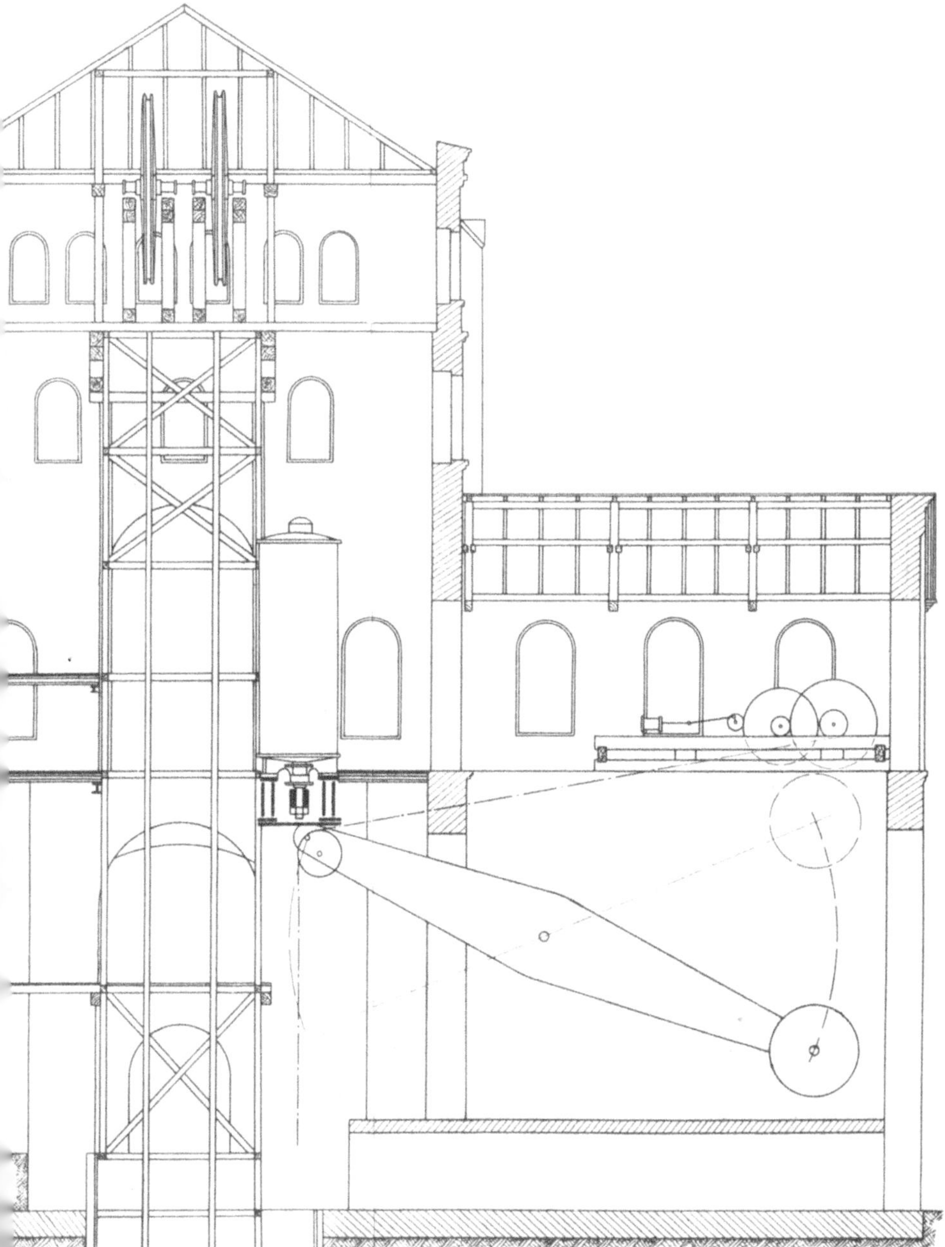

Fig 364 b.

estf. Sammelwerk, Band V.)

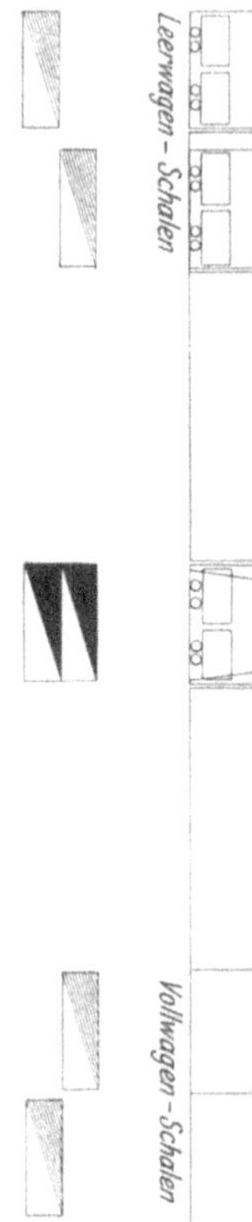

Fig. 287.
Hängebankanlage für eine dreistöckige Schale.

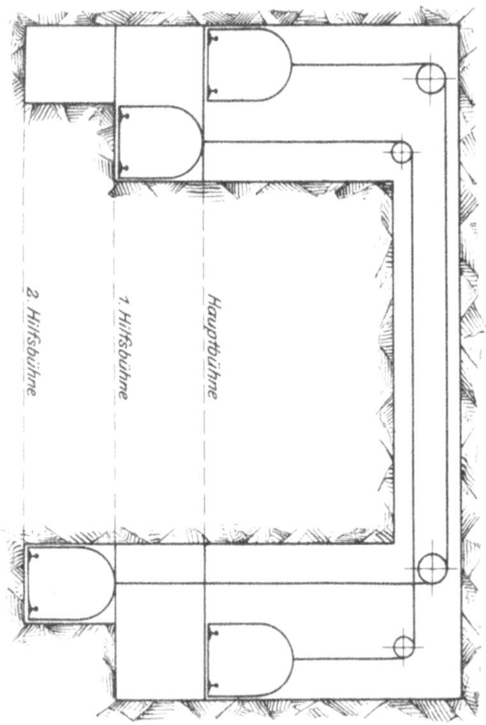

Fig. 289.
Hilfsgesenke zu Fig. 288.

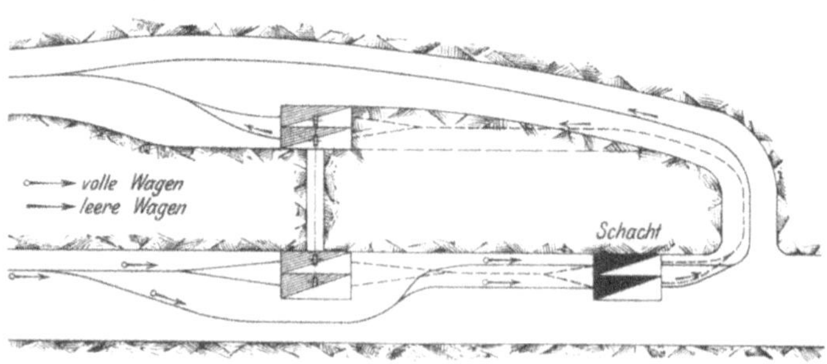

Fig. 288.
Füllortsanlage für eine dreistöckige Schale.

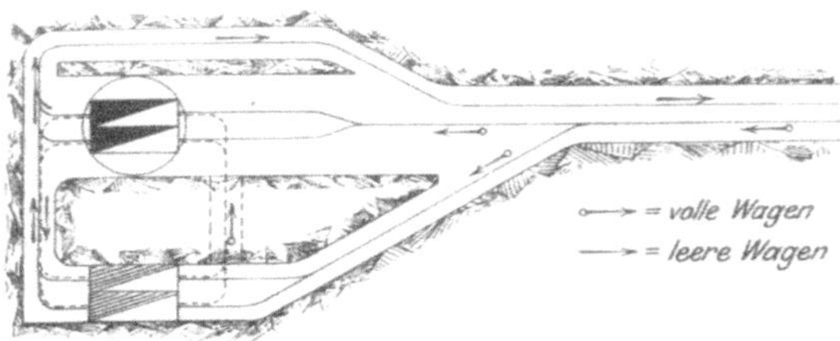

Fig. 283.

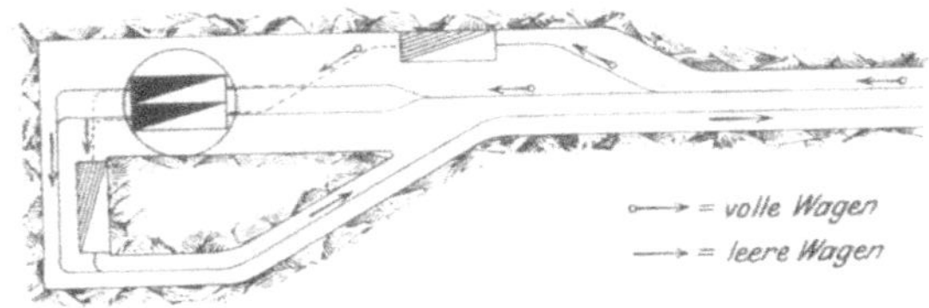

Fig. 284.

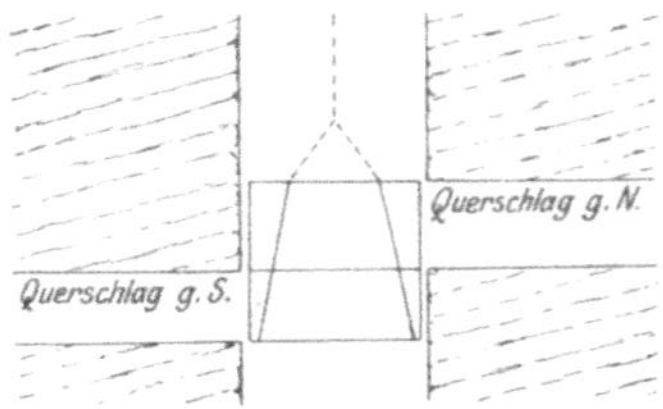

Fig. 285.

Fig. 286a.

Fig. 286b.

Fig. 283—286.
Füllortsanlagen für zweistöckige Schalen.

= Gestänge
hlages.
= Gestänge
lages.
hacht.
lfsgesenk.

1. durch ein möglichst großes Gewicht des Fördergerüstes, wodurch es aber wieder wesentlich teuerer wird,
2. dadurch, daß man dem Gerüst eine möglichst große Grundfläche gibt,
3. dadurch, daß man den beiden, der Fördermaschine näher gelegenen Ecksäulen eine größere Neigung gibt als den beiden anderen.
4. durch Abstrebung (Fig. 365, 366).

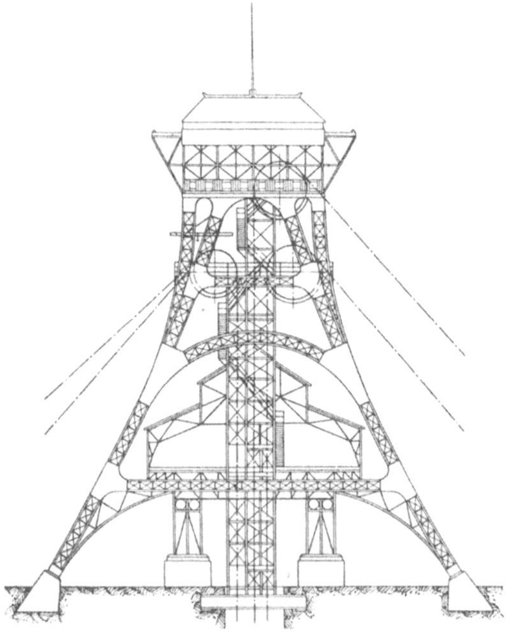

Fig. 368.
Eisernes Pyramiden-Gerüst für einen Doppel-Förderschacht.

III. Die Streben-Gerüste.

Die Strebengerüste können, wenn sie klein sind, aus Holz angefertigt werden; indessen wird dieser Stoff jetzt nur noch sehr selten verwendet; das Eisen ist das fast allein vorherrschende Baumaterial. Fig. 369 zeigt ein hölzernes Streben-Gerüst, wie es in den südlichen Zentralstaaten von Nordamerika üblich ist. Es hat zwei übereinander liegende Streben-Systeme, welche unter sich und gegen den Luftschacht versteift sind.

Wenn in einem Förderschachte zwei gleichwertige Förderungen untergebracht sind, so ist es am besten, die vier Fördertrümer mit ihren Längsachsen parallel nebeneinander zu legen (Fig. 44). Die beiden Fördermaschinen bringt man dann auf den einander gegenüberliegenden Seiten des Schachtes unter. Als Fördergerüst kann ein Pyramidengerüst benutzt werden, welches — stets gleichzeitigen Gang beider Förderungen vorausgesetzt — in günstigster Weise auf Maschinenzug beansprucht wird.

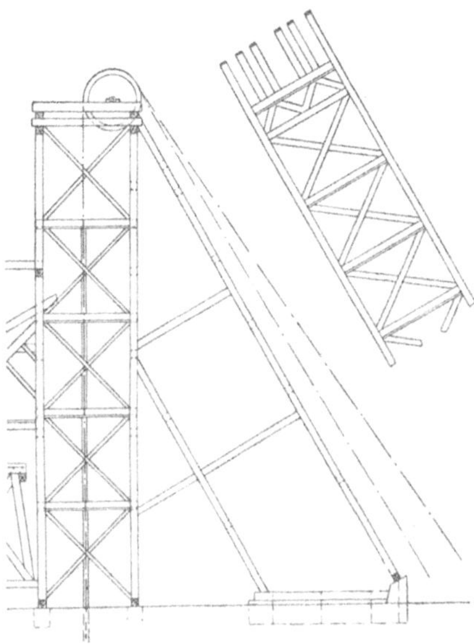

Fig. 369. Hölzernes Streben-Gerüst. (Aus Glückauf 1908, Nr. 16.)

Da aber ein gleichzeitiges Treiben in beiden Förderabteilungen nur selten zu erzielen ist, zieht man es vor, zwei getrennte Strebengerüste zu benutzen, deren Luftschächte aneinander stoßen und deren Streben nach entgegengesetzten Richtungen voneinander abweichen (Fig. 380).

Je nach ihrer Bauweise unterscheidet man zwischen deutschen und englischen Streben-Gerüsten. Bei den deutschen Streben-Gerüsten hat der Luftschacht auch die Seilscheibenbühne zu tragen, was bei den englischen nicht der Fall ist.

1. Die deutschen Streben-Gerüste.

Sie bestehen aus dem Luftschacht, der Seilscheibenbühne und den Streben.

Der Luftschacht bildet wie bei sämtlichen Fördergerüsten die Fortsetzung der beiden Fördertrümer des Schachtes. Da diese nur einen Teil der Schachtscheibe bilden, müssen unter der Rasenhängebank für die Verlagerung des Luftschachtes starke Längs- und Querträger in den Schachtkopf eingemauert werden (Fig. 370). Er besteht aus vier senkrechten Ecksäulen; werden die Förderschalen an ihren Längsseiten geführt, so müssen auch noch an der Grenze zwischen den beiden Fördertrümern senkrechte Mittelsäulen vorhanden sein. Die vier Ecksäulen werden untereinander durch wagerechte Riegel verbunden; in den dadurch entstehenden Feldern befinden sich übers Kreuz laufende, diagonale Versteifungen. Sind auch noch die Mittelsäulen vorhanden, so werden auch diese entlang den Fördertrumgrenzen durch wagerechte Riegel (Schachtscheider) gegeneinander versteift. Diese sind hauptsächlich zur Befestigung der Schachtleitungen bestimmt. Die Ecksäulen und Mittelsäulen bestehen aus L-Eisen bzw. I-Eisen, die wagerechten Riegel aus L-Eisen oder U-Eisen, die diagonalen Versteifungen fast immer aus Flach-Eisen.

Die Seilscheibenbühne. Die meisten Fördergerüste, gleichgültig welcher Bauart sie sein mögen, haben nur eine einzige Seilscheibenbühne, auf der beide Seilscheiben nebeneinander verlagert sind. Sie ist dann mit vier oder auch nur mit drei Seilscheibenträgern versehen; im ersteren

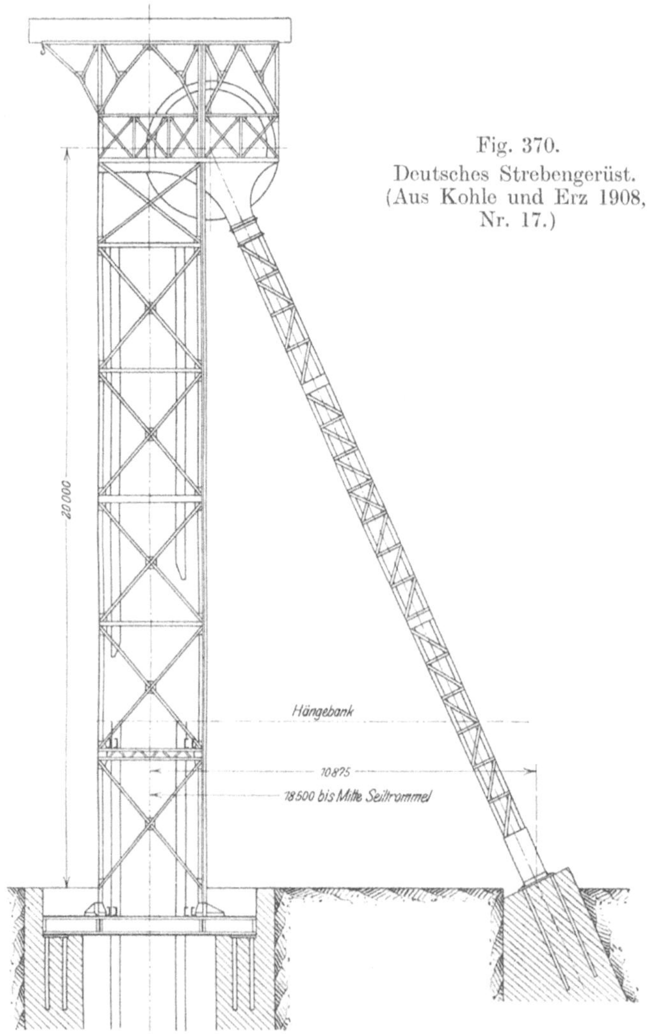

Fig. 370.
Deutsches Strebengerüst.
(Aus Kohle und Erz 1908, Nr. 17.)

Fall hat jedes Seilscheibenlager seinen besonderen Träger; im letzteren muß der mittlere Träger die beiden inneren Seilscheibenlager aufnehmen. Diese Anordnung wird getroffen, wenn die beiden Schachtfördertrümer, von der Fördermaschine aus gesehen, nebeneinander liegen (Fig. 371). Ist man aber mit Rücksicht auf die örtlichen Verhältnisse gezwungen,

Fig. 371. Deutsches Streben-Gerüst von Wirtz & Co., Gelsenkirchen.

Fig. 372. Deutsches Streben-Gerüst von Wirtz & Co., Gelsenkirchen.

die Fördermaschine anders aufzustellen, beispielsweise so, daß von ihr aus gesehen die beiden Fördertrümer hintereinander liegen, dann muß jedes Fördergerüst zwei übereinander liegende Seilscheibenbühnen erhalten (Fig. 372 u. 378). In jedem Falle besteht die Seilscheibenbühne aus einem viereckigen Rahmen von U-Eisen oder besser I-Eisen, der von dem Luftschachte und den Streben getragen wird, und auf dem die Seilscheibenträger aufliegen. Über der Bühne befindet sich ein Aufbau zur Anbringung des Schutzdaches (Fig. 378); dicht unter diesem Dache, welches in den Figuren 371 und 372 fortgelassen ist, läuft eine mit einem Flaschenzug versehene Laufkatze auf zwei Schienen; sie dient zur Auswechslung der Seilscheiben. Um diese bequem vom Grubenhof emporziehen zu können, sind die Schienen noch über die Seilscheibenbühne hinaus verlängert.

Die Seilscheibenbühnen sind auf Fahrten (Fig. 371, 378) oder Treppen zugänglich. Die ersteren werden meistens an den schrägen Streben untergebracht. Die Treppen liegen entweder ebenfalls auf diesen Streben (Fig. 379) oder häufiger an der Außenseite des Luftschachtes und steigen an ihm in Spiralwindungen empor (Fig. 368). Beide müssen mit Geländern versehen und so angelegt sein, daß man die Seilscheiben auch bei nassem, kaltem oder stürmischem Wetter und wenn sie vereist sind, gefahrlos erreichen kann. Deshalb sind Treppen vorzuziehen.

Die Streben sollen das Seilscheibengerüst vor dem Umfallen bewahren; denn der Luftschacht bedeckt nur eine geringe Grundfläche und ist infolgedessen nicht standsicher genug. Da der von der Maschine herkommende Seilzug die wichtigste auf das Umwerfen des Gerüstes hinwirkende Ursache ist, muß die Lage der Streben nach ihm bestimmt werden. Die Streben können liegen

1. in der Resultierenden zwischen dem oberschlägigen Seil und dem in den Schacht gehenden Seile (Fig. 373),
2. in der Resultierenden zwischen dem unterschlägigen Seil und dem in den Schacht gehenden Seile (Fig. 374),
3. in der Resultierenden zwischen der Mittellinie von oberschlägigem und unterschlägigem Seile und dem in den Schacht gehenden Seile (Fig. 375).

Die Verlängerung der Strebenachse muß die Seilscheibenwelle treffen; denn nur so kann der von den Seilscheiben ausgeübte Druck von den Streben sicher genug aufgenommen werden. Das Kopf- und Fußende der Streben besteht aus einer Blechkonstruktion, welche eine sichere Verbindung mit den übrigen Teilen des Fördergerüstes bzw. mit dem Fundament-Mauerwerk bewirken soll. Die Konstruktion der am Kopfende befindlichen Eckknotenbleche zeigen die Figuren 370, 372. Der Strebenfuß ist aus Fig. 376 ersichtlich.

Die Streben selbst können aus Formeisen, und zwar einem I-Eisen oder aus zwei mit den Stegen aneinander gelegte U-Eisen (][) oder aus einem Gitterwerke (Fig. 371, 372, 378) bestehen. Die Gitterkonstruktion eignet sich ganz besonders für hohe Fördergerüste, weil Formeisen

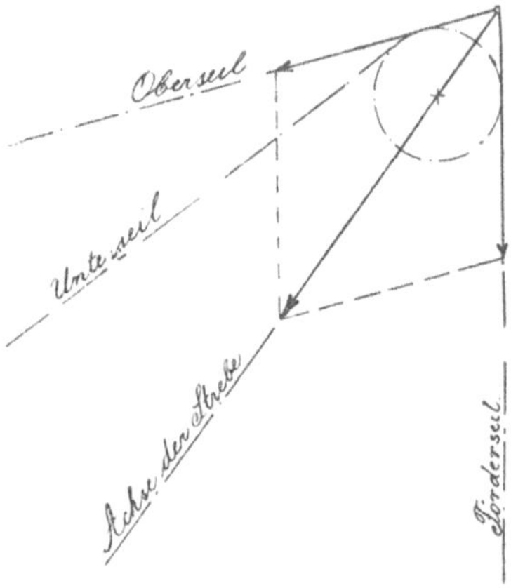

Fig. 373.

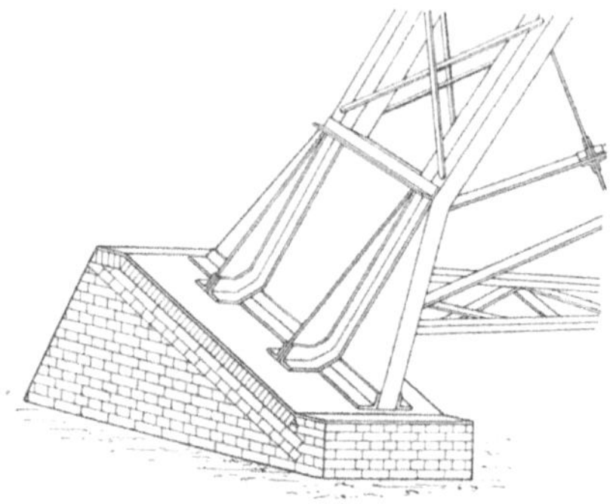

Fig. 376.
Verlagerung des Strebenfußes.

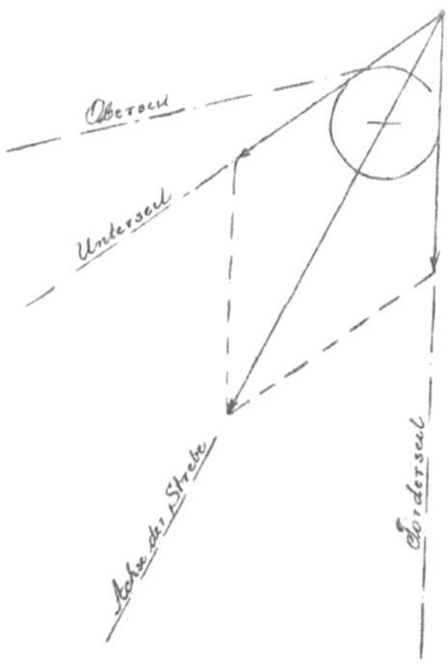

Fig. 374.

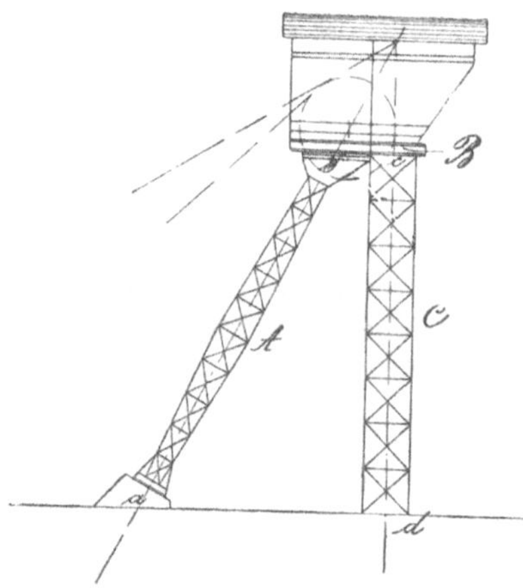

Fig. 377.
Deutsches Strebengerüst mit ganzen Fischbauchstreben.

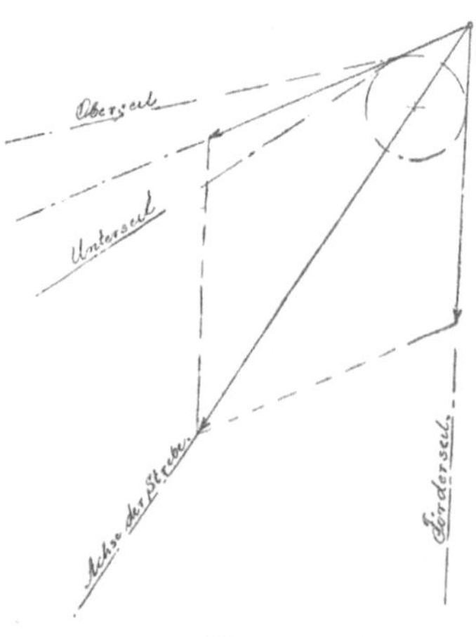

Fig. 375.

Erklärung der Fig. 373—375.
Lage der Streben-Achse eines Streben-Gerüstes.

Fig. 378. Deutsches Strebengerüst von Wirtz & Co., Gelsenkirchen.

Fig. 379.
Seitlich versteiftes deutsches Streben-Gerüst von Seibert, Saarbrücken.

von geeigneter Stärke in derartigen Baulängen nur schwer zu erhalten wären und infolgedessen zu teuer sein würden. Dagegen haben die Gitterstreben infolge ihrer eigenartigen Konstruktion große Leichtigkeit und gleichzeitig bedeutende Festigkeit.

Infolge ihrer schrägen Lage haben die Streben Neigung zum Durchbiegen. Dieses Durchbiegen wird verhütet

1. durch geeignete Form der Streben, und zwar können dies sein
   a) Fischbauchstreben (Fig. 377 u. 378), die in der Mitte stärker sind als an den beiden Enden,
   b) halbe Fischbauchstreben, welche entweder von oben nach unten oder von unten nach oben (Fig. 379) stärker werden;
2. durch Versteifung der Streben gegen den Luftschacht; diese Versteifung kann einfach oder mehrfach (Fig. 378) sein. Im ersteren Falle greifen die Versteifungen in der Höhe des Strebenschwerpunktes an, im zweiten Falle in gleichmäßigen Abständen darüber und darunter;
3. durch Aufhängung der Streben an Zugstangen, die mit Spannschrauben versehen sind, um Längungen derselben auszugleichen; die Zugstangen greifen an der Seilscheibenbühne an und gehen von ihr nach entgegengesetzten Richtungen auseinander. Diese Aufhängung der Streben wird aber schon seit längerer Zeit nicht mehr benutzt.

Zahl der Streben. Je nach der Größe des Maschinenzuges, der Größe der Förderlast, der Höhe des Gerüstes usw. erhalten die Strebengerüste zwei oder auch drei in der Richtung der Resultierenden verlaufende Streben (Fig. 378.) Sie gehen von der Seilscheibenbühne aus nach unten hin auseinander, um auch dadurch dem Gerüste eine größere Standfestigkeit zu verleihen. — Manchmal wird das Fördergerüst auch noch nach den Seiten hin abgesteift (Fig. 379).

Die Streben werden untereinander durch wagerechte Riegel und diagonale Felderversteifung miteinander verbunden (Fig. 378).

Verlagerung des Strebenfußes. Die Fußenden der Streben werden in einem starken Mauerblock verankert, und zwar sitzen sie auf diesem Blocke mit einer aus Stahlguß bestehenden Fußplatte auf, welche durch kräftige Ankerstangen mit einer eingemauerten Ankerplatte verbunden ist (Fig. 380). Infolge des ständigen Rüttelns während des Förderbetriebes lösen sich die Ankerschrauben leicht; es ist deshalb erforderlich, daß die Ankerplatte öfters nachgesehen wird, wobei man die Ankerschrauben nachzieht. Darum bringt man gern im Mauerblock eine kleine Kammer an, deren Dach von der Ankerplatte gebildet wird, und die von außen her zugänglich sein muß (Fig. 380).

Der Mauerblock besteht aus Ziegelmauerwerk, zu welchem man nur bestes Material verwenden soll; er bildet eine abgestumpfte Pyramide. Die unteren Ziegelschichten bis an die Ankerplatte heran liegen wagerecht; von dieser aus liegen sie parallel zur Fußplatte, d. h. senkrecht zur Strebenachse. Von den vier Seitenwänden des Mauerblockes liegt die

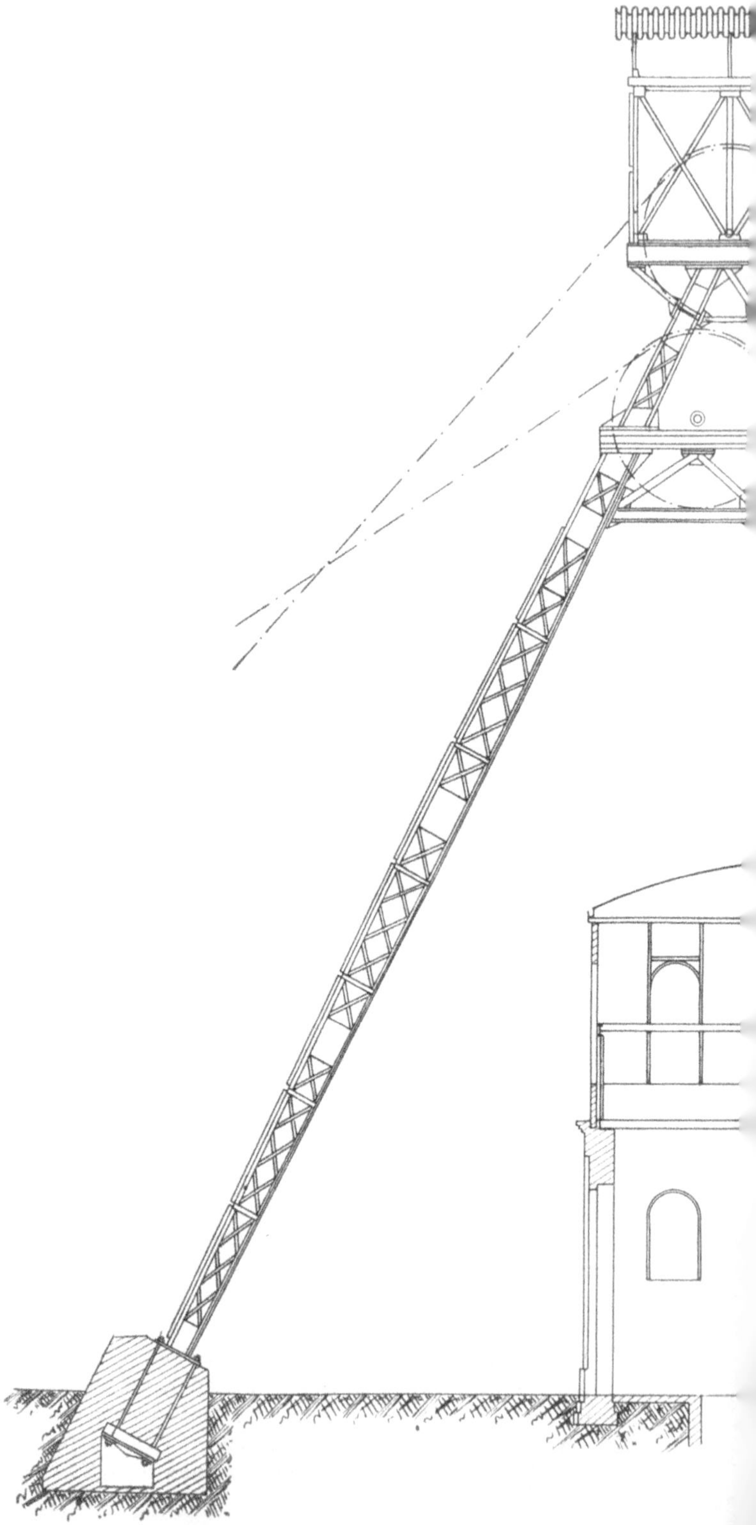

Fig. 380. Doppeltes Strebengerüst.

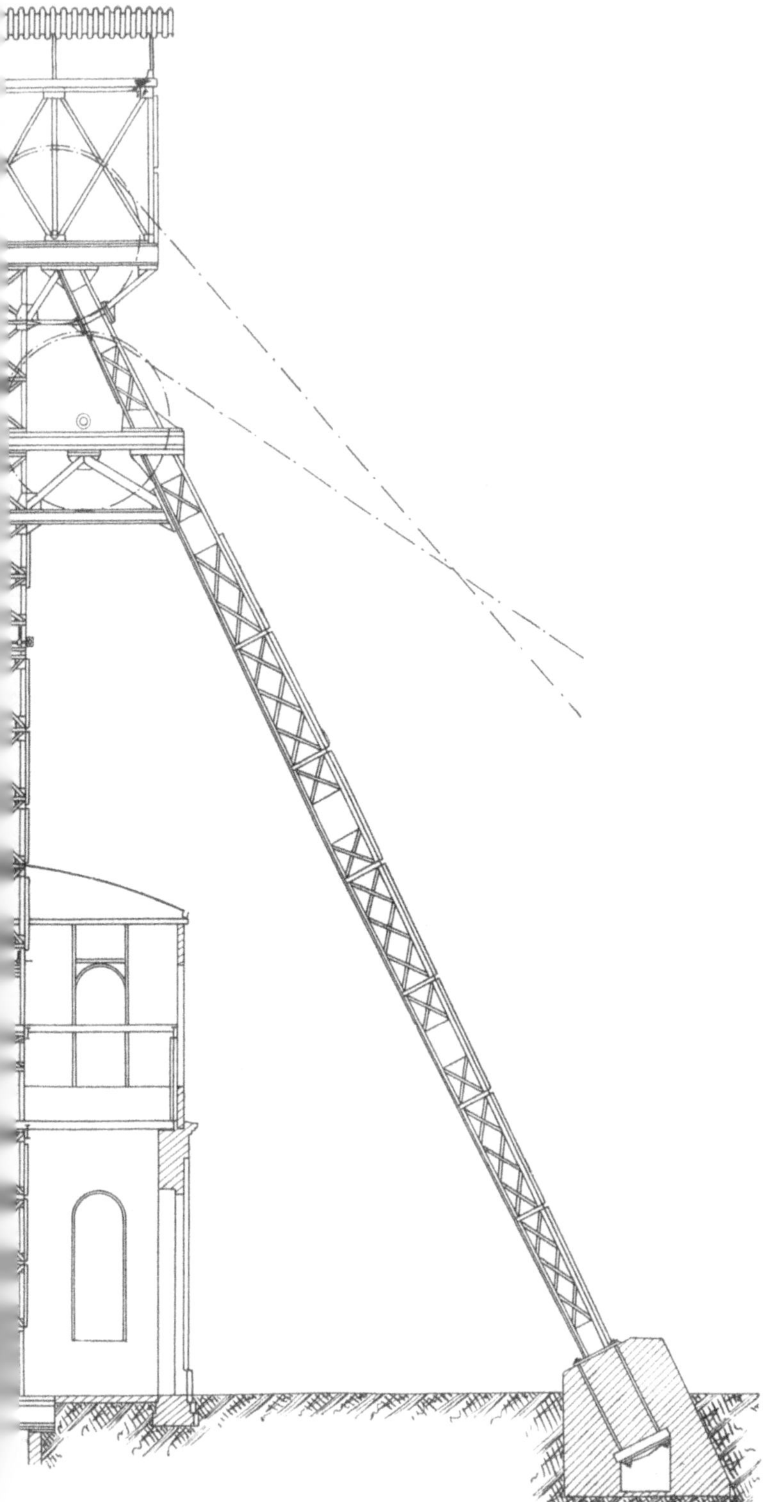

ein.-Westf. Sammelwerk, Band V.)

dem Schachte zugewendete senkrecht, die rückwärtige parallel zur Strebenachse.

Anstatt die Streben mit ihren Fundamenten starr zu verbinden, hat man mit Rücksicht auf die Schwingungen des Gerüstes auch gelenkige Verbindungen benutzt, welche in die Fußplatte der Streben verlegt werden. Es können dies Gelenkscharniere sein, bei denen die Verbindung zwischen der Strebe und ihrer Fußplatte durch einen kräftigen Bolzen bewirkt wird, oder aber auch Kugelgelenke (Fig. 381). Die ersteren gestatten den Streben nur das Schwingen in einer Ebene, die letzteren dagegen nach allen Richtungen.

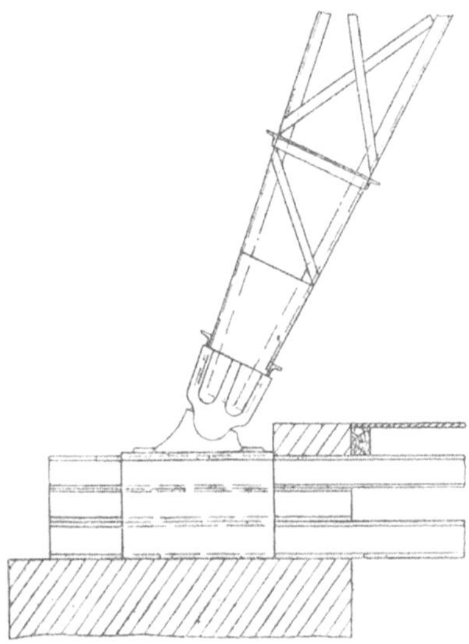

Fig. 381.
Verlagerung des Strebenfußes. (Aus dem Rhein.-Westf. Sammelwerk, Band V.)

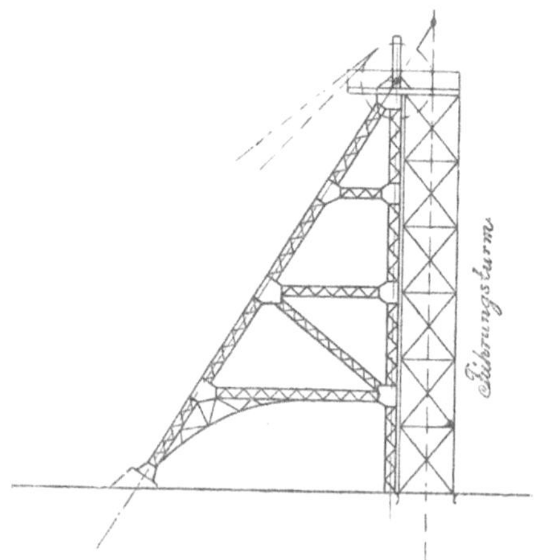

Fig. 382.
Englisches Streben-Gerüst.

2. Die englischen Streben-Gerüste.

Wie schon weiter oben erwähnt, wird bei den englischen Strebengerüsten der Luftschacht nicht durch die Seilscheibenbühne belastet; er kann also wesentlich leichter und somit billiger sein als bei den deutschen Gerüsten. Um ihn vor dem Umfallen zu bewahren, wird er nur leicht gegen das Seilscheibengerüst versteift. Dieses letztere (Fig. 382 und 383) wird vollständig aus Gitterwerk hergestellt; es besteht aus einer größeren Anzahl senkrechter Säulen, welche die Seilscheibenbühne tragen, und den ebenso wie bei den deutschen Gerüsten angeordneten schrägen Streben, welche gegen die senkrechten Säulen versteift sind. Im übrigen gelten hinsichtlich der Ausführung dieser Gerüste dieselben Regeln, welche oben bei den deutschen Gerüsten angegeben worden sind.

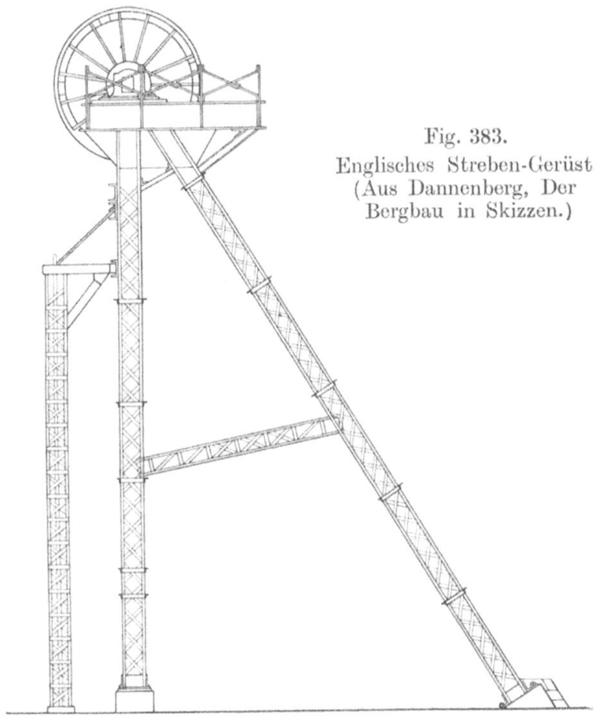

Fig. 383.
Englisches Streben-Gerüst.
(Aus Dannenberg, Der Bergbau in Skizzen.)

3. Die gelenkigen Förder-Gerüste.

Die Pyramiden- und Strebengerüste haben viele Konstruktionsmängel, welche sich bei der Förderung in starken Erschütterungen derselben äußern. Außerdem treten bei den Strebengerüsten Belastungszustände auf, bei denen die Strebenachse nicht mehr mit der Resultierenden zusammenfällt. Die Folge davon ist, daß der Luftschacht einen großen Teil dieser Kräfte aufnehmen muß. Eine zweite damit zusammenhängende Bedingung ist, daß man, um ein steifes Tragsystem zu erzielen, die Seilscheibenbühne durch Eckknotenbleche biegungsfest mit den Streben und dem Luftschachte verbinden muß; dadurch treten aber namentlich bei Beginn und Ende des Treibens stoßweise Verbiegungen von Streben und Luftschacht ein. Außerdem machen sich auch noch bedeutende Biegungsbeanspruchungen des Luftschachtes bemerkbar, weil man ihn an seinem Fuße als fest eingespannt betrachten muß.

Man suchte dem dadurch abzuhelfen, daß man die deutschen Strebengerüste nach dem Muster von Fig. 384 ausführte. Der Luftschacht ist mit den Streben exzentrisch verbunden. Die Seilscheibenträger werden nicht mehr als Hauptkonstruktionsteile benutzt. Trotzdem aber ist der Luftschacht immer noch starken Biegungsbeanspruchungen durch schräg wirkende Kräfte ausgesetzt; hierdurch und durch die stets wechselnden Belastungen werden Erschütterungen des Fördergerüstes nicht vermieden. Diese Nachteile werden aber durch die gelenkige Ausführung des Förderturmes nach System Klönne, DRP. 158 157 (Fig. 385 und 386), vermieden. Der Luftschacht ist mit seinem Tragekranze durch das Gelenk d verbunden, wodurch die Biegungsbeanspruchungen und Erschütterungen wesentlich verringert werden; denn seine vier Eckpfosten sind stets gleichmäßig belastet. — Auch die

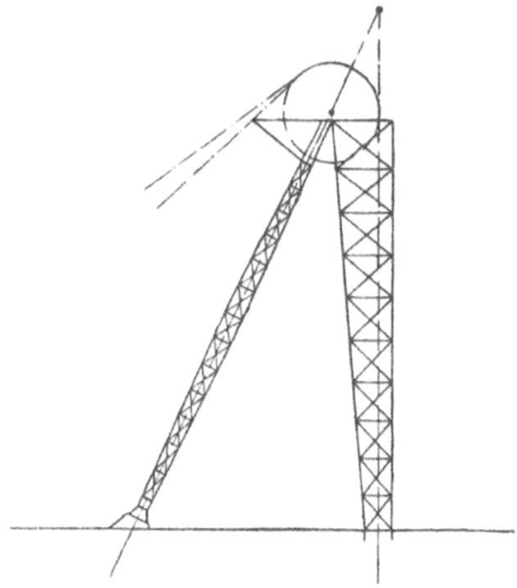

Fig. 384.
Streben-Gerüst.

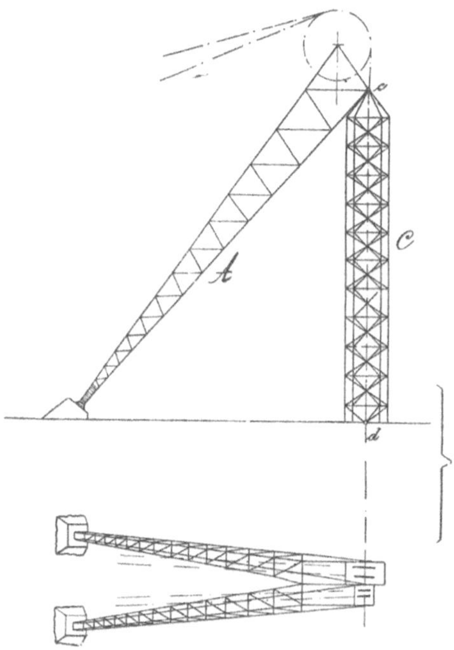

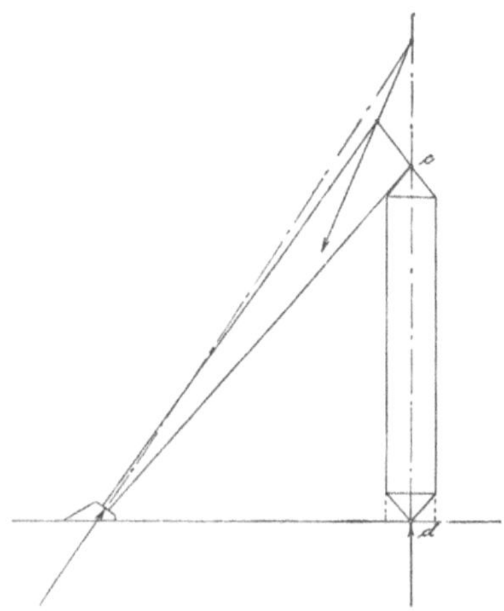

Fig. 385. Fig. 386.

Gelenk-Gerüst von Aug. Klönne, Dortmund.

Streben A, die ein räumliches Fachwerk darstellen, sind mit dem Luftschachte bei c durch ein Gelenk verbunden. Besondere Seilscheibenträger sind nicht vorhanden. Die Seilscheiben lagern vielmehr auf der Strebe A. Indessen wird in der Höhe der Seilscheibenlager zu ihrer bequemeren Bedienung und Wartung noch eine leichte überdachte Seilscheibenbühne angebracht.

Ein anderes gelenkiges Fördergerüst wurde im Jahre 1909 von Friedrich Krupp in Essen für die Zeche Hannover I/II. geliefert

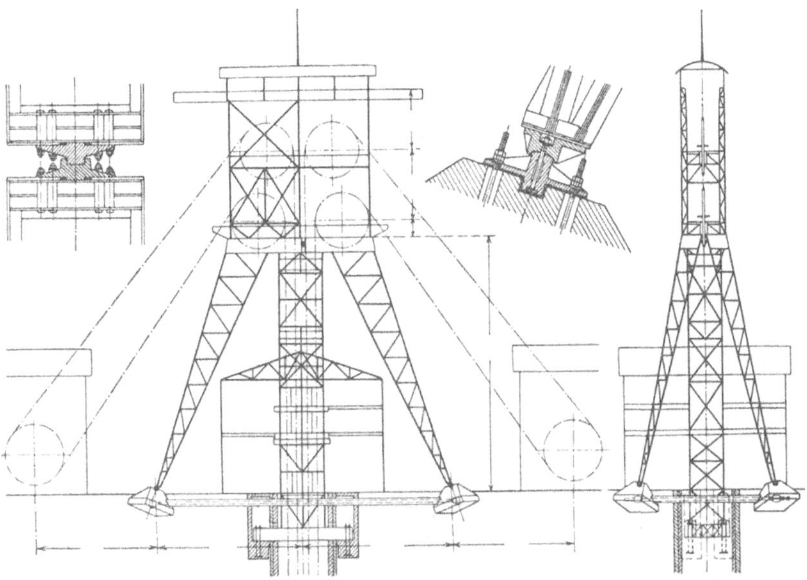

Fig. 387.
Gelenk-Gerüst von Friedrich Krupp, Essen. (Aus Glückauf 1910, Nr. 8.)

(Fig. 387—389). Der Luftschacht und das Seilscheibengerüst sind hier voneinander vollkommen unabhängig. Der Luftschacht steht frei im Raume und muß deshalb mit seinen Fundamenten durch eine kräftige Verankerung verbunden werden. Das Seilscheibengerüst besteht aus vier dreiseitigen Fachwerkstreben, die im Scheitel durch die Gelenke g und g_1 miteinander verbunden sind und deren Füße ebenfalls gelenkig auf den Mauerblöcken aufsitzen (siehe Fig. 387 und 388). Sämtliche acht Gelenke bestehen aus Stahlguß und sind Kugelgelenke. — Die vier Fundamentblöcke wurden mit Rücksicht auf etwaige Verschiebungen eines derselben untereinander durch starke Verankerungen aus schwerem betonumhüllten I-Eisen verbunden (Fig. 387).

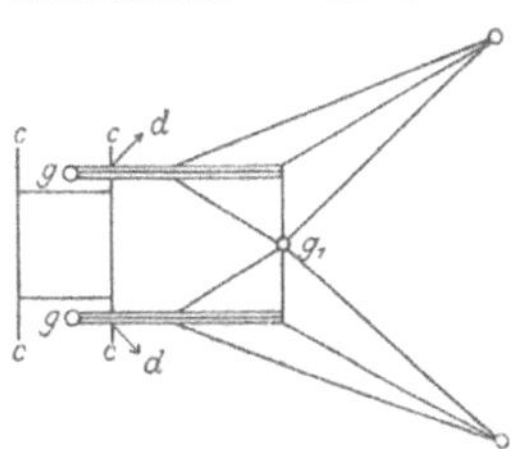

Fig. 388.
Gelenk-Gerüst.
(Aus Glückauf 1910, Nr. 8.)

Fig. 389.
Gelenk-Gerüst. (Aus Glückauf 1910, Nr. 8.)

4. Die Gerüste für Turmmaschinen.

Die erste Koepeförderung, die Anfang der 80er Jahre des vorigen Jahrhunderts auf Zeche Hannover in Gebrauch genommen wurde, hatte eine Turmmaschine. Doch kam man alsbald wieder davon ab,

Fig. 390.
Gemauerter Förderturm für eine Turmmaschine der Allgemeinen Elektrizitäts-Gesellschaft, Berlin. (Alexander-Schacht der von Arnimschen Steinkohlenwerke.)

Fig. 391.
Eisernes Fördergerüst für eine Turmmaschine der Felten & Guilleaume-Lahmeyer-Werke, Frankfurt a. M. (Steinkohlengruben von Ligny-les-Aire.)

die Fördermaschine über den Schachtfördertrümern zu verlagern, weil

die Dampfmaschinen für die Türme zu schwer waren und weil die Türme durch die hin- und hergehende Bewegung der Dampfkolben zu sehr erschüttert wurden.

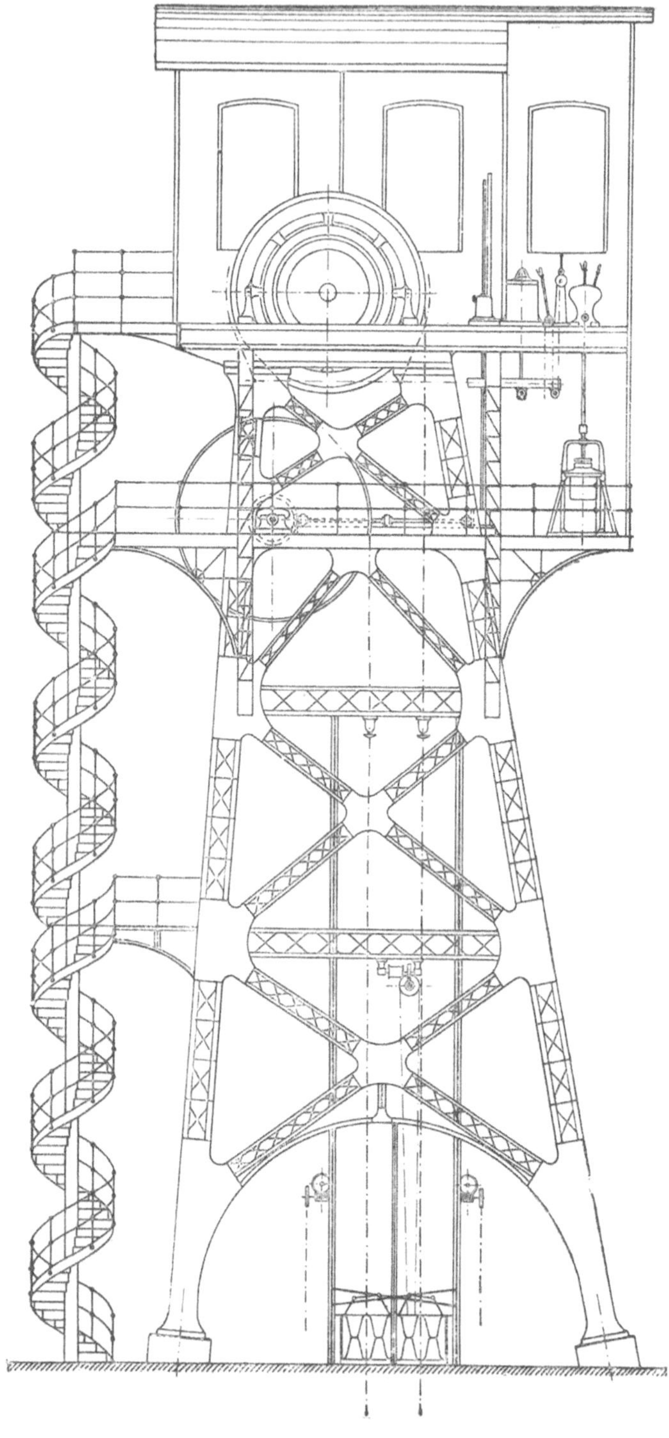

Fig. 392 a.

Eisernes Fördergerüst für eine Turmmaschine der Felten & Guilleaume-Lahmeyer-Werke, Frankfurt a. M. (Steinkohlengruben von Ligny-les-Aire.)

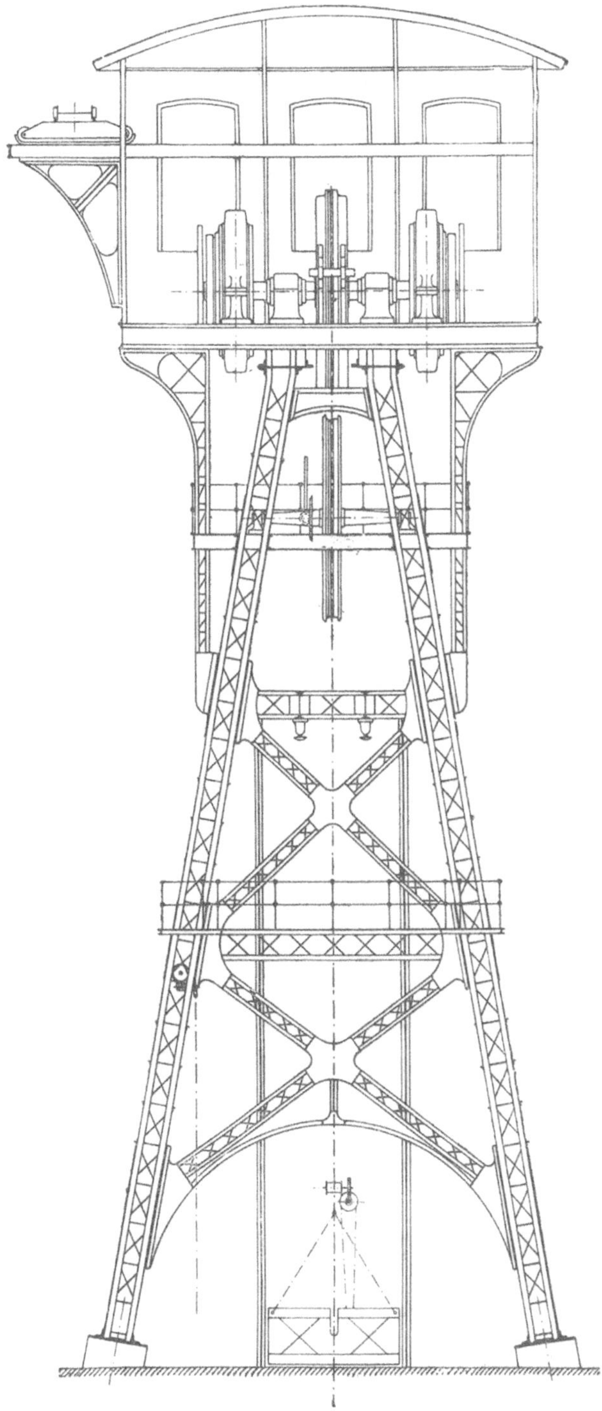

Fig. 392 b.
Eisernes Fördergerüst für eine Turmmaschine der Felten & Guilleaume-Lahmeyer-Werke, Frankfurt a. M. (Steinkohlengruben von Ligny-les-Aire.)

Man legte deshalb die Maschine wieder neben den Schacht und leitete das Förderseil wieder über Seilscheiben.

Erst in den letzten Jahren kommt man wieder auf die ursprüngliche Verlagerung der Fördermaschine im Förderturme zurück; man kann dies jetzt tun, weil es sich nunmehr ausschließlich um elektrische Maschinen handelt, die leicht sind und rundlaufende Motoren haben.

Fig. 393.
Turmgerüst von Deutschlandgrube, O/S.

Die Fördertürme werden aus Mauerwerk (Fig. 390), Eisenkonstruktion (Fig. 391/2) oder aus Eisenfachwerk (Fig. 393) hergestellt. In den beiden letzteren Fällen wird der Maschinenraum von Gitterwerksäulen getragen, die zwischen sich den Luftschacht aufnehmen. Der Zugang erfolgt auf Treppen (Podesttreppen oder Wendeltreppen) oder auch mittelst Fahrstuhles (Ulrich-Schacht der Kleophasgrube O/S.). — Der Maschinenwärter hat seinen Platz meistens oben bei der Fördermaschine, kann aber auch auf der Hängebank untergebracht werden und die Maschine von da aus lenken (Ulrich-Schacht).

C. Die Seilscheiben.

1. Allgemeines.

Zweck, Lage. Die Seilscheiben haben den Zweck, die von der Fördermaschine kommenden Förderseile nach unten in die Schachtfördertrümer zu leiten. Wenn von der Maschine aus gesehen die Fördertrümer nebeneinander liegen, liegen auch die Seilscheiben auf derselben Bühne nebeneinander; wenn dagegen die Fördertrümer hintereinander liegen, bringt man die Seilscheiben auf zwei verschiedenen Bühnen unter.

Die Seilscheiben sollen in der Mittelebene der zugehörigen Seiltrommel liegen; ihre Achse soll der Trommelachse parallel gehen.

Der Abstand der Seilscheiben von der obersten Hängebank ist von der Fördergeschwindigkeit, dem Trommeldurchmesser und der Schalenhöhe abhängig; er schwankt zwischen 10—40 m.

Der Abstand von der Seilscheibe bis zur Seiltrommel muß gleich dem 25—50 fachen der Trommelbreite sein. Bei zu kleinem Abstande reibt das Seil an den Rändern der Seilscheibenrille. Bei zu großem Abstande schleudert es zu stark; doch hat man in solchem Falle schon vor der Trommel Führungen (Seilleiter) angebracht, um ein gleichmäßiges Aufwickeln zu erzielen, oder aber zwischen den Seilscheiben und der Trommel eine Art von Brücke aus Gitterwerk zur Führung des Seiles eingerichtet. Bei Bobinen kommt es auf den Abstand nicht so sehr an, weil das Seil hier keine seitliche Ablenkung erhält.

Material und Bauart der Seilscheiben. Die Seilscheiben bestehen aus dem mit der Seilnut versehenen Kranz, den Speichen und der Nabe. Als Material kommt Gußeisen oder Stahlguß in Betracht, wenn die Seilscheiben im ganzen gegossen werden. Stelltman aber die einzelnen Teile der Seilscheiben für sich her, so kann man Kranz, Arme und Nabe aus verschiedenem Material anfertigen.

Aus Gußeisen werden nur kleinere Seilscheiben bis zu etwa 3 m ϕ hergestellt. Bei noch größerem Durchmesser werden sie zu schwer. Ein großer Durchmesser, am besten nicht unter 5 m, ist aber wegen der Schonung des Seiles sehr vorteilhaft. Derartig große Scheiben werden mindestens zweiteilig hergestellt; der Kranz und die Nabe bestehen dann meistens aus Gußeisen, die Speichen aus Schmiedeeisen, die Achsen aus Gußstahl.

Der Laufkranz der Seilscheiben wird gelegentlich auch aus Schmiedeeisen hergestellt, wie z. B. auf Schacht II der Zeche Hansa im Bergrevier West-Dortmund, wo ein gußeiserner Kranz infolge der Härte des Seiles und des großen Ablenkungswinkels schon nach zehnmonatlichem Gebrauche stark abgenutzt war. Schmiedeeiserne Kränze zeigten dagegen nach fünfmonatlichem Gebrauch noch keine Abnutzung.

Mit Rücksicht auf die Abnutzung soll die Seilscheibenrille am Grunde möglichst dick sein. Auch hat man wohl die Seilnut mit Holz,

Leder oder Hanfzöpfen ausgefuttert; doch wird dies jetzt immer seltener angewendet, weil ein solches Futter nur kurze Zeit hält.

Die Wandstärke der Seilscheiben muß sehr genau nachgeprüft werden, da die Kränze infolge des ständigen Seilrutschens sowie des Schleifens an den Flanschen durchgerieben werden und dann zerbrechen. Auf Zeche Deutscher Kaiser bei Hamborn wird ihre Wandstärke mit besonderen Schablonen (Fig. 394) x und y von 5 mm Blechstärke geprüft. Man legt sie an den Seilscheibenkranz z an, indem man die Seilscheibe dabei langsam dreht. Die Messungen werden bei Gelegenheit des Seilabhauens alle Vierteljahre vorgenommen. Die Seilnut wird zuvor gründlich gereinigt, so daß überall das blanke Eisen freiliegt.

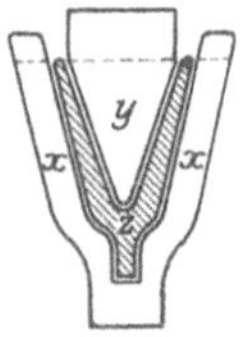

Fig. 394.

Schablonen zum Messen der Seilscheiben. (Aus Vers. und Verb. i. J. 1896.)

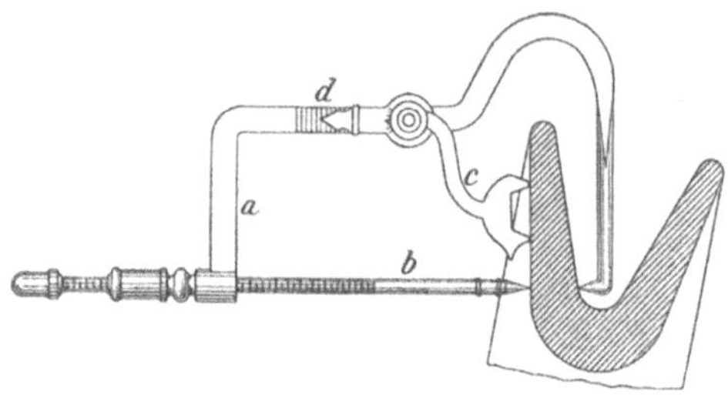

Fig. 395.

Seilscheibenmesser von de Bruyn. (Aus Vers. und Verb. i. J. 1910.)

Der Seilscheibenmesser von de Bruyn (Fig. 395) ist ein Apparat, der aus dem Bügel a, dem Schmiegewinkel c, der Skala d und dem Maßstab b besteht. Der Schmiegewinkel wird am Bügel so eingestellt, daß seine beiden Spitzen senkrecht zum Maßstabe stehen, und dann mit Hilfe von Knopfschrauben festgestellt. Nun hält man die Spitze des Bügels a an die in der Seilscheibenrille zu messende Stelle und verschiebt den Schmiegewinkel c, bis sich seine beiden Spitzen an die äußeren Wangen des Seilscheibenkranzes anlegen. In dieser Lage wird der Apparat durch Anziehen der Flügelmutter festgehalten, die sich an der anderen Seite des Bügels befindet. Wenn man nun die Spitze des Maßstabes b an die Seilscheibenwandung heranschiebt, kann man die Wandstärke sofort am Maßstab ablesen. — Will man den Seilscheibenboden messen, so hält man die Spitze des Bügels a an die Unterseite des Kranzes und schiebt dann den Maßstab so weit durch den Bügelgriff, daß er mit der Spitze auf dem Boden der Seilscheibenrille aufliegt. Dann legt man den Schmiegewinkel c mit seinen beiden Spitzen an die Außenseite des Seilscheibenkranzes, so daß die Lage des Maßstabes b unverändert beibehalten werden kann.

Die Wandungen des Seilscheibenkranzes anzubohren, um auf diese Weise ihre Stärke festzustellen, ist nicht empfehlenswert, weil dadurch scharfe Lochkanten entstehen, die das Seil beschädigen können.

Die S e i l s c h e i b e n a r m e erhalten, wenn sie aus Gußeisen bestehen, elliptischen, +-förmigen oder I-förmigen Querschnitt. Schmiedeeiserne Seilscheibenarme bestehen aus Rundeisen, Gasröhren, Flacheisen, U-Eisen usw. Die beiden ersteren sind an den Enden mit Verstärkungswülsten versehen und werden in den Kranz und in die Nabe eingegossen, die letzteren werden mit ihnen verschraubt.

2. Ausgeführte Seilscheiben.

Gußeiserne Seilscheiben. Fig. 396 ist eine gußeiserne Seilscheibe von kleinem Durchmesser mit + förmigen Armen. Diese Seilscheiben werden nur für kleine Förderanlagen gebraucht, wie z. B. im Braunkohlen-Bergbau. Im übrigen benutzt man sie auf Holzhängeschächten und anderen Nebenbetrieben.

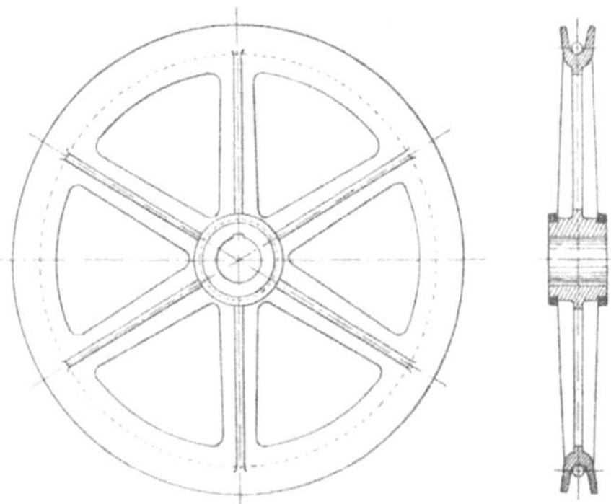

Fig. 396.
Gußeiserne Seilscheibe von Emil Wolff, Essen-Ruhr.

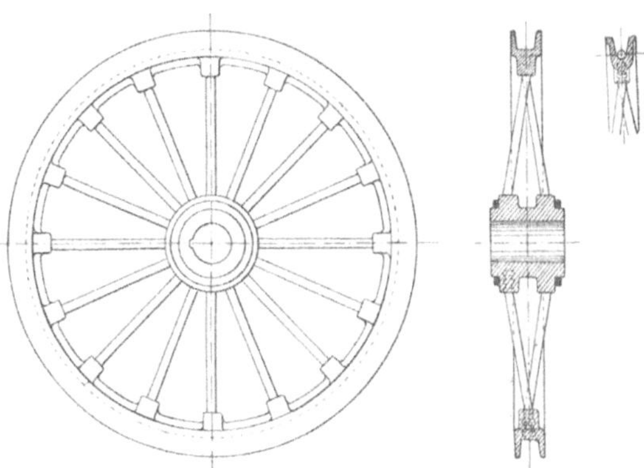

Fig. 397.
Gußeiserne Seilscheibe mit schmiedeeisernen Rundspeichen von Emil Wolff, Essen-Ruhr.

Gußeiserne Seilscheiben mit schmiedeeisernen Speichen. Fig. 397 ist eine Seilscheibe mit schmiedeeisernen Rundspeichen. Die beiden Querschnitte lassen die an den Enden der Rundspeichen sitzenden Bunde erkennen, welche ein festes Sitzen im Kranz und in der Nabe ermöglichen. Die Nabe ist an beiden Seiten mit stählernen Schrumpfringen versehen, die zu ihrer Verstärkung dienen. Kranz und Nabe sind einteilig.

Bei einem Durchmesser bis zu 3 m kann der Seilscheibenkranz einteilig sein, wie Fig. 398 zeigt. Die Seilscheibe wird sowohl für Rundseile als auch für

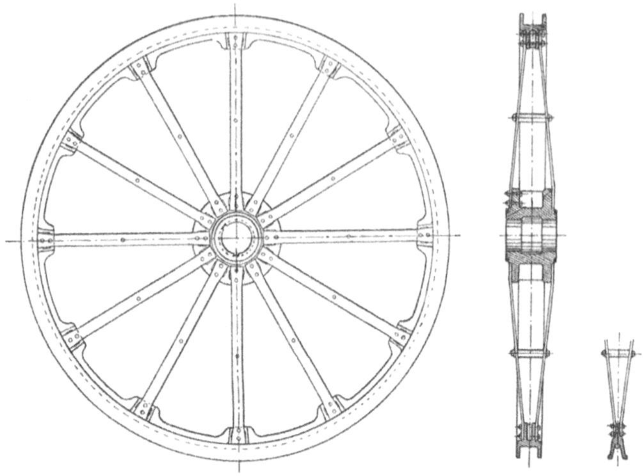

Fig. 398.
Gußeiserne Seilscheibe mit schmiedeeisernen Flachspeichen von Emil Wolff, Essen-Ruhr.

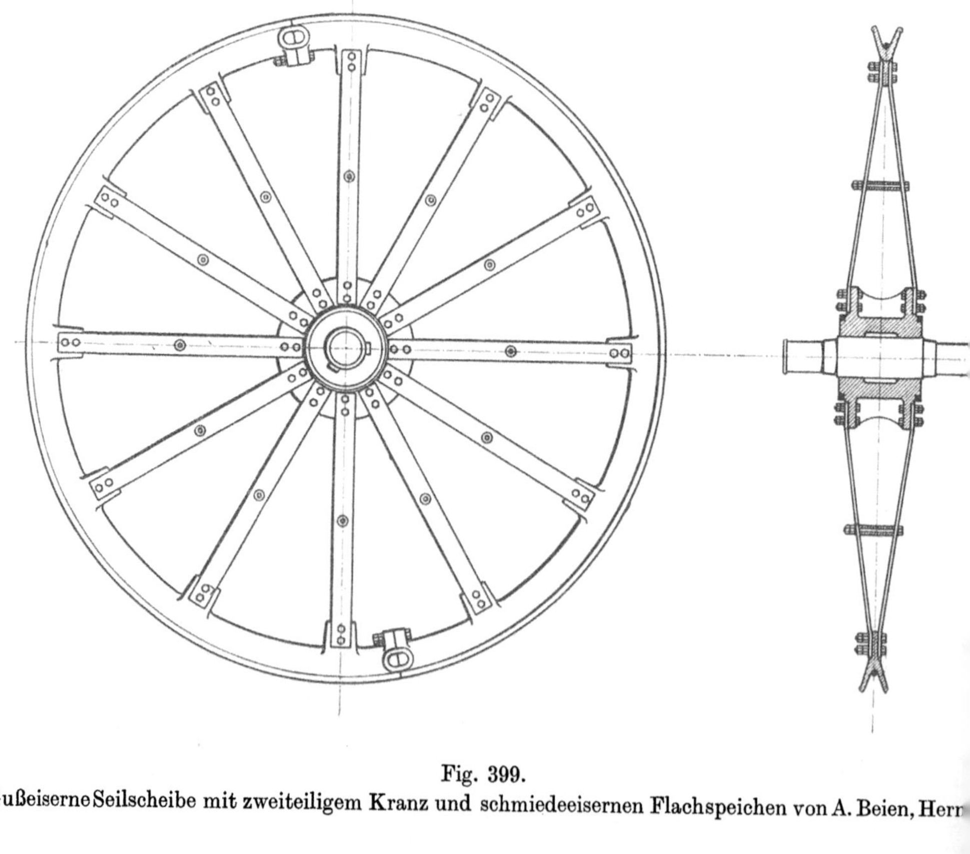

Fig. 399.
Gußeiserne Seilscheibe mit zweiteiligem Kranz und schmiedeeisernen Flachspeichen von A. Beien, Herr

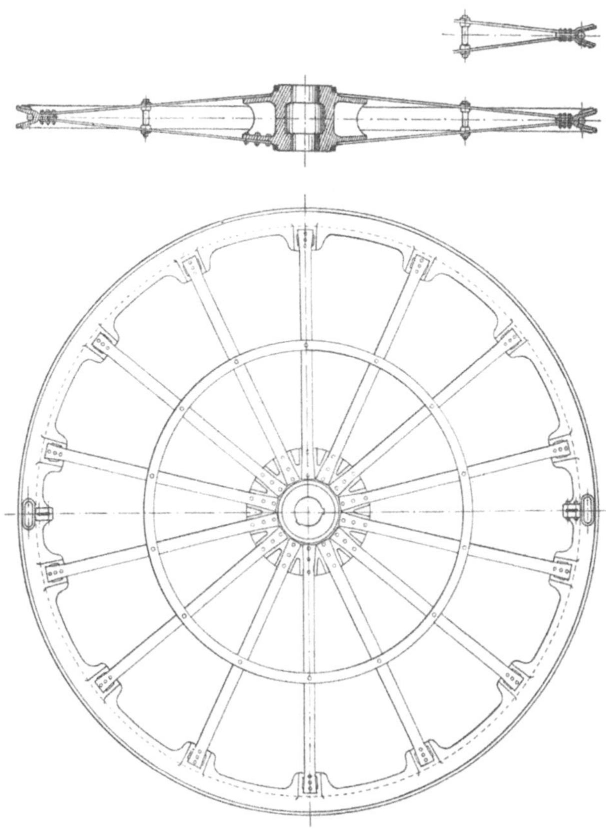

Fig. 400.
Seilscheibe von Emil Wolff, Essen-Ruhr, mit gußeisernem bzw. schmiedeeisernem, zweiteiligem Kranz und Flachspeichen.

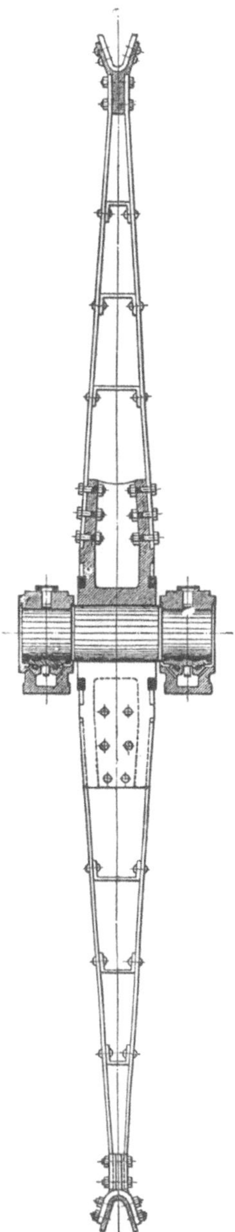

Fig. 401.
Schmiedeeiserne Seilscheibe von Gebr. Eickhoff, Bochum.

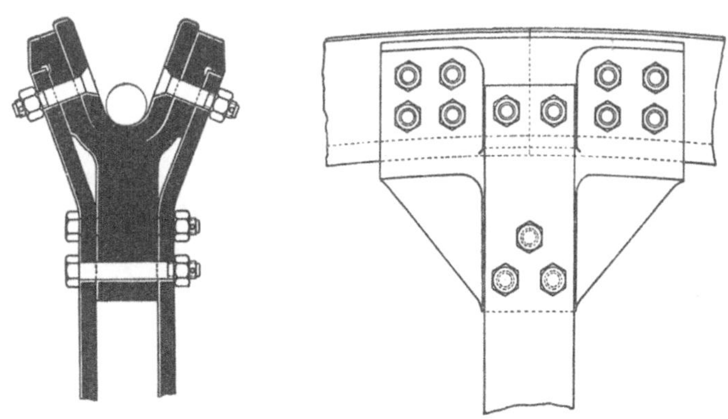

Fig. 402.
Schiedeeiserne Seilscheibe von Thyssen & Co., A.-G., in Mülheim-Ruhr.

Flachseile geliefert. Im ersteren Falle erhält der Kranz auf seiner Unterseite eine Rippe, im anderen Falle zwei Verstärkungsrippen, an denen die schmiedeeisernen Flachspeichen befestigt werden. Diese sind in Taschen, welche an der Nabe und an den eben genannten Verstärkungsrippen des Kranzes angegossen sind, gerade eingeplattet und mit ihnen verschraubt. Ungefähr in der Mitte des Halbmessers werden die paarweise nebeneinander liegenden Arme miteinander durch Stehbolzen verbunden.

Fig. 399 ist eine Seilscheibe, die sich nur durch einige Konstruktionseigentümlichkeiten von der eben beschriebenen unterscheidet. Wegen des größeren, bis 4 m betragenden Durchmessers ist aber der Kranz zweiteilig.

Bei der in Fig. 400 dargestellten Seilscheibe, welche bis 6 m Durchmesser erhalten kann, sind die einander gegenüberliegenden Flachspeichen ebenfalls durch Stehbolzen verbunden; außerdem geht aber noch entlang den Speichen derselben Seite ein Versteifungsring. Der Kranz ist zweiteilig und besteht aus Gußeisen. Doch kann er auch, wie Querschnitt b zeigt, aus Schmiedeeisen angefertigt werden. Er besteht dann aus einer größeren Zahl von Segmenten, die mit den Speichen vernietet sind. Da sich diese Nieten sehr leicht lockern, schalten Gebrüder Eickhoff in Bochum zwischen dem schmiedeeisernen Kranz und den Armen einen Stahlgußschuh ein, der an den Kranz im warmen Zustande angepaßt wird, also genau sitzt (Fig. 401). Die Nieten dienen jetzt nur noch zum Halten des Schuhes, unterliegen also keiner Beanspruchung, welche ein Lösen derselben hervorrufen könnte. Die Seilscheiben werden in Größen bis zu 7 m ϕ hergestellt.

Die Maschinenfabrik Thyssen & Co., A.-G. in Mülheim/Ruhr, liefert ähnliche Seilscheiben; die Verbindung zwischen dem schmiedeeisernen Kranze und den Speichen ist aus Fig. 402 zu ersehen. Ein Unterschied gegenüber der eben beschriebenen Verbindungsart liegt darin, daß die Speichen weiter nach oben gezogen sind und nahe dem oberen Ende nicht nur mit dem Schuh, sondern auch mit dem Schmiedeeisenkranze verschraubt sind.

Sachregister.

(Die Zahlen geben die Seiten an.)

Druck der Universitäts-Buchdruckerei von Gustav Schade (Otto Francke)
in Berlin und Bernau.

GPSR Compliance

The European Union's (EU) General Product Safety Regulation (GPSR) is a set of rules that requires consumer products to be safe and our obligations to ensure this.

If you have any concerns about our products, you can contact us on ProductSafety@springernature.com

In case Publisher is established outside the EU, the EU authorized representative is:

Springer Nature Customer Service Center GmbH
Europaplatz 3
69115 Heidelberg, Germany

Batch number: 10577878

Printed by Printforce, the Netherlands